MALLE | WOSCHITZ | KOTH | SALZGER

Mathematik verstehen

6

Univ.-Prof. Mag. Dr. Günther Malle
Hochschulprofessorin Mag. Dr. Maria Koth
Prof. Mag. Dr. Helge Woschitz
Prof. Mag. Sonja Malle
Prof. Mag. Dr. Bernhard Salzger
MMag. Dr. Andreas Ulovec

Die Online-Ergänzung auf www.oebv.at wurde erstellt von:
Mag. Dr. Christian Dorner
Doz. Dr. Franz Embacher
MMag. Dr. Andreas Ulovec

D1727136

www.oebv.at

Wie arbeite ich mit dem Buch?

Jedes Kapitel beginnt mit einer **Aufzählung der Lernziele** (dunkelblau hinterlegt), die in den einzelnen Abschnitten dieses Kapitels angestrebt werden. Danach folgt eine **Zusammenstellung der Grundkompetenzen** (hellblau hinterlegt), die in diesem Kapitel erworben werden sollen.

Im Buch wird zwischen Lehrplan **L** und schriftlicher Reifeprüfung **R** unterschieden. Die orange Linie am linken Seitenrand zeigt genau an, was für die schriftliche Reifeprüfung relevant ist.

Jedes Kapitel beinhaltet eine Seite **Technologie kompakt**. Diese Seiten fördern technologiegestütztes Lernen, bieten gezielte Befehle für GeoGebra und Casio Class Pad II und beinhalten zusätzliche Aufgaben für den Technologieeinsatz.

Jedes Kapitel endet mit einem **Kompetenzcheck**, in dem die geforderten Grundkompetenzen durch Aufgaben vom **Typ 1** und **Typ 2** überprüft werden. Die zugehörigen Grundkompetenzen stehen jeweils links neben der Aufgabennummer.

Am Ende eines Semesters gibt es einen **Semestercheck** mit Aufgaben vom **Typ 1** und **Typ 2**, die alle geforderten Grundkompetenzen nochmals abprüfen.

Das **Lehrwerk Online** ist eine Ergänzung zum Schulbuch und bietet nützliche Materialien für den Unterricht. Man kann entweder den Online-Code direkt ins Suchfeld eingeben oder auf der Website direkt beim Lehrwerk auf Lehrwerk-Online klicken. Das verfügbare Online-Material wird laufend ergänzt und aktuell gehalten.

⊤   Dieses Symbol kennzeichnet Aufgaben oder Stellen, an denen ein **Technologieeinsatz** möglich bzw. empfehlenswert ist.

⊤ kompakt
Seite XXX   Dieses Symbol verweist auf die **Technologie kompakt**-Seiten, auf denen man kurzgefasste Anleitungen zum Technologieeinsatz von GeoGebra bzw. Casio Class Pad II vorfindet.

⊕
Applet
Lernapplet
Arbeitsblatt
Lesetext: ABC
Fragen zum Grundwissen
TI-Nspire kompakt
XXXXXX

Symbole dieser Art verweisen auf
- **Applets**, die zur Erklärung des Stoffes im Unterricht herangezogen und mit dem Programm GeoGebra geöffnet werden können.
- **Lernapplets**, die zum eigenständigen Erlernen bzw. Festigen grundlegender Inhalte herangezogen werden.
- **Arbeitsblätter**, die Schülerinnen und Schüler beim Üben unterstützen.
- **Lesetexte** zur Geschichte der Mathematik oder anderen Themen. Sie fördern die Fähigkeit mathematische Texte zu lesen und geben Anregungen für eine vorwissenschaftliche Arbeit.
- **Fragen zum Grundwissen** mit ausformulierten Antworten zu jedem Kapitel, die als pdf-Datei zum Download angeboten werden.
- **TI-Nspire kompakt**, die analog zu den Technologie kompakt-Seiten für jedes Kapitel Kurzanleitungen für den TI-Nspire bieten.

↪   Dieses Symbol verweist auf folgende Zusatzbände:
Mathematik verstehen Technologietraining GeoGebra bzw. **Casio**

Der Zusatzband **Mathematik verstehen Grundkompetenztraining** bietet weitere Möglichkeiten zum Erwerb und zur Überprüfung der Grundkompetenzen.

INHALTSVERZEICHNIS

3. SEMESTER

4. SEMESTER

1 POTENZEN, WURZELN UND LOGARITHMEN

LERNZIELE

1.1 Definitionen der Potenzen mit natürlichen Exponenten kennen; dazugehörige **Rechenregeln** kennen und anwenden können.

1.2 Definitionen der Potenzen mit ganzen Exponenten kennen; dazugehörige **Rechenregeln** kennen und anwenden können.

1.3 Definition der n-ten Wurzel kennen; **Rechenregeln** für Wurzeln kennen und anwenden können.

1.4 Definitionen der Potenzen mit rationalen Exponenten kennen; dazugehörige **Rechenregeln** kennen und anwenden können.

1.5 Definitionen der Potenzen mit reellen Exponenten und dazugehörige **Rechenregeln** kennen.

1.6 Definition des Logarithmus kennen; **Rechenregeln** für Logarithmen kennen und anwenden können.

- **Technologie kompakt**
- **Kompetenzcheck**

GRUNDKOMPETENZEN

AG-R 2.1 Einfache **Terme** und **Formeln aufstellen, umformen** und **im Kontext deuten** können.

1.1 POTENZEN MIT EXPONENTEN AUS $\mathbb{N}^*$

Definition von Potenzen mit Exponenten aus $\mathbb{N}^*$

Wir wissen:
$$10^2 = 10 \cdot 10$$
$$10^3 = 10 \cdot 10 \cdot 10$$
$$10^4 = 10 \cdot 10 \cdot 10 \cdot 10 \text{ usw.}$$

Allgemein definiert man:

Definition

Für $a \in \mathbb{R}$ und $n \in \mathbb{N}^*$ setzt man: $a^n = \underbrace{a \cdot a \cdot \ldots \cdot a}_{n \text{ Faktoren}}$

Spezialfall: Für $n = 1$ ergibt sich: $a^1 = a$

Ein Ausdruck der Form a^n heißt **Potenz mit der Basis a** und dem **Exponenten** (der **Hochzahl**) **n**.

$a^n \ldots$ **Potenz**

$a \ldots$ **Basis**

$n \ldots$ **Exponent (Hochzahl)**

(R) | ## Rechenregeln für Potenzen mit Exponenten aus $\mathbb{N}^*$

Satz 1 (Rechenregeln für Potenzen mit gleicher Basis)

Für alle $a \in \mathbb{R}$ und alle $m, n \in \mathbb{N}^*$ gilt:

(1) $a^m \cdot a^n = a^{m+n}$ **(2)** $\dfrac{a^m}{a^n} = a^{m-n}$ (für $a \neq 0$ und $m > n$) **(3)** $(a^m)^n = a^{m \cdot n}$

BEWEIS:

(1) $a^m \cdot a^n = \underbrace{a \cdot a \cdot \ldots \cdot a}_{m\ \text{Faktoren}} \underbrace{a \cdot a \cdot \ldots \cdot a}_{n\ \text{Faktoren}} = \underbrace{a \cdot a \cdot \ldots \cdot a}_{(m+n)\ \text{Faktoren}} = a^{m+n}$

(2) $\dfrac{a^m}{a^n} = \dfrac{\overbrace{a \cdot a \cdot \ldots \cdot a}^{m\ \text{Faktoren}}}{\underbrace{a \cdot a \cdot \ldots \cdot a}_{n\ \text{Faktoren}}} = \underbrace{a \cdot a \cdot \ldots \cdot a}_{(m-n)\ \text{Faktoren}}$

(3) $(a^m)^n = \underbrace{a^m \cdot a^m \cdot \ldots \cdot a^m}_{n\ \text{Potenzen}} = \underbrace{(a \cdot a \cdot \ldots \cdot a) \cdot (a \cdot a \cdot \ldots \cdot a) \cdot \ldots \cdot (a \cdot a \cdot \ldots \cdot a)}_{n\ \text{Klammern zu je } m\ \text{Faktoren}} = a^{m \cdot n}$ □

In Worten:

(1) und **(2)** Potenzen mit gleicher Basis werden multipliziert (dividiert), indem man die Basis unverändert lässt und die Exponenten addiert (subtrahiert).

(3) Eine Potenz wird potenziert, indem man die Basis mit dem Produkt der Exponenten potenziert.

Satz 2 (Rechenregeln für Potenzen mit gleichem Exponenten)

Für alle $a, b \in \mathbb{R}$ und alle $n \in \mathbb{N}^*$ gilt:

(1) $(a \cdot b)^n = a^n \cdot b^n$ **(2)** $\left(\dfrac{a}{b}\right)^n = \dfrac{a^n}{b^n}$ (für $b \neq 0$)

BEWEIS:

(1) $(a \cdot b)^n = \underbrace{(a \cdot b) \cdot (a \cdot b) \cdot \ldots \cdot (a \cdot b)}_{n\ \text{Klammern}} = \underbrace{(a \cdot a \cdot \ldots \cdot a)}_{n\ \text{Faktoren}} \cdot \underbrace{(b \cdot b \cdot \ldots \cdot b)}_{n\ \text{Faktoren}} = a^n \cdot b^n$ □

(2) $\left(\dfrac{a}{b}\right)^n = \underbrace{\dfrac{a}{b} \cdot \dfrac{a}{b} \cdot \ldots \cdot \dfrac{a}{b}}_{n\ \text{Faktoren}} = \dfrac{a \cdot a \cdot \ldots \cdot a}{b \cdot b \cdot \ldots \cdot b} = \dfrac{a^n}{b^n}$ □

In Worten von links nach rechts gelesen:

(1) Ein Produkt wird potenziert, indem man jeden Faktor potenziert.

(2) Ein Quotient wird potenziert, indem man Zähler und Nenner potenziert.

In Worten von rechts nach links gelesen:

(1) Potenzen mit gleichem Exponenten werden multipliziert, indem man die Basen miteinander multipliziert und den Exponenten unverändert lässt.

(2) Potenzen mit gleichem Exponenten werden dividiert, indem man die Basen dividiert und den Exponenten unverändert lässt.

1.01 Zeige: Ist $a \in \mathbb{R}$ und $n \in \mathbb{N}^*$, dann gilt:

1) $(-a)^n = a^n$, falls n gerade **2)** $(-a)^n = -a^n$, falls n ungerade

LÖSUNG: $(-a)^n = \underbrace{(-a) \cdot (-a) \cdot \ldots \cdot (-a)}_{n\ \text{Klammern}}$

Da zwei benachbarte Minuszeichen einander aufheben, folgt:

1) Ist n gerade, dann ist $(-a)^n = a^n$. **2)** Ist n ungerade, dann ist $(-a)^n = -a^n$.

1.02 Kreuze die richtige(n) Aussage(n) an!

a)

$a^6 + a^2 = a^8$	☐
$a^4 \cdot \left(\frac{1}{a}\right)^4 = 1$	☐
$(a^6 \cdot b)^2 = a^{12} \cdot b^2$	☐
$\frac{a^{10}}{a^5} = a^2$	☐
$a^2 \cdot b^4 \cdot c^6 = (a \cdot b^2 \cdot c^3)^2$	☐

b)

$a^3 \cdot a^3 = a^9$	☐
$a^7 : a^6 = a$	☐
$a^2 \cdot a^2 \cdot a^2 = 3a^2$	☐
$(a^3)^5 = a^8$	☐
$(2a^3)^2 = 4a^6$	☐

1.03 Kreuze die richtige(n) Aussage(n) an!

a)

$(-2)^3 = -2^3$	☐
$(-2)^1 = 2$	☐
$(-1)^4 \cdot (-1) = 1$	☐
$(-1)^4 : (-1) = (-1)^3$	☐
$(-3)^4 \neq -3^4$	☐

b)

$3^4 > 2^4$	☐
$(-2)^4 > -2^4$	☐
$2^4 > (-2)^4$	☐
$(-2)^4 > (-2)^3$	☐
$2^4 \cdot 3^4 = 6^4$	☐

1.04 Stelle als eine Potenz dar und berechne!

a) $(-2)^3 \cdot (-2)^2$ c) $(-7)^3 \cdot (-7)$ e) $\left(\frac{1}{2}\right)^2 \cdot \left(\frac{1}{2}\right)^3$ g) $(-3)^2 \cdot 3$

b) $(-3)^3 \cdot (-3)^2$ d) $(-5)^2 \cdot (-5)^2$ f) $\left(-\frac{1}{2}\right)^3 \cdot \left(-\frac{1}{2}\right)^3$ h) $(-4)^2 \cdot 4$

1.05 Stelle als eine Potenz dar und berechne!

a) $3^9 : 3^3$ c) $(-2)^3 : (-2)^2$ e) $\left(\frac{1}{5}\right)^4 : \left(\frac{1}{5}\right)^2$ g) $\left(\frac{1}{3}\right)^2 : \frac{1}{3}$

b) $(-4)^8 : (-4)^4$ d) $(-5)^{10} : (-5)^5$ f) $\left(-\frac{1}{2}\right)^7 : \left(-\frac{1}{2}\right)^3$ h) $\left(\frac{1}{6}\right)^4 : \left(\frac{1}{6}\right)^3$

1.06 Berechne geschickt!

a) $5^3 \cdot 2^3$ c) $0{,}5^4 \cdot 2^4$ e) $\left(\frac{3}{2}\right)^2 \cdot (-2)^2$ g) $\left(\frac{2}{3}\right)^3 \cdot \left(\frac{3}{2}\right)^3$

b) $2^4 \cdot 3^4$ d) $(-1{,}5)^3 \cdot (-2)^3$ f) $0{,}02^4 \cdot 5^4$ h) $(-0{,}5)^3 \cdot 0{,}5^3$

1.07 Vereinfache für $n \in \mathbb{N}^*$!

a) $a^n \cdot a^{2n}$ c) $\frac{a^n}{a}$ e) $\frac{(-a)^{5n}}{(-a)^{2n}}$ g) $(a^n)^3$ i) $(-a^n) : (-a)$

b) $a^{6n} : a^{2n}$ d) $\frac{a^{10n}}{a}$ f) $\frac{a^n \cdot a^6}{a \cdot a^5}$ h) $(a^{n+1})^4$ j) $(-a)^n : (-1)$

1.08 Berechne für $n \in \mathbb{N}^*$!

a) 0^n b) $(-1)^n$ c) $(-1)^{2n}$ d) $(-1)^{2n+1}$ e) $1 + (-1)^{2n}$

1.09 Berechne für $n \in \mathbb{N}^*$!

a) $\frac{2 - (-1)^{2n}}{2 + (-1)^{2n-1}}$ b) $\frac{2 + (-1)^{2n-1}}{2 - (-1)^{2n}}$ c) $\frac{2 - (-1)^{2n+1}}{2 + (-1)^{2n}}$ d) $\frac{2 + (-1)^{2n}}{2 - (-1)^{2n+1}}$ e) $2 + \frac{(-1)^{2n+1}}{(-1)^{2n}}$

1.10 Vereinfache!

a) $\left(\frac{1}{2}x\right)^3 \cdot (2x^4)^3$ b) $\frac{(x^3)^6}{x^2} \cdot 2x^3$ c) $\left(-\frac{1}{2}x^2\right)^3 : x^4$ d) $0{,}25x^5 : (0{,}5x^2)^2$

1.11 Stelle als Produkt zweier Potenzen dar!

    a) $(x^4y) \cdot (x^3y^5)$ **b)** $(a^mb^3) \cdot (a^2b^{4m+1})$ **c)** $(x^my^3) \cdot (x^{3+m}y^{5m})$ **d)** $(a^{m+2} \cdot b^{m+3})^3$

1.12 Vereinfache!

    a) $3a^4 - (a^3 - 2a^2) \cdot a$ **c)** $(u^2 - u) \cdot (u^3 + u^2)$ **e)** $(v^3 - v^2) \cdot (v^3 + v^2)$

    b) $(y^3 - y) \cdot y + y^4 + y^2$ **d)** $(x^2 - x) \cdot (x^2 + x)$ **f)** $m \cdot (m+1) \cdot (m-1) + m$

1.13 Zerlege in ein Produkt!

    a) $a^3 - a$ **b)** $b^{5+m} - b^2$ **c)** $k^{5m} - k^{2m}$ **d)** $x^{5+m} - x^{3+m} + x^{2+m}$ **e)** $y^{m+3} - y^m$

1.14 Vereinfache den folgenden Ausdruck so, dass nur noch zwei Potenzen auftreten!

    a) $\frac{a^{10}}{b^3} \cdot \left(\frac{b^2}{a^3}\right)^2$ **b)** $\left(-\frac{p^3}{q^4}\right)^2 \cdot \left(\frac{q^5}{p^2}\right)^2$ **c)** $\left(\frac{x^{10}}{y}\right)^2 : \left(-\frac{x}{y^2}\right)^3$ **d)** $\left(-\frac{c^6}{d^7}\right)^3 : \left(-\frac{c^2}{d^6}\right)^2$

1.15 Vereinfache!

    a) $(3x)^3 - x^3$ **b)** $(-6u)^2 + 36u^2$ **c)** $(xy)^2 + 2x^2y^2$ **d)** $(-3a^2b)^2 - a^4b^2$

1.16 Ein Würfel hat die Kantenlänge 10^4 cm. Gib sein Volumen in Kubikzentimeter und in Kubikmillimeter an!

1.17 Der Radius der Sonne beträgt ungefähr $7 \cdot 10^8$ m. Berechne näherungsweise das Volumen und den Oberflächeninhalt der Sonne! Wähle für π den Näherungswert 3!

    HINWEIS: Volumen einer Kugel: $V = \frac{4}{3}\pi r^3$, Oberflächeninhalt einer Kugel: $O = 4\pi r^2$

1.18 Von einer geraden quadratischen Pyramide kennt man die Grundkantenlänge $a = 2 \cdot 10^2$ m und die Höhe $h = 1{,}2 \cdot 10^2$ m. Berechne das Volumen und den Oberflächeninhalt dieser Pyramide!

1.19 Die Lichtgeschwindigkeit beträgt ungefähr $3 \cdot 10^8$ m/s. Unter 1 Lichtjahr (1 ly) versteht man die Länge des Wegs, den das Licht in einem Jahr zurücklegt.

    a) Berechne diese Weglänge in Meter bzw. Kilometer und gib das Ergebnis jeweils in Gleitkommadarstellung an!

    b) Gib 1 ly in Gleitkommadarstellung in Millimeter an!

    c) Das Licht braucht von der großen Galaxie im Sternbild Andromeda bis zur Erde ungefähr 2,5 Millionen Jahre. Gib die ungefähre Entfernung dieser Galaxie zur Erde in Meter an!

1.20 Wie lange braucht eine Rakete mit einer Geschwindigkeit von 30 000 km/h, um ein Lichtjahr (1 ly $\approx 9 \cdot 10^{12}$ km) zurückzulegen?

1.21 Das Licht hat eine Geschwindigkeit von $3 \cdot 10^8$ m/s und braucht für den Weg zur Erde **a)** von der Sonne etwas mehr als 8 Minuten, **b)** vom Sirius (hellster Fixstern, der von der nördlichen Halbkugel aus gesehen werden kann) etwa 9 Jahre, **c)** von einem Stern im Zentrum der Milchstraße etwa 30 000 Jahre. Berechne unter Verwendung von Zehnerpotenzen die ungefähre Entfernung der Sonne, des Sirius bzw. des Zentrums der Milchstraße von der Erde!

1.22 Die Anzahl der Moleküle in 1 cm^3 eines Gases beträgt ca. 27 Trillionen.

    a) Schreibe diese Zahl mit Hilfe von Zehnerpotenzen an!

    b) Wie viele Moleküle sind in einem Liter eines Gases enthalten, wie viele in 1 m^3?

1.2 POTENZEN MIT EXPONENTEN AUS $\mathbb{Z}$

Definition von Potenzen mit ganzzahligen Exponenten

Wir kennen schon Zehnerpotenzen mit der Hochzahl 0 und Zehnerpotenzen mit negativen Hochzahlen:

$$10^0 = 1 \qquad 10^{-1} = \frac{1}{10} \qquad 10^{-2} = \frac{1}{100} \qquad 10^{-3} = \frac{1}{1000} \text{ usw.}$$

Allgemein definiert man:

Definition
Für alle $a \in \mathbb{R}^*$ und alle $n \in \mathbb{N}^*$ setzt man:
(1) $a^0 = 1$ $\qquad\qquad$ **(2)** $a^{-n} = \frac{1}{a^n}$

Insbesondere gilt:
$$a^{-1} = \frac{1}{a} \quad \text{und} \quad \frac{1}{a^{-n}} = \frac{1}{\frac{1}{a^n}} = a^n$$

BEMERKUNG: 0^0 ist nicht definiert.

Rechenregeln für Potenzen mit ganzzahligen Exponenten

Die im vorigen Abschnitt bewiesenen Potenzregeln gelten weiterhin. Die Einführung von negativen Hochzahlen erweist sich dabei als Vorteil, da wir bei der Regel $\frac{a^m}{a^n} = a^{m-n}$ nicht mehr $m > n$ voraussetzen müssen. Die Beweise dieser Regeln finden sich im Anhang auf Seite 282.

Satz (Rechenregeln für Potenzen mit ganzzahligen Exponenten)
Für alle $a, b \in \mathbb{R}^*$ und alle $m, n \in \mathbb{Z}$ gilt:

(1) $a^m \cdot a^n = a^{m+n}$ $\qquad$ **(2)** $\frac{a^m}{a^n} = a^{m-n}$ $\qquad\qquad$ **(3)** $(a^m)^n = a^{m \cdot n}$

(4) $(a \cdot b)^n = a^n \cdot b^n$ $\qquad$ **(5)** $\left(\frac{a}{b}\right)^n = \frac{a^n}{b^n}$

1.23 Zeige, dass für alle $a, b \in \mathbb{R}^*$ und alle $n \in \mathbb{Z}$ gilt:

$$\left(\frac{a}{b}\right)^{-n} = \left(\frac{b}{a}\right)^n$$

LÖSUNG: $\left(\frac{a}{b}\right)^{-n} = \frac{1}{\left(\frac{a}{b}\right)^n} = \frac{1}{\frac{a^n}{b^n}} = \frac{b^n}{a^n} = \left(\frac{b}{a}\right)^n$

AUFGABEN

1.24 Berechne:

a) 2^{-3} $\qquad$ **b)** 4^{-2} $\qquad$ **c)** $0{,}2^{-3}$ $\qquad$ **d)** $0{,}05^{-4}$ $\qquad$ **e)** $1{,}4^{-5}$ $\qquad$ **f)** $\left(\frac{1}{2}\right)^{-3}$ $\qquad$ **g)** $\left(\frac{3}{4}\right)^{-6}$

1.25 Berechne:

a) $(-3)^{-4}$ $\qquad$ **b)** $(-5)^{-3}$ $\qquad$ **c)** $-(0{,}5^{-3})$ $\qquad$ **d)** $(-0{,}02)^{-4}$ **e)** $(-1{,}7)^{-2}$ $\qquad$ **f)** $\left(-\frac{1}{4}\right)^{-2}$ $\qquad$ **g)** $-\left(\frac{3}{4}\right)^{-1}$

1.26 Berechne:

a) $(-3)^0$ $\qquad$ **b)** $(5^0)^3$ $\qquad$ **c)** $-(0{,}4^{-3}) \cdot 0{,}4^3$ $\qquad$ **d)** $((1{,}7)^{-2})^0$ $\qquad$ **e)** $\left(-\frac{1}{4}\right)^{-1} \cdot \left(\frac{1}{2}\right)^2$ $\qquad$ **f)** $\left(-\left(\frac{3}{4}\right)^{-1} \cdot 3^0\right)^{-2}$

1.27 Berechne:

a) $2^3 \cdot 2^{-2}$ c) $10^{-3} \cdot 10^2 \cdot 10^4$ e) $10^3 \cdot 10 \cdot 10^{-5}$ g) $2^3 \cdot 32 \cdot 2^{-7}$

b) $3^4 \cdot 3^{-2}$ d) $10^2 \cdot 10^2 \cdot 10^0$ f) $10^3 \cdot 10^3 \cdot 10^{-6}$ h) $7^4 \cdot 49 \cdot 7^{-7}$

1.28 Berechne: a) $(2^3)^2$ b) $(3^2)^2$ c) $(2^{-2})^3$ d) $(3^{-3})^{-2}$ e) $((-2)^2)^{-2}$ f) $((-3)^{-2})^{-3}$

1.29 Stelle mit positiven Hochzahlen dar!

a) a^{-2} b) $2 \cdot x^{-13}$ c) $\dfrac{1}{u^{-4}}$ d) $\dfrac{8}{v^{-3}}$ e) $a^2 b^{-3}$ f) $7x^{-2}y$ g) $-2v^3 w^{-3}$ h) $4p^{-3}q^{-1}$

1.30 Stelle mit positiven Hochzahlen dar!

a) $\dfrac{1}{z^{-2}}$ b) $\dfrac{3}{m^{-3}}$ c) $-\dfrac{5}{a^{-1}}$ d) $\dfrac{2^{-1}}{x}$ e) $\dfrac{2^{-1}}{x^{-1}}$ f) $\dfrac{3^{-2}}{x^{-3}}$ g) $\dfrac{-10^{-1}}{u^{-2}}$ h) $\dfrac{(-2)^{-1}}{v^{-10}}$

1.31 Kreuze die richtige(n) Aussage(n) an!

a)

$a^{-2} \cdot a^{-2} = a^4$	☐
$a^{-5} : a^{-5} = 1$	☐
$a^{-2} \cdot a^{-3} \cdot a^{-4} = a^{-9}$	☐
$(a^3)^{-5} = a^{-8}$	☐
$(a^{-3})^{-2} = a^6$	☐

b)

$\dfrac{1}{a^2} = a^{-2}$	☐
$-\dfrac{1}{a^2} = a^{-2}$	☐
$\dfrac{a^{-3}}{a^4} = \dfrac{1}{a^7}$	☐
$a^{-2} \cdot a^{-3} \cdot (2a)^{-4} = \dfrac{1}{16a^9}$	☐
$\dfrac{a^2 \cdot a^{-2}}{a^0} = 0$	☐

1.32 Ordne jedem Term in der linken Tabelle das dazugehörige Ergebnis aus der rechten Tabelle zu!

a)

$(2^2)^2$		A	4
$(2^{-2})^2$		B	$\dfrac{1}{16}$
$(2^{-1})^{-2}$		C	1
$(2^2)^{-1}$		D	16
$(2^0)^0$		E	$\dfrac{1}{4}$

b)

$\dfrac{3^2 \cdot 3^{-2}}{3^{-1}}$		A	$\dfrac{1}{25}$
$\dfrac{3 \cdot 3^{-1}}{3^6 \cdot 3^{-5}}$		B	$\dfrac{1}{3}$
$\dfrac{5^{-4} \cdot 5^{-2}}{5^{-3} \cdot 5^{-1}}$		C	25
$\dfrac{5^{-1} \cdot 5^3}{5^2 \cdot 5^{-2}}$		D	50
$\dfrac{3 \cdot 10^2 \cdot 10^{-3}}{6 \cdot 10 \cdot 10^{-4} \cdot 10^0}$		E	3

1.33 Kreuze die richtige(n) Aussage(n) an!

a)

$\dfrac{x^{-2}}{x^3} = x^5$	☐
$\dfrac{y^2}{y^{-4}} = \dfrac{1}{y^6}$	☐
$\dfrac{u^{-3} \cdot v}{u^{-5} \cdot v^{-1}} = (u \cdot v)^2$	☐
$\dfrac{2 \cdot w^{-3} \cdot z}{w^6 \cdot z^{-7}} = \dfrac{2z^8}{w^9}$	☐
$\dfrac{3 \cdot r^{-1} \cdot s^2}{r^{-2} \cdot w^{-1}} = 3rs^2w$	☐

b)

$x^{-1} \cdot y^{-1} = (x \cdot y)^{-1}$	☐
$(-x)^3 \cdot y^3 = -(x \cdot y)^9$	☐
$\dfrac{x^{-1}}{y^{-1}} = \dfrac{y}{x}$	☐
$\dfrac{(x \cdot y)^{-1}}{x^{-1} \cdot y^{-1}} = 1$	☐
$x^4 \cdot y^4 = (x \cdot y)^8$	☐

1.34 Vereinfache und stelle das Ergebnis mit positiven Hochzahlen dar!

a) $(x^3 + 1 + x^{-2}) \cdot x^3$ c) $(n^3 + n^2 + n^{-1}) \cdot 2n^{-1}$ e) $(v^2 - v) \cdot (v^{-1} + 1)$

b) $(a^2 + a^{-1} + a^{-2}) \cdot 3a^2$ d) $3u \cdot (u^{-1}v^{-1})^{-1}$ f) $(k^{-1} - 1) \cdot (k + 1)$

1.35 Vereinfache und stelle das Ergebnis mit positiven Hochzahlen dar!

a) $\dfrac{x^{-2}}{x^3}$　　b) $\dfrac{y^2}{y^{-4}}$　　c) $\dfrac{a^{-3}\cdot b}{a^{-5}\cdot b^{-1}}$　　d) $\dfrac{a^{-1}\cdot b^2}{a\cdot b^{-3}}$　　e) $\dfrac{2\cdot u^{-5}\cdot v}{u^6\cdot v^{-2}}$　　f) $\dfrac{3\cdot v^{-1}\cdot w^2}{v^{-7}\cdot w^{-3}}$

1.36 Vereinfache und stelle das Ergebnis mit positiven Hochzahlen dar!

a) $\dfrac{(x^2y)^{-3}}{x}$　　b) $\dfrac{(x^2y^2)^{-1}}{x^{-1}y^{-1}}$　　c) $3a\cdot\dfrac{1}{6a^{-2}}$　　d) $\dfrac{9}{3x^{-1}y^{-1}}\cdot x^2y^2$　　e) $\dfrac{25x}{x^{-3}y^{-2}}\cdot x^{-1}y^2$　　f) $\dfrac{2uv}{u^{-1}v^{-1}}:\dfrac{u^{-1}v}{v^{-1}u}$

1.37 Vereinfache und stelle das Ergebnis mit positiven Hochzahlen dar!

a) $a^{-3}:b^0$　b) $u^0:v^{-1}$　c) $\dfrac{1}{w^2\cdot x^0}$　d) $\dfrac{2k^0}{m^{-2}}$　　e) $\dfrac{x^{-1}+x^0}{y^0}$　　f) $\dfrac{x^0}{1+y^0}$　　g) $a^0\cdot\dfrac{m^{-1}}{n^0}$

1.38 Vereinfache und stelle das Ergebnis mit positiven Hochzahlen dar!

a) $\dfrac{a+b}{a^{-1}+b^{-1}}$　　b) $\dfrac{a-b}{a^{-1}-b^{-1}}$　　c) $(x^{-1}+y^{-1})^{-1}$　　d) $(x^{-1}-y^{-1})^{-1}$　　e) $z^{-1}\cdot\dfrac{1}{z}\cdot z\cdot\dfrac{1}{z^{-1}}$

1.39 Vereinfache und stelle das Ergebnis mit positiver Hochzahl dar!

a) $\dfrac{a^5}{a^{-2}}$　　b) $\dfrac{x^{-5}\cdot x}{x^{-3}}$　　c) $\dfrac{s^4\cdot s^{-3}}{s^5\cdot s^6}:s^{-2}$　　d) $\dfrac{(u^2)^{-5}}{u^7}$　　e) $\left(\dfrac{1}{2}y\right)^{-3}\cdot(2y^4)^{-3}$　　f) $-\dfrac{1}{2}\cdot k^{-2}\cdot k^4$

1.40 Ordne jedem Term in der linken Tabelle den äquivalenten Term aus der rechten Tabelle zu!

a)

$\left(\dfrac{4a^{-2}b^3}{8a^4b^{-4}}\right)^{-2}$	C
$\left(\dfrac{2a^3b^2}{a^{-4}b^{-3}}\right)^3$	A
$\left(\dfrac{a^2b^{-3}}{a^{-1}b^0}\right)^{-2}$	D
$\left(\dfrac{a^4b}{a^{-2}b^5}\right)^{-1}$	B

A	$8a^{21}b^{15}$
B	$\dfrac{b^4}{a^6}$
C	$\dfrac{4a^{12}}{b^{14}}$
D	$\dfrac{b^6}{a^6}$

b)

$(a+b)\cdot(a+b)^{-2}$	
$\dfrac{1}{(a+b)^{-2}}$	
$\dfrac{(a+b)^2}{(a+b)^{-1}}$	
$\dfrac{(a+b)^{-1}a^0b}{(a+b)b}$	

A	$(a+b)^3$
B	$\dfrac{1}{a^2+2ab+b^2}$
C	$\dfrac{1}{a+b}$
D	$a^2+2ab+b^2$

1.41 Berechne geschickt!

a) $\left(\dfrac{1}{2}\right)^{-3}:\left(\dfrac{1}{2}\right)^3$　　b) $\left(\dfrac{2}{3}\right)^2:\left(\dfrac{2}{3}\right)^{-2}$　　c) $\left(\dfrac{1}{3}\right)^3:\left(\dfrac{1}{3}\right)^{-1}$　　d) $\left(\dfrac{5}{6}\right)^{-1}:\left(\dfrac{5}{6}\right)^{-2}$

1.42 Stelle mit positiven Hochzahlen dar, vereinfache dann und berechne:

a) $\dfrac{2\cdot 3^{-3}\cdot 5}{4^{-2}\cdot 9\cdot 5^{-1}}$　　c) $\dfrac{(-3)^2\cdot 27\cdot 5^3}{(-3)^4\cdot 3\cdot 5^2}$　　e) $\dfrac{4^{-3}\cdot 7^2\cdot 10^{-2}}{2^{-7}\cdot 7\cdot 100^{-1}}$　　g) $\dfrac{15\cdot 3^2\cdot 5^{-2}}{3^{-1}\cdot 5^{-2}\cdot 9}$

b) $\dfrac{3^2\cdot 16\cdot 5^{-2}}{3^{-1}\cdot 2^3\cdot 5^{-3}}$　　d) $\dfrac{2^3\cdot 5^{-2}\cdot 100}{4\cdot 5^{-3}\cdot 10^3}$　　f) $\dfrac{8\cdot 25^{-2}\cdot 7^{-3}}{2^4\cdot 5^{-3}\cdot 7^{-4}}$　　h) $\dfrac{10\cdot 3^{-1}\cdot 5^2}{2\cdot 3^{-2}\cdot 25^2}$

1.43 Vereinfache und stelle das Ergebnis mit positiven Hochzahlen dar!

a) $\left(\dfrac{x}{2y}\right)^{-1}\cdot\left(\dfrac{2x}{y}\right)^{-2}$　　b) $\left(\dfrac{uv}{w}\right)^{-2}\cdot\left(-\dfrac{vw}{u}\right)^{-1}$　　c) $\left(\dfrac{1}{y}\right)^{-1}\cdot\left(\dfrac{x}{y}\right)^{-2}$　　d) $\left[\left(\dfrac{3x}{y}\right)^{-2}\right]^3\cdot\left(\dfrac{x}{y}\right)^6$

1.44 Berechne für $a=0{,}2\cdot 10^{-5}$, $b=0{,}3\cdot 10^{-6}$, $c=0{,}1\cdot 10^{-8}$:

a) $a\cdot b$　　b) $a^2\cdot c$　　c) $\dfrac{ab^2}{c}$　　d) $\dfrac{a^2b^2}{c^3}$　　e) $\dfrac{a^2b^2}{10c^2}$　　f) $\dfrac{ab^3}{100c^2}$

1.45 Der Radius eines Wasserstoffatoms beträgt etwa 0,000 000 005 cm. Der Durchmesser eines Natriumatoms beträgt etwa 0,000 000 04 cm. Schreibe diese Zahlen mit Hilfe von Zehnerpotenzen kürzer an! Berechne das Volumen eines Wasserstoff- bzw. Natriumatoms näherungsweise unter der Annahme, dass ein Atom kugelförmig ist!

1.46 Ein Eisenstab der Länge 1 m dehnt sich bei einer Temperaturerhöhung um 1 °C (innerhalb eines bestimmten Temperaturbereichs) jeweils um $12 \cdot 10^{-6}$ m aus. Um wie viel Millimeter dehnt sich eine 25 m lange Eisenbahnschiene bei Erwärmung um 50 °C aus?

1.47 Der Abstand zweier Atome beträgt in einer chemischen Verbindung 10^{-10} m. Wie viele solche Atome hätten auf einer Strecke von 5 cm Länge Platz?

1.48 Ein (kugelförmig gedachtes) Virus hat einen Radius von ca. 10^{-7} m. Berechne das ungefähre Volumen des Virus!

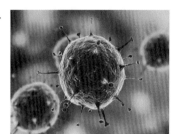

1.49 Ein Grippevirus hat eine Masse von ca. 10^{-19} kg. Wie viele solche Viren ergeben ein Gesamtgewicht von 1 mg?

1.50 Ein Elektron hat eine Masse von $9{,}109\,6 \cdot 10^{-31}$ kg, ein Proton von $1{,}672\,648 \cdot 10^{-27}$ kg. Wievielmal schwerer ist ein Proton als ein Elektron?

1.51 Ein Wasserstoffatom hat eine Masse von $1{,}68 \cdot 10^{-27}$ kg, ein Eisenatom von $9{,}5 \cdot 10^{-26}$ kg. Wie viel Promille von der Masse eines Eisenatoms macht die Masse eines Wasserstoffatoms aus?

1.52 Töne entstehen durch Luftschwingungen. Die Schwingungsdauer beträgt bei den höchsten hörbaren Tönen ungefähr $0{,}5 \cdot 10^{-4}$ s. Die Zeit zwischen zwei Herzschlägen beträgt grob geschätzt 1 s. Ungefähr wie viele Schwingungen erfolgen bei den höchsten hörbaren Tönen zwischen zwei Herzschlägen?

1.53 In einen Liter keimfreier Milch gibt man ein Joghurt-Bakterium. Nach 36 h findet man 20 Bakterien in einem Milchvolumen von $\frac{1}{4\,000}$ mm³. Wie viele solcher Bakterien sind dann in einem Liter enthalten? Wie groß ist das Volumen der in einem Liter enthaltenen Bakterien, wenn man annimmt, dass diese kugelförmig mit einem Radius von 10^{-6} m sind?

1.54 Für die Temperaturmessung wird in der Physik meist statt der Celsiusskala die Kelvinskala verwendet. Dabei stellen ein Grad Kelvin (1 K) und ein Grad Celsius (1 °C) dieselbe Temperaturänderung dar, jedoch liegt der Nullpunkt der Kelvinskala bei −273,15 °C. Es gilt also: 0 K = −273,15 °C. Man nimmt an, dass keine tieferen Temperaturen möglich sind, und bezeichnet daher 0 K als absoluten Nullpunkt der Temperatur. Der tiefste derzeit im Labor erreichte Temperaturwert beträgt $5 \cdot 10^{-4}$ K. Wie viel Grad Celsius sind das?

1.55 Der Durchmesser von Ölmolekülen lässt sich annähernd auf folgende Weise ermitteln: Man löst 1 cm³ Öl in 1000 cm³ Weingeist und bringt einen Tropfen dieser Lösung auf eine Wasseroberfläche. Dort breitet sich das Öl zu einer kreisförmigen Schicht aus, deren Dicke annähernd gleich dem Durchmesser eines Ölmoleküls ist (der Weingeist verdunstet oder löst sich in Wasser auf). Bei einem Experiment hat man das Volumen eines Tropfens der Lösung mit $5 \cdot 10^{-2}$ cm³ und den Radius der Ölschicht mit 10 cm gemessen. Wie viel Kubikzentimeter Öl haben sich auf der Wasseroberfläche ausgebreitet? Wie groß ist ungefähr die Dicke der Ölschicht und damit der Moleküldurchmesser?

1.3 WURZELN

Definition der n-ten Wurzel

1.56 Ermittle alle Lösungen der Gleichung $x^2 = 4$!

LÖSUNG: $x = 2 \lor x = -2$

Die Gleichung $x^2 = 4$ hat zwei Lösungen, nämlich 2 und -2, da $2^2 = 4$ und $(-2)^2 = 4$.
Früher hat man sowohl 2 als auch -2 mit $\sqrt{4}$ bezeichnet. Damit das Wurzelsymbol eindeutig ist, bezeichnet man aber heute nur die nichtnegative Lösung 2 dieser Gleichung mit $\sqrt{4}$.

Allgemein definiert man:

Definition
Ist $a \in \mathbb{R}_0^+$, so nennt man jene nichtnegative reelle Zahl, deren Quadrat gleich a ist, die **Quadratwurzel aus a** und bezeichnet sie mit $\sqrt[2]{a}$ oder kurz mit $\sqrt{a}$.

Symbolisch: $\sqrt{a} = x \Leftrightarrow x^2 = a \land x \geq 0$

Noch allgemeiner definiert man:

Definition
Ist $n \in \mathbb{N}^*$ und $a \in \mathbb{R}_0^+$, so nennt man jene nichtnegative reelle Zahl, deren n-te Potenz gleich a ist, die **n-te Wurzel aus a** und bezeichnet sie mit $\sqrt[n]{a}$.

Symbolisch: $\sqrt[n]{a} = x \Leftrightarrow x^n = a \land x \geq 0$

Für $n = 2$ stimmt diese Definition mit der Definition der Quadratwurzel überein.

Bei $\sqrt[n]{a}$ sind folgende Bezeichnungen üblich:

> **a** ... **Radikand** [radix, lat. = Wurzel]
> **n** ... **Wurzelexponent**

BEMERKUNG: Man kann zeigen, dass die Gleichung $x^n = a$ (mit $n \in \mathbb{N}^*$ und $a \in \mathbb{R}_0^+$) genau eine nichtnegative reelle Lösung hat. Deshalb ist $\sqrt[n]{a}$ eindeutig bestimmt.

Rechenregeln für Wurzeln

Satz (Rechenregeln für Wurzeln)
Für alle $a, b \in \mathbb{R}_0^+$, alle $m, n, k \in \mathbb{N}^*$ und alle $z \in \mathbb{Z}$ gilt:

(1) $\sqrt[n]{a^n} = a$

(2) $(\sqrt[n]{a})^n = a$

(3) $(\sqrt[n]{a})^z = \sqrt[n]{a^z}$ (falls $a \neq 0$)

(4) $\sqrt[n]{a \cdot b} = \sqrt[n]{a} \cdot \sqrt[n]{b}$

(5) $\sqrt[n]{\dfrac{a}{b}} = \dfrac{\sqrt[n]{a}}{\sqrt[n]{b}}$ (falls $b \neq 0$)

(6) $\sqrt[m]{\sqrt[n]{a}} = \sqrt[m \cdot n]{a}$

(7) $\sqrt[k \cdot m]{a^{k \cdot n}} = \sqrt[m]{a^n}$

Ein Beweis dieses Satzes findet sich im Anhang auf Seite 282 und 283.

BEMERKUNG: Die Regel (6) besagt, dass man Wurzelexponent und Exponent des Radikanden durch dieselbe Zahl kürzen bzw. mit derselben Zahl erweitern darf.

AUFGABEN

1.57 Ermittle mit Technologieeinsatz näherungsweise die nichtnegative Lösung der folgenden
🖩 kompakt Gleichung! Runde auf drei Nachkommastellen!
Seite 26

   a) $x^5 = 27$ **b)** $x^6 = 1{,}4$ **c)** $x^4 = 0{,}003$ **d)** $x^{19} = 1{,}1$ **e)** $x^{25} = 1000$

1.58 Berechne ohne Technologieeinsatz!

   a) $\sqrt{3} \cdot \sqrt{27}$ **c)** $\dfrac{\sqrt{12}}{\sqrt{3}}$ **e)** $\sqrt{6} \cdot \sqrt{6}$ **g)** $2 \cdot \sqrt[4]{3} \cdot \sqrt[4]{27}$

   b) $\sqrt{5} \cdot \sqrt{20}$ **d)** $\dfrac{\sqrt{50}}{\sqrt{2}}$ **f)** $(\sqrt{2})^2$ **h)** $\dfrac{\sqrt[3]{128}}{2 \cdot \sqrt[3]{2}}$

1.59 Berechne ohne Technologieeinsatz!

   a) $(\sqrt{5})^6$ **b)** $(\sqrt{2})^4$ **c)** $(\sqrt{3})^4$ **d)** $\left(\sqrt[3]{2}\right)^6$

1.60 Berechne ohne Technologieeinsatz!

   a) $(\sqrt{2} - \sqrt{4{,}5}) \cdot \sqrt{2}$ **b)** $(\sqrt{2} + \sqrt{8})^2$ **c)** $(\sqrt{3} - \sqrt{12})^2$ **d)** $(2 - 3 \cdot \sqrt{5}) \cdot (2 + 3 \cdot \sqrt{5})$

1.61 Berechne ohne Technologieeinsatz!

   a) $(\sqrt{3})^8$ **b)** $(2\sqrt{2})^4$ **c)** $\left(\sqrt[6]{3}\right)^{12}$ **d)** $\left(3\sqrt[4]{5}\right)^4$ **e)** $\left(4\sqrt[4]{4}\right)^{-2}$

1.62 Ermittle die Zahl m!

   a) $\sqrt[24]{x^{m \cdot 3}} = \sqrt[4]{x^3}$ **b)** $\sqrt[m]{r \cdot s} = \sqrt[m]{r} \cdot \sqrt[5]{s}$ **c)** $\sqrt[3]{\sqrt[m]{7}} = \sqrt[6]{7}$ **d)** $\left(\sqrt[4]{2}\right)^m = \sqrt[4]{8}$

1.63 Vereinfache!
🖩 kompakt **a)** $\sqrt{x} \cdot \sqrt{x}$ **b)** $\sqrt[3]{u^2} \cdot \sqrt[3]{u}$ **c)** $\sqrt{a^n} \cdot (\sqrt{a})^n$ **d)** $\dfrac{\sqrt{a^3 b^5}}{\sqrt{a^2 b^4}}$ **e)** $\dfrac{\sqrt[3]{u^2 v^7}}{\sqrt[3]{u^2 v^6}}$
Seite 26

1.64 Kreuze die zu $\sqrt[3]{64}$ äquivalenten Terme an!

$\sqrt{16} \cdot \sqrt{4}$	☐
$\left(\sqrt[3]{2}\right)^2 \cdot \sqrt[3]{16}$	☐
$\sqrt[12]{64^4}$	☐
$(\sqrt{2})^4$	☐
$\dfrac{\sqrt{64}}{\sqrt[5]{32}}$	☐

1.65 Ordne jeder Rechenanweisung in der linken Tabelle das dazugehörige Ergebnis aus der rechten Tabelle zu, ohne Technologie zu benutzen!

a)

$\sqrt{8} \cdot \sqrt{2}$	
$\sqrt[3]{4} \cdot \sqrt[3]{2}$	
$\sqrt[4]{2} \cdot \sqrt[4]{0{,}5}$	
$\sqrt[5]{9} \cdot \sqrt[5]{27}$	

A	1
B	2
C	3
D	4
E	5

b)

$\dfrac{\sqrt{50}}{\sqrt{2}}$	
$\dfrac{\sqrt[3]{54}}{\sqrt[3]{2}}$	
$\dfrac{\sqrt[4]{48}}{\sqrt[4]{3}}$	
$\dfrac{\sqrt{10}}{\sqrt{0{,}1}}$	

A	2
B	3
C	4
D	5
E	10

Teilweises Wurzelziehen

Beim teilweisen Wurzelziehen zerlegt man den Radikanden so in ein Produkt, dass man für einen Faktor oder mehrere Faktoren die Wurzel einfach bestimmen kann.

1.66 Vereinfache durch teilweises Wurzelziehen!

a) $\sqrt{8}$ b) $\sqrt[3]{48}$ c) $\sqrt{\dfrac{125}{49}}$ d) $\sqrt[3]{x^6 y^4}$

LÖSUNG:

a) $\sqrt{8} = \sqrt{4 \cdot 2} = \sqrt{4} \cdot \sqrt{2} = 2 \cdot \sqrt{2}$

c) $\sqrt{\dfrac{125}{49}} = \sqrt{\dfrac{25 \cdot 5}{49}} = \sqrt{\dfrac{25}{49}} \cdot \sqrt{5} = \dfrac{5}{7} \cdot \sqrt{5}$

b) $\sqrt[3]{48} = \sqrt[3]{8 \cdot 6} = \sqrt[3]{8} \cdot \sqrt[3]{6} = 2 \cdot \sqrt[3]{6}$

d) $\sqrt[3]{x^6 \cdot y^4} = \sqrt[3]{x^6 \cdot y^3 \cdot y} = \sqrt[3]{x^6} \cdot \sqrt[3]{y^3} \cdot \sqrt[3]{y} = x^2 y \cdot \sqrt[3]{y}$

AUFGABEN

1.67 Forme durch teilweises Wurzelziehen um!

a) $\sqrt{18}$ b) $\sqrt{45}$ c) $\sqrt{108}$ d) $\sqrt{288}$ e) $\sqrt{300}$ f) $\sqrt{1200}$

1.68 Forme durch teilweises Wurzelziehen um!

a) $\sqrt[3]{24}$ b) $\sqrt[3]{54}$ c) $\sqrt[3]{81}$ d) $\sqrt[4]{64}$ e) $\sqrt[5]{128}$ f) $\sqrt[6]{128}$

1.69 Forme durch teilweises Wurzelziehen um!

a) $\sqrt{64x^3}$ b) $\sqrt[3]{27u^7}$ c) $\sqrt[3]{125u^6 v^8}$ d) $\sqrt[4]{16x^5 yz^8}$ e) $\sqrt{\dfrac{4m^2 n^3}{k^4}}$ f) $\sqrt[3]{\dfrac{81w^6 x^2}{y^9}}$

1.70 Vereinfache!

a) $\sqrt{x^3 y^{-2}} \cdot \sqrt{x^5 y^3}$ b) $\sqrt[3]{xy^2} \cdot \sqrt[3]{x^7 y^{-1}}$ c) $\dfrac{\sqrt{x^{11} y^7}}{\sqrt{x^6 y^5}}$ d) $\dfrac{\sqrt[3]{x^7 y^8}}{\sqrt[3]{x^4 y^3}}$ e) $\sqrt[4]{x^2 y^2} \cdot \dfrac{\sqrt[4]{16x^3 y^3}}{\sqrt[4]{xy}}$

1.71 Leite mit dem pythagoräischen Lehrsatz eine Formel für die folgende Größe her und stelle die Größe in der Form $x \cdot \sqrt{y}$ dar!

a) Höhe eines gleichseitigen Dreiecks mit der Seitenlänge 2a

b) Flächeninhalt eines gleichseitigen Dreiecks mit der Seitenlänge 2a

c) Länge der Diagonale eines Quadrats mit der Seitenlänge a

d) Länge der Diagonale eines Rechtecks mit den Seitenlängen s und $\dfrac{s}{3}$

e) Höhe des Trapezes in nebenstehender Abbildung

f) Länge der Diagonale des Trapezes in nebenstehender Abbildung

g) Flächeninhalt des Trapezes in nebenstehender Abbildung

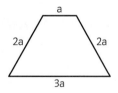

Unter eine Wurzel bringen

Die Umkehrung des teilweisen Wurzelziehens besteht darin, dass man einen vor einer Wurzel stehenden Faktor unter die Wurzel bringt, indem man diesen geeignet potenziert.

1.72 Bringe alles unter eine Wurzel!   a) $2 \cdot \sqrt{2}$ b) $3 \cdot \sqrt[3]{2}$ c) $\dfrac{\sqrt{a}}{2b}$ d) $\dfrac{a}{c} \cdot \sqrt[3]{\dfrac{c^2}{a}}$

LÖSUNG:

a) $2 \cdot \sqrt{2} = \sqrt{2^2 \cdot 2} = \sqrt{8}$

c) $\dfrac{\sqrt{a}}{2b} = \sqrt{\dfrac{a}{4b^2}}$

b) $3 \cdot \sqrt[3]{2} = \sqrt[3]{3^3 \cdot 2} = \sqrt[3]{54}$

d) $\dfrac{a}{c} \cdot \sqrt[3]{\dfrac{c^2}{a}} = \sqrt[3]{\dfrac{a^3}{c^3} \cdot \dfrac{c^2}{a}} = \sqrt[3]{\dfrac{a^2}{c}}$

AUFGABEN

1.73 Bringe alles unter eine Wurzel!

a) $v^2 \cdot \sqrt[3]{uv}$ **b)** $uv \cdot \sqrt{uv}$ **c)** $\dfrac{\sqrt{2u}}{3u}$ **d)** $\dfrac{u^2}{v} \cdot \sqrt[3]{\dfrac{v^2}{u^2}}$ **e)** $u^2 \cdot \sqrt[3]{u^2}$ **f)** $\dfrac{u}{2} \cdot \sqrt[4]{16u}$

1.74 Bringe alles unter eine Wurzel!

a) $x \cdot \sqrt{\dfrac{1}{x}}$ **b)** $\dfrac{x}{\sqrt{x}}$ **c)** $\dfrac{\sqrt{x}}{x}$ **d)** $\dfrac{x}{\sqrt[3]{x^2}}$ **e)** $\dfrac{x^2}{\sqrt{x^3}}$

1.75 Schreibe mit nur einer Wurzel an!

a) $\sqrt{a} \cdot \sqrt[3]{a}$ **b)** $\dfrac{\sqrt[3]{a^2}}{\sqrt{a}}$ **c)** $\sqrt{a} \cdot \sqrt[4]{a}$ **d)** $\dfrac{\sqrt[4]{a^2}}{\sqrt{a}}$

HINWEIS zu **a)**: $\sqrt{a} \cdot \sqrt[3]{a} = \sqrt[6]{a^3} \cdot \sqrt[6]{a^2} = \ldots$

Wurzelfreimachen des Nenners

Das Dividieren durch eine Wurzel stellt bei Technologieeinsatz kein Problem dar. Bei Formeln oder Rechenergebnissen zieht man es aber oft vor, den Nenner „wurzelfrei" zu machen.

1.76 Forme den gegebenen Bruch so um, dass im Nenner keine Wurzel vorkommt!

a) $\dfrac{3a}{\sqrt{5}}$ **b)** $\dfrac{x \cdot \sqrt{3}}{\sqrt{3}+1}$

LÖSUNG:

a) Wir erweitern den Bruch mit $\sqrt{5}$:

$$\frac{3a}{\sqrt{5}} = \frac{3a \cdot \sqrt{5}}{\sqrt{5} \cdot \sqrt{5}} = \frac{3a\sqrt{5}}{(\sqrt{5})^2} = \frac{3a}{5}\sqrt{5}$$

b) Wir erweitern den Bruch mit $\sqrt{3}-1$ und wenden im Nenner eine binomische Formel an:

$$\frac{x \cdot \sqrt{3}}{\sqrt{3}+1} = \frac{x \cdot \sqrt{3} \cdot (\sqrt{3}-1)}{(\sqrt{3}+1) \cdot (\sqrt{3}-1)} = \frac{x \cdot (3-\sqrt{3})}{3-1} = \frac{x \cdot (3-\sqrt{3})}{2}$$

AUFGABEN

1.77 Forme den Bruch so um, dass im Nenner keine Wurzel vorkommt!

a) $\dfrac{x}{\sqrt{7}}$ **b)** $\dfrac{a}{2 \cdot \sqrt{3}}$ **c)** $\dfrac{5b}{1-\sqrt{3}}$ **d)** $\dfrac{x}{\sqrt{3}+\sqrt{2}}$ **e)** $\dfrac{x-y}{\sqrt{x-y}}$

AUFGABEN AUS DER GEOMETRIE

1.78 Ein Quadrat hat den Flächeninhalt A. Drücke die Seitenlänge a und den Umfang u des Quadrats durch A aus!

1.79 Ein Würfel hat das Volumen V. Drücke die Kantenlänge a und den Oberflächeninhalt O des Würfels durch V aus!

1.80 Ein Kreis hat den Flächeninhalt A. Drücke den Radius r und den Umfang u des Kreises durch A aus!

1.81 Ein gleichseitiges Dreieck hat den Flächeninhalt A. Drücke die Seitenlänge a und den Umfang u des Dreiecks durch A aus!

1.82 Ein Würfel hat den Oberflächeninhalt O. Drücke die Kantenlänge a und das Volumen V des Würfels durch O aus!

Wurzelgleichungen

1.83 Für welche $x \in \mathbb{R}$ gilt:

kompakt
Seite 26

a) $\sqrt{2x-4} - 2 = 0$ b) $\sqrt{2x-4} + 2 = 0$ c) $\sqrt{2-2x} = \sqrt{2x-10}$

LÖSUNG:

a)

$\sqrt{2x-4} - 2 = 0$		Isolieren der Wurzel
$\sqrt{2x-4} = 2$		Quadrieren
$2x - 4 = 4$		
$2x = 8$		
$x = 4$		

Probe: $\sqrt{2 \cdot 4 - 4} - 2 = 0$

b)

$\sqrt{2x-4} + 2 = 0$		Isolieren der Wurzel
$\sqrt{2x-4} = -2$		Quadrieren
$2x - 4 = 4$		
$2x = 8$		
$x = 4$		

Probe: $\sqrt{2 \cdot 4 - 4} + 2 \neq 0$
Die erhaltene Zahl 4 ist also keine Lösung
der gegebenen Gleichung.
Die Gleichung gilt für kein $x \in \mathbb{R}$.

c)

$\sqrt{2-2x} = \sqrt{2x-10}$		Quadrieren
$2 - 2x = 2x - 10$		
$4x = 12$		
$x = 3$		

Probe: $\sqrt{2-6} = \sqrt{6-10}$
Diese Gleichung ist sinnlos, da die
Radikanden auf beiden Seiten negativ
sind. Die erhaltene Zahl 3 ist also keine
Lösung der gegebenen Gleichung.
Die Gleichung gilt für kein $x \in \mathbb{R}$.

In den Aufgaben 1.83 b) und c) haben wir jeweils eine Zahl x erhalten, die die Probe nicht besteht, sodass diese Zahl keine Lösung der gegebenen Gleichung ist. Woran liegt das? Der Grund dafür ist darin zu suchen, dass **Quadrieren keine Äquivalenzumformung** ist. Es gilt nur $a = b \Rightarrow a^2 = b^2$, aber nicht $a^2 = b^2 \Rightarrow a = b$. ZB: Aus $(-2)^2 = 2^2$ folgt nicht $-2 = 2$.

Wir haben durch unsere Rechnung nur gezeigt: Wenn die gegebene Gleichung eine Lösung x besitzt, dann muss x die erhaltene Zahl sein. Ob diese Zahl aber tatsächlich eine Lösung der Gleichung ist oder nicht, muss durch die Probe entschieden werden. Bei **Wurzelgleichungen** ist somit die **Probe unerlässlich**.

AUFGABEN

1.84 Für welche $x \in \mathbb{R}$ gilt:

a) $\sqrt{3x+1} + 2 = 6$ c) $4 + \sqrt{\frac{3x}{4}} = 6$ e) $\sqrt{2x+1} = \sqrt{5x-11}$

b) $\sqrt{3x+1} + 6 = 2$ d) $25 - \sqrt{4x-7} = 20$ f) $\sqrt{x-2} = \sqrt{3x+4}$

1.85 Für welche $a \in \mathbb{R}$ gilt:

a) $\sqrt{a-2} - \sqrt{a+5} = 7$ d) $\sqrt{a+5} - \sqrt{a} = 1$ g) $2 + \sqrt{a^2+a+4} = a+3$

b) $\sqrt{a-2} + \sqrt{a+5} = 7$ e) $\sqrt{a+34} = \sqrt{a-1} + 5$ h) $1 + \sqrt{(a+2)(a-2)} = a$

c) $\sqrt{a+11} + \sqrt{a} = 11$ f) $1 + \sqrt{a+21} = \sqrt{a+44}$ i) $\sqrt{(a+1)(a-3)} + 2 = a$

1.86 Für welche $x \in \mathbb{R}$ gilt:

a) $\sqrt{8x+1} - \sqrt{2x+4} = \sqrt{2x-3}$ c) $\frac{3}{\sqrt{x+8}} = \frac{1}{\sqrt{x}}$ e) $2\sqrt{x+2} + 5\sqrt{x-1} = \sqrt{49x-17}$

b) $\sqrt{(x-1) \cdot (x+2)} + 1 = x$ d) $\frac{4}{\sqrt{x+4}} = 3$ f) $2\sqrt{x+3} + \sqrt{4x+12} = 12$

1.4 POTENZEN MIT EXPONENTEN AUS $\mathbb{Q}$

(R) Definition von Potenzen mit rationalen Exponenten

Für den weiteren Aufbau der Mathematik erweist es sich als zweckmäßig, Potenzen mit rationalen Hochzahlen einzuführen und zwar so, dass die bisherigen Potenzregeln weiterhin gelten. Betrachten wir zum Beispiel die Regel:

Eine Potenz wird potenziert, indem man die Hochzahlen miteinander multipliziert und die Basis unverändert lässt.

Wenn diese Regel auch für rationale Hochzahlen gelten soll, erhält man $\left(a^{\frac{m}{n}}\right)^n = a^{\frac{m}{n} \cdot n} = a^m$. Daraus folgt nach der Definition der n-ten Wurzel $a^{\frac{m}{n}} = \sqrt[n]{a^m}$. Daraus schließen wir: Soll die genannte Regel auch für rationale Hochzahlen gelten, so muss man definieren: $a^{\frac{m}{n}} = \sqrt[n]{a^m}$

Definition
Für alle $a \in \mathbb{R}_0^+$, $m \in \mathbb{Z}$ und $n \in \mathbb{N}^*$ setzt man:
$$a^{\frac{m}{n}} = \sqrt[n]{a^m} \quad \text{(sofern a und m nicht beide 0 sind)}$$

BEMERKUNGEN:

- Eine Bruchzahl kann auf unendlich viele Arten durch einen Bruch dargestellt werden, zB: $\frac{1}{2} = \frac{2}{4} = \frac{3}{6} = \frac{4}{8} = \dots$ (wobei alle diese Brüche durch Erweitern aus einem Ausgangsbruch hervorgehen). Damit die obige Definition von $a^{\frac{m}{n}}$ sinnvoll ist, müssen wir zeigen, dass $a^{\frac{1}{2}} = a^{\frac{2}{4}} = a^{\frac{3}{6}} = \dots$ ist, also stets $a^{\frac{km}{kn}} = a^{\frac{m}{n}}$ (für $k \neq 0$) gilt. Dies ist aber der Fall, denn
$$a^{\frac{km}{kn}} = \sqrt[kn]{a^{km}} = \sqrt[n]{a^m} = a^{\frac{m}{n}}.$$

- Für $n = 1$ geht die Definition $a^{\frac{m}{n}} = \sqrt[n]{a^m}$ über in $a^{\frac{m}{1}} = \sqrt[1]{a^m} = a^m$. Potenzen mit rationalen Exponenten sind also eine Verallgemeinerung von Potenzen mit ganzen Exponenten.

(R) AUFGABEN

1.87 Schreibe als Potenz mit rationaler Hochzahl an!
a) $\sqrt[3]{2}$ b) $\sqrt[3]{2^7}$ c) $\sqrt[4]{3^3}$ d) $\sqrt[3]{5^2}$ e) $\sqrt[n]{2^5}$ f) $\sqrt[k]{2^7}$

1.88 Schreibe als Potenz mit rationaler Hochzahl an!
a) $\sqrt{a^{-1}}$ b) $\frac{1}{\sqrt[3]{x^{-2}}}$ c) $\sqrt[n]{b^{-3}}$ d) $\sqrt[n]{y^{0,5}}$ e) $\frac{1}{\sqrt{u}}$ f) $\frac{1}{\sqrt[5]{a^{10}}}$

1.89 Schreibe als Wurzel an!
a) $a^{\frac{1}{2}}$ b) $x^{\frac{3}{4}}$ c) $y^{-0,5}$ d) $u^{-\frac{2}{3}}$ e) $(3v)^{-\frac{2}{5}}$ f) $x^{1,25}$

(R) Rechenregeln für Potenzen mit rationalen Exponenten

Die bisherigen Potenzregeln gelten weiterhin. Beweise findet man im Anhang auf Seite 283.

Satz (Rechenregeln für Potenzen mit rationalen Exponenten)
Für alle $a, b \in \mathbb{R}^+$ und alle $r, s \in \mathbb{Q}$ gilt:

(1) $a^r \cdot a^s = a^{r+s}$ (2) $\frac{a^r}{a^s} = a^{r-s}$ (3) $(a^r)^s = a^{r \cdot s}$

(4) $(a \cdot b)^r = a^r \cdot b^r$ (5) $\left(\frac{a}{b}\right)^r = \frac{a^r}{b^r}$

1.90 Berechne ohne Technologieeinsatz!

a) $5^{\frac{3}{2}} \cdot 5^{\frac{1}{2}}$ **b)** $9^{\frac{1}{2}} \cdot 9^{\frac{1}{2}}$ **c)** $3^{\frac{1}{2}} \cdot 3^{\frac{3}{2}}$ **d)** $8^{\frac{2}{3}} \cdot 8^{-1}$ **e)** $100^{-0,5} \cdot 100$

1.91 Berechne ohne Technologieeinsatz!

a) $\dfrac{2^{\frac{3}{2}}}{2^{\frac{1}{2}}}$ **b)** $\dfrac{25^{\frac{1}{6}}}{25^{\frac{2}{3}}}$ **c)** $\left(\dfrac{1}{2}\right)^{\frac{5}{4}} : \left(\dfrac{1}{2}\right)^{-\frac{3}{4}}$ **d)** $\left(\dfrac{8}{9}\right)^{\frac{4}{3}} : \left(\dfrac{8}{9}\right)$ **e)** $\left(\dfrac{1}{9}\right)^{0} : \left(\dfrac{1}{9}\right)^{\frac{1}{2}}$

1.92 Berechne ohne Technologieeinsatz!

a) $(3^4)^{\frac{1}{2}}$ **b)** $(4^6)^{\frac{2}{3}}$ **c)** $\left(9^{-\frac{2}{3}}\right)^{\frac{3}{4}}$ **d)** $\left(0,5^{-\frac{1}{2}}\right)^{-4}$ **e)** $(5^0)^{\frac{1}{4}}$

1.93 Ordne jedem Term in der linken Tabelle (mit $a \in \mathbb{R}^+$) den äquivalenten Term aus der rechten Tabelle zu!

a)

$(2a)^{\frac{1}{2}}$	
$2a^{-\frac{1}{2}}$	
$3 \cdot a^{-\frac{2}{3}}$	
$(a^2)^{-\frac{1}{2}}$	

A	$\dfrac{2}{\sqrt{a}}$
B	$\dfrac{3}{\sqrt[3]{a^2}}$
C	$\dfrac{2}{\sqrt[3]{a}}$
D	$\dfrac{2}{\sqrt[3]{a^2}}$
E	$\sqrt{2a}$
F	$\dfrac{1}{a}$

b)

$a^{\frac{4}{3}} \cdot \left(\dfrac{1}{a}\right)^{\frac{1}{3}}$	
$a^{-\frac{3}{4}} \cdot \left(\dfrac{1}{a}\right)^{-\frac{3}{4}}$	
$a^{\frac{2}{3}} \cdot (a^2)^{\frac{2}{3}}$	
$a^{\frac{2}{3}} \cdot a$	

A	a
B	a^2
C	$\dfrac{a}{\sqrt[3]{a}}$
D	1
E	$a\sqrt[3]{a^2}$
F	$\dfrac{1}{a^3\sqrt[3]{a^2}}$

1.94 Kreuze die richtige(n) Aussage(n) an!

$3^{\frac{1}{2}} \in \mathbb{Q}$	☐
$4^{\frac{1}{2}} \in \mathbb{N}$	☐
$2 \cdot 2^{\frac{1}{2}} \in \mathbb{R}$	☐
$8^{\frac{1}{2}} \in \mathbb{N}$	☐
$-125^{\frac{1}{3}} \in \mathbb{Z}$	☐

1.95 Kreuze die richtige(n) Aussage(n) an!

Für alle $a \in \mathbb{R}_0^+$ und alle $n \in \mathbb{N}^*$ gilt: $a^{\frac{1}{n}} = \sqrt[n]{a}$	☐
Für alle $a \in \mathbb{R}^+$ und alle $p, q \in \mathbb{N}^*$ gilt: $a^{\frac{p}{q}} \cdot a^{\frac{q}{p}} = a$	☐
Für alle $a \in \mathbb{R}^+$ und alle $p, q \in \mathbb{N}^*$ gilt: $\left(a^{\frac{p}{q}}\right)^2 = \dfrac{a^{2p}}{a^{2q}}$	☐
Für alle $a \in \mathbb{R}^+$ und alle $p, q \in \mathbb{N}^*$ ist $a^{\frac{p}{q}} \in \mathbb{Q}$	☐
Für alle $a \in \mathbb{R}^+$ und alle $n \in \mathbb{N}^*$ gilt: $\left(\dfrac{a^p}{a^q}\right)^n = a^{p \cdot n} \cdot a^{-q \cdot n}$	☐

1.5 POTENZEN MIT EXPONENTEN AUS ℝ

Definition von Potenzen mit reellen Exponenten

Wir werden im Abschnitt 4.1 reelle Funktionen f mit $f(x) = a^x$ über ihrer größtmöglichen Definitionsmenge ℝ untersuchen. Dazu müssen zuerst Potenzen a^x mit $x \in$ ℝ definiert werden.

Was soll man beispielsweise unter $3^{\sqrt{2}}$ verstehen?

Man kommt der unbekannten Zahl $3^{\sqrt{2}}$ immer näher, wenn man $\sqrt{2}$ durch rationale untere und obere Schranken immer enger einschränkt. Zum Beispiel:

$$1{,}4 < \sqrt{2} < 1{,}5 \qquad \Rightarrow \qquad 3^{1{,}4} < 3^{\sqrt{2}} < 3^{1{,}5} \qquad \Rightarrow \qquad 4{,}6555 < 3^{\sqrt{2}} < 5{,}1962$$
$$1{,}41 < \sqrt{2} < 1{,}42 \qquad \Rightarrow \qquad 3^{1{,}41} < 3^{\sqrt{2}} < 3^{1{,}42} \qquad \Rightarrow \qquad 4{,}7069 < 3^{\sqrt{2}} < 4{,}7590$$
$$1{,}414 < \sqrt{2} < 1{,}415 \qquad \Rightarrow \qquad 3^{1{,}414} < 3^{\sqrt{2}} < 3^{1{,}415} \qquad \Rightarrow \qquad 4{,}7276 < 3^{\sqrt{2}} < 4{,}7329 \quad \text{usw.}$$

Es erscheint demnach sinnvoll, unter $3^{\sqrt{2}}$ jene Zahl zu verstehen, die zwischen allen Zahlen 3^x mit rationalem $x < \sqrt{2}$ und allen Zahlen 3^y mit rationalem $y > \sqrt{2}$ liegt.

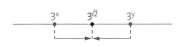

Allgemein definieren wir:

Definition
Sei $a \in$ ℝ⁺ und $r \in$ ℝ. Unter a^r verstehen wir jene Zahl, die zwischen **allen Zahlen a^x mit rationalem $x < r$** und **allen Zahlen a^y mit rationalem $y > r$** liegt.

Man kann beweisen, dass es genau eine solche Zahl gibt. Die Potenz a^r ist also eindeutig bestimmt. Außerdem kann man zeigen, dass sich mit dieser Definition im Falle $r \in$ ℚ der gleiche Wert der Potenz ergibt wie durch Anwendung der Definition auf Seite 19. Potenzen mit reellen Exponenten sind also Verallgemeinerungen von Potenzen mit rationalen Exponenten.

Rechenregeln für Potenzen mit reellen Exponenten

Die bisherigen Potenzregeln gelten weiterhin:

Satz (Rechenregeln für Potenzen mit reellen Exponenten)
Für alle $a, b \in$ ℝ⁺ und alle $x, y \in$ ℝ gilt:

(1) $a^x \cdot a^y = a^{x+y}$ 　　　　(2) $\dfrac{a^x}{a^y} = a^{x-y}$ 　　　　(3) $(a^x)^y = a^{x \cdot y}$

(4) $(a \cdot b)^x = a^x \cdot b^x$ 　　　　(5) $\left(\dfrac{a}{b}\right)^x = \dfrac{a^x}{b^x}$

Satz: Für alle $a \in$ ℝ⁺ und alle $x \in$ ℝ⁺ gilt:
(1) $a > 1 \Rightarrow a^x > 1$ 　　　　(2) $0 < a < 1 \Rightarrow 0 < a^x < 1$

Beweise dieser Sätze führen wir nicht durch.

AUFGABEN

1.96　Die Zahl $2^{\sqrt{2}}$ kann durch Potenzen mit rationalen Hochzahlen beliebig genau angenähert werden. Gib zwei rationale Zahlen x und y so an, dass $2^x < 2^{\sqrt{2}} < 2^y$ und $y - x < 0{,}001$ ist!

1.6 LOGARITHMEN

Ⓡ ### Der Begriff des Logarithmus

1.97 Mit welcher Hochzahl muss 10 potenziert werden, um **a)** 100, **b)** 0,001 zu erhalten?

LÖSUNG: **a)** mit 2, denn $10^2 = 100$ **b)** mit -3, denn $10^{-3} = \frac{1}{10^3} = 0,001$

Definition
Seien a, b $\in \mathbb{R}^+$ und a $\neq 1$. Die Hochzahl, mit der man a potenzieren muss, um b zu erhalten, heißt
Logarithmus zur Basis a von b und wird mit **$\log_a b$** bezeichnet.

Die Zahl b wird in diesem Zusammenhang auch als Numerus (lat. = Zahl) bezeichnet.
Es gilt somit:

$$a^{\log_a b} = b \quad \text{bzw.} \quad \textbf{Basis}^{\textbf{Logarithmus}} = \textbf{Numerus}$$

Setzt man $\log_a b = x$, erhält man:

$$\underbrace{\log_a b = x}_{\text{logarithmische Darstellung}} \quad \Leftrightarrow \quad \underbrace{a^x = b}_{\text{exponentielle Darstellung}}$$

Ein und derselbe Sachverhalt kann also auf zwei verschiedene Arten angeschrieben werden.

BEMERKUNG: Man kann zeigen, dass die Gleichung $a^x = b$ (mit a, b $\in \mathbb{R}^+$ und a $\neq 1$) genau eine
Lösung x besitzt. Deshalb ist $\log_a b$ eindeutig bestimmt. Für a = 1 hat diese Gleichung
aber nicht immer eine Lösung (z.B. ist $1^x = 2$ nicht lösbar). Daher ist $\log_a b$ für a = 1
nicht definiert.

1.98 Berechne: **a)** $\log_2 8$ **b)** $\log_3 81$ **c)** $\log_{10} 0,01$ **d)** $\log_2 0,125$

ⅉT kompakt
Seite 26

LÖSUNG:
a) 1. LÖSUNGSMÖGLICHKEIT: $\log_2 8 = x \Leftrightarrow 2^x = 8 \Leftrightarrow x = 3$. Also ist $\log_2 8 = 3$.
2. LÖSUNGSMÖGLICHKEIT: Mit welcher Hochzahl muss die Basis 2 potenziert werden, um den
Numerus 8 zu erhalten? Offensichtlich mit 3. Also ist $\log_2 8 = 3$.
b) $\log_3 81 = x \Leftrightarrow 3^x = 81 \Leftrightarrow x = 4$. Also ist $\log_3 81 = 4$.
c) $\log_{10} 0,01 = x \Leftrightarrow 10^x = 0,01 \Leftrightarrow x = -2$. Also ist $\log_{10} 0,01 = -2$.
d) $\log_2 \frac{1}{8} = x \Leftrightarrow 2^x = \frac{1}{8} \Leftrightarrow x = -3$. Also ist $\log_2 \frac{1}{8} = -3$.

Logarithmen zur Basis 10 heißen **Zehnerlogarithmen** bzw. **dekadische Logarithmen** und werden
mit **$\log_{10} b$** oder kurz **$\log b$** bezeichnet.

Ⓡ AUFGABEN

1.99 Ordne jeder logarithmischen Darstellung in der
linken Tabelle die zugehörige exponentielle
Darstellung aus der rechten Tabelle zu!

$\log_u v = w$	
$\log_u w = v$	
$\log_v u = w$	
$\log_w v = u$	

A	$u^v = w$
B	$u^w = v$
C	$v^w = u$
D	$v^u = w$
E	$w^u = v$
F	$w^v = u$

1.100 Ordne jeder exponentiellen Darstellung in der linken Tabelle die zugehörige logarithmische Darstellung aus der rechten Tabelle zu!

$a^b = c$	
$a^c = b$	
$b^a = c$	
$c^a = b$	

A	$\log_a b = c$
B	$\log_c b = a$
C	$\log_c a = b$
D	$\log_b a = c$
E	$\log_b c = a$
F	$\log_a c = b$

1.101 Berechne ohne Technologieeinsatz!

a) $\log_3 9$ **b)** $\log_3 27$ **c)** $\log_4 16$ **d)** $\log_4 64$ **e)** $\log_{10} 1000$

1.102 Berechne ohne Technologieeinsatz!

a) $\log_3 \frac{1}{3}$ **b)** $\log_3 \frac{1}{9}$ **c)** $\log_4 \frac{1}{4}$ **d)** $\log_4 \frac{1}{64}$ **e)** $\log_{10} 0{,}0001$

1.103 Berechne ohne Technologieeinsatz!

a) $\log_2 \sqrt{2}$ **b)** $\log_2 \frac{1}{\sqrt{2}}$ **c)** $\log_3 \sqrt{3}$ **d)** $\log_3 \sqrt[3]{3}$ **e)** $\log_{10} \sqrt{1000}$

1.104 Berechne ohne Technologieeinsatz für $a \in \mathbb{R}^+$ und $a \neq 1$!

a) $\log_a a$ **b)** $\log_a \frac{1}{a}$ **c)** $\log_a \sqrt{a}$ **d)** $\log_a 1$ **e)** $a^{\log_a 1000}$

1.105 Ermittle die Basis a!

a) $\log_a 36 = 2$ **b)** $\log_a 27 = 3$ **c)** $\log_a 256 = 4$ **d)** $\log_a 0{,}1 = -1$ **e)** $\log_a 0{,}125 = -3$

Rechenregeln für Logarithmen

Satz

Für alle $a \in \mathbb{R}^+$ mit $a \neq 1$ und alle $x, y \in \mathbb{R}^+$ gilt:

(1) $\log_a(x \cdot y) = \log_a x + \log_a y$

(2) $\log_a \frac{x}{y} = \log_a x - \log_a y$

(3) $\log_a(x^y) = y \cdot \log_a x$

BEWEIS:

(1) $\log_a(x \cdot y) = \log_a\left(a^{\log_a x} \cdot a^{\log_a y}\right) = \log_a\left(a^{\log_a x + \log_a y}\right) = \log_a x + \log_a y$

(2) $\log_a \frac{x}{y} = \log_a\left(\frac{a^{\log_a x}}{a^{\log_a y}}\right) = \log_a\left(a^{\log_a x - \log_a y}\right) = \log_a x - \log_a y$

(3) $\log_a(x^y) = \log_a\left((a^{\log_a x})^y\right) = \log_a\left(a^{y \cdot \log_a x}\right) = y \cdot \log_a x$ $\qquad \square$

AUFGABEN

1.106 Drücke als Term eines einzigen Logarithmus aus!

a) $\log_a u + \log_a v - \log_a w$ **b)** $\log_a x - 3 \cdot \log_a y$ **c)** $2 \cdot \log_a p + 3 \cdot \log_a q - 4 \cdot \log_a r$

1.107 Vereinfache aufgrund der Rechenregeln für Logarithmen!

a) $\log_a x + \log_a \frac{1}{x}$ **d)** $2 \cdot \log_a \sqrt{x}$ **g)** $\log_{10}(100a) - \log_{10} a$

b) $\log_a \frac{a}{a-b} + \log_a(a-b)$ **e)** $\log_a(a^y)$ **h)** $\log_{10} \frac{u \cdot v}{w} + \log_{10} w - \log_{10} v$

c) $\log_a x^3 - \log_a x$ **f)** $2 + \log_{10} \frac{1}{100a}$ **i)** $\log_{10}(x-y)^2 - \log_{10}(x-y)$

R ## Exponentialgleichungen

1.108
⌐T kompakt
Seite 26

Für welche $x \in \mathbb{R}$ gilt näherungsweise $5^{2x-1} = 30$?

LÖSUNG:

Wir logarithmieren die Gleichung, d.h. wir wenden auf beiden Seiten den Zehnerlogarithmus an. Anschließend benutzen wir eine Rechenregel für Logarithmen.

$$5^{2x-1} = 30$$
$$\log_{10}(5^{2x-1}) = \log_{10} 30$$
$$(2x-1) \cdot \log_{10} 5 = \log_{10} 30$$
$$2x - 1 = \frac{\log_{10} 30}{\log_{10} 5}$$
$$x = \frac{1}{2} \cdot \left(\frac{\log_{10} 30}{\log_{10} 5} + 1 \right) \approx 1{,}5566$$

Probe: $5^{(2 \cdot 1{,}5566 - 1)} \approx 30$ (genauer durch Abspeichern der Lösung x)

R ### AUFGABEN

⌐T 1.109 Ermittle x näherungsweise!

a) $3^x = 7$ c) $2^x = 15$ e) $5^x = 9$ g) $10^x = 17$ i) $8{,}2^x = 7{,}5$

b) $25^{3x} = 98$ d) $9^{-2x} = 25$ f) $2^{4x-5} = 19$ h) $3{,}68^{-x+1} = 7{,}93$ j) $0{,}25^{2x-1} = 5{,}68$

1.110 Drücke x durch die übrigen Variablen aus!

a) $a = b^{cx}$ c) $u^{2x+1} = \frac{a}{b}$ e) $k^{7-x} = m \cdot n$ g) $\frac{a}{b^{2x}} = c^2 \cdot d$ i) $(a+1)^{2x} = \frac{b}{c}$

b) $(8m)^{x-1} = n^2$ d) $z^{(x^2)} = a + b^2 \cdot c^3$ f) $K = K_o \cdot r^x$ h) $N = N_o \cdot b^{2x}$ j) $A = R \cdot (1 - a^{-x})$

L ## Logarithmische Skalen

Bisher haben wir eine Zahlengerade stets mit einer so genannten **äquidistanten Skala** versehen. Dabei wird jeweils die Zahl x im Abstand $|x|$ vom Anfangspunkt der Skala (Nullpunkt) aufgetragen und zwar nach links für $x < 0$ und nach rechts für $x > 0$. Für positive Zahlen x ist es jedoch manchmal vorteilhaft, eine so genannte **logarithmische Skala** zu verwenden. Dabei wird jeweils die Zahl $x > 0$ im Abstand $|\log_{10} x|$ vom Anfangspunkt der Skala aufgetragen. Der Anfangspunkt einer solchen Skala wird mit 1 beschriftet, da $\log_{10} 1 = 0$ ist.

Logarithmische Skalen werden u.a. verwendet, um große Zahlenbereiche darstellen zu können. In der folgenden Abbildung sind beispielsweise die Wellenlängen des Spektrums mit einer logarithmischen Skala dargestellt. Bei Verwendung einer äquidistanten Skala könnte man nicht alle Wellenlängen auf dem zur Verfügung stehenden Raum übersichtlich darstellen. Einzelne Bereiche des Spektrums würden zu Strichen zusammenschrumpfen.

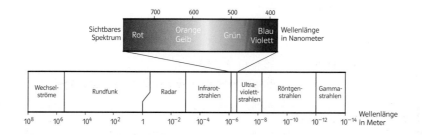

Die Euler'sche Zahl e und der natürliche Logarithmus

In vielen Anwendungen benutzt man Logarithmen, deren Basis die so genannte **Euler'sche Zahl e** ist. Wie diese Zahl e genau definiert ist, werden wir erst im Abschnitt 8.4 angeben. Hier sei nur so viel gesagt:

Die **Euler'sche Zahl e** ist **irrational** und es ist **e ≈ 2,718281828**.

Der Logarithmus zur Basis e erhält einen eigenen Namen:

Leonhard Euler

Definition
Sei $x \in \mathbb{R}^+$. Die Zahl $\log_e x$ heißt **natürlicher Logarithmus von x** und wird mit **ln x** bezeichnet [Lies: logarithmus naturalis von x].

AUFGABEN

1.111 Berechne!
a) $\ln 2$
b) $\ln 10$
c) $\ln(0{,}1)$
d) $\ln(0{,}5)$

1.112 Berechne!
a) $\ln e$
c) $\ln e^{8,5}$
e) $\ln \frac{1}{e^2}$
g) $\ln(\ln e)$

b) $\ln e^2$
d) $\ln \frac{1}{e}$
f) $\ln 1$
h) $e^{\ln x}$

1.113 Kreuze die richtige(n) Aussage(n) an, ohne Technologie einzusetzen!

a)

$e^0 = \ln e$	☐
$e^{\ln e} = e$	☐
$\ln 1 = 1$	☐
$\ln(\ln e) = e$	☐
$\ln e^{\ln e} = 1$	☐

b)

$\ln x = 2 \Leftrightarrow e^2 = x$	☐
$\ln x^2 = 4 \Leftrightarrow e^2 = x$	☐
$\ln e = 0$	☐
$\ln \frac{1}{2x} = -(\ln 2 + \ln x)$	☐
$\ln 1 = \log_{10} 1$	☐

Exponentialgleichungen mit der Basis e

Exponentialgleichungen mit der Basis e löst man einfacher mit dem natürlichen Logarithmus als mit dem Zehnerlogarithmus.

1.114 $e^{2x} = 5$. Berechne x näherungsweise!

LÖSUNG:
$$e^{2x} = 5$$
$$2x = \ln 5$$
$$x = \frac{\ln 5}{2} \approx 0{,}8047 \qquad \textbf{Probe: } e^{2 \cdot 0,8047} \approx 5$$
$$\text{(genauer durch Abspeichern der Lösung x)}$$

1.115 Berechne x näherungsweise!
a) $e^{x+1} = 8$
b) $e^{2x+1} = 2$
c) $e^{3x} = 2 \cdot e^{2x}$
d) $e^{\ln x} = e$

TECHNOLOGIE KOMPAKT

GEOGEBRA	CASIO CLASS PAD II

Quadratwurzel, Kubikwurzel und n-te Wurzel näherungsweise berechnen

GEOGEBRA	CASIO CLASS PAD II
X= CAS-Ansicht	Iconleiste – Main – Statusleiste – Dezimal – [Keyboard] – [Math1]
Eingabe: sqrt(*Zahl*) – Werkzeug $\approx$	$\sqrt{\blacksquare}$ – Eingabe: *Zahl* [EXE]
Ausgabe → *Quadratwurzel der Zahl gerundet*	Ausgabe → *Quadratwurzel der Zahl gerundet*
Eingabe: cbrt(*Zahl*) – Werkzeug $\approx$	$\sqrt[\square]{\square}$ – 1. Feld: 3 – 2. Feld: *Zahl* [EXE]
Ausgabe → *Kubikwurzel (dritte Wurzel) der Zahl gerundet*	Ausgabe → *Kubikwurzel (dritte Wurzel) der Zahl gerundet*
Eingabe: *Zahl*^(1/n) – Werkzeug $\approx$	$\sqrt[\square]{\square}$ – 1. Feld: *n* – 2. Feld: *Zahl* [EXE]
Ausgabe → *n-te Wurzel der Zahl gerundet*	Ausgabe → *n-te Wurzel der Zahl gerundet*

Wurzelterm vereinfachen

GEOGEBRA	CASIO CLASS PAD II
X= CAS-Ansicht:	Iconleiste – Main – Statusleiste – Standard –
Eingabe: Vereinfache[*Term*] [ENTER]	Menüleiste – Aktion – Umformungen –
Ausgabe → *Vereinfachter Term*	simplify(*Term, Variable*) [EXE]
	Ausgabe → *Vereinfachter Term*

Wurzel- und Exponentialgleichung in einer Variablen näherungsweise lösen

GEOGEBRA	CASIO CLASS PAD II
X= CAS-Ansicht:	Iconleiste – Main – Statusleiste – Dezimal – [Keyboard] – [Math1]
Eingabe: Löse[*Gleichung, Variable*] =	Menüleiste – Aktion – Weiterführend –
Ausgabe → *Liste der Lösung(en)*	solve(*Gleichung, Variable*) [EXE]
	Ausgabe → *Liste der Lösung(en)*

Logarithmus $\log_a b$ näherungsweise berechnen

GEOGEBRA	CASIO CLASS PAD II
X= CAS-Ansicht:	Iconleiste – Main – Statusleiste – Dezimal – [Keyboard] – [Math1]
Eingabe: log(*a, b*) – Werkzeug $\approx$	$\log_{\blacksquare}\square$ – 1. Feld: *a* – 2. Feld: *b* [EXE]
Ausgabe → *Logarithmus zur Basis a von b gerundet*	Ausgabe → *Logarithmus zur Basis a von b gerundet*
Eingabe: ln(*Zahl*) – Werkzeug $\approx$	ln *Zahl* [EXE]
Ausgabe → *natürlicher Logarithmus der Zahl gerundet*	Ausgabe → *natürlicher Logarithmus der Zahl gerundet*

AUFGABEN

T 1.01 Ermittle näherungsweise jene Zahl x, für die $5^x = 77$ gilt!

T 1.02 Vereinfache durch teilweises Wurzelziehen mit der Hand den Term $\sqrt{x^4 y^{-2}} \cdot \sqrt{x^3 y^3}$!
Führe die Vereinfachung mit Technologieeinsatz durch und vergleiche die Ergebnisse!

T 1.03 Löse die Wurzelgleichung $2\sqrt{x+2} + 5\sqrt{x-1} = \sqrt{49x-17}$
1) zuerst händisch und notiere, wie lange du für die Lösung benötigst,
2) dann mit Technologieeinsatz und berechne, um wie viel Prozent sich die Lösungsdauer durch den Technologieeinsatz verändert hat!

T 1.04 Überlege, welche der beiden Zahlen $\log_2 20$ und ln 20 größer ist! Überprüfe deine Vermutung mit Technologieeinsatz!

KOMPETENZCHECK

AUFGABEN VOM TYP 1

AG-R 2.1 **1.116** Kreuze die Gleichungen an, die für alle a, b ∈ ℝ* gelten!

a)

$a^2 \cdot a^3 = a^5$	☐
$a^2 \cdot a^2 = 2a^2$	☐
$a^3 : a^2 = a$	☐
$(a^3)^4 = a^7$	☐
$(3a^3)^2 = 6a^6$	☐

b)

$a^{-3} \cdot a^{-2} = a^6$	☐
$(a^3b)^{-5} = a^{-2}b^{-5}$	☐
$a^2 \cdot a^{-2} = 0$	☐
$a^{-3} : a^{-4} = a$	☐
$(a^{-3})^2 = a^{-6}$	☐

AG-R 2.1 **1.117** Kreuze die Gleichungen an, die für alle a, b ∈ ℝ* gelten!

a)

$\left(\dfrac{a^{-2}}{b^3}\right)^3 = \dfrac{1}{a^6b^9}$	☐
$\dfrac{(a^2b)^{-2}}{ab^2} = \dfrac{1}{a^5b^4}$	☐
$\left(\dfrac{a^2}{b^3}\right)^{-3} = \dfrac{a^6}{b^9}$	☐
$\dfrac{(ab^2)^{-1}}{ab} = b^{-1}$	☐
$a \cdot \dfrac{b^{-5}}{a^7} = \dfrac{a^6}{b^5}$	☐

b)

$\dfrac{a^8b^5}{a^2b^9} = \dfrac{a^6}{b^4}$	☐
$\dfrac{(2a^2b)^4}{a^2b^6} = \dfrac{8a^6}{b^2}$	☐
$\left(\dfrac{a^5}{b^3}\right)^3 = \dfrac{a^{15}}{b^9}$	☐
$\left(\dfrac{a}{b^3}\right)^2 : a = \dfrac{a}{b^9}$	☐
$a^9 \cdot \dfrac{b^5}{a^7} = \dfrac{b^5}{a^2}$	☐

AG-R 2.1 **1.118** Kreuze die Terme an, die zu $(a^3b^{-6}c)^{-5}$ äquivalent sind!

$a^{-2}b^{-11}c^{-4}$	☐
$a^{-15}b^{30}c^{-5}$	☐
$(a^{-3}b^6c^{-1})^5$	☐
$\dfrac{b^{30}c^{-5}}{a^{-15}}$	☐
$\dfrac{1}{(a^{-3}b^6c^{-1})^{-5}}$	☐

AG-R 2.1 **1.119** Kreuze an, welche der folgenden Gleichungen für alle a, b ∈ ℝ$_0^+$ und alle m, n ∈ ℕ* richtig sind!

a)

$\sqrt[n]{a^n} + b = a + \sqrt[n]{b}$	☐
$\sqrt[n]{a \cdot b} = \sqrt[n]{a} \cdot \sqrt[n]{b}$	☐
$\sqrt[n]{\sqrt[m]{a}} = \sqrt[m]{\sqrt[n]{a}}$	☐
$\sqrt[n]{a^m} = \sqrt[m]{a^n}$	☐
$\sqrt[n]{a^{(n^2)}} = a^2$	☐

b)

$\sqrt[n]{a^{n+1}} = a \cdot \sqrt[n]{a}$	☐
$\sqrt[n]{a} \cdot \sqrt[m]{b} = \sqrt[n \cdot m]{a^n b^m}$	☐
$\sqrt[n]{a} \cdot \sqrt[m]{b} = \sqrt[n+m]{ab}$	☐
$n \cdot \sqrt[n]{a} = a$	☐
$\sqrt[n]{a^n b^n} = ab$	☐

AG-R 2.1 **1.120** Kreuze an, welche Wurzelausdrücke rationale Zahlen darstellen!

a)

$\sqrt{18}$	☐
$\sqrt{49}$	☐
$-\sqrt[3]{27}$	☐
$\sqrt[4]{25}$	☐
$\dfrac{\sqrt{12}}{\sqrt{27}}$	☐

b)

$\sqrt[3]{3} \cdot \sqrt[3]{90}$	☐
$\sqrt[3]{16} \cdot \sqrt[3]{32}$	☐
$\sqrt{\pi^2}$	☐
$3 \cdot \sqrt[3]{3}$	☐
$\dfrac{\sqrt[4]{32}}{\sqrt[4]{2}}$	☐

AG-R 2.1 **1.121** Kreuze die Gleichungen an, die für alle $a, b \in \mathbb{R}_0^+$ gelten!

$\left(a^{-\frac{2}{5}}\right)^{-4} = a^{\frac{8}{5}}$	☐
$a^{-\frac{2}{3}} \cdot a^{\frac{3}{4}} = a^{-\frac{1}{2}}$	☐
$\sqrt{98a} - \sqrt{50a} = \sqrt{8a}$	☐
$\sqrt[3]{a^2 b} \cdot \sqrt[3]{a^4 b^8} = a^2 \cdot b^3$	☐
$\sqrt[3]{8a^6 b^5} = 2a^2 b \cdot \sqrt[3]{b}$	☐

AG-R 2.1 **1.122** Kreuze die richtige(n) Aussage(n) an!

$\log_2 4 = \log_4 8$	☐
$\log_5 5 = \log_6 6$	☐
$\log_5 0{,}2 = \log_{10} 0{,}1$	☐
$\log_3 27 = \log_6 216$	☐
$\log_9 3 = \log_{49} 7$	☐

AG-R 2.1 **1.123** Kreuze an, was für alle $a, b \in \mathbb{R}^+ \backslash \{1\}$ und alle $x, y \in \mathbb{R}^+$ gilt!

a)

$a^x = b^x \Rightarrow a = b$	☐
$x^a = x^b \Rightarrow a = b$	☐
$a^x = a^y \Rightarrow x = y$	☐
$x^a = y^a \Rightarrow x = y$	☐
$(x^a)^b = (x^b)^a \Rightarrow a = b$	☐

b)

$\log_a x = \log_b x \Rightarrow a = b$	☐
$\log_a x = \log_a y \Rightarrow x = y$	☐
$\log_a x = b \Rightarrow \log_b x = a$	☐
$\log_a(b \cdot x) = b \cdot \log_a x$	☐
$\log_a(x^b) = b \cdot \log_a x$	☐

AG-R 2.1 **1.124** Ordne jeder Gleichung in der linken Tabelle die äquivalente Gleichung aus der rechten Tabelle zu ($a, b, c \in \mathbb{R}^+ \backslash \{1\}$ und $x \in \mathbb{R}$)!

a)

$a = b \cdot c^x$	
$a = b^{cx}$	
$a^2 = b^x$	

A	$x = \dfrac{\log_{10} a}{c \cdot \log_{10} b}$
B	$x = \dfrac{2 \cdot \log_{10} a}{\log_{10} b}$
C	$x = \dfrac{2 \cdot \log_{10} b}{\log_{10} a}$
D	$x = \dfrac{\log_{10}\left(\frac{a}{b}\right)}{\log_{10} c}$

b)

$a^b = c$	
$a^c = b$	
$b^a = c$	
$b^c = a$	

A	$a = \log_b c$
B	$c = \log_b a$
C	$b = \log_a c$
D	$c = \log_a b$
E	$b = \log_c a$
F	$a = \log_c b$

AG-R 2.1 **1.125** Kreuze die beiden richtigen Aussagen an ($a \in \mathbb{R}^+$)!

a)

$\ln e = 0$	☐
$\ln \frac{1}{e} = 0$	☐
$\ln e^2 = 1$	☐
$\ln \frac{1}{e^2} = -2$	☐
$\ln 1 = 0$	☐

b)

$e^x = a \Rightarrow x = \ln a$	☐
$e^{x+1} = a \Rightarrow x = \ln a + 1.$	☐
$e^{2x} = a \Rightarrow x = 2 \cdot \ln a$	☐
$e^{2(x+1)} = a \Rightarrow x = \frac{1}{2} \cdot \ln a - 1$	☐
$2 \cdot e^{2x} = a \Rightarrow x = \frac{1}{4} \cdot \ln \frac{a}{2}$	☐

AUFGABEN VOM TYP 2

AG-R 2.1   **1.126   Lautstärke**

Bei jeder Schallempfindung spielen zwei Größen eine Rolle:
- die objektive Schallintensität I (gemessen in Watt/m^2),
- die subjektiv empfundene Lautstärke L (gemessen in Dezibel).

Die folgende Tabelle gibt einen ungefähren Eindruck hinsichtlich der empfundenen Lautstärken in verschiedenen Situationen an.

10 Dezibel	Blätterrascheln
30 Dezibel	Flüstern
50 Dezibel	Vogelgezwitscher
70 Dezibel	Haartrockner
80 Dezibel	Straßenverkehr
90 Dezibel	Kopfhörer
100 Dezibel	Rockkonzert (1 m vor dem Lautsprecher)
140 Dezibel	Düsenflugzeug
160 Dezibel	Geschützknall

Ab 85 Dezibel können bei längerer Einwirkung Gehörschäden auftreten, ab 130 Dezibel (Schmerzgrenze) können Schäden schon bei kurzer Einwirkung entstehen.

Die subjektiv empfundene Lautstärke L ist zur objektiven Schallintensität nicht direkt proportional, sondern es herrscht folgender Zusammenhang:

$$L(I) = 10 \cdot \log_{10} \frac{I}{I_0}$$

Dabei ist $I_0 = 10^{-12}\,W/m^2$ die Hörschwelle der Schallintensität.

a)
- Zwei gleich starke Schallquellen erzeugen zusammen zwar die doppelte Schallintensität wie eine dieser Schallquellen allein, aber sie werden zusammen nicht als doppelt so laut empfunden wie eine allein. Berechne, um wie viel Dezibel die subjektiv empfundene Lautstärke zunimmt, wenn die Schallintensität verdoppelt wird!
- Zeige, dass eine Verzehnfachung der Schallintensität stets zu einer Lautstärkenerhöhung von 10 Dezibel führt!

b)
- An einer Durchzugsstraße wurde der Verkehrslärm mit ca. 80 Dezibel gemessen. Berechne die dazugehörige Schallintensität!
- Durch die Verwendung von Flüsterasphalt kann Verkehrslärm um ungefähr 5 Dezibel reduziert werden. Ermittle, um wie viel Prozent die Intensität des Verkehrslärms durch Einsatz dieser Lärmschutzmaßnahme ungefähr abnimmt!

c)
- In einem großen Saal unterhalten sich 1000 Personen flüsternd. Berechne die dadurch entstehende Lautstärke in Dezibel!
- Eine Pauke kann eine Lautstärke von 110 dB erreichen. Berechne, wie viele Pauken gleichzeitig mit maximaler Intensität geschlagen werden müssten, damit die Schmerzgrenze erreicht wird?

2 UNGLEICHUNGEN

GRUNDKOMPETENZEN

AG-R 2.4 **Lineare Ungleichungen** aufstellen, interpretieren, umformen/lösen, Lösungen (auch geometrisch) deuten können.

2.1 LINEARE UNGLEICHUNGEN

Lösen linearer Ungleichungen

Definition
Eine Ungleichung der Form $a \cdot x + b > 0$, $a \cdot x + b \geq 0$, $a \cdot x + b < 0$ oder $a \cdot x + b \leq 0$ (mit $a, b \in \mathbb{R}$ und $a \neq 0$) bezeichnet man als **lineare Ungleichung in der Variablen x**.

Man bezeichnet auch jede Ungleichung, die sich durch Umformen auf eine dieser Formen bringen lässt, als lineare Ungleichung, wobei eventuell die Menge der zugelassenen Belegungen für x eingeschränkt werden muss.

T kompakt Seite 38 Zum Lösen von Ungleichungen darf man die gleichen Äquivalenzumformungen wie bei Gleichungen verwenden, allerdings mit folgender Ausnahme:

AUSNAHME: Wird mit einer negativen Zahl multipliziert oder durch eine negative Zahl dividiert, dann dreht sich das Ungleichheitszeichen um.

BEISPIEL 1: $2 < 5 \quad | \cdot (-1)$
$\quad\quad -2 > -5$

BEISPIEL 2: $-4 > -6 \quad | : (-2)$
$\quad\quad 2 < 3$

BEISPIEL 3: $-3x \geq 9 \quad | : (-3)$
$\quad\quad x \leq -3$

Wie für eine Gleichung kann man auch für eine Ungleichung verlangen, dass sie über einer vorgegebenen **Grundmenge** zu lösen ist. Wenn keine Grundmenge angegeben ist, legt man die Grundmenge $\mathbb{R}$ zugrunde. Jede Zahl x aus der Grundmenge, welche die Ungleichung erfüllt, heißt **Lösung** der Ungleichung. Während jedoch eine lineare Gleichung $ax + b = 0$ mit $a, b \in \mathbb{R}$ und $a \neq 0$ stets genau eine Lösung besitzt, kann eine lineare Ungleichung mehrere Lösungen besitzen. Deshalb ist es sinnvoll, alle Lösungen der Ungleichung zu einer **Lösungsmenge** zusammenzufassen.

⊕
Applet
m6du3f

2.01 Für welche $x \in \mathbb{R}$ gilt $3 \cdot (1 - 2x) < 15$?

LÖSUNG:

$$
\begin{aligned}
3 \cdot (1 - 2x) &< 15 &&\mid : 3\\
1 - 2x &< 5 &&\mid -1\\
-2x &< 4 &&\mid : (-2)\\
x &> -2
\end{aligned}
$$

Alle reellen Zahlen, die größer als -2 sind, sind Lösungen der Ungleichung. Somit gilt:

$L = \{x \in \mathbb{R} \mid x > -2\} = (-2; \infty)$

Nebenstehend ist der Graph der Funktion f mit $f(x) = 3 \cdot (1 - 2x)$ dargestellt. Daraus kann die Lösungsmenge auch grafisch ermittelt werden.

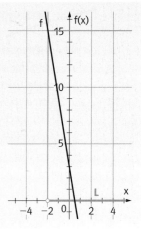

ℝ **AUFGABEN**

2.02 Kreuze die reellen Zahlen an, die eine Lösung der Ungleichung $2 \cdot (x - 1) < 3x$ sind!

☐ 0   ☐ 2   ☐ −2   ☐ $\frac{1}{2}$ ☐ $-\frac{5}{2}$

2.03 Löse die Ungleichung $f(x) \le a$ über der Grundmenge $\mathbb{R}$ und stelle die Lösungsmenge L wie in Aufgabe 2.01 grafisch dar!

a) $f(x) = 3 - \frac{1}{2} \cdot x, a = 5$ b) $f(x) = \frac{1}{8} \cdot (x - 4), a = 0$ c) $f(x) = \frac{2}{3} \cdot x - 3, a = -1$

T **2.04** Für welche $x \in \mathbb{R}$ gilt:

a) $2 \cdot (1 + 3x) < 9$ c) $6 \cdot (2x - 3) < 8$ e) $3 \cdot (1 + 2x) - 4 < 0$

b) $4 \cdot (3 - x) < 12$ d) $4 \cdot (-2x + 1) > 15$ f) $5 \cdot (3 - 5x) - 7 \le -5$

T **2.05** Ermittle die Lösungsmenge L der Ungleichung über der Grundmenge $\mathbb{R}$!

a) $\frac{1}{3} \cdot (2x + 4) < 4 \cdot \left(\frac{1}{2} + \frac{x}{6} \right)$ b) $\frac{x}{4} + \frac{x}{3} < \frac{1}{4} \cdot \left(\frac{x}{3} - 4 \right) + \frac{x}{2}$

2.06 Ordne jeder Ungleichung in der linken Tabelle die zugehörige Lösungsmenge über der Grundmenge $\mathbb{R}$ aus der rechten Tabelle zu!

$\frac{2x}{5} + \frac{1}{10} \le \frac{1}{5}$	
$\frac{x-2}{4} + \frac{1}{2} \le 9$	
$\frac{x-2}{4} + \frac{1}{2} < 0$	
$2 \cdot (1 - x) + 4 \cdot \frac{x-1}{2} \ge 0$	
$\frac{2x+3}{4} - \frac{3x+2}{3} < x + \frac{1}{12}$	

A	$\mathbb{R}$
B	$\mathbb{R}^+$
C	$\mathbb{R}^-$
D	$\left(-\infty; \frac{1}{4} \right]$
E	$(-\infty; 36]$

2.07 Kreuze die Aussagen an, die für alle $x, y, z \in \mathbb{R}$ zutreffen!

$x + y < z \Rightarrow x < z - y$	☐
$x < 0 \Leftrightarrow -x > 0$	☐
$x \cdot y < z \wedge y > 0 \Rightarrow x < \frac{z}{y}$	☐
$x \cdot y \ge z \wedge x < 0 \Rightarrow y \ge \frac{z}{x}$	☐
$x < y \wedge z < 0 \Leftrightarrow \frac{x}{z} < \frac{y}{z}$	☐

Textaufgaben zu linearen Ungleichungen

2.08 Herr Adam möchte in seinem Garten Buchsbaumkugeln
anpflanzen und dafür nicht mehr als 500 € ausgeben.
Eine Gärtnerei bietet Buchsbaumpflanzen um 16,50 € pro Stück
an und verrechnet unabhängig von der Bestellmenge 4 €
Versandkosten.
Wie viele solcher Pflanzen kann Herr Adam höchstens
bestellen?

2.09 Felicitas möchte eine Geschenkschachtel wie in der Abbildung
verschnüren, wobei für die Masche 10 cm vorgesehen ist.
Felicitas besitzt mehrere quaderförmige Schachteln, die alle
5 cm hoch sind und deren Breite jeweils die Hälfte von der
Länge misst. Leider besitzt sie nur ein 90 cm langes Geschenk-
band. Wie lang darf die gewählte Schachtel höchstens sein?

2.10 Ein Süßwarenhersteller bietet zwei Schachteln mit Pralinen an.
Die teurere Schachtel enthält 20 Pralinen zu je x € pro Stück; für
die Schachtel wird 1 € verrechnet. Die billigere Schachtel enthält
10 Pralinen, von denen jede nur halb so viel kostet wie eine
Praline der teureren Schachtel; für die Schachtel wird 0,5 €
verrechnet. Die teurere Schachtel soll höchstens 20 € mehr
kosten als die billigere Schachtel. Berechne den höchsten Preis x,
der für eine Praline der teureren Schachtel verlangt werden kann!

® Lineare Ungleichungsketten

2.11
T̂ kompakt
Seite 38

Ermittle die Lösungsmenge der „Ungleichungskette" $7-x < 2x+1 < 16-x$ und veranschauliche die Lösungsmenge auf einer Zahlengeraden!

LÖSUNG: Wir zerlegen die Ungleichungskette in ein System von zwei linearen Ungleichungen:
$$7-x < 2x+1 \land 2x+1 < 16-x$$

Wir ermitteln zunächst für jede dieser beiden Ungleichungen die zugehörige Lösungsmenge:

$7-x < 2x+1$	$\mid +x$	$2x+1 < 16-x$	$\mid +x$
$7 < 3x+1$	$\mid -1$	$3x+1 < 16$	$\mid -1$
$6 < 3x$	$\mid :3$	$3x < 15$	$\mid :3$
$x > 2$		$x < 5$	
$L_1 = \{x \in \mathbb{R} \mid x > 2\} = (2; \infty)$		$L_2 = \{x \in \mathbb{R} \mid x < 5\} = (-\infty; 5)$	

Die Lösungsmenge der gegebenen Ungleichungskette besteht aus allen reellen Zahlen, die in L_1
und in L_2 liegen. Also gilt:
$$L = L_1 \cap L_2 = (2; \infty) \cap (-\infty; 5) = (2; 5)$$

Wenn die Unbekannte x nur im Mittelteil der linearen Ungleichungskette vorkommt, braucht man die Ungleichungskette nicht in zwei Ungleichungen zu zerlegen. Man kann die Lösungsmenge der Ungleichungskette „in einem Zug" ermitteln, wie die nächste Aufgabe zeigt.

2.12 Für welche $x \in \mathbb{R}$ gilt $4 \leq 1 - 3x < 7$?

LÖSUNG:

$$
\begin{array}{ll}
4 \leq 1 - 3x < 7 & |-1 \\
3 \leq -3x < 6 & |:(-3) \\
-1 \geq x > -2 & |\text{ Umdrehen der Ungleichungskette} \\
-2 < x \leq -1 & \\
\end{array}
$$
$$L = \{x \in \mathbb{R} \mid -2 < x \leq -1\} = (-2; -1]$$

AUFGABEN

2.13 Löse das folgende System von Ungleichungen über der Grundmenge $\mathbb{R}$ und veranschauliche die Lösungsmenge auf einer Zahlengeraden!

a) $7x + 11 > x - 1 \,\wedge\, 7 - 2x > 3$ **b)** $2x + 6 \geq 5 \,\wedge\, 5 - 2x \geq 1$

2.14 Ermittle die Lösungsmenge der Ungleichungskette mit der Grundmenge $\mathbb{R}$!

a) $2x - 1 \leq 4x + 3 \leq 16x - 15$ **b)** $x - 10 < \frac{x}{2} - 1 < 2x + 1$

2.15 Für welche $x \in \mathbb{R}$ gilt:

a) $2 \leq 1 + 3x < 9$ **e)** $2 < 3 \cdot (6 - x) - 5 \leq 15$

b) $0 < 4 \cdot (2 - x) \leq 12$ **f)** $-3 < 3 \cdot (1 + 2x) - 4 \leq -1$

c) $3 \leq 2 \cdot (x - 1) + 3 \leq 5$ **g)** $-5 \leq 5 \cdot (-3 - x) - 7 \leq 5$

d) $-4 \leq 6 \cdot (2x - 3) < 10$ **h)** $0 \leq x - 2 \cdot (1 - 2x) \leq 1$

2.16 Ermittle die Lösungsmenge der folgenden Ungleichungskette mit der Grundmenge $\mathbb{R}$!

a) $6 - x < x < 7 + x$ **b)** $5 - \frac{3}{2}x < 2x < 3 - x$

2.17 Für welche $x \in \mathbb{R}$ gilt:

a) $1 \leq \frac{x + 1}{2} \leq 2$ **d)** $0 \leq \frac{3 - 2x}{4} \leq 3$ **g)** $-10 \leq 3 - \frac{x}{7} < 1$

b) $4 \leq \frac{x - 4}{3} \leq 12$ **e)** $0 \leq 1 - \frac{x}{4} \leq 1$ **h)** $1 < 2 \cdot \left(4 - \frac{x}{2}\right) \leq 6$

c) $0 < \frac{6 - x}{5} < 4$ **f)** $-3 < 1 + \frac{x}{2} < 3$ **i)** $8 \geq 2 \cdot \frac{x - 6}{3} > 0$

2.18 Ein Radfahrer fährt vom Ort A ab, erreicht nach 9 km den Ort B und nach weiteren 45 km den Ort C. Er fährt durchschnittlich mit 18 km/h. In welchem Zeitintervall befindet er sich zwischen den Orten B und C?

2.19 Es soll eine rechteckige Platte hergestellt werden, bei der die Breite um 2 cm kürzer ist als die Länge. Welche Abmessungen kommen für die Länge in Frage, wenn der Umfang der Platte mindestens 20 cm, aber höchstens 40 cm betragen soll?

2.20 Ein Betrieb erzeugt eine flüssige Chemikalie. Bei der Produktion ergeben sich monatliche Fixkosten in der Höhe von 1 800 € und variable Kosten von 15 € pro Liter der erzeugten Chemikalie. Der Erlös beträgt 30 € pro Liter. Für welche erzeugten (und verkauften) Produktionsmengen beträgt der Gewinn des Betriebes mindestens 3 000 €, aber höchstens 6 000 €?

HINWEIS: Gewinn = Erlös − Kosten

R

Bruchungleichungen

Kommt in einer Ungleichung die Unbekannte x im Nenner eines Bruches vor, ist zu beachten, dass der Nenner von 0 verschieden sein muss.

2.21 Löse die Ungleichung **a)** $\frac{1}{x-1} < 1$, **b)** $\frac{x-1}{x+2} > 2$ über der Grundmenge $\mathbb{R}$ und veranschauliche die Lösungsmenge L auf einer Zahlengeraden!

LÖSUNG:

a) Es muss $x - 1 \neq 0$ sein, d.h. $x \neq 1$. Es kann also einer der beiden folgenden Fälle eintreten:

1. Fall: $x - 1 > 0$, d.h. $x > 1$

$$\frac{1}{x-1} < 1 \qquad | \cdot \underset{>0}{(x-1)}$$

$1 < x - 1$

$x > 2$

$L_1 = \{x \in \mathbb{R} \mid x > 1 \wedge x > 2\} = (2; \infty)$

2. Fall: $x - 1 < 0$, d.h. $x < 1$

$$\frac{1}{x-1} < 1 \qquad | \cdot \underset{<0}{(x-1)}$$

$1 > x - 1$

$x < 2$

$L_2 = \{x \in \mathbb{R} \mid x < 1 \wedge x < 2\} = (-\infty; 1)$

Die Lösungsmenge L der gegebenen Ungleichung besteht aus allen reellen Zahlen, die in L_1 **oder** in L_2 liegen. Somit gilt:

$$L = L_1 \cup L_2 = (2; \infty) \cup (-\infty; 1)$$

b) Es muss $x + 2 \neq 0$ sein, d.h. $x \neq -2$. Es kann also einer der beiden folgenden Fälle eintreten:

1. Fall: $x + 2 > 0$, d.h. $x > -2$

$$\frac{x-1}{x+2} > 2 \qquad | \cdot \underset{>0}{(x+2)}$$

$x - 1 > 2x + 4$

$x < -5$

$L_1 = \{x \in \mathbb{R} \mid x > -2 \wedge x < -5\} = \{\}$

2. Fall: $x + 2 < 0$, d.h. $x < -2$

$$\frac{x-1}{x+2} > 2 \qquad | \cdot \underset{<0}{(x+2)}$$

$x - 1 < 2x + 4$

$x > -5$

$L_2 = \{x \in \mathbb{R} \mid x < -2 \wedge x > -5\} = (-5; -2)$

$$L = L_1 \cup L_2 = L_2 = (-5; -2)$$

R

AUFGABEN

2.22 Löse die folgende Ungleichung über der Grundmenge $\mathbb{R}$ und veranschauliche die Lösungsmenge auf einer Zahlengeraden!

a) $\frac{1}{x+2} \leq \frac{1}{4}$

b) $\frac{x-5}{x+2} > -1$

c) $\frac{x}{1-x} \geq 4$

d) $\frac{4x-1}{x} < 6$

e) $\frac{x+4}{x-3} \leq -2$

f) $\frac{-1}{x-3} > -\frac{1}{2}$

g) $\frac{1+x}{1-x} + 1 < 2$

h) $6 - \frac{5}{x} > 1$

i) $2 \cdot \frac{4-x}{x} < \frac{1}{2}$

2.23 Ermittle, für welche $x \in \mathbb{R}$ die Ungleichung erfüllt ist!

a) $\frac{1}{x} - 2 < 3$

b) $\frac{9}{x} + \frac{1}{2} < 5$

c) $7 \leq \frac{1}{x} - 1$

d) $3 - \frac{3}{10x} \geq 2$

e) $2 + \frac{1}{3x} > 4$

f) $8 + \frac{3}{x} \geq \frac{7}{2}$

g) $4 \geq \frac{9}{x} - 5$

h) $11 + \frac{2}{5x} < 10$

i) $\frac{2}{x} - \frac{1}{5} > 4,8$

2.2 BESONDERE UNGLEICHUNGSARTEN (IN EINER VARIABLEN)

Lineare Ungleichungen mit Beträgen

Wir erinnern uns zunächst, dass für alle $a > 0$ gilt:

$|x| < a \Leftrightarrow -a < x < a$

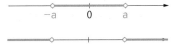

$|x| > a \Leftrightarrow x < -a \lor x > a$

2.24 Für welche $x \in \mathbb{R}$ gilt: **a)** $|7x - 17| < 11$, **b)** $|x + 4| \geq 3$?

Applet
f853pf

LÖSUNG:

a) $|7x - 17| < 11$
$-11 < 7x - 17 < 11 \qquad | +17$
$6 < 7x < 28 \qquad | : 7$
$\frac{6}{7} < x < 4$
$L = \left\{ x \in \mathbb{R} \,\middle|\, \frac{6}{7} < x < 4 \right\} = \left(\frac{6}{7}; 4 \right)$

b) $|x + 4| \geq 3$
$x + 4 \leq -3 \lor x + 4 \geq 3$
$x \leq -7 \lor x \geq -1$
$L = \{ x \in \mathbb{R} \mid x \leq -7 \lor x \geq -1 \} = (-\infty; -7] \cup [-1; \infty)$

AUFGABEN

2.25 Für welche $x \in \mathbb{R}$ gilt:

Lernapplet
z5ni85

a) $|x - 7| > 2$ **c)** $|x + 4| < 3$ **e)** $|2x - 6| \geq 4$ **g)** $|x + 10| - 1 \geq 5$

b) $|x - 5| \leq 1$ **d)** $|3x - 8| < 14$ **f)** $|3x - 4| < 0$ **h)** $2 - |-x + 9| > 6$

2.26 Übersetze die folgende Frage in eine Ungleichung und löse diese!

a) Welche reellen Zahlen haben von 4 einen kleineren Abstand als 5?

b) Welche reellen Zahlen haben von -1 einen größeren Abstand als 10?

Lineare Ungleichungen mit Parametern

2.27 Für welche $x \in \mathbb{R}$ gilt $\frac{3 - ax}{2} < 1$?

LÖSUNG: $\frac{3 - ax}{2} < 1 \qquad | \cdot 2$
$\qquad\quad 3 - ax < 2 \qquad | -3$
$\qquad\qquad -ax < -1 \qquad | \cdot (-1)$
$\qquad\qquad\quad ax > 1$

Wir unterscheiden nun drei Fälle für den Parameter a:

1. Fall: $a > 0$. Division durch a liefert: $x > \frac{1}{a} \Rightarrow L = \left\{ x \in \mathbb{R} \,\middle|\, x > \frac{1}{a} \right\} = \left(\frac{1}{a}; \infty \right)$

2. Fall: $a < 0$. Division durch a liefert: $x < \frac{1}{a} \Rightarrow L = \left\{ x \in \mathbb{R} \,\middle|\, x < \frac{1}{a} \right\} = \left(-\infty; \frac{1}{a} \right)$

3. Fall: $a = 0$. In diesem Fall ergibt sich: $0 > 1 \Rightarrow L = \{ \}$ (denn die Ungleichung $0 \cdot x > 1$ wird von keinem $x \in \mathbb{R}$ erfüllt)

AUFGABEN

2.28 Für welche $x \in \mathbb{R}$ gilt die folgende Ungleichung? Unterscheide Fälle für den Parameter!

a) $a + ax < 2$ **c)** $\frac{a \cdot x}{2} + x < 1$ **e)** $\frac{3}{2} - fx < \frac{1}{4}$

b) $b \geq 1 - bx$ **d)** $6 - \frac{ex}{3} > 2ex$ **f)** $\frac{gx}{2} + 10x < 6$

Quadratische Ungleichungen

2.29 Für welche $x \in \mathbb{R}$ gilt: **a)** $x^2 - 5x + 6 > 0$ **b)** $x^2 - 5x + 4 < 0$

Applet
7ev8sd

LÖSUNG:

↗T kompakt
Seite 38

a) Die quadratische Gleichung $x^2 - 5x + 6 = 0$ hat die Lösungen 2 und 3. Rechne nach!
Somit kann die gegebene Ungleichung nach dem Satz von Vieta so geschrieben werden:
$(x - 2) \cdot (x - 3) > 0$
Diese Ungleichung ist genau dann erfüllt, wenn
beide Klammerausdrücke negativ oder beide
positiv sind, d.h. wenn gilt:
$[x - 2 < 0 \wedge x - 3 < 0] \vee [x - 2 > 0 \wedge x - 3 > 0]$
$[x < 2 \wedge x < 3] \vee [x > 2 \wedge x > 3]$
$x < 2 \vee x > 3$
Somit ergibt sich die Lösungsmenge:
$L = \{x \in \mathbb{R} \mid x < 2 \vee x > 3\} = (-\infty; 2) \cup (3; \infty)$
Grafisch betrachtet besteht die Lösungsmenge L
aus jenen Bereichen auf der x-Achse, in denen
der Graph der Funktion f mit $f(x) = x^2 - 5x + 6$ über der x-Achse liegt.

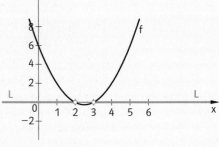

b) Die quadratische Gleichung $x^2 - 5x + 4 = 0$ hat die Lösungen 1 und 4. Rechne nach! Somit kann die gegebene Ungleichung so geschrieben werden:
$(x - 1) \cdot (x - 4) < 0$
Diese Ungleichung ist genau dann erfüllt, wenn
die beiden Klammerausdrücke entgegen-
gesetztes Vorzeichen haben, d.h. wenn gilt:
$[x - 1 > 0 \wedge x - 4 < 0] \vee [x - 1 < 0 \wedge x - 4 > 0]$
$[x > 1 \wedge x < 4] \vee [x < 1 \wedge x > 4]$
$[1 < x < 4] \vee [4 < x < 1]$
Da die Ungleichungskette $4 < x < 1$ für kein $x \in \mathbb{R}$
erfüllt ist, ergibt sich die Lösungsmenge:
$L = \{x \in \mathbb{R} \mid 1 < x < 4\} = (1; 4)$
Grafisch betrachtet ist die Lösungsmenge L jener
Bereich auf der x-Achse, in dem der Graph der
Funktion f mit $f(x) = x^2 - 5x + 4$ unter der x-Achse liegt.

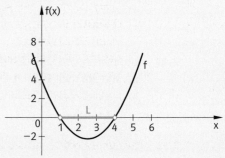

AUFGABEN

2.30 Für welche $x \in \mathbb{R}$ gilt:

a) $x^2 - 8x + 12 > 0$

b) $x^2 - 10x + 21 < 0$

c) $x^2 - x - 6 > 0$

d) $x^2 - 3x - 4 < 0$

e) $2x^2 + 15x + 7 > 0$

f) $3x^2 + 2x < 1$

g) $2x^2 - x < 6$

h) $x(x - 1) > 12$

i) $x^2 < 5x$

2.31 Kreuze die richtige(n) Aussage(n) für $x \in \mathbb{R}$ an!

Die Lösungsmenge der Ungleichung $(x - 8) \cdot (x + 9) \geq 0$ ist ein offenes Intervall.	☐
Die Lösungsmenge der Ungleichung $(x - 8) \cdot (x + 9) \leq 0$ ist ein abgeschlossenes Intervall.	☐
Die Lösungsmenge der Ungleichung $(x - 8) \cdot (x + 9) > 0$ ist kein Intervall.	☐
Die Lösungsmenge der Ungleichung $(x - 8) \cdot (x + 9) < 0$ ist ein unendliches Intervall.	☐
Die Lösungsmenge der Ungleichung $(x - 8) \cdot (x + 9) \leq -1$ ist ein endliches Intervall.	☐

2.3 LINEARE UNGLEICHUNGEN IN ZWEI VARIABLEN

R Geometrische Darstellung der Lösungsmenge

2.32 Ermittle die Lösungsmenge der Ungleichung für $x, y \in \mathbb{R}$ und stelle diese grafisch dar!

⌐T kompakt
Seite 38

a) $x - y \leq 2$ **b)** $x + y < 1$

LÖSUNG:

a) Die Lösungsmenge L dieser Ungleichung besteht nicht aus einzelnen Zahlen, sondern aus Zahlenpaaren. Jedes Zahlenpaar $(x \mid y) \in \mathbb{R}^2$, welches die gegebene Ungleichung erfüllt, nennt man eine Lösung der Ungleichung. Somit gilt:

$$L = \{(x \mid y) \in \mathbb{R}^2 \mid x - y \leq 2\}$$

Zur grafischen Darstellung der Lösungsmenge L drücken wir y durch x aus: $y \geq x - 2$. Diese Menge besteht aus allen Punkten $(x \mid y)$, die **auf** oder **über der Geraden** mit der Gleichung $y = x - 2$ liegen. Diese Menge ist in der nebenstehenden Abbildung rot gefärbt.

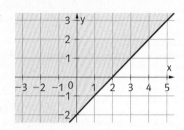

b) Diese Ungleichung besitzt die Lösungsmenge

$$L = \{(x \mid y) \in \mathbb{R}^2 \mid x + y < 1\}$$

Die Ungleichung lautet umgeformt: $y < -x + 1$.
Die Lösungsmenge L besteht somit aus allen Punkten $(x \mid y)$, die **unter der Geraden** mit der Gleichung $y = -x + 1$ liegen. Diese Menge ist in der nebenstehenden Abbildung rot gefärbt. Die Punkte auf der Geraden zählen **nicht** zur Menge L, deshalb ist die Gerade strichliert gezeichnet.

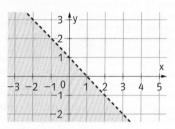

R AUFGABEN

2.33 Gib zur rot gefärbten Lösungsmenge eine passende Ungleichung an!

a)

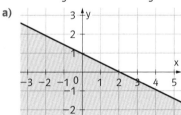

c)

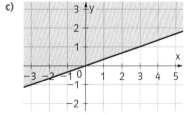

b)

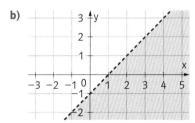

d)

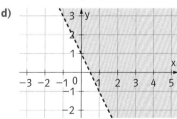

⌐T 2.34 Ermittle die Lösungsmenge der Ungleichung mit $x, y \in \mathbb{R}$ und stelle diese grafisch dar!

a) $x - 4y \leq 4$ **c)** $2x - y > -1$ **e)** $x \geq y$

b) $2x + y + 2 \geq 0$ **d)** $x - 3 < 3$ **f)** $y \geq x$

TECHNOLOGIE KOMPAKT

GEOGEBRA

CASIO CLASS PAD II

Lineare oder quadratische Ungleichung lösen

x= CAS-Ansicht

Eingabe: Löse(*Ungleichung, Variable*) – Werkzeug **=**

Ausgabe → *Lösungsmenge der Ungleichung*

Iconleiste – Main – Menüleiste – Aktion – Weiterführend –

solve(*Ungleichung, Variable*) **EXE**

Ausgabe → *Lösungsmenge der Ungleichung*

Ungleichungskette in einer Variablen lösen

x= CAS-Ansicht:

Eingabe: Löse(*Ungleichungskette, Variable*) – Werkzeug **=**

Ausgabe → *Lösungsmenge der Ungleichungskette*

Iconleiste – Main – Menüleiste – Aktion – Weiterführend –

solve(*Ungleichungskette, Variable*) **EXE**

Ausgabe → *Lösungsmenge der Ungleichungskette*

Lösungsmenge einer linearen Ungleichung in zwei Variablen grafisch darstellen

Algebra-Ansicht:

Eingabe: *Lineare Ungleichung in x und y* **ENTER**

Grafik-Ansicht:

Ausgabe → *Grafische Darstellung der Lösungsmenge*

Iconleiste – Main – **Keyboard** – **Math3** –

Menüleiste – Aktion – Weiterführend –

solve(*Ungleichung in x und y, y*) **EXE**

Symbolleiste – **Y1:·· Y2:··** – **y=** **▼** – y mit vorgegebenem

Ungleichheitszeichen auswählen –

Eingabe: Rechte Seite der Ungleichung mittels Drag & Drop ins

untere Fenster ziehen – **EXE**

Symbolleiste – **⍾**

Ausgabe → *Grafische Darstellung der Lösungsmenge*

AUFGABEN

T 2.01 Löse die folgenden Ungleichungen!

a) $5 + x < 23$

b) $\dfrac{3}{x-2} < 1$

c) $x^2 + x - 6 > 0$

T 2.02 Löse die Ungleichungskette $2x + 3 \leqslant x < 4 + 2x$!

T 2.03 **1)** Stelle die Lösungsmenge der Ungleichung $x - y > 1$ grafisch dar!

2) Verwende die grafische Darstellung aus 1), um eine Ungleichung zu finden, deren Lösungsmenge in der folgenden Abbildung dargestellt ist!

3) Stelle die Lösungsmenge der Ungleichung $x - y > a$ für $a = -2$, $a = 0$, $a = 3$, $a = 10$ grafisch dar! Beschreibe, wie sich die grafische Darstellung der Lösungsmenge in Abhängigkeit vom Wert des Parameters a verändert!

Für konkrete Anleitungen siehe Technologietrainingshefte

KOMPETENZCHECK

AUFGABEN VOM TYP 1

AG-R 2.4 **2.35** In einem Saal befinden sich M Männer und F Frauen. Kreuze die Formeln an, aus denen man mit Sicherheit schließen kann, dass sich im Saal mehr als doppelt so viele Frauen wie Männer aufhalten!

$2F = M$	☐
$F + M > 3(M + 1)$	☐
$F + M > 3(M - 1)$	☐
$\frac{2F}{M} - 1 < 5$	☐
$\frac{2F}{M} + 1 > 5$	☐

AG-R 2.4 **2.36** Kreuze die wahre(n) Aussage(n) an!

Für alle Zahlen $a, b \in \mathbb{R}$ gilt: $a < b \Rightarrow a^2 < b^2$	☐
Für alle Zahlen $a, b \in \mathbb{R}^*$ gilt: $a < b \Rightarrow \frac{1}{b} < \frac{1}{a}$	☐
Für alle Zahlen $a, b \in \mathbb{R}_0^+$ gilt: $a < b \Rightarrow \sqrt{b} < \sqrt{a}$	☐
Für alle Zahlen $a, b, c, d \in \mathbb{R}$ gilt: $a < b \,\wedge\, c < d \Rightarrow a + c < b + d$	☐
Für alle Zahlen $a, b, c, d \in \mathbb{R}^+$ gilt: $a < b \,\wedge\, c < d \Rightarrow a \cdot c < b \cdot d$	☐

AG-R 2.4 **2.37** Kreuze an, was für alle $a, b \in \mathbb{R}$ gilt!

$a \leq b \Rightarrow a < b$	☐
$a < b \Rightarrow a \leq b$	☐
$a > b \Rightarrow -a \leq -b$	☐
$(a > b) \,\wedge\, (b > 0) \Rightarrow a > 0$	☐
$(a \geq b) \,\wedge\, (b \geq a) \Rightarrow a = b$	☐

AG-R 2.4 **2.38** Ermittle, für welche reellen Zahlen die Summe aus der Zahl und ihrem Kehrwert größer als die um 1 vermehrte Zahl ist!

AG-R 2.4 **2.39** Gegeben sind vier Ungleichungen über der Grundmenge $\mathbb{R}$. Ordne jeder Ungleichung in der linken Tabelle die zugehörige Lösungsmenge L aus der rechten Tabelle zu!

$\frac{x}{9} + \frac{2x}{3} \geq 14$	
$\frac{x}{4} + 4 \leq 1 - \frac{x}{2}$	
$7{,}2x + 1 \leq 1 - \frac{x}{2}$	
$\frac{2 + x}{2 - x} < 1$	

A	$L = (-\infty;\, 0]$
B	$L = (-\infty;\, 0) \cup (2;\, \infty)$
C	$L = (-\infty;\, -2] \cup (0;\, \infty)$
D	$L = [18;\, \infty)$
E	$L = (-\infty;\, -4]$

AG-R 2.4 **2.40** Ordne jeder Aussage in der linken Tabelle die zugehörige Ungleichungskette aus der rechten Tabelle zu!

z liegt zwischen -3 und 3.	
z überschreitet -3, aber nicht 3.	
z ist mindestens -3 und höchstens 3.	
z liegt nicht unter -3, aber unter 3.	

A	$-3 \leq z \leq 3$
B	$-3 < z \leq 3$
C	$-3 \leq z < 3$
D	$-3 < z < 3$

AG-R 2.4 **2.41** Gib die Lösungsmenge L der folgenden Ungleichungskette über der Grundmenge $\mathbb{R}$ an!

a) $-2 < \frac{2x+10}{3} < 5$ b) $-3 < \frac{1-4x}{11} < 1$

AG-R 2.4 **2.42** Nebenstehend sind Ungleichungen bzw. Ungleichungsketten mit der Grundmenge $\mathbb{R}$ angegeben.
Ordne jeder Ungleichung bzw. Ungleichungskette in der linken Tabelle die äquivalente Ungleichungskette aus der rechten Tabelle zu!

$0 < 1 - 0,5x < 1$	
$0,5 > 2(x - 0,5) > 0$	
$7 \geqslant 0,6x + 4 \geqslant 4$	
$|x| \leqslant 0,25$	
$|x + 0,5| < 0,5$	

A	$0,5 < x < 0,75$
B	$-0,25 \leqslant x \leqslant 0,25$
C	$0 \leqslant x \leqslant 5$
D	$0 < x < 2$
E	$-1 < x < 0$

AG-R 2.4 **2.43** Kreuze die Zahlenpaare an, die Lösungen der Ungleichung $2(x - 3y) < 1$ sind!

$(2|0)$	$(2|1)$	$(-4|-1)$	$(-4|-2)$	$(0|1)$
☐	☐	☐	☐	☐

AG-R 2.4 **2.44** Gib die größten drei aufeinanderfolgenden ungeraden Zahlen an, deren Summe höchstens 108 beträgt!
Die Zahlen lauten: _____

AG-R 2.4 **2.45** Der Fruchtsaft Sunny besitzt einen Fruchtanteil von 60 %, der Fruchtsaft Gold einen Fruchtanteil von 30 %. Aus beiden Fruchtsäften sollen 30 Liter einer Mischung erzeugt werden, die mindestens 40 %, aber höchstens 50 % Fruchtanteil besitzt. Berechne, in welchen Mengenverhältnissen die beiden Fruchtsäfte dafür gemischt werden können!

AG-R 2.4 **2.46** In einem Geschäft werden drei Kühltruhen mit einem Fassungsvermögen von ca. 200 Litern angeboten.

	Energieverbrauch	Anschaffungspreis (in €)
Modell Low Energy	117 kWh/Jahr	530,10
Modell Cool	175 kWh/Jahr	354,98
Modell Frost	224 kWh/Jahr	315,00

Berechne, nach wie vielen Betriebsjahren sich die Anschaffung des teuersten Modells Low Energy im Vergleich zum billigsten Modell Frost lohnt! Rechne mit einem Strompreis von 0,19 € pro kWh!

AG-R 2.4 **2.47** Ein Hausbesitzer kauft zum Preis von 2 450 € eine Solaranlage, die nur zur Warmwasserbereitung dient. Die Verbrauchskosten der Anlage betragen im Durchschnitt 20 €/Monat. Ohne Solaranlage wären zur Warmwasserbereitung pro Monat 150 Liter Heizöl zum Preis von 60 c/Liter notwendig. Berechne, nach wie vielen Betriebsmonaten die Nutzung der Solaranlage insgesamt günstiger ist als die Verwendung von Heizöl!

AUFGABEN VOM TYP 2

2.48 Die Bernoulli-Ungleichung
Die folgende Ungleichung geht auf den Mathematiker
Jakob Bernoulli (1655–1705) zurück.

Jakob Bernoulli
(1655–1705)

> **Bernoulli-Ungleichung**
> Für alle $x \in \mathbb{R}$ mit $x \geq -1$ und alle $n \in \mathbb{N}^*$ gilt:
> $$(1+x)^n \geq 1 + n \cdot x$$

a) ▪ Zeige: Die Bernoulli-Ungleichung gilt für $n = 1$ und $n = 2$!
    ▪ Stelle die Bernoulli-Ungleichung für $n = 2$ grafisch dar!

b) ▪ Aus der Gültigkeit der Bernoulli-Ungleichung für $n = 2$ kann
      man in folgender Weise auf die Gültigkeit für $n = 3$ schließen:

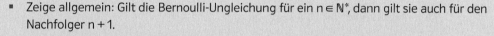

$$(1+x)^3 = (1+x)^2 \cdot (1+x) \geq (1+2x) \cdot (1+x) = \ldots$$

Setze selbst fort!

▪ Zeige allgemein: Gilt die Bernoulli-Ungleichung für ein $n \in \mathbb{N}^*$, dann gilt sie auch für den
Nachfolger $n + 1$.

c) ▪ In der nebenstehenden Abbildung ist die Bernoulli-Ungleichung für ein $n \in \mathbb{N}^*$ grafisch
      dargestellt.
      Ermittle dieses n und schreibe die entsprechende Bernoulli-Ungleichung an!

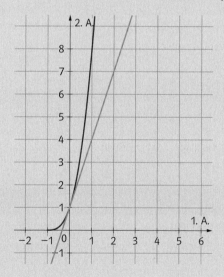

n = _____

Ungleichung: _____

▪ Zeige, dass für alle $x \in \mathbb{R}_0^+$ mit $x \geq -1$ und alle $n \in \mathbb{N}^*$ gilt:

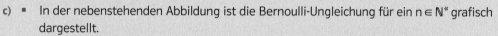

$$\sqrt[n]{1 + n \cdot x} \leq 1 + x$$

3 REELLE FUNKTIONEN

3.1 MONOTONIE UND EXTREMSTELLEN VON FUNKTIONEN

Steigen und Fallen von Funktionen

Steigen (Fallen) bedeutet: Wenn x zunimmt, dann nimmt f(x) zu (ab).
Eine genauere Defintion sieht so aus:

Definition
Es sei f: A → $\mathbb{R}$ eine reelle Funktion und M eine Teilmenge von A. Die Funktion f heißt

- **monoton steigend in M**, wenn für alle $x_1, x_2 \in M$ gilt: $\quad x_1 < x_2 \Rightarrow f(x_1) \leqslant f(x_2)$
- **monoton fallend in M**, wenn für alle $x_1, x_2 \in M$ gilt: $\quad x_1 < x_2 \Rightarrow f(x_1) \geqslant f(x_2)$
- **streng monoton steigend in M**, wenn für alle $x_1, x_2 \in M$ gilt: $x_1 < x_2 \Rightarrow f(x_1) < f(x_2)$
- **streng monoton fallend in M**, wenn für alle $x_1, x_2 \in M$ gilt: $\quad x_1 < x_2 \Rightarrow f(x_1) > f(x_2)$

Die Funktion f heißt **(streng) monoton in M**, wenn sie (streng) monoton steigend oder (streng) monoton fallend in M ist.

Lernapplet
ie9y6i

Diese Definition ist in den folgenden Abbildungen veranschaulicht.

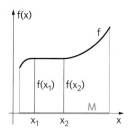
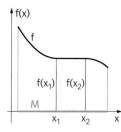
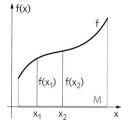
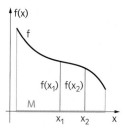

| f ist in M monoton steigend | f ist in M monoton fallend | f ist in M streng monoton steigend | f ist in M streng monoton fallend |

BEACHTE: Die jeweilige Wenn-dann-Bedingung in der obigen Definition muss für **alle** $x_1, x_2 \in M$ mit $x_1 < x_2$ erfüllt sein. Betrachte etwa die in den folgenden beiden Abbildungen dargestellte Funktion f: Die Bedingung $x_1 < x_2 \Rightarrow f(x_1) \leq f(x_2)$ ist durchaus für einige $x_1, x_2 \in M$ erfüllt (Abb. 3.1), aber nicht für alle $x_1, x_2 \in M$ (Abb. 3.2). Deshalb ist die Funktion f nicht monoton steigend in M.

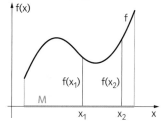
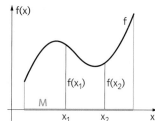

Abb. 3.1   Abb. 3.2

AUFGABEN

3.01 Gib für jedes der Intervalle [a; b], [b; c], [c; d] an, ob die dargestellte Funktion f (streng) monoton steigend, (streng) monoton fallend oder nicht monoton ist!

a)
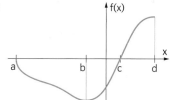

c)
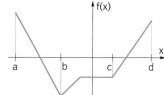

b)
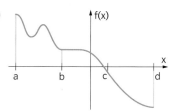

d)
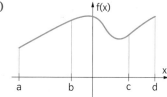

3.02 **a)** Begründe: Ist die Funktion f streng monoton steigend in M, dann ist f monoton steigend in M.
b) Begründe: Ist die Funktion f streng monoton fallend in M, dann ist f monoton fallend in M.
c) Falls f monoton steigend in M ist, muss f dann auch streng monoton steigend in M sein? Begründe oder widerlege durch ein Gegenbeispiel!
d) Falls f monoton fallend in M ist, muss f dann auch streng monoton fallend in M sein? Begründe oder widerlege durch ein Gegenbeispiel!

3.03 Es sei a < b < c < d. Zeichne den Graphen einer Funktion, die

- **a)** in [a; b] streng monoton fallend, in [b; c] streng monoton steigend und in [c; d] streng monoton fallend ist,
- **b)** in [a; b] streng monoton steigend, in [b; c] streng monoton fallend und in [c; d] streng monoton steigend ist,
- **c)** in [a; b] streng monoton steigend, in [b; c] monoton steigend und in [c; d] streng monoton fallend ist,
- **d)** in [a; b] monoton steigend, in [b; c] streng monoton fallend und in [c; d] monoton steigend ist,
- **e)** in [a; b] streng monoton fallend, in [b; c] konstant und in [c; d] wieder streng monoton fallend ist!

3.04 Gibt es eine Funktion f: $\mathbb{R} \to \mathbb{R}$, die gleichzeitig monoton steigend und monoton fallend ist? Wenn ja, gib eine an!

3.05 Beweise: Ist f streng monoton steigend in M, dann gilt für alle x, y $\in$ M:

a) $f(x) \leqslant f(y) \Rightarrow x \leqslant y$ **b)** $f(x) < f(y) \Rightarrow x < y$

LÖSUNG ZU **a)**:
Sei $f(x) \leqslant f(y)$. Wäre x > y, dann wäre wegen des strengen monotonen Steigens von f auch $f(x) > f(y)$, im Widerspruch zur Voraussetzung $f(x) \leqslant f(y)$. Also gilt $x \leqslant y$. $\square$

3.06 Beweise: Ist f streng monoton fallend in M, dann gilt für alle x, y $\in$ M:

a) $f(x) \geqslant f(y) \Rightarrow x \leqslant y$ **b)** $f(x) > f(y) \Rightarrow x < y$

3.07 Was kann über das Monotonieverhalten einer Funktion f im Intervall [−4; 5] ausgesagt werden, wenn f(−3) = −7, f(0) = −2 und f(3) = −5 ist? Begründe die Antwort!

LÖSUNG:
Die Funktion f kann in [−4; 5] nicht monoton steigend sein, denn es ist 0 < 3, aber f(0) > f(3).
Die Funktion f kann in [−4; 5] auch nicht monoton fallend sein, denn es ist −3 < 0, aber f(−3) < f(0).
Die Funktion f ist also in [−4; 5] nicht monoton.

3.08 Was kann über das Monotonieverhalten einer Funktion f im Intervall [0; 5] ausgesagt werden, wenn folgende Funktionswerte gegeben sind? Begründe die Antwort!

- **a)** f(1) = 3, f(4) = 2
- **b)** f(0) = 7, f(5) = −7
- **c)** f(3) = f(4) = 3
- **d)** f(2) = 1, f(3) = 6, f(4) = 9
- **e)** f(3) = 1, f(4) = 5, f(5) = −1
- **f)** f(1) = 8, f(2) = −3, f(5) = 10
- **g)** f(x) = 5 für alle x $\in$ [0; 5]
- **h)** f(x) < f(5) für alle x $\in$ [0; 5]
- **i)** f(x) $\geqslant$ f(5) für alle x $\in$ [0; 5]

3.09 Zeichne den Graphen der Funktion f: $\mathbb{R} \to \mathbb{R}$ mit $f(x) = 3 - (x - 1)^2$ und kreuze die Aussagen an, die auf diese Funktion zutreffen!

f ist monoton in $\mathbb{R}$.	☐
f ist streng monoton fallend in $\mathbb{R}_0^+$.	☐
f ist streng monoton steigend in [−1; 1].	☐
f ist streng monoton fallend in [1; ∞).	☐
An der Stelle 1 ändert sich das Monotonieverhalten von f.	☐

3.10 Der Graph einer Funktion f geht durch die Punkte (0 | 0) und (5 | 5). Karla behauptet, dass f streng monoton steigend sein muss. Stimmt das? Begründe oder widerlege durch einen passenden Graphen!

Ⓡ **Globale Extremstellen**

Bei der Untersuchung einer Funktion interessiert man sich oft für jene Stellen, an denen die Funktion den größten bzw. kleinsten Wert annimmt.

BEISPIEL: Die nebenstehend dargestellte Funktion f nimmt im Intervall [1; 6] an den Stellen 2 und 6 ihren größten Wert und an der Stelle 4 ihren kleinsten Wert an. Man bezeichnet die Stellen 2 und 6 als **Maximumstellen von f in [1; 6]** und die Stelle 4 als **Minimumstelle von f in [1; 6]**.

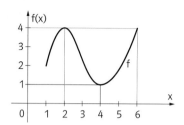

Allgemein sind diese Stellen folgendermaßen definiert:

Definition

Sei $f: A \to \mathbb{R}$ eine reelle Funktion und $M \subseteq A$. Eine Stelle $p \in M$ heißt

- **Maximumstelle von f in M**, wenn $f(x) \leq f(p)$ für alle $x \in M$,
- **Minimumstelle von f in M**, wenn $f(x) \geq f(p)$ für alle $x \in M$.

Eine Stelle $p \in M$ heißt **Extremstelle von f in M**, wenn sie eine Maximum- oder Minimumstelle von f in M ist.

Definition

Eine **Extremstelle von f im gesamten Definitionsbereich von f** bezeichnet man kurz als **globale Extremstelle von f**.

BEACHTE: Eine Funktion f muss keine globale Extremstelle besitzen.

Ⓡ AUFGABEN

⊕ Lernapplet j7x2wj

3.11 Die dargestellte Funktion f ist im Intervall $[-4; 4]$ definiert. Gib alle Maximum- und Minimumstellen von f in diesem Intervall an!

a)

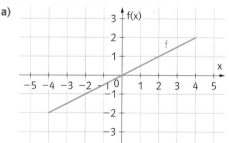

b)

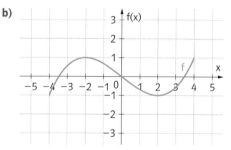

3.12 Gegeben sind die Funktionen: $f_1: \mathbb{R} \to \mathbb{R} \mid x \mapsto 2$, $f_2: \mathbb{R} \to \mathbb{R} \mid x \mapsto 2x$ und $f_3: \mathbb{R} \to \mathbb{R} \mid x \mapsto x^2$.
Kreuze die beiden zutreffenden Aussagen an!

f_1 besitzt mindestens eine globale Extremstelle.	☐
f_2 besitzt eine globale Maximumstelle.	☐
f_2 besitzt eine globale Minimumstelle.	☐
f_3 besitzt eine globale Maximumstelle.	☐
f_3 besitzt eine globale Minimumstelle.	☐

Globale Extremstellen quadratischer Funktionen

Wir erinnern uns (siehe Mathematik verstehen 5, S. 156/157):

- Der Graph einer quadratischen Funktion f mit $f(x) = ax^2 + bx + c$ ist eine Parabel mit dem Scheitel $S = \left(-\frac{b}{2a} \,\middle|\, f\left(-\frac{b}{2a}\right)\right)$. Die Parabel ist nach oben offen, wenn $a > 0$ ist, und nach unten offen, wenn $a < 0$ ist.

- Der Graph einer quadratischen Funktion f mit $f(x) = x^2 + px + q$ ist eine nach oben offene Parabel mit dem Scheitel $S = \left(-\frac{p}{2} \,\middle|\, f\left(-\frac{p}{2}\right)\right)$.

- Sofern f zwei Nullstellen x_1 und x_2 besitzt, ist die erste Koordinate des Scheitels der Mittelwert der beiden Nullstellen, also $S = \left(\frac{x_1 + x_2}{2} \,\middle|\, f\left(\frac{x_1 + x_2}{2}\right)\right)$.

Daraus folgt: Die erste Koordinate des Scheitels ist eine globale Extremstelle von f.

3.13 Ermittle ohne Technologieeinsatz die globalen Extremstellen der quadratischen Funktion $f: \mathbb{R} \to \mathbb{R}$ mit $f(x) = x^2 - 6x + 8$!

1. LÖSUNGSMÖGLICHKEIT: Der Graph von f ist eine nach oben offene Parabel mit dem Scheitel $S = (3 \,|\, -1)$. Rechne nach! Somit ist 3 die einzige globale Minimumstelle von f.

2. LÖSUNGSMÖGLICHKEIT: Der Graph von f ist eine nach oben offene Parabel. Die Gleichung $x^2 - 6x + 8 = 0$ hat die Lösungen 2 und 4. Rechne nach! Somit hat f die Nullstellen 2 und 4. Die erste Koordinate des Scheitels ist der Mittelwert der beiden Nullstellen 2 und 4, also 3. Somit ist 3 die einzige globale Minimumstelle von f.

🌐 Applet 37zk7i

3.14 Wird ein Körper mit der Abschussgeschwindigkeit v_0 vom Erdboden senkrecht nach oben geworfen, so ist seine Höhe h (in Meter) nach t Sekunden durch $h(t) = v_0 t - \frac{g}{2} t^2$ gegeben. Dabei ist $g \approx 10\,\text{m/s}^2$ die Erdbeschleunigung. Für die Abschussgeschwindigkeit $v_0 = 30\,\text{m/s}$ gilt somit näherungsweise: $h(t) = 30t - 5t^2$.

1) Nach welcher Zeit schlägt der Körper wieder auf dem Boden auf?
2) Zeichne den Graphen der Funktion $h: t \mapsto h(t)$!
3) Nach welcher Zeit erreicht der Körper seine größte Höhe? Wie groß ist diese?

LÖSUNG:

1) Der Körper befindet sich auf dem Boden, wenn $h(t) = 0$ ist.
$h(t) = 0 \iff 30t - 5t^2 = 0 \iff 5t(6 - t) = 0 \iff t = 0 \lor t = 6$
Der Zeitpunkt $t = 0$ entspricht dem Abschuss, der Zeitpunkt $t = 6$ dem Aufschlag des Körpers. Der Körper schlägt also nach 6 s wieder auf dem Boden auf.

2) Der Graph von h ist rechts dargestellt.

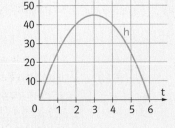

3) Der Graph von h ist eine nach unten offene Parabel mit dem Scheitel $S = \left(\frac{0 + 6}{2} \,\middle|\, h\left(\frac{0 + 6}{2}\right)\right) = (3 \,|\, h(3)) = (3 \,|\, 45)$.

Somit erreicht der Körper nach 3 s seine größte Höhe.
Diese beträgt 45 m.

R

AUFGABEN

3.15 Wie Aufgabe 3.14 für **a)** $v_0 = 15\,\text{m/s}$, **b)** $v_0 = 40\,\text{m/s}$.

Lokale Extremstellen

In der Abbildung ist eine Funktion f dargestellt, die nur im Intervall [0; 6] definiert ist.

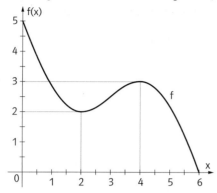

Wir stellen fest:

- Die Stelle 0 ist eine globale Maximumstelle von f.

- Die Stelle 6 ist eine globale Minimumstelle von f.

- Die Stelle 2 ist keine globale Minimumstelle von f, weil es im Definitionsbereich von f kleinere Funktionswerte gibt. Sie ist aber eine Minimumstelle von f in einer gewissen „Umgebung" der Stelle 2, etwa in [1; 3].

- Die Stelle 4 ist keine globale Maximumstelle von f, weil es im Definitionsbereich von f größere Funktionswerte gibt. Sie ist aber eine Maximumstelle von f in einer gewissen „Umgebung" der Stelle 4, etwa in [3; 5].

Eine Extremstelle p einer Funktion f: A → ℝ, die nur Extremstelle in einer gewissen Umgebung von p ist, nennt man im Unterschied zu einer globalen Extremstelle von f eine lokale Extremstelle von f.

⌐T kompakt
Seite 58

Definition

Sei f: A → ℝ eine reelle Funktion. Eine Stelle p ∈ A heißt

- **lokale Maximumstelle von f**, wenn es eine Umgebung U(p) ⊆ A gibt, sodass p Maximumstelle von f in U(p) ist,

- **lokale Minimumstelle von f**, wenn es eine Umgebung U(p) ⊆ A gibt, sodass p Minimumstelle von f in U(p) ist,

- **lokale Extremstelle von f**, wenn sie eine lokale Maximum- oder Minimumstelle von f ist.

BEACHTE:

- Ist A ein Intervall der Form [a; b], (a; b], [a; b) oder (a; b), dann bezeichnet man die Stellen a und b als **Randstellen von A** und alle Stellen x mit a < x < b als **innere Stellen von A**. (Analoges gilt, wenn A eine Vereinigung von Intervallen der genannten Formen ist.)

- Unter einer **Umgebung U(p)** einer Stelle p verstehen wir in diesem Buch ein **beliebiges Intervall**, für welches p eine **innere Stelle** ist. Die Umgebung U(p) erstreckt sich also sowohl nach links als auch nach rechts von p, muss aber nicht symmetrisch um p liegen.

- Ist p eine lokale Extremstelle einer Funktion f, dann muss nach der obigen Definition die Umgebung U(p) ganz im Definitionsbereich A von f liegen. Somit gilt nach dieser Definition: **Eine Randstelle des Definitionsbereichs A von f kann keine lokale Extremstelle von f sein** (wohl aber unter Umständen eine globale Extremstelle von f).

Definition

Sei f: A → ℝ eine reelle Funktion

- Ist p eine lokale Maximumstelle von f, so nennt man den Punkt **H = (p | f(p))** einen **Hochpunkt** des Graphen von f.
- Ist p eine lokale Minimumstelle von f, so nennt man den Punkt **T = (p | f(p))** einen **Tiefpunkt** des Graphen von f.
- Ein Punkt **(p | f(p))** heißt **Extrempunkt** des Graphen von f, wenn er ein Hochpunkt oder ein Tiefpunkt des Graphen von f ist.

BEACHTE:

- Zwischen einer Extremstelle p und einem Extrempunkt (p | f(p)) besteht ein Unterschied. Eine Stelle entspricht einer Zahl, ein Punkt entspricht einem Zahlenpaar.
- Der Graph einer Funktion f kann mehrere Hoch- oder Tiefpunkte besitzen, muss aber solche Punkte nicht unbedingt aufweisen.

AUFGABEN

3.16 Gib alle globalen und lokalen Extremstellen der Funktion f: [0; 6] → ℝ an!

Arbeitsblatt
mw8i9f

Lernapplet
27597i

a)

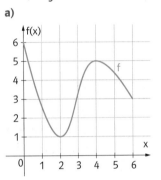

b)

c)

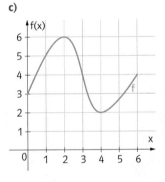

3.17 Zeichne den Graphen der Funktion f: ℝ → ℝ! Ermittle mit Technologieeinsatz die lokalen Extremstellen und gib die dazugehörigen Extrempunkte an!

a) $f(x) = \frac{1}{18} \cdot (x^4 + 4x^3 - 12x^2 - 32x - 17)$

c) $f(x) = \frac{1}{64} \cdot (x^4 + 8x^3)$

b) $f(x) = -0,5 \cdot (x^4 - 8x^2 + 5)$

d) $f(x) = -x^4 + 4x^3 - 6x^2 + 4x$

3.18 Skizziere den Graphen einer Funktion f: [−4; 4] → ℝ mit folgenden Eigenschaften:

a) Die Funktion f besitzt die lokalen Minimumstellen −3 und 2 sowie die lokale Maximumstelle 0.

b) Der Graph von f besitzt die Hochpunkte $H_1 = (−1 | 3)$ und $H_2 = (3 | 1)$ sowie die Tiefpunkte $T_1 = (−2 | 2)$ und $T_2 = (1 | −2)$.

3.19 In der Abbildung ist eine Funktion f: [−2; 4] → ℝ dargestellt. Kreuze die zutreffende(n) Aussage(n) an!

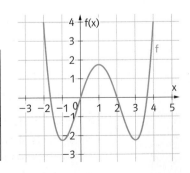

Die Funktion f besitzt 3 lokale Extremstellen.	☐
Die Funktion f besitzt 4 globale Extremstellen.	☐
Die Stelle 3 ist eine lokale Minimumstelle von f.	☐
Der Punkt (−2 | 4) ist ein Hochpunkt des Graphen von f.	☐
An der Stelle 1 ändert sich das Monotonieverhalten von f.	☐

3.2 POTENZFUNKTIONEN UND POLYNOMFUNKTIONEN

Graphen von Potenzfunktionen

Definition
Eine reelle Funktion f mit **$f(x) = c \cdot x^r$** (c, r $\in \mathbb{R}$) nennt man eine **Potenzfunktion**.

$\mathbf{T}$ kompakt
Seite 58
Applet
qf6b8d

Der größtmögliche Definitionsbereich einer Potenzfunktion hängt vom Exponenten r ab.
Im Folgenden sind einige Graphen von **Potenzfunktionen** mit **c = 1** und **r ≠ 0** dargestellt.

- **Potenzfunktionen mit Exponenten n $\in \mathbb{N}^*$:**

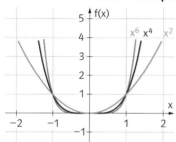 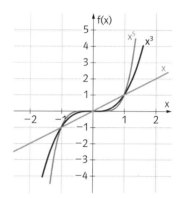

$f(x) = x^n$, n gerade

- größtmöglicher Definitionsbereich: $\mathbb{R}$
- streng monoton fallend in $\mathbb{R}_0^-$
- streng monoton steigend in $\mathbb{R}_0^+$
- alle Graphen gehen durch (0 | 0), (1 | 1) und (−1 | 1)

$f(x) = x^n$, n ungerade

- größtmöglicher Definitionsbereich: $\mathbb{R}$
- streng monoton steigend in $\mathbb{R}$
- alle Graphen gehen durch (0 | 0), (1 | 1) und (−1 | −1)

- **Potenzfunktionen mit Exponenten n $\in \mathbb{Z}^-$:**

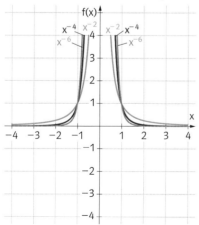 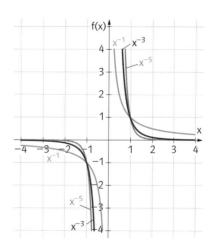

$f(x) = x^n$, n gerade

- größtmöglicher Definitionsbereich: $\mathbb{R}^*$
- streng monoton steigend in $\mathbb{R}^-$
- streng monoton fallend in $\mathbb{R}^+$
- alle Graphen gehen durch (−1 | 1) und (1 | 1)

$f(x) = x^n$, n ungerade

- größtmöglicher Definitionsbereich: $\mathbb{R}^*$
- streng monoton fallend in $\mathbb{R}^-$
- streng monoton fallend in $\mathbb{R}^+$
- alle Graphen gehen durch (−1 | −1) und (1 | 1)

- **Potenzfunktionen mit Exponenten $\frac{m}{n} \in \mathbb{Q} \setminus \mathbb{Z}$:**

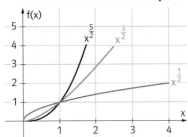
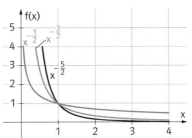

$f(x) = x^{\frac{m}{n}}, \ \frac{m}{n} > 0$ $\qquad\qquad$ $f(x) = x^{\frac{m}{n}}, \ \frac{m}{n} < 0$

- größtmöglicher Definitionsbereich: $\mathbb{R}_0^+$
- streng monoton steigend in $\mathbb{R}_0^+$
- alle Graphen gehen durch (1│1)

- größtmöglicher Definitionsbereich: $\mathbb{R}^+$
- streng monoton fallend in $\mathbb{R}^+$
- alle Graphen gehen durch (1│1)

In dem folgenden Satz sind einige Eigenschaften für Potenzfunktionen mit Exponenten aus $\mathbb{N}^*$ angeführt. Die Beweise findet man im Anhang auf Seite 283.

Satz (Eigenschaften von Potenzfunktionen mit Exponenten aus $\mathbb{N}^*$)

(1) Alle Graphen gehen durch die Punkte (0│0) und (1│1).
Für gerades n gehen alle Graphen durch (−1│1), für ungerades n durch (−1│−1).

(2) f ist in $\mathbb{R}_0^+$ streng monoton steigend.

(3) f ist in $\mathbb{R}_0^-$ streng monoton fallend, falls n gerade ist, und streng monoton steigend, falls n ungerade ist.

Satz
Der Graph einer Potenzfunktion f: $\mathbb{R} \to \mathbb{R}$ mit $f(x) = x^n$ ($n \in \mathbb{N}^*$) ist

- symmetrisch bezüglich der 2. Achse, wenn n gerade ist,
- symmetrisch bezüglich des Ursprungs, wenn n ungerade ist.

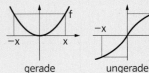

BEWEIS: Für gerades n und alle $x \in \mathbb{R}$ gilt: $\quad f(-x) = (-x)^n = x^n = f(x)$
Für ungerades n und alle $x \in \mathbb{R}$ gilt: $\quad f(-x) = (-x)^n = -x^n = -f(x)$ $\qquad\qquad$ □

Funktionen mit solchen Symmetrieeigenschaften haben eigene Namen:

Definition
Eine reelle Funktion f: $A \to \mathbb{R}$ heißt

- **gerade**, wenn für alle $x \in A$ gilt: $f(-x) = f(x)$
- **ungerade**, wenn für alle $x \in A$ gilt: $f(-x) = -f(x)$

Demgemäß ist eine Potenzfunktion f mit $f(x) = x^n$ ($n \in \mathbb{N}^*$) gerade, wenn n gerade ist, und ungerade, wenn n ungerade ist.

⊕
Applet
wp58hq

- **Wurzelfunktionen**

Wurzelfunktionen sind spezielle Potenzfunktionen von der Form f: $\mathbb{R}_0^+ \to \mathbb{R}_0^+$ mit $f(x) = \sqrt[n]{x} = x^{\frac{1}{n}}$ ($n \in \mathbb{N}^*$).
Diese Funktionen sind streng monoton steigend in $\mathbb{R}_0^+$.
Alle Graphen gehen durch die Punkte (0│0) und (1│1).

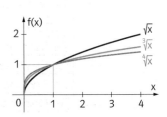

3.20 Zu jeder Potenzfunktion, die in der linken Tabelle ausschnittweise dargestellt ist, gehört eine Funktionsgleichung in der rechten Tabelle. Ordne jedem Graphen in der linken Tabelle die dazugehörige Funktionsgleichung aus der rechten Tabelle zu!

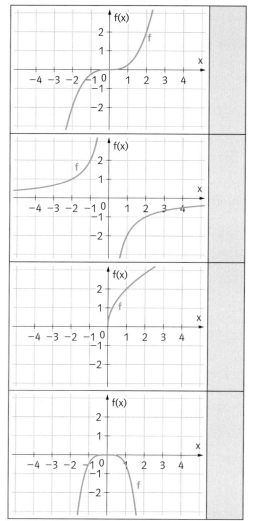

A	$f(x) = 2 \cdot \sqrt{x}$
B	$f(x) = -0,5 \cdot x^4$
C	$f(x) = \frac{1}{4} \cdot x^3$
D	$f(x) = -2 \cdot x^{-1}$

3.21 Ordne jeder Funktionsgleichung in der linken Tabelle den größtmöglichen Definitionsbereich der jeweiligen Funktion zu!

$f(x) = x^7$	
$f(x) = x^{-7}$	
$f(x) = \sqrt{x^3}$	
$f(x) = \frac{1}{\sqrt{x}}$	

A	$\mathbb{N}$
B	$\mathbb{R}$
C	$\mathbb{R}^+$
D	$\mathbb{R}^*$
E	$\mathbb{R}_0^+$

3.22 Kreuze die zutreffende(n) Aussage(n) an!

Die Funktion f mit $f(x) = x^7$ ist streng monoton fallend in $\mathbb{R}^-$.	☐
Die Funktion f mit $f(x) = x^{-7}$ ist streng monoton fallend in $\mathbb{R}^+$.	☐
Der Graph von f mit $f(x) = x^8$ geht durch die Punkte (1 | 1) und (−1 | 1).	☐
Der Graph von f mit $f(x) = x^{-8}$ geht durch die Punkte (−1 | −1) und (1 | 1).	☐
Der Graph von f mit $f(x) = x^{100}$ geht durch die Punkte (0 | 0) und (1 | 100).	☐

R Polynomfunktionen vom Grad n

Definition

Eine reelle Funktion f mit $f(x) = a_n x^n + a_{n-1} x^{n-1} + \ldots + a_1 x + a_0$ (wobei $a_n, a_{n-1}, \ldots, a_0 \in \mathbb{R}$ und $a_n \neq 0$) heißt **Polynomfunktion vom Grad n**.

BEISPIELE:

1) Die Funktion f mit $f(x) = 4x^2 - 3x + 1$ ist eine Polynomfunktion vom Grad 2.
2) Die Funktion f mit $f(x) = 0,5x^3 + 2x^2 + x$ ist eine Polynomfunktion vom Grad 3.
3) Die Funktion f mit $f(x) = 6x^5 - x^3 + x^2 - 8$ ist eine Polynomfunktion vom Grad 5.

Spezialfälle:

- Eine konstante Funktion f mit $f(x) = a_0$ und $a_0 \neq 0$ ist eine Polynomfunktion vom Grad 0.
- Eine lineare Funktion f mit $f(x) = k \cdot x + d$ und $k \neq 0$ ist eine Polynomfunktion vom Grad 1.
- Eine Potenzfunktion f mit $f(x) = x^n$ und $n \in \mathbb{N}^*$ ist eine Polynomfunktion vom Grad n.

R Typische Formen der Graphen von Polynomfunktionen

Polynomfunktionen vom Grad 2: Die Graphen sind stets Parabeln.

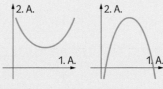

Abb. 3.3a   Abb. 3.3b

Polynomfunktionen vom Grad 3: Die Graphen haben im Allgemeinen die Gestalt einer S-Kurve (Abb. 3.4a, b), doch sind „Entartungen" möglich, bei denen diese Gestalt nicht mehr so deutlich zu sehen ist (Abb. 3.4c,d).

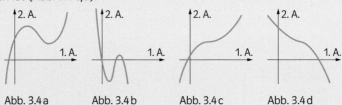

Abb. 3.4a   Abb. 3.4b   Abb. 3.4c   Abb. 3.4d

Polynomfunktionen vom Grad 4: Die Graphen haben im Allgemeinen die Gestalt einer Doppel-S-Kurve (Abb. 3.5a, b), doch sind auch hier „Entartungen" möglich, bei denen diese Gestalt nicht mehr so deutlich (Abb. 3.5c, d) oder gar nicht mehr (Abb. 3.5e, f) zu sehen ist.

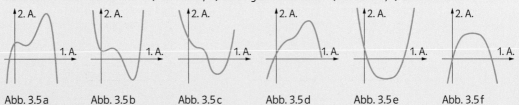

Abb. 3.5a   Abb. 3.5b   Abb. 3.5c   Abb. 3.5d   Abb. 3.5e   Abb. 3.5f

Satz

Der Graph einer Polynomfunktion f ist

- **symmetrisch** bezüglich der **2. Achse**, wenn alle auftretenden **Exponenten gerade** sind,
- **symmetrisch** bezüglich des **Ursprungs**, wenn alle auftretenden **Exponenten ungerade** sind.

BEWEIS: Im ersten Fall ist $f(-x) = f(x)$, im zweiten Fall ist $f(-x) = -f(x)$ für alle $x \in \mathbb{R}$. □

R AUFGABEN

3.23 Kreuze alle Funktionsgleichungen an, die zu Polynomfunktionen gehören!

a)

$f_1(x) = x^{-1}$	☐
$f_2(x) = x$	☐
$f_3(x) = x^2$	☐
$f_4(x) = x^{-2}$	☐
$f_5(x) = \frac{x}{2}$	☐

b)

$f_1(x) = 5x^2 - 3x + 7$	☐
$f_2(x) = -x^5 + x^3 - x^{-2}$	☐
$f_3(x) = 0{,}12x^8 + 4{,}13x^4 - 2{,}48x^2$	☐
$f_4(x) = \frac{1}{x^3} + \frac{1}{x^2} + \frac{1}{x} + 1$	☐
$f_5(x) = \frac{x^4}{2} + \frac{x^2}{4} - 10$	☐

3.24 Von den vier dargestellten Polynomfunktionen ist eine vom Grad 1, eine vom Grad 2, eine vom Grad 3 und eine vom Grad 4. Ordne jedem Graphen in der linken Tabelle den Grad der dargestellten Polynomfunktion aus der rechten Tabelle zu!

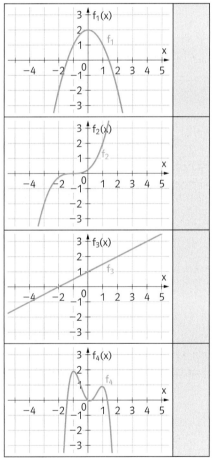

A	Grad = 4
B	Grad = 3
C	Grad = 2
D	Grad = 1

3.25 Kreuze jene Funktionsgleichungen an, für die der Graph der zugehörigen Funktion symmetrisch zur 2. Achse liegt!

$f_1(x) = 4x^6 - 2x^4 + 8x^2 + 2$	☐
$f_2(x) = 2x^6 + 6x + 10$	☐
$f_3(x) = x^3 - x^2 + x$	☐
$f_4(x) = x^8 - 3x^4$	☐
$f_5(x) = 0{,}5x^9 - 5x^7 + x^5 + 1$	☐

3.3 VERÄNDERUNGEN VON FUNKTIONSGRAPHEN

Übergang von f(x) zu f(x) ± c, ± c · f(x), bzw. f(x ± c)

Applet k9ar9s

Lernapplet 8z636z

In Mathematik verstehen 5 haben wir solche Übergänge für eine quadratische Funktion f mit $f(x) = x^2$ untersucht. Wir wiederholen anhand von Abbildungen, wie man vom Graphen dieser Funktion f zum Graphen einer Funktion g mit $g(x) = f(x) + c$, $g(x) = a \cdot f(x)$ bzw. $g(x) = f(x - b)$ kommt (mit $a, b, c \in \mathbb{R}^+$).

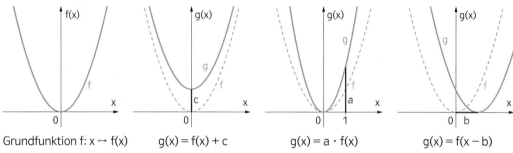

Grundfunktion f: $x \mapsto f(x)$ $g(x) = f(x) + c$ $g(x) = a \cdot f(x)$ $g(x) = f(x - b)$

Entsprechende Veränderungen gelten für beliebige reelle Funktion f. In der folgenden Tabelle setzen wir $a, b, c \in \mathbb{R}^+$ voraus.

	Der Graph von g entsteht aus dem Graphen von f durch
$g(x) = -f(x)$	Spiegelung an der 1. Achse
$g(x) = f(x) + c$	Verschiebung um c parallel zur 2. Achse nach oben
$g(x) = f(x) - c$	Verschiebung um c parallel zur 2. Achse nach unten
$g(x) = a \cdot f(x)$	Streckung mit dem Faktor a normal zur 1. Achse
$g(x) = -a \cdot f(x)$	Streckung mit dem Faktor a normal zur 1. Achse und anschließende Spiegelung an der 1. Achse
$g(x) = f(x + b)$	Verschiebung um b parallel zur 1. Achse nach links
$g(x) = f(x - b)$	Verschiebung um b parallel zur 1. Achse nach rechts

BEMERKUNG: Eine **Streckung** mit einem **Faktor a** mit **0 < a < 1** wird manchmal auch als **Stauchung** bezeichnet.

AUFGABEN

3.26 Gegeben ist die Funktion f mit $f(x) = x^2$! Stelle mit Technologieeinsatz den Graphen der Funktion g dar und beschreibe, wie der Graph von g aus dem Graphen von f hervorgeht!

a) $g(x) = -x^2$ **b)** $g(x) = x^2 + 2$ **d)** $g(x) = 2 \cdot x^2$ **f)** $g(x) = (x + 2)^2$

c) $g(x) = x^2 - 2$ **e)** $g(x) = -2 \cdot x^2$ **g)** $g(x) = (x - 2)^2$

3.27 Die Funktion f hat die Termdarstellung $f(x) = a \cdot x^2 + c$ mit $a, c \in \mathbb{R}$. Gib a und c an!

a)

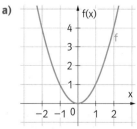

a = _____ , c = _____

b)

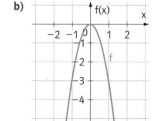

a = _____ , c = _____

c)

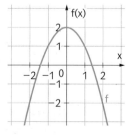

a = _____ , c = _____

3.28 Die Funktion f hat die Termdarstellung $f(x) = a \cdot x^3 + c$ mit $a, c \in \mathbb{R}$.
Gib a und c an!

a)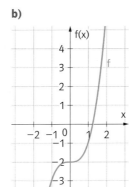

b)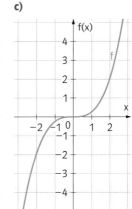

c)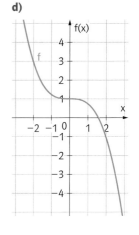

d)

a = _____, c = _____   a = _____, c = _____   a = _____, c = _____   a = _____, c = _____

3.29 Die Funktion f hat die Termdarstellung $f(x) = a \cdot x^{-1} + c$ mit $a, c \in \mathbb{R}$ und $x \neq 0$.
Gib eine Funktionsgleichung von f an!

a)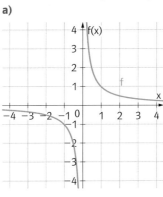

b)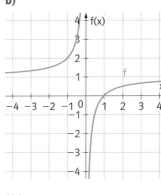

c)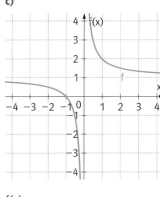

$f(x) = $ _____ $f(x) = $ _____ $f(x) = $ _____

3.30 In der Abbildung sind zwei quadratische Polynomfunktionen f und g dargestellt. Gib Funktionsgleichungen dieser Funktionen an!

a)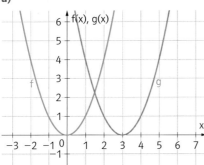

b)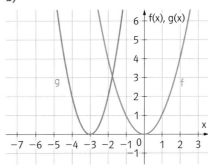

3.31 Gegeben sind die Funktionen f mit $f(x) = x$ und g mit $g(x) = 2 \cdot f(x + 1) - 3$. Wie kann der Graph von g schrittweise aus dem Graphen von f aufgebaut werden? Erläutere anhand einer Skizze!

3.4 ÄNDERUNGSMASSE VON FUNKTIONEN

R Verschiedene Änderungsmaße

3.32 Die Verkaufsabteilung einer Firma, die ein High-Tech-Gerät
⚡T kompakt herstellt, wurde vom Beginn des Jahres 2005 bis zum Ende des
Seite 58 Jahres 2008 vom Verkaufsleiter A und vom Beginn des Jahres
2009 bis zum Ende des Jahres 2010 vom Verkaufsleiter B gelei-
tet. Die Stückzahlen der in den einzelnen Jahren verkauften
Geräte sind in der Tabelle angegeben.
Der Verkaufsleiter A argumentiert:

Jahr	Anzahl verkaufter Geräte
2004	4 800
2005	5 100
2006	5 500
2007	5 800
2008	6 200
2009	6 500
2010	7 100

A: 2005–2008
B: 2009–2010

> „Ich habe besser gearbeitet, denn ich habe die
> Abteilung mit der jährlichen Verkaufszahl von 4 800 Stück
> übernommen und während meiner Leitung die Verkaufs-
> zahl um 6 200 − 4 800 = 1 400 Stück gesteigert.
> Während der Leitung von B hat die Verkaufszahl
> jedoch nur um 7 100 − 6 200 = 900 zugenommen."

Ist diese Argumentation stichhaltig? Begründe die Antwort!
Versuche die Verkaufserfolge der beiden Verkaufsleiter auf andere Arten zu vergleichen!

LÖSUNG:

Die Argumentation ist nicht stichhaltig, denn sie berücksichtigt nicht, dass die beiden Verkaufsleiter mit verschiedenen Ausgangslagen begonnen haben und die Verkaufsabteilung verschieden
lang geleitet haben.
Die Beurteilung der Verkaufsleistungen hängt davon ab, welches Maß man zur Beurteilung
heranzieht. Bezeichnet man die Verkaufszahl im Jahr t mit V(t), so hat der Verkaufsleiter A die
Differenz V(2008) − V(2004) bzw. V(2010) − V(2008) zum Vergleich herangezogen. Dieses Maß ist
aber aus den angeführten Gründen ungeeignet.
Man kann geeignetere Maße angeben:

(1) Um die unterschiedlichen Ausgangslagen zu berücksichtigen, kann man den Verkaufszuwachs im Verhältnis zur Ausgangsverkaufszahl berechnen:

A: $\dfrac{V(2008) - V(2004)}{V(2004)} = \dfrac{6\,200 - 4\,800}{4\,800} \approx 0{,}29 = 29\,\%$ B: $\dfrac{V(2010) - V(2008)}{V(2008)} = \dfrac{7\,100 - 6\,200}{6\,200} \approx 0{,}15 = 15\,\%$

Daraus ergibt sich: Während seiner Leitung konnte A die Verkaufszahlen **um** ca. 29 % steigern,
B aber nur **um** ca. 15 %. So gesehen schneidet der Verkaufsleiter A besser ab.

(2) Um die unterschiedlich langen Leitungszeiträume zu berücksichtigen, kann man den
Verkaufszuwachs im Verhältnis zur Dauer (= Verkaufszuwachs pro Jahr) berechnen:

A: $\dfrac{V(2008) - V(2004)}{2008 - 2004} = \dfrac{6\,200 - 4\,800}{4} = 350$ B: $\dfrac{V(2010) - V(2008)}{2} = \dfrac{7\,100 - 6\,200}{2} = 450$

Daraus ergibt sich: A konnte seine jährlichen Verkaufszahlen nur um durchschnittlich
350 Stück pro Jahr steigen, B aber um durchschnittlich 450 Stück pro Jahr. So gesehen
schneidet der Verkaufsleiter B besser ab.

(3) Man kann zum Vergleich auch einfach das Verhältnis der Verkaufszahl am Ende der Leitung
zur Verkaufszahl bei Übernahme der Leitung berechnen:

A: $\dfrac{V(2008)}{V(2004)} = \dfrac{6\,200}{4\,800} \approx 1{,}29 = 129\,\%$ B: $\dfrac{V(2010)}{V(2008)} = \dfrac{7\,100}{6\,200} \approx 1{,}15 = 115\,\%$

Daraus ergibt sich: Während seiner Leitung konnte A die Verkaufszahlen **auf** ca. 129 % des
Ausgangsniveaus steigern, B aber nur **auf** ca. 115 % seiner Ausgangsverkaufszahl. So gesehen
schneidet wiederum der Verkaufsleiter A besser ab.

In der letzten Aufgabe haben wir die Frage gestellt, welcher Verkaufsleiter besser gearbeitet hat. Wir haben gesehen, dass diese Frage, nicht eindeutig beantwortet werden kann. Das ist auch gar nicht verwunderlich, denn die einzelnen Maße stellen unterschiedliche mathematische Modelle für die vorliegende Situation dar und unterschiedliche mathematische Modelle können durchaus zu verschiedenen Ergebnissen führen. Jedes Maß berücksichtigt einige Aspekte, vernachlässigt aber andere Aspekte. Darüber hinaus muss festgehalten werden, dass die „Qualität" der Verkaufsleiter anhand einer Tabelle der Verkaufszahlen allein nicht ausreichend beurteilt werden kann. Denn die jährlichen Verkaufszahlen hängen nicht ausschließlich von der Management-leistung eines Verkaufsleiters ab, sondern sind auch durch äußere Ursachen bedingt, die der Verkaufsleiter gar nicht beeinflussen kann, wie beispielsweise die allgemeine Wirtschaftslage, die Lohnkosten oder das Produktangebot von Konkurrenzfirmen.

Die in der letzten Aufgabe verwendeten Maße haben in der Mathematik eigene Namen:

Definition

Sei f eine auf einem Intervall [a; b] definierte reelle Funktion. Die reelle Zahl

- $f(b) - f(a)$ heißt **absolute Änderung** (oder kurz **Änderung**) **von f in [a; b]**,

- $\dfrac{f(b) - f(a)}{f(a)}$ heißt **relative Änderung von f in [a; b]**,

- $\dfrac{f(b) - f(a)}{b - a}$ heißt **mittlere Änderungsrate** (oder **Differenzenquotient**) **von f in [a; b]**,

- $\dfrac{f(b)}{f(a)}$ heißt **Änderungsfaktor von f in [a; b]**.

In Worten:

- Die absolute Änderung ist gleich der Differenz der Funktionswerte.
- Die relative Änderung ist gleich dem Verhältnis der Änderung der Funktionswerte zum Ausgangsfunktionswert.
- Die mittlere Änderungsrate (der Differenzenquotient) ist gleich dem Verhältnis der Änderung der Funktionswerte zur Änderung der Argumente.
- Der Änderungsfaktor ist das Verhältnis vom Endfunktionswert zum Anfangsfunktionswert. Er ist der Faktor, mit dem der Anfangsfunktionswert multipliziert werden muss, um den Endfunktionswert zu erhalten.

AUFGABEN

3.33 Gib die absolute Änderung, die relative Änderung, die mittlere Änderungsrate und den Änderungsfaktor der Funktion f im Intervall [0; 2] an!

    a) $f(x) = 2x + 2$ **b)** $f(x) = -3x + 2$ **c)** $f(x) = 4x + 5$ **d)** $f(x) = x^2 + 2$ **e)** $f(x) = x^3 + 3$

3.34 Am 31. Oktober 2006 hatte Österreich 8 281 295 Einwohner, am 31. Oktober 2011 bereits 8 401 940 Einwohner. Berechne die absolute Änderung, die relative Änderung, die mittlere Änderungsrate und den Änderungsfaktor im Zeitraum von 2006 bis 2011!

3.35 Laut dem vom Bundeskriminalamt Österreich herausgegebenen Bericht „Sicherheit 2014" gab es 604 229 Anzeigen im Jahr 2005, aber nur mehr 527 692 Anzeigen im Jahr 2014.

    a) Berechne die absolute Änderung, die relative Änderung, die mittlere Änderungsrate und den Änderungsfaktor der Anzahl der Anzeigen im Zeitraum von 2005 bis 2014!

    b) Im Jahr 2005 betrug die Aufklärungsquote 39,5 %, im Jahr 2014 bereits 43,1 %. Um wie viel Prozentpunkte bzw. um wie viel Prozent hat sich die Aufklärungsquote von 2014 gegenüber 2005 gesteigert?

R TECHNOLOGIE KOMPAKT

GEOGEBRA | CASIO CLASS PAD II

Lokale Extrempunkte bestimmen

GEOGEBRA

Algebra-Ansicht:

Eingabe: Extremum(*Funktionsterm*) ENTER

Ausgabe → *Alle lokalen Extrempunkte der Funktion*

oder

Algebra-Ansicht:

Eingabe: Extremum(*Funktionsterm, a, b*) ENTER

Ausgabe → *lokale Extrempunkte der Funktion im Intervall [a; b]*

CASIO CLASS PAD II

Iconleiste – Menu – Grafik & Tabelle

Eingabe: *Funktionsterm* EXE

Symbolleiste – ⟱

Ausgabe → *Graph der Funktion*

Menüleiste – Analyse – Grafische Lösung – Minimum (Maximum)

HINWEIS: Cursortaste rechts für weitere Minima (Maxima)

Ausgabe → *lokale Extrempunkte der Funktion*

HINWEIS: Lokale Extrempunkte müssen vor der Analyse auf dem Bildschirm sichtbar sein.

Den Graphen der Funktion f im Intervall [a; b] darstellen

GEOGEBRA

Algebra-Ansicht:

Eingabe: f(x) = Funktion(*Funktionsterm, a, b*) ENTER

Ausgabe → *Graph der Funktion f im Intervall [a; b]*

CASIO CLASS PAD II

Iconleiste – Menu – Grafik & Tabelle

Eingabe: *Funktionsterm* EXE

Symbolleiste – ⊕ – xmin: *a* – max: *b* – OK – ⟱

Ausgabe → *Graph der Funktion f im Intervall [a; b]*

Den Graphen der Potenzfunktion f mit f(x) = x^r durch Variation von r untersuchen

GEOGEBRA

Algebra-Ansicht:

Eingabe: f(x) = x^r ENTER

CREATE SLIDER anklicken

Ausgabe → *Schieberegler zur Variation der Werte von r*

Grafik-Ansicht:

Ausgabe → *Graph der Funktion f zum gewählten r-Wert*

CASIO CLASS PAD II

Iconleiste – Menu – Grafik & Tabelle

Eingabe: *x^r* EXE

Symbolleiste – ⟱

Ausgabe → *Schieberegler zur Variation der Werte von r*

Ausgabe → *Graph der Funktion f zum gewählten r-Wert*

Änderungsmaße einer Funktion f im Intervall [a; b] berechnen

GEOGEBRA

x= CAS-Ansicht:

Eingabe: f(x) := *Funktionsterm* – Werkzeug =

Eingabe: (f(b) – f(a))/f(a) – Werkzeug = oder ≈

Ausgabe → *relative Änderung von f in [a; b]*

BEMERKUNG: Für andere Änderungsmaße analog.

CASIO CLASS PAD II

Iconleiste – Main – Keyboard – Math3

Define f(x) = *Funktionsterm* EXE

Eingabe: (f(b) – f(a))/f(a) EXE

Ausgabe → *relative Änderung von f in [a; b]*

BEMERKUNG: Für andere Änderungsmaße analog.

AUFGABEN

T 3.01 Bestimme die lokalen Extrempunkte der Funktion f: $\mathbb{R} \to \mathbb{R}$ mit $f(x) = \frac{1}{2} \cdot (x^4 - 8x^2 + 5)$!

T 3.02 Gegeben sind Potenzfunktionen f mit $f(x) = x^r$ für $r \in \mathbb{Z}^*$.
Stelle eine Vermutung auf, für welche Werte von r der Graph von f symmetrisch zur zweiten Achse ist! Überprüfe deine Vermutung durch Technologieeinsatz!

T 3.03 Berechne die mittlere Änderungsrate und die relative Änderung der Funktion f mit $f(x) = 1 - \frac{x^2}{2}$ im Intervall [−1; 2]

Für konkrete Anleitungen siehe Technologietrainingshefte

KOMPETENZCHECK

AUFGABEN VOM TYP 1

FA-R 1.5 **3.36** Von einer Funktion f: ℝ → ℝ sind folgende Funktionswerte gegeben: f(−2) = −1, f(1) = 4, f(3) = 4. Kreuze die beiden Aussagen an, die sicher zutreffen!

f ist in [−2; 3] streng monoton steigend.	☐
f ist in [−2; 1] streng monoton fallend.	☐
f ist in [−2; 3] monoton steigend.	☐
f ist in [−2; 1] nicht monoton fallend.	☐
f ist in [−2; 3] nicht streng monoton steigend.	☐

FA-R 1.5 **3.37** Kreuze die Aussagen an, die auf den abgebildeten Graphen der Funktion f: [1; 6] → ℝ zutreffen!

1 und 4 sind globale Maximumstellen von f.	☐
4 ist eine lokale Maximumstelle von f.	☐
6 ist eine lokale Minimumstelle von f.	☐
2 ist eine globale Minimumstelle von f.	☐
Im Intervall (2; 4) gibt es keine lokale Extremstelle von f.	☐

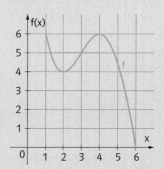

FA-R 3.1 **3.38** Kreuze die Aussagen an, die auf eine Potenzfunktion f: ℝ → ℝ mit f(x) = x^n (n ∈ ℕ*) zutreffen!

Für n = 2 ist f streng monoton steigend in ℝ.	☐
Für n = 3 ist f streng monoton steigend in ℝ.	☐
Für n = 4 besitzt f eine globale Minimumstelle.	☐
Für n = 5 geht der Graph von f durch die Punkte (1∣1) und (−1∣1).	☐
Für alle n ∈ ℕ* liegt der Punkt (0∣0) auf dem Graphen von f.	☐

FA-R 3.1 **3.39** Kreuze die beiden Aussagen an, die auf alle Potenzfunktionen f: ℝ* → ℝ mit f(x) = x^z (z ∈ ℤ⁻) zutreffen!

Für gerades z nimmt f positive und negative Funktionswerte an.	☐
Für ungerades z nimmt f nur positive Funktionswerte an.	☐
Für gerades z ist der Graph von f symmetrisch bezüglich der 2. Achse.	☐
Für ungerades z ist der Graph von f symmetrisch bezüglich des Ursprungs.	☐
Der Graph von f geht durch die Punkte (−1∣−1) und (1∣1).	☐

FA-R 3.2 **3.40** In der Abbildung ist eine Funktion der Form f(x) = $ax^2 + c$ mit a, c ∈ ℝ⁺ dargestellt.
Beschrifte die rot eingezeichneten Strecken mit den Parametern a oder c!

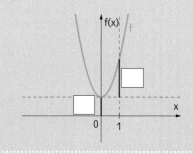

FA-R 3.3 **3.41** In der Abbildung sind zwei Funktionen f und g der Form $x \mapsto ax^2 + c$ dargestellt.
Ergänze durch Ankreuzen den folgenden Text so, dass eine korrekte Aussage entsteht!
Beim Übergang von f zu g muss ____①____ und ____②____ werden.

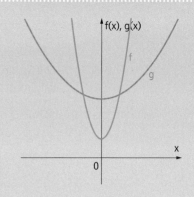

①	
a nicht verändert	☐
a vergrößert	☐
a verkleinert	☐

②	
c nicht verändert	☐
c vergrößert	☐
c verkleinert	☐

FA-R 4.1 **3.42** Gib den kleinstmöglichen Grad der abgebildeten Polynomfunktion f an!
kleinstmöglicher Grad: _____

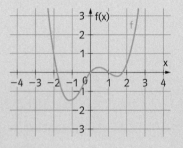

FA-R 4.2 **3.43** In der Abbildung ist ein Ausschnitt des Graphen der Funktion f: $\mathbb{R} \to \mathbb{R}$ der Form $f(x) = a(x^3 - x^2)$ mit $a \in \mathbb{R}$ gezeichnet.
Ermittle a und fülle die Tabelle aus!

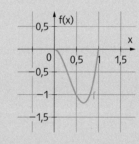

x	f(x)
0	
1	
2	
3	
4	

FA-R 4.3 **3.44** Ermittle die Nullstellen der Funktion f: $\mathbb{R} \to \mathbb{R}$ mit $f(x) = x^5 - x^3$!

AN-R 1.1 **3.45** Kreuze die Aussagen an, die auf die durch ihren Graphen dargestellte Funktion f: $[-3; 5] \to \mathbb{R}$ zutreffen!

Die absolute Änderung von f ist im Intervall $[-1; 1]$ größer als im Intervall $[1; 3]$.	☐
Der Änderungsfaktor von f im Intervall $[1; 3]$ lautet $-\frac{1}{3}$.	☐
Die mittlere Änderungsrate von f ist in den Intervallen $[-3; 1]$ und $[1; 5]$ gleich groß.	☐
Die relative Änderung von f ist in den Intervallen $[-3; 1]$ und $[1; 5]$ gleich groß.	☐
Die mittlere Änderungsrate von f im Intervall $[-1; 5]$ lautet $\frac{1}{2}$.	☐

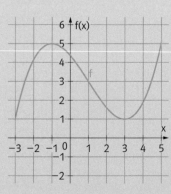

AUFGABEN VOM TYP 2

FA-R 1.5
FA-R 3.1
FA-R 3.2
FA-R 3.3

3.46 **Potenzfunktionen und Polynomfunktionen**

Gegeben sind acht Funktionen $f_1, f_2, \ldots f_8$ auf ihrem größtmöglichen Definitionsbereich:

$f_1(x) = (x-2)^3 + 1$ $\qquad f_2(x) = \sqrt{x}$ $\qquad f_3(x) = -x^4$ $\qquad f_4(x) = 2 - 5x - x^2$

$f_5(x) = x(x-2)(x+3)$ $\qquad f_6(x) = 3x^7$ $\qquad f_7(x) = x$ $\qquad f_8(x) = 1$

a) ▪ Welche dieser Funktionen sind Polynomfunktionen? Von welchem Grad sind sie?
   ▪ Welche dieser Funktionen sind Potenzfunktionen?

b) ▪ Gib für jede der angegebenen Funktionen die größtmögliche Definitionsmenge und die zugehörige Wertemenge an!
   ▪ Welche der angegebenen Funktionen sind in der gesamten Definitionsmenge streng monoton, welche nur monoton, welche nicht monoton?

c) ▪ Welche der angegebenen Funktionen besitzen auf ihrem größtmöglichen Definitionsbereich mindestens eine lokale Extremstelle?
   ▪ Zu welchen der angegebenen Funktionen gehören die beiden folgenden Graphen? Beschrifte die Graphen!

 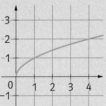

AG-R 2.1
FA-R 1.2
FA-R 1.7
FA-R 3.1

3.47 **Planeten und Satelliten**

Der Astronom Johannes Kepler (1571–1630) veröffentlichte drei Gesetze, mit denen sich die Bewegungen der Planeten um die Sonne beschreiben lassen. Das dritte Kepler'sche Gesetz lautet:

Die Quadrate der Umlaufzeiten T_1 und T_2 zweier Planeten verhalten sich wie die dritten Potenzen der mittleren Entfernungen r_1 und r_2 von der Sonne:

$$\frac{T_1^2}{T_2^2} = \frac{r_1^3}{r_2^3}$$

Johannes Kepler
(1571–1630)

a) ▪ Gib an, von welchem Typ die Funktionen $f: T_1 \mapsto T_2$ (mit r_1, r_2 konstant) und $g: r_1 \mapsto r_2$ (mit T_1, T_2 konstant) jeweils sind!
   ▪ Die Funktion $h: r_1 \mapsto T_1$ (mit r_2, T_2 konstant) ist eine Potenzfunktion vom Typ $h(x) = c \cdot x^z$. Drücke c durch r_2 und T_2 aus und gib den Wert von z an!

b) ▪ Der mittlere Abstand der Erde von der Sonne beträgt 1 AE, der des Jupiters von der Sonne 5,2 AE (1 AE = 1 astronomische Einheit $\approx 1{,}5 \cdot 10^8$ km). Berechne, wievielmal länger ein Jupiterjahr (Zeit für einen Umlauf um die Sonne) ist als ein Erdenjahr!
   ▪ Das dritte Kepler'sche Gesetz gilt nicht nur für Planeten, die die Sonne umkreisen, sondern analog für unseren Mond oder künstliche Satelliten, die die Erde umkreisen. Wir vergleichen beispielsweise unseren Mond ($T_M \approx 655$ h, $r_M \approx 384\,000$ km) mit einem geostationären Satelliten, der sich in konstanter Entfernung über einem Punkt der Erdoberfläche befinden und sich mit der Erde um die Erdachse drehen soll ($T_S = 24$ h). In welcher Entfernung von der Erdoberfläche muss ein solcher Satellit positioniert werden (Erdradius ≈ 6371 km)? Runde das Ergebnis auf 10 km!

4 EXPONENTIAL- UND LOGARITHMUSFUNKTIONEN

4.1 EXPONENTIALFUNKTIONEN

Exponentialfunktionen und ihre Graphen

4.01 Die Beobachtung einer Bakterienkultur auf einer Nährlösung ergibt:
Zu Beginn nehmen die Bakterien eine Fläche von 1000 mm² ein, die Fläche vergrößert sich pro Stunde um ca. 45 %.
Es sei A(n) der Inhalt dieser Fläche nach n Stunden.

1) Berechne A(n) für n = 0, 1, 2, 3, 4, 5 und stelle eine Formel für A(n) auf!

2) Zeichne den Graphen der Funktion A, die jedem Zeitpunkt n den Flächeninhalt A(n) der Bakterienkultur zuordnet!

LÖSUNG:

1) Wird eine Größe G um 45 % vergrößert, so gilt:
$$G + 45\% \text{ von } G = 145\% \text{ von } G = \frac{145}{100} \cdot G = 1{,}45 \cdot G$$

Somit erhalten wir:

$A(0) = 1000$

$A(1) = A(0) \cdot 1{,}45 = 1000 \cdot 1{,}45 = 1450$

$A(2) = A(1) \cdot 1{,}45 = (1000 \cdot 1{,}45) \cdot 1{,}45 = 1000 \cdot 1{,}45^2 \approx 2100$

$A(3) = A(2) \cdot 1{,}45 = (1000 \cdot 1{,}45^2) \cdot 1{,}45 = 1000 \cdot 1{,}45^3 \approx 3050$

$A(4) = A(3) \cdot 1{,}45 = (1000 \cdot 1{,}45^3) \cdot 1{,}45 = 1000 \cdot 1{,}45^4 \approx 4420$

$A(5) = A(4) \cdot 1{,}45 = (1000 \cdot 1{,}45^4) \cdot 1{,}45 = 1000 \cdot 1{,}45^5 \approx 6410$

$A(n) = 1000 \cdot 1{,}45^n$

2) Der Graph der Funktion A mit $A(n) = 1000 \cdot 1{,}45^n$ ist nebenstehend dargestellt.

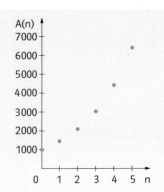

In der letzten Aufgabe haben wir die Formel $A(n) = 1000 \cdot 1{,}45^n$ nur für natürliche n hergeleitet. Wie verläuft der Graph von A aber zwischen den vollen Stunden? Die Beobachtung zeigt, dass das Zellwachstum ein Prozess ist, der kontinuierlich ohne Stillstände und abrupte Änderungen vor sich geht. Ein solcher Prozess wird am besten beschrieben, wenn man die Annahme trifft, dass $A(t) = 1000 \cdot 1{,}45^t$ für beliebige $t \in \mathbb{R}_0^+$ gilt. Damit liegt folgende Funktion vor:

$A: \mathbb{R}_0^+ \to \mathbb{R} \,|\, t \mapsto 1000 \cdot 1{,}45^t$

Der Graph dieser Funktion ist nebenstehend dargestellt.

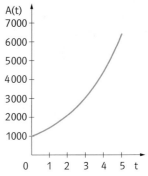

Das Wachstum der Bakterien kann allerdings nicht unbeschränkt erfolgen, weil den Bakterien früher oder später der Nährboden ausgeht. Die Formel $A(t) = 1000 \cdot 1{,}45^t$ gilt also nur bis zu einer gewissen Schranke K, die von den jeweiligen Laborbedingungen abhängt. Mit dieser Einschränkung liegt folgende Funktion vor:

$A: [0; K] \to \mathbb{R} \,|\, t \mapsto 1000 \cdot 1{,}45^t$

4.02 Die Bakterienkultur ist bereits $7000\,mm^2$ groß. Man stellt fest, dass durch Zugabe eines Antibiotikums die Bakterien absterben, wobei die Fläche in jeder Stunde um etwa 35 % kleiner wird. Es sei A(n) der Inhalt dieser Fläche nach n Stunden.

1) Berechne A(n) für n = 0, 1, 2, 3, 4, 5 und stelle eine Formel für A(n) auf!

2) Schreibe eine Formel für A(t) mit $t \in \mathbb{R}_0^+$ auf und zeichne den Graphen der Funktion A, die jedem Zeitpunkt t den Flächeninhalt A(t) der Bakterienkultur zuordnet!

LÖSUNG:

1) Wird eine Größe G um 35 % vermindert, so gilt:

$G - 35\% \text{ von } G = 65\% \text{ von } G = \frac{65}{100} \cdot G = 0{,}65 \cdot G$

Wir erhalten:

$A(0) = 7000$

$A(1) = A(0) \cdot 0{,}65 = 7000 \cdot 0{,}65 = 4550$

$A(2) = A(1) \cdot 0{,}65 = (7000 \cdot 0{,}65) \cdot 0{,}65 = 7000 \cdot 0{,}65^2 \approx 2960$

$A(3) = A(2) \cdot 0{,}65 = (7000 \cdot 0{,}65^2) \cdot 0{,}65 = 7000 \cdot 0{,}65^3 \approx 1920$

$A(4) = A(3) \cdot 0{,}65 = (7000 \cdot 0{,}65^3) \cdot 0{,}65 = 7000 \cdot 0{,}65^4 \approx 1250$

$A(5) = A(4) \cdot 0{,}65 = (7000 \cdot 0{,}65^4) \cdot 0{,}65$
$\qquad = 7000 \cdot 0{,}65^5 \approx 810$

$A(n) = 7000 \cdot 0{,}65^n$

2) $A(t) = 7000 \cdot 0{,}65^t$

Es liegt folgende Funktion vor:

$A: \mathbb{R}_0^+ \to \mathbb{R} \,|\, t \mapsto 7000 \cdot 0{,}65^t$

Der Graph dieser Funktion ist nebenstehend dargestellt.

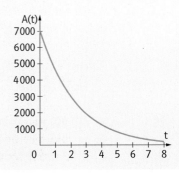

Die Funktionen in den letzten beiden Aufgaben waren beide von der Form $f(x) = c \cdot a^x$ mit $c \in \mathbb{R}^*$ und $a \in \mathbb{R}^+$.

Definition

Eine reelle Funktion **$f: A \to \mathbb{R}$ mit $f(x) = c \cdot a^x$** ($c \in \mathbb{R}^*$, $a \in \mathbb{R}^+$) heißt **Exponentialfunktion** mit der Basis a.

BEMERKUNG: Bei einer Exponentialfunktion muss $a > 0$ vorausgesetzt werden, weil die Potenz a^x für $a \le 0$ nicht immer definiert ist. ZB ist $(-1)^{0,5} = \sqrt{-1}$ oder 0^0 nicht definiert.

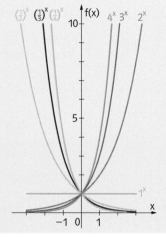

Applet
fw4u8t

Satz (Eigenschaften einer Exponentialfunktionen f mit $f(x) = a^x$)

(1) Alle **Funktionswerte** sind **positiv**.

(2) $f(0) = 1$, dh. der Graph geht durch den Punkt **(0 | 1)**.

(3) Die Funktion f ist
- **streng monoton** steigend für **$a > 1$**
- **streng monoton** fallend für **$0 < a < 1$**
- **konstant** für **$a = 1$**

(4) Für **$a \ne 1$** ist die **x-Achse** eine **Asymptote** des Graphen von f.

(5) Die Graphen der Funktionen f und g mit

$$f(x) = a^x \quad \text{und} \quad g(x) = \left(\frac{1}{a}\right)^x$$

liegen **symmetrisch bezüglich der 2. Achse**.

BEWEIS:

(1) folgt aus den Definitionen von a^x mit $a \in \mathbb{R}^+$.

(2) $f(0) = a^0 = 1$

(3) ▪ Für $a > 1$ gilt:
$$x_1 < x_2 \Rightarrow x_2 - x_1 > 0 \Rightarrow a^{x_2 - x_1} > 1 \Rightarrow \frac{a^{x_2}}{a^{x_1}} > 1 \Rightarrow a^{x_1} < a^{x_2} \Rightarrow f(x_1) < f(x_2)$$

▪ Für $0 < a < 1$ gilt:
$$x_1 < x_2 \Rightarrow x_2 - x_1 > 0 \Rightarrow a^{x_2 - x_1} < 1 \Rightarrow \frac{a^{x_2}}{a^{x_1}} < 1 \Rightarrow a^{x_1} > a^{x_2} \Rightarrow f(x_1) > f(x_2)$$

▪ Für $a = 1$ gilt:
$$f(x) = 1^x = 1$$

(4) ▪ Für $a > 1$ ist f streng monoton steigend und für genügend kleines x ist a^x kleiner als jede noch so kleine positive Zahl ε, denn es gilt:
$$a^x < \varepsilon \Leftrightarrow x \cdot \underbrace{\log_{10}a}_{>0} < \log_{10}\varepsilon \Leftrightarrow x < \frac{\log_{10}\varepsilon}{\log_{10}a}$$

▪ Für $0 < a < 1$ ist f streng monoton fallend und für genügend großes x ist a^x kleiner als jede noch so kleine positive Zahl ε, denn es gilt:
$$a^x < \varepsilon \Leftrightarrow x \cdot \underbrace{\log_{10}a}_{<0} < \log_{10}\varepsilon \Leftrightarrow x > \frac{\log_{10}\varepsilon}{\log_{10}a}$$

(5) Für alle $x \in \mathbb{R}$ gilt: $f(x) = a^x = \left(\frac{1}{a}\right)^{-x} = g(-x)$ □

Lernapplet
2x2r7c

Für Exponentialfunktionen f mit $f(x) = c \cdot a^x$, $g(x) = c \cdot \left(\frac{1}{a}\right)^x$ und $c > 0$ gelten dieselben Eigenschaften, nur muss **(2)** ersetzt werden durch:

(2') **$f(0) = c$**, dh. der Graph geht durch den Punkt **(0 | c)**.

Die Beweise können analog geführt werden.

BEMERKUNGEN:

- Für eine Funktion der Form $f(x) = a^x$ kann der Wert von a wegen $f(1) = a^1 = a$ anhand der rot eingezeichneten Strecke ermittelt werden.

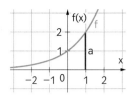

- Die Graphen der Funktionen $f: x \mapsto c \cdot a^x$ mit $c > 0$ und $g: x \mapsto c \cdot a^x$ mit $c < 0$ gehen durch Spiegelung an der x-Achse auseinander hervor.

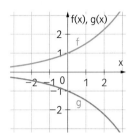

R   **AUFGABEN**

4.03   Dargestellt ist eine Funktion f mit $f(x) = a^x$. Gib den Wert von a an!

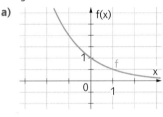

a)   a = _____   **b)**   a = _____   **c)**   a = _____

Lernapplet cr9bq3

4.04   Dargestellt ist eine Funktion f mit $f(x) = c \cdot a^x$. Gib die Werte von c und a an!

a)   **b)**   **c)**

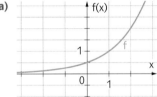 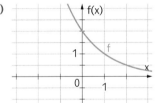 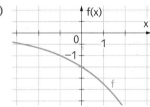

4.05   Kreuze an, welche der folgenden Termdarstellungen zu monoton fallenden Funktionen gehören!

$f_1(x) = 2 \cdot 0{,}9^x$	$f_2(x) = 9 \cdot 0{,}2^x$	$f_3(x) = 2 \cdot 9^x$	$f_4(x) = -2 \cdot x^3$	$f_5(x) = -2 \cdot 0{,}9^x$
☐	☐	☐	☐	☐

4.06   Kreuze an, welche der folgenden Termdarstellungen zu monoton steigenden Funktionen gehören!

$f_1(x) = 2 \cdot 1{,}5^x$	$f_2(x) = 5 \cdot 0{,}2^x$	$f_3(x) = 2 \cdot 3^x$	$f_4(x) = 2 \cdot x^3$	$f_5(x) = -2 \cdot 0{,}5^x$
☐	☐	☐	☐	☐

4.07   Skizziere den Graphen einer Funktion $f: x \mapsto c \cdot a^x$, für die gilt:

   a) $c > 0, a > 1$ **b)** $c > 0, 0 < a < 1$ **c)** $c < 0, a > 1$ **d)** $c < 0, 0 < a < 1$

4.08   Suche unter den angeführten Funktionen f_1 bis f_5 alle Paare von Funktionen, deren Graphen symmetrisch bezüglich der 2. Achse liegen!

   $f_1(x) = 0{,}25^x$, $f_2(x) = 2 \cdot 0{,}5^x$, $f_3(x) = 0{,}5 \cdot 2^x$, $f_4(x) = 4^x$, $f_5(x) = 2^{x+1}$

4.2 EIGENSCHAFTEN VON EXPONENTIALFUNKTIONEN

Ⓡ **Exponentielles Wachsen bzw. Abnehmen**

Satz

Ist $f: \mathbb{R} \to \mathbb{R}$ eine Exponentialfunktion mit $f(x) = c \cdot a^x$ ($c > 0$, $a > 0$), dann gilt für alle $x \in \mathbb{R}$:

(1) $f(x + 1) = f(x) \cdot a$

Wird x um 1 erhöht, dann ändert sich f(x) mit dem Faktor a.

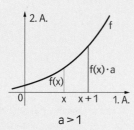
a > 1

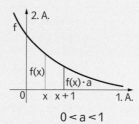
0 < a < 1

(2) $f(x + h) = f(x) \cdot a^h$ (h > 0)

Wird x um h erhöht, dann ändert sich f(x) mit dem Faktor a^h.

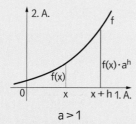
a > 1

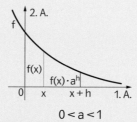
0 < a < 1

(3) Wird x um 1 erhöht, dann wächst bzw. fällt f(x) um einen konstanten Prozentsatz p% vom Ausgangswert.

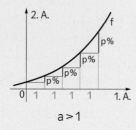
a > 1

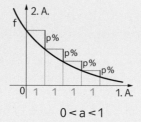
0 < a < 1

(4) Wird x um h erhöht, dann wächst bzw. fällt f(x) um einen konstanten, von h abhängigen Prozentsatz p_h% vom Ausgangswert.

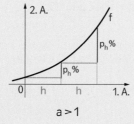
a > 1

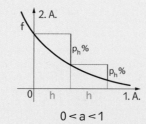
0 < a < 1

BEWEIS:

(1) $f(x + 1) = c \cdot a^{x+1} = c \cdot a^x \cdot a = f(x) \cdot a$

(2) $f(x + h) = c \cdot a^{x+h} = c \cdot a^x \cdot a^h = f(x) \cdot a^h$

(3) Setzen wir $a = 1 \pm \frac{p}{100}$, dann geht die Formel $f(x + 1) = f(x) \cdot a$ über in $f(x + 1) = f(x) \cdot \left(1 \pm \frac{p}{100}\right)$.

Dies bedeutet eine Erhöhung (Verminderung) von $f(x)$ um $p\,\%$.

(4) Setzen wir $a^h = 1 \pm \frac{p_h}{100}$, dann geht die Formel $f(x + h) = f(x) \cdot a^h$ über in $f(x + h) = f(x) \cdot \left(1 \pm \frac{p_h}{100}\right)$.

Dies bedeutet eine Erhöhung (Verminderung) von $f(x)$ um $p_h\,\%$. $\square$

Die im Satz angeführten Aussagen drücken eine charakteristische Eigenschaft eines exponentiellen Wachsens bzw. Abnehmens aus:

Merke

Exponentielles Wachsen bzw. **Abnehmen** bedeutet:
Gleiche Zunahme der Argumente bewirkt stets **Zu- bzw. Abnahme der Funktionswerte mit dem gleichen Faktor** bzw. **um den gleichen Prozentsatz** vom Ausgangswert.

(R) **Was geben die Zahlen c und a an?**

Aus den bisherigen Sätzen ergeben sich folgende Deutungen von c und a:

Merke

Für eine Exponentialfunktion f mit **$f(x) = c \cdot a^x$** ($c \in \mathbb{R}^*$, $a \in \mathbb{R}^+$) gilt:
(1) c = f(0) = Funktionswert von f an der Stelle 0.
(2) a = Faktor, mit dem f(x) multipliziert wird, wenn x um 1 erhöht wird.

(R) **AUFGABEN**

4.09 Gegeben ist die streng monoton steigende Exponentialfunktion f mit $f(x) = 5 \cdot 1{,}05^x$.
a) Wie groß ist $f(0)$?
b) Mit welchem Faktor bzw. um wie viel % nimmt $f(x)$ zu, wenn x um 1 erhöht wird?
c) Mit welchem Faktor bzw. um wie viel % nimmt $f(x)$ zu, wenn x um 3 erhöht wird?

LÖSUNG: a) $f(0) = 5$ b) Mit dem Faktor 1,05 bzw. um 5 %.
        c) Mit dem Faktor $1{,}05^3 \approx 1{,}158$ bzw. um ca. 15,8 %.

4.10 Gegeben ist die streng monoton fallende Exponentialfunktion f mit $f(x) = 7 \cdot 0{,}96^x$.
a) Interpretiere die Zahl 7 in der Funktionsgleichung!
b) Mit welchem Faktor bzw. um wie viel % nimmt $f(x)$ ab, wenn x um 1 erhöht wird?
c) Mit welchem Faktor bzw. um wie viel % nimmt $f(x)$ ab, wenn x um 10 erhöht wird?

LÖSUNG: a) $7 = f(0)$ b) Mit dem Faktor 0,96 bzw. um 4 %.
        c) Mit dem Faktor $0{,}96^{10} \approx 0{,}665$ bzw. um ca. 33,5 %.

4.11 Mit welchem Faktor wächst bzw. fällt $f(x)$, wenn x um 1 erhöht wird? Um wie viel Prozent nimmt $f(x)$ dabei zu bzw. ab?
a) $f(x) = 2^x$ b) $f(x) = 10 \cdot 1{,}5^x$ c) $f(x) = 0{,}5^x$ d) $f(x) = 100 \cdot 0{,}85^x$

2   100 %.   15 %

4.12 Mit welchem Faktor wächst bzw. fällt $f(x)$, wenn x um 5 erhöht wird? Um wie viel Prozent nimmt $f(x)$ dabei zu bzw. ab?

1-

a) $f(x) = 3^x$ b) $f(x) = 0{,}5 \cdot 1{,}1^x$ c) $f(x) = 0{,}6^x$ d) $f(x) = 14 \cdot 0{,}95^x$

$3^5 = 243$ $1{,}1^5 \sim 1{,}611$ $0{,}6^5 \sim 0{,}078$
24 200 %   61,1 %   92,2 %.

4.3 ANWENDUNGEN VON EXPONENTIALFUNKTIONEN

R Exponentielle Wachstums- und Abnahmevorgänge

🌐 Applet 2ie7j5

Wenn sich eine Größe N mit der Zeit exponentiell ändert, dann gilt für ihren Wert zum Zeitpunkt t:

$$N(t) = N_0 \cdot a^t$$

Dabei ist $N_0 = N(0)$ der **Anfangswert von N** (Wert zum Zeitpunkt 0).

- Für **a > 1** liegt ein **exponentieller Wachstumsprozess** vor.
- Für **0 < a < 1** liegt ein **exponentieller Abnahmeprozess** vor.

Die Gleichung $N(t) = N_0 \cdot a^t$ nennt man Wachstums- bzw. Abnahmegesetz.

R AUFGABEN

4.13 Die Einwohnerzahl einer Stadt erhöht sich annähernd exponentiell. Für die Einwohnerzahl N(t) gilt t Jahre nach Beginn der Beobachtung ungefähr: $N(t) = 450\,000 \cdot 1{,}05^t$. Man nimmt an, dass diese Formel mindestens 10 Jahre lang gültig bleibt.

a) Was gibt die Zahl 450 000 an?
b) Wie viele Einwohner wird die Stadt in 5 Jahren haben?
c) Auf das Wievielfache wächst die Einwohnerzahl pro Jahr?
d) Um wie viel Prozent erhöht sich die Einwohnerzahl pro Jahr?
e) Auf das Wievielfache wächst die Einwohnerzahl in 10 Jahren?
f) Um wie viel Prozent erhöht sich die Einwohnerzahl in 10 Jahren?

LÖSUNG:

a) 450 000 ist die Einwohnerzahl zum Zeitpunkt t = 0.   b) $N(5) \approx 574\,327$
c) auf das 1,05-Fache   d) um 5 %
e) $1{,}05^{10} \approx 1{,}63$. Die Einwohnerzahl erhöht sich ca. auf das 1,63-Fache.   f) um ca. 63 %

🌐 Arbeitsblatt z6t4g9

4.14 In einer Bakterienkultur, in der zu Beginn der Beobachtung etwa 10 000 Bakterien vorhanden sind, teilen sich die Bakterien ungefähr alle 3 Stunden.

1) Berechne im Kopf, wie viele Bakterien nach 12 h vorhanden sind!
2) Stelle ein Wachstumsgesetz der Form $N(t) = N_0 \cdot a^t$ auf (t in h)!
3) Wie viele Bakterien sind nach 3 Tagen vorhanden?

4.15 Ein Bakterienstamm auf einer Nährlösung nimmt stündlich um ca. 11 % zu. Zu Beginn stellt man ca. 500 Bakterien fest.

a) Ermittle eine Termdarstellung der Funktion N, die jedem Zeitpunkt t die Anzahl N(t) der Bakterien zuordnet und zeichne ihren Graphen für $0 \leq t \leq 8$!
b) Wächst die Bakterienanzahl im Zeitintervall [0; 4] mit dem gleichen Faktor wie im Zeitintervall [4; 8]?

4.16 Die Temperatur T in einem Raum ändert sich exponentiell gemäß der Gleichung $T(t) = 22 \cdot 0{,}96^t$ (t in h, T(t) in °C). Kreuze die zutreffende(n) Aussage(n) an!

Die Temperatur nimmt ab.	☐
Zum Zeitpunkt 0 beträgt die Temperatur 22 °C.	☐
Pro Stunde nimmt die Temperatur um 96 % ab.	☐
Nach einer Stunde beträgt die Temperatur 21,12 °C.	☐
Nach zwei Stunden ist die Temperatur halb so groß wie nach einer Stunde.	☐

4.17 Eine ansteckende Tierkrankheit breitet sich in einem bestimmten Zeitraum annähernd exponentiell aus. Für die Anzahl N(t) der erkrankten Tiere nach t Tagen gilt ungefähr: $N(t) = 20 \cdot 1{,}03^t$.

a) Wie viele Tiere waren zum Zeitpunkt t = 0 erkrankt?

b) Auf das Wievielfache steigt die Anzahl der erkrankten Tiere pro Tag?

c) Um wie viel Prozent nimmt die Anzahl der erkrankten Tiere pro Tag zu?

d) Auf das Wievielfache steigt die Anzahl der erkrankten Tiere in zwei Wochen?

e) Um wie viel Prozent nimmt die Anzahl der erkrankten Tiere in zwei Wochen zu?

f) Wie viele Tiere werden voraussichtlich in drei Wochen erkrankt sein?

4.18 Ein Pulver löst sich in Wasser so auf, dass nach t Sekunden nur mehr $m(t) = 100 \cdot 0{,}9^t$ (in Gramm) des ungelösten Pulvers vorhanden sind.

a) Wie viel Pulver wurde in das Wasser geschüttet?

b) Auf welchen Bruchteil sinkt die Menge ungelösten Pulvers pro Sekunde?

c) Um wie viel Prozent nimmt die Menge ungelösten Pulvers pro Sekunde ab?

d) Auf welchen Bruchteil sinkt die Menge ungelösten Pulvers in einer Minute?

e) Um wie viel Prozent nimmt die Menge ungelösten Pulvers pro Minute ab?

4.19 Ein Körper wird in einen Kühlraum gestellt und kühlt exponentiell ab, wobei für seine Temperatur T(t) nach t Minuten gilt: $T(t) = 65 \cdot 0{,}86^t$ (°C).

a) Welche Temperatur hat der Körper zu Beginn?

b) Auf welchen Bruchteil sinkt die Temperatur des Körpers pro Minute, auf welchen Bruchteil in 5 min?

c) Um wie viel Prozent nimmt die Temperatur pro Minute ab, um wie viel Prozent in 10 min?

d) Zeichne den Graphen der Funktion T, die jedem Zeitpunkt t (mit $0 \leq t \leq 10$) die Temperatur T(t) des Körpers zuordnet!

4.20 Der Baumbestand eines Waldes nimmt erfahrungsgemäß um ca. 12 % pro Jahr zu. Zu Beginn sind 268 Bäume im Wald. Es sei A(t) die Anzahl der Bäume nach t Jahren.

a) Ermittle eine Termdarstellung der Funktion A, die jedem Zeitpunkt t die Anzahl A(t) der Bäume zuordnet, und zeichne ihren Graphen für $0 \leq t \leq 10$!

b) Wie viele Bäume sind nach 10 Jahren im Wald?

4.21 Der Luftdruck nimmt mit der Höhe exponentiell ab und zwar um ca. 0,0126 % pro Meter. Es sei p(h) der Luftdruck in der Meereshöhe h. Ermittle eine Formel für p(h) unter der Voraussetzung, dass der Luftdruck auf dem Meeresniveau $p_0 = 1013$ Hektopascal (hPa) beträgt! Wie groß ist nach dieser Formel der Luftdruck auf dem gegebenen Berg?

a) Großglockner (3798 m)

b) Montblanc (4810 m)

c) Kilimandscharo (5895 m)

d) Mount Everest (8850 m)

4.22 Wenn das Licht eines Autoscheinwerfers eine Nebelschicht durchdringt, nimmt seine Helligkeit mit zunehmender Entfernung vom Scheinwerfer exponentiell ab. Für die Helligkeit I(d) des Lichts in d Meter Entfernung vom Scheinwerfer gilt ungefähr: $I(d) = I_0 \cdot 0{,}8^d$. Dabei ist I_0 die Helligkeit des Lichts beim Austritt aus dem Scheinwerfer. Wie viel Prozent an Helligkeit verliert das Licht auf einer Länge von a) 1 m, b) 5 m, c) 10 m, d) 20 m?

Ermittlung des Wachstums- bzw. Abnahmegesetzes aus zwei Werten

4.23 Die Anzahl der Bakterien auf einer Nährlösung wächst annähernd exponentiell.
Zwei Stunden nach Beginn zählt man 800 Bakterien, nach weiteren zwei Stunden 2200 Bakterien. Wie viele Bakterien waren am Anfang vorhanden und wie viele sind es nach 12 h?

kompakt Seite 86

LÖSUNG: Es sei N_0 die Anzahl der Bakterien zu Beginn und N(t) die Anzahl der Bakterien nach t Stunden. Dann gilt: $N(t) = N_0 \cdot a^t$.

- **Berechnung von a:**
  Laut Angabe gilt: $N(4) = N(2) \cdot a^2 \Rightarrow a^2 = \frac{N(4)}{N(2)} = \frac{2200}{800} \Rightarrow a \approx 1{,}6583$ (Abspeichern!)

- **Berechnung von N_0:**
  $N(2) = N_0 \cdot a^2 \Rightarrow N_0 = \frac{N(2)}{a^2} = \frac{800}{\frac{22}{8}} = \frac{6400}{22} \approx 291$ (Abspeichern!)

- **Berechnung von N(12):**
  Es gilt: $N(t) = N_0 \cdot a^t$
  Daraus folgt: $N_0 \cdot a^{12} \approx 125\,821$

  Zu Beginn waren ca. 291 Bakterien vorhanden. Nach 12 Stunden sind es ca. 125 821 Bakterien.

AUFGABEN

4.24 Von einem exponentiellen Wachstums- bzw. Abnahmeprozess kennt man zwei Werte.
Stelle das Wachstums- bzw. Abnahmegesetz auf!

a) $N(3) = 84{,}38$, $N(4) = 126{,}56$

b) $N(3) = 3{,}43$, $N(5) = 1{,}68$

c) $N(1) = 57{,}6$, $N(2) = 103{,}68$

d) $N(4) = 105{,}35$, $N(5) = 102{,}19$

e) $N(2) = 131{,}71$, $N(4) = 165{,}22$

f) $N(1) = 805{,}20$, $N(6) = 68{,}01$

4.25 Von einer Funktion f: $\mathbb{R} \to \mathbb{R}$ kennt man einige Werte. Kann f eine Exponentialfunktion der Form $f(x) = c \cdot a^x$ sein? Wenn ja, gib eine Termdarstellung an! Wenn nicht, begründe, warum dies nicht sein kann!

a)

x	f(x)
1	2
−2	0,25
3	8

b)

x	f(x)
−1	0,1
0	0,3
2	3

c)

x	f(x)
0	1
1	2
3	10

d)

x	f(x)
1	6
2	9
3	13,5

e)

x	f(x)
−1	2
2	0,25
3	0,125

f)

x	f(x)
−1	−1
1	−4
3	0,3

4.26 Die Keime in der Kuhmilch vermehren sich exponentiell. In 1 cm³ Kuhmilch waren 3 h nach dem Melken 66 000 Keime, 2 h später 1,1 Millionen Keime. Wie viele Keime waren es 2 bzw. 6 h nach dem Melken?

4.27 Ein Gewässer wurde mit einem Umweltgift verseucht, das durch chemische Zersetzung annähernd exponentiell abgebaut wird. In einem Liter Wasser sind zwei Jahre nach der Vergiftung noch 2 mg des Gifts, nach einem weiteren Jahr noch 1 mg vorhanden. Es sei N(t) die Giftmenge (in Milligramm pro Liter Wasser) t Jahre nach der Verseuchung.

1) Stelle eine Formel für N(t) auf!

2) Welche Giftmenge ist nach 4 Jahren bzw. nach 6 Jahren noch vorhanden?

4.28 Um die Funktion der Bauchspeicheldrüse zu testen, wird ein bestimmter Farbstoff in diese injiziert und das Ausscheiden gemessen. Eine gesunde Bauchspeicheldrüse scheidet pro Minute ca. 4 % des jeweils noch vorhandenen Farbstoffes aus. Bei einem Patienten werden 0,2 g des Farbstoffes eingespritzt, von dem nach 30 min noch 0,1 g vorhanden sind. Funktioniert die untersuchte Bauchspeicheldrüse normal?

Ⓡ Ermittlung von Zeiten

4.29 Eine Bakterienkultur wächst ungefähr um 15 % pro Stunde. Wenn am Anfang 200 000 Bakterien vorhanden sind, nach wie vielen Stunden sind es 500 000?

LÖSUNG:

- $N(t) = 200\,000 \cdot 1{,}15^t$
- $500\,000 = 200\,000 \cdot 1{,}15^t$
  $2{,}5 = 1{,}15^t$

  Wir logarithmieren beide Seiten, d.h. gehen auf beiden Seiten zum Zehnerlogarithmus über:

  $\log_{10} 2{,}5 = t \cdot \log_{10} 1{,}15$

  $t = \dfrac{\log_{10} 2{,}5}{\log_{10} 1{,}15} \approx 6{,}6$

Nach ca. 6,6 Stunden sind es 500 000 Bakterien.

Ⓡ AUFGABEN

4.30 Ein exponentieller Wachstumsprozess verläuft annähernd nach dem Wachstumsgesetz $N(t) = 5 \cdot 1{,}12^t$. Zeichne den Graphen der Funktion N, die jedem Zeitpunkt t die Größe N(t) zuordnet! Ermittle sowohl grafisch als auch rechnerisch, für welchen Zeitpunkt gilt:

a) $N(t) = 6$ b) $N(t) = 6{,}5$ c) $N(t) = 7$ d) $N(t) = 7{,}5$

4.31 Wie Aufgabe 4.30 für einen Abnahmeprozess mit dem Abnahmegesetz $N(t) = 10 \cdot 0{,}4^t$.

a) $N(t) = 2$ b) $N(t) = 1{,}5$ c) $N(t) = 1$ d) $N(t) = 0{,}5$

4.32 Wir nehmen an, dass sich ein Gerücht innerhalb eines gewissen Zeitraums annähernd exponentiell ausbreitet, wobei die Anzahl derjenigen, die vom Gerücht wissen, täglich um ca. **a)** 10 %, **b)** 20 %, **c)** 30 % zunimmt. Wenn das Gerücht von einem Menschen ausgeht, nach ungefähr wie vielen Tagen werden es 1000 Menschen gehört haben?

4.33 Der Inhalt der Fläche, die ein Bakterienstamm auf einer Nährlösung einnimmt, vermindert sich durch Zugabe eines Heilmittels stündlich um ca. 5 %. Zu Beginn beträgt der Flächeninhalt $1000\,\text{mm}^2$, nach t Stunden beträgt er $A(t)\,\text{mm}^2$. Zeichne den Graphen der Funktion A, die jedem Zeitpunkt t den Flächeninhalt A(t) zuordnet! Ermittle sowohl grafisch als auch rechnerisch, wann der Flächeninhalt **a)** $900\,\text{mm}^2$, **b)** $800\,\text{mm}^2$, **c)** $750\,\text{mm}^2$ beträgt!

4.34 Die Bevölkerung einer Region ist von 2002 bis 2017 annähernd exponentiell gewachsen. Im Jahr 2002 hatte die Region 82 000 Einwohner, im Jahr 2017 hatte sie 105 000 Einwohner. Wir gehen von der Annahme aus, dass das Wachstum noch einige Jahre so weitergehen wird.

a) Wie viele Einwohner wird die die Region im Jahr 2022 haben?

b) Wann wird die Region 150 000 Einwohner erreicht haben?

HINWEIS: Zähle die Jahre von 2002 an, dh. $t = 0$ entspricht dem Beginn des Jahres 2002!

4.35 Wegen mangelnder Beschäftigung beginnen Menschen aus einer ländlichen Gegend abzuwandern. Nach zwei Jahren leben in dieser Gegend noch 5 500 Menschen, nach fünf Jahren nur mehr 4 600 Menschen. Wir nehmen exponentielle Bevölkerungsabnahme an.

1) Wie viele Menschen lebten ursprünglich in dieser Gegend?

2) Wie viele Menschen werden voraussichtlich nach 10 Jahren in dieser Gegend leben? Wie groß ist die jährliche prozentuelle Abnahme?

3) Wie viele Menschen werden voraussichtlich nach 10 Jahren in dieser Gegend leben, wenn man lineare Abnahme annimmt? Wie groß ist die jährliche Abnahme?

R ## Radioaktiver Zerfall

Einen wichtigen exponentiellen Abnahmeprozess stellt der **radioaktive Zerfall** dar. Dabei zerfallen Atome eines radioaktiven Stoffes, dh. sie wandeln sich (unter Aussendung von Strahlung) in Atome eines anderen Stoffes um. Die Anzahl der noch unzerfallenen Atome nimmt dabei exponentiell nach folgendem Gesetz ab:

Radioaktives Zerfallsgesetz
$N(t) = N_0 \cdot a^t$ (mit $0 < a < 1$)
$N(t)$ ... Anzahl der noch unzerfallenen Atome zum Zeitpunkt t
$N_0 = N(0)$ ... Anzahl der noch unzerfallenen Atome zum Zeitpunkt $t = 0$

Da die Masse des noch vorhandenen radioaktiven Stoffes zur Anzahl der noch unzerfallenen Atome direkt proportional ist, gilt ein analoges Zerfallsgesetz für die Masse.

R **AUFGABEN**

4.36 Wir nehmen an, dass von einem radioaktiven Stoff zu Beginn 1 000 000 Atome vorhanden sind und die Anzahl der noch unzerfallenen Atome pro Stunde um ca. 15 % abnimmt. Es sei N(n) die Anzahl der noch unzerfallenen Atome nach n Stunden.
   a) Berechne N(n) für n = 1, 2, 3, 4 und zeichne den Graphen der Funktion N, die jedem Zeitpunkt n die Anzahl N(n) der noch unzerfallenen Atome zuordnet!
   b) Welche Annahme muss getroffen werden, damit man die Punkte in dem Graphen durch eine ununterbrochene Linie verbinden darf? Gib das Zerfallsgesetz an und zeichne den Graphen der Funktion N: t ↦ N(t)!

4.37 Eine bestimmte Anzahl von Atomen des radioaktiven Elementes Polonium 218 zerfällt annähernd nach dem Zerfallsgesetz $N(t) = 1 500 000 \cdot 0,796 71^t$ (t in Minuten).
   a) Wie viele unzerfallene Atome sind zu Beginn vorhanden?
   b) Wie viele unzerfallene Atome sind nach 2, 7, 14 bzw. 30 min noch vorhanden?
   c) Zeichne den Graphen der Funktion N, die jedem Zeitpunkt t die Anzahl N(t) der noch nicht zerfallenen Atome zuordnet!

4.38 Das radioaktive Element Wismut 210 zerfällt annähernd nach dem Zerfallsgesetz $m(t) = m_0 \cdot 0,870 55^t$ (m(t) in Gramm, t in Tagen).
   a) Auf welchen Bruchteil sinkt die Wismutmenge pro Tag bzw. in zwei Tagen ab?
   b) Um wie viel Prozent nimmt die Wismutmenge in 7 Tagen bzw. monatlich (30 d) ab?
   c) Zeichne den Graphen der Funktion m, die jedem Zeitpunkt t die Masse m(t) der noch nicht zerfallenen Atome (in Gramm) zuordnet, wenn zu Beginn 100 g Wismut vorhanden sind!

4.39 Beim radioaktiven Element Thallium 210 nimmt die Anzahl der unzerfallenen Atome pro Minute um ca. 40,85 % ab.
   1) Gib das Zerfallsgesetz an, wenn zu Beginn 10^9 Atome vorhanden sind!
   2) Wie viele unzerfallene Atome sind nach 15 min noch vorhanden?

4.40 Beim radioaktiven Element Phosphor 32 nimmt die Anzahl der unzerfallenen Atome pro Tag um ca. 4,73 % ab.
   1) Gib das Zerfallsgesetz an, wenn zu Beginn 10^{12} Atome vorhanden sind!
   2) Wie viele unzerfallene Atome sind nach 365 Tagen noch ungefähr vorhanden?

(R)

Verdopplungs- und Halbwertszeit

Wird ein exponentieller Wachstums- bzw. Abnahmeprozess durch $N(t) = N_0 \cdot a^t$ beschrieben, so nennt man die Zeit τ (lies: Tau), in der N jeweils verdoppelt bzw. halbiert wird, die **Verdopplungszeit** bzw. **Halbwertszeit** des Prozesses.

⊕ Applet tj6w8h

4.41   **a)** Zeige für einen exponentiellen Wachstumsprozess der Form $N(t) = N_0 \cdot a^t$ $(N_0 > 0, a > 1)$:
Die Verdopplungszeit τ hängt nicht von N_0, sondern nur von a ab.

b) Zeige für einen exponentiellen Abnahmeprozess der Form $N(t) = N_0 \cdot a^t$ $(N_0 > 0, 0 < a < 1)$:
Die Halbwertszeit τ hängt nicht von N_0, sondern nur von a ab.

LÖSUNG:

a) Wir berechnen die Verdopplungszeit τ für eine beliebige Anfangsmenge N_0:
$$N(\tau) = 2 \cdot N_0 \Leftrightarrow N_0 \cdot a^\tau = 2 \cdot N_0 \Leftrightarrow a^\tau = 2 \Leftrightarrow \tau \cdot \log_{10} a = \log_{10} 2 \Leftrightarrow \tau = \frac{\log_{10} 2}{\log_{10} a}$$
Das Ergebnis hängt nicht von N_0, sondern nur von a ab.

b) Wir berechnen die Halbwertszeit τ für eine beliebige Anfangsmenge N_0:
$$N(\tau) = 0{,}5 \cdot N_0 \Leftrightarrow N_0 \cdot a^\tau = 0{,}5 \cdot N_0 \Leftrightarrow a^\tau = 0{,}5 \Leftrightarrow \tau \cdot \log_{10} a = \log_{10} 0{,}5 \Leftrightarrow \tau = \frac{\log_{10} 0{,}5}{\log_{10} a}$$

Das Ergebnis hängt nicht von N_0, sondern nur von a ab. Je kleiner a ist, desto größer ist τ.

4.42   **a)** Eine Bakterienkultur wächst um ungefähr 18% pro Stunde. Nach welcher Zeit verdoppelt sich die Bakterienanzahl jeweils?

b) Das radioaktive Element Polonium 218 zerfällt nach dem Gesetz $N(t) = N_0 \cdot 0{,}79671^t$ (t in Minuten). Nach welcher Zeit ist jeweils nur mehr die Hälfte der unzerfallenen Atome vorhanden?

LÖSUNG:

a) $N(\tau) = 2 \cdot N_0 \Leftrightarrow N_0 \cdot 1{,}18^\tau = 2 \cdot N_0 \Leftrightarrow 1{,}18^\tau = 2 \Leftrightarrow \tau \cdot \log_{10} 1{,}18 = \log_{10} 2 \Leftrightarrow \tau = \frac{\log_{10} 2}{\log_{10} 1{,}18} \approx 4{,}2$
Nach jeweils ca. 4,2 Stunden verdoppelt sich die Bakterienanzahl.

b) $N(\tau) = \frac{N_0}{2} \Leftrightarrow N_0 \cdot 0{,}79671^\tau = \frac{N_0}{2} \Leftrightarrow 0{,}79671^\tau = 0{,}5 \Leftrightarrow \tau \cdot \log_{10} 0{,}79671 = \log_{10} 0{,}5 \Leftrightarrow$
$$\Leftrightarrow \tau = \frac{\log_{10} 0{,}5}{\log_{10} 0{,}79671} \approx 3{,}05$$

Nach jeweils ca. 3,05 Minuten ist nur mehr die Hälfte der unzerfallenen Atome vorhanden.

4.43   **1)** Das radioaktive Element Thallium 210 besitzt die Halbwertszeit $\tau = 1{,}32$ min. Stelle das Zerfallsgesetz auf!

2) Nach welcher Zeit sind nur mehr 10% der ursprünglichen Thalliummenge vorhanden?

LÖSUNG:

1) $N(\tau) = \frac{N_0}{2} \Leftrightarrow N_0 \cdot a^{1{,}32} = \frac{N_0}{2} \Leftrightarrow a^{1{,}32} = 0{,}5 \Leftrightarrow a = 0{,}5^{\frac{1}{1{,}32}} \approx 0{,}5915$
Das Zerfallsgesetz lautet somit: $N(t) \approx N_0 \cdot 0{,}5915^t$ (t in Minuten)

2) $N(t) = 0{,}1 \cdot N_0 \Leftrightarrow N_0 \cdot 0{,}5915^t = 0{,}1 \cdot N_0 \Leftrightarrow 0{,}5915^t = 0{,}1 \Leftrightarrow t \cdot \log_{10} 0{,}5915 = \log_{10} 0{,}1 \Leftrightarrow$
$$\Leftrightarrow t = \frac{\log_{10} 0{,}1}{\log_{10} 0{,}5915} \approx 4{,}39$$

Nach ca. 4,39 Minuten sind nur mehr 10% der ursprünglichen Thalliummenge vorhanden.

(R)   **AUFGABEN**

4.44   Das folgende radioaktive Element zerfällt nach dem Gesetz $N(t) = N_0 \cdot a^t$. Ermittle aufgrund der angegebenen Halbwertszeit τ die Basis a und schreibe das Zerfallsgesetz an!

a) Polonium 218: 3,05 min   **c)** Polonium 210: 138,4 Tage   **e)** Thorium 230: 75 380 Jahre

b) Radon 222: 3,82 Tage   **d)** Radium 226: 1602 Jahre   **f)** Uran 238: $4{,}468 \cdot 10^9$ Jahre

4.45 Von einer Probe des radioaktiven Isotops Strontium 90 sind nach einem Jahr ca. 2,39 % zerfallen. Stelle das Zerfallsgesetz auf und berechne die Halbwertszeit τ von Strontium 90!

⊕
Lernapplet
r7kj76

4.46 In den folgenden beiden Abbildungen sind ein exponentieller Wachstumsprozess und ein exponentieller Abnahmeprozess dargestellt (t in Tagen). Gib die Verdopplungszeit für den Wachstumsprozess und die Halbwertszeit für den Abnahmeprozess an!

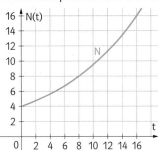 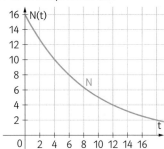

4.47 Die Halbwertszeit von Cäsium 137 beträgt ca. 30 Jahre. Wann ist die durch den Reaktorunfall in Tschernobyl verursachte Cäsiumbelastung auf **a)** 20 %, **b)** 10 %, **c)** 1 % ihres Maximalwertes (zum Unfallszeitpunkt) zurückgegangen?

4.48 Ein durch einen Chemieunfall verunreinigtes stehendes Gewässer kann jährlich jeweils 30 % der Schadstoffe abbauen. Nach wie vielen Jahren wird die vorhandene Schadstoffmenge nur noch **a)** 10 %, **b)** 1 %, **c)** 1‰ der ursprünglich eingebrachten Schadstoffmenge betragen?

4.49 Als chemisch-physikalische Faustregel gilt: „Es braucht ca. 10 Halbwertszeitlängen, um eine Schadstoffkonzentration auf 1‰ ihres Anfangswerts zu reduzieren."
Prüfe die Berechtigung dieser Faustregel nach!

4.50 Energieexperten erwarten von 2010 bis zum Jahr 2030 einen Anstieg des globalen Energieverbrauchs um ca. 75 %. Diese Entwicklung lässt sich auf den schnellen Aufholprozess der Entwicklungs- und Schwellenländer zurückführen. Bis zu welchem Jahr verdoppelt sich unter diesen Voraussetzungen der Energieverbrauch von 2010, wenn man exponentielle Zunahme zugrunde legt?

4.51 Die Auflösung von wenig Zucker in einer großen Wassermenge geht näherungsweise nach der Formel $M(t) = M_0 \cdot a^t$ (mit $0 < a < 1$) vor sich. Dabei ist M_0 die in das Wasser geschüttete Zuckermenge und $M(t)$ die Menge des noch ungelösten Zuckers nach t Sekunden.
a) Wie lange würde es dauern, bis der gesamte Zucker aufgelöst ist, wenn man annimmt, dass diese Formel den Auflösungsprozess exakt beschreibt?
b) Nach welcher Zeit ist die Hälfte des Zuckers aufgelöst?
c) Nach welcher Zeit sind 90 % des Zuckers aufgelöst?

4.52 Wenn Licht von oben in einen See eindringt, nimmt seine Helligkeit mit zunehmender Tiefe exponentiell ab. Es sei I_0 die Helligkeit an der Flüssigkeitsoberfläche und $I(h)$ die Helligkeit in der Tiefe h. In welcher Tiefe ist die Helligkeit des Lichtes auf **a)** $\frac{1}{2}$, **b)** $\frac{1}{3}$, **c)** $\frac{1}{10}$ von I_0 abgesunken, wenn die Helligkeit pro Meter um jeweils 20 % abnimmt?

4.53 Es sei p_0 der Luftdruck auf dem Meeresniveau und $p(h)$ der Luftdruck in h Meter über dem Meer. Der Luftdruck nimmt mit zunehmender Höhe exponentiell ab. Er sinkt jeweils auf die Hälfte, wenn die Höhe um ca. 5500 m zunimmt. Drücke $p(h)$ durch p_0 und h aus!
HINWEIS: Runde a auf 6 Nachkommastellen!

Altersbestimmung mittels radioaktiven Zerfalls

Das Kohlenstoffisotop C-14 ist radioaktiv mit der Halbwertszeit 5730 Jahre. Es kommt in der Atmosphäre sowie in lebenden Organismen vor. Sein Anteil bleibt konstant, solange die Organismen leben, verringert sich jedoch nach deren Tod entsprechend dem radioaktiven Zerfallsprozess. Die in einem Tierskelett enthaltenen, nicht zerfallenen C-14-Mengen lassen also Rückschlüsse auf dessen Alter zu (Radiokarbonmethode).

Zur Altersbestimmung von Fossilien (Versteinerungen) verwendet man auch das radioaktive Kaliumisotop K-40. Dieses wandelt sich mit einer Halbwertszeit von $1{,}27 \cdot 10^9$ Jahren in ein Gemenge aus Calcium und Argon um. Die in einem Gestein eingeschlossenen unzerfallenen K-40-Mengen lassen daher Rückschlüsse auf die Zeit zu, die seit der Gesteinsbildung verstrichen ist.

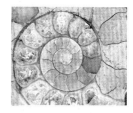

Wir stellen Zerfallsgesetze für die beiden genannten Isotope auf.

Kohlenstoffisotop C-14 (Zeiteinheit 10^3 Jahre):

$$\frac{N_0}{2} = N_0 \cdot a^{5{,}73} \quad \Rightarrow \quad a = 0{,}5^{\frac{1}{5{,}73}} \approx 0{,}8861$$

Abnahmegesetz: $\quad N(t) \approx N_0 \cdot 0{,}8861^t$
(t in 10^3 Jahren)

Kaliumisotop K-40 (Zeiteinheit 10^9 Jahre):

$$\frac{N_0}{2} = N_0 \cdot a^{1{,}27} \quad \Rightarrow \quad a = 0{,}5^{\frac{1}{1{,}27}} \approx 0{,}5794$$

Abnahmegesetz: $\quad N(t) \approx N_0 \cdot 0{,}5794^t$
(t in 10^9 Jahren)

AUFGABEN

4.54 Ein Tierskelett enthält **a)** nur mehr 10 %, **b)** nur mehr 8 % des ursprünglichen C-14-Anteils. Wie alt ist das Skelett ungefähr?
HINWEIS: Wähle als Zeiteinheit 10^3 Jahre und verwende das oben erwähnte Abnahmegesetz!

4.55 Bei Ausgrabungen einer babylonischen Stadt, die zur Zeit des Königs Hammurabi gebaut worden war, fand man im Jahr 1950 in einem Holzstück nur mehr 64 % des ursprünglichen C-14-Anteils. Wann hat König Hammurabi ungefähr gelebt?
HINWEIS: Wähle als Zeiteinheit 10^3 Jahre und verwende das oben erwähnte Abnahmegesetz!

4.56 Bei menschlichen Fossilien, die in ostafrikanischen Lavaschichten gefunden wurden, ergab die Analyse, dass sich ca. 0,1 % der Kaliumatome in Calcium und Argon umgewandelt haben. Wie alt sind diese Fossilien ungefähr?
HINWEIS: Wähle als Zeiteinheit 10^9 Jahre und verwende das oben erwähnte Abnahmegesetz!

4.57 Im Jahr 1991 wurde im Gletschereis die Mumie des Mannes vom Hauslabjoch – genannt „Ötzi" – gefunden. Eine erste Analyse von Gewebeproben ergab, dass vom ursprünglichen C-14-Anteil nur mehr 57 % vorhanden waren.

1) Vor wie vielen Jahren ist der „Ötzi" ungefähr gestorben?
2) Die Halbwertszeit von C-14 wird oft mit 5730 Jahren ±30 Jahre angegeben. Wie wirkt sich diese Unsicherheit auf die Berechnung des Alters von „Ötzi" aus?

R

Darstellung von exponentiellen Prozessen mit Hilfe der Euler'schen Zahl

Ein exponentieller Wachstums- oder Abnahmeprozess ist gegeben durch:

$$N(t) = N_0 \cdot a^t$$

⚡**T** kompakt
Seite 86

In vielen Anwendungen nimmt man anstelle der Basis a die Euler'sche Zahl e als Basis und schreibt:

Wachstumsprozess:

$N(t) = N_0 \cdot e^{\lambda t}$

$\lambda \in \mathbb{R}^+$ heißt Wachstumskonstante.

Abnahmeprozess:

$N(t) = N_0 \cdot e^{-\lambda t}$

$\lambda \in \mathbb{R}^+$ heißt Abnahmekonstante, beim radio-aktiven Zerfall auch Zerfallskonstante.

Exponentieller Wachstumsprozess	$N(t) = N(0) \cdot a^t$ mit $a > 1$	$N(t) = N(0) \cdot e^{\lambda t}$ mit $\lambda > 0$
Exponentieller Abnahmeprozess	$N(t) = N(0) \cdot a^t$ mit $0 < a < 1$	$N(t) = N(0) \cdot e^{-\lambda t}$ mit $\lambda > 0$

Wie hängen a und λ miteinander zusammen?

- **Wachstumsprozess:** $\quad N(0) \cdot a^t = N(0) \cdot e^{\lambda t} \Leftrightarrow a^t = e^{\lambda t} \Leftrightarrow a^t = (e^{\lambda})^t \Leftrightarrow a = e^{\lambda}$

- **Abnahmeprozess:** $\quad N(0) \cdot a^t = N(0) \cdot e^{-\lambda t} \Leftrightarrow a^t = e^{-\lambda t} \Leftrightarrow a^t = (e^{-\lambda})^t \Leftrightarrow a = e^{-\lambda}$

4.58 Stelle a) das Wachstumsgesetz $N(t) = 1500 \cdot 1{,}05^t$, b) das Abnahmegesetz $N(t) = 1500 \cdot 0{,}95^t$ mit Hilfe der Basis e dar! Ermittle dazu die Wachstums- bzw. Abnahmekonstante λ!

LÖSUNG:

a) $1{,}05 = e^{\lambda} \Rightarrow \lambda = \ln 1{,}05 \approx 0{,}049$
Somit gilt: $N(t) \approx 1500 \cdot e^{0{,}049t}$

b) $0{,}95 = e^{-\lambda} \Rightarrow -\lambda = \ln 0{,}95 \Rightarrow \lambda = -\ln 0{,}95 \approx 0{,}051$
Somit gilt: $N(t) \approx 1500 \cdot e^{-0{,}051t}$

4.59 Ein Wachstumsprozess verlaufe nach dem folgenden Wachstumsgesetz. Gib das Wachstumsgesetz mit Hilfe der Zahl e an! Wie groß ist die Wachstumskonstante?
a) $N(t) = 800 \cdot 1{,}25^t$ b) $N(t) = 450 \cdot 1{,}36^t$ c) $N(t) = 180 \cdot 1{,}05^t$

4.60 Ein Abnahmeprozess verlaufe nach dem folgenden Abnahmegesetz. Gib das Abnahmegesetz mit Hilfe der Zahl e an! Wie groß ist die Abnahmekonstante?
a) $N(t) = 480 \cdot 0{,}8^t$ b) $N(t) = 540 \cdot 0{,}36^t$ c) $N(t) = 910 \cdot 0{,}03^t$

4.61 Ein radioaktiver Zerfall verlaufe nach dem folgenden Zerfallsgesetz. Gib das Zerfallsgesetz mit Hilfe der Zahl e an! Wie groß ist die Zerfallskonstante?
a) $N(t) = 10\,000 \cdot 0{,}98^t$ b) $N(t) = 15\,000 \cdot 0{,}96^t$ c) $N(t) = 20\,000 \cdot 0{,}99^t$

4.62 Eine Größe vermehrt sich nach dem angegebenen Wachstumsgesetz, wobei t in Jahren gemessen wird. Um wie viel Prozent nimmt die Größe jährlich zu?
a) $N(t) = 490 \cdot e^{0{,}182\,32 \cdot t}$ b) $N(t) = 490 \cdot e^{0{,}095\,31 \cdot t}$ c) $N(t) = 490 \cdot e^{0{,}048\,79 \cdot t}$

4.63 Eine Größe vermindert sich nach dem angegebenen Abnahmegesetz, wobei t in Jahren gemessen wird. Um wie viel Prozent nimmt die Größe jährlich ab?
a) $N(t) = 200 \cdot e^{-0{,}162\,52 \cdot t}$ b) $N(t) = 870 \cdot e^{-0{,}105\,36 \cdot t}$ c) $N(t) = 1000 \cdot e^{-0{,}051\,29 \cdot t}$

AUFGABEN

4.64 Zeige: Bei einem radioaktiven Zerfallsprozess besteht zwischen der Halbwertszeit τ und der Zerfallskonstanten λ die Beziehung: $\tau = \frac{\ln 2}{\lambda}$.

4.65 Vom folgenden Element ist das Zerfallsgesetz gegeben. Berechne die Halbwertszeit!

    a) Polonium 218: $N(t) \approx N_0 \cdot e^{-0,227\,261 \cdot t}$ (t in Minuten)

    b) Radon 222: $N(t) \approx N_0 \cdot e^{-0,181\,452 \cdot t}$ (t in Tagen)

    c) Radium 226: $N(t) \approx N_0 \cdot e^{-0,000\,433 \cdot t}$ (t in Jahren)

    d) Uran 238: $N(t) \approx N_0 \cdot e^{-0,155\,136 \cdot t}$ (t in 10^9 Jahren)

Exponentielle Modelle

Die Beschreibung einer Situation durch eine Exponentialfunktion ist immer dann angemessen, wenn ein Grund zur Annahme vorliegt, dass sich bei gleicher Zunahme der Argumente die Funktionswerte mit dem gleichen Faktor (um den gleichen Prozentsatz) ändern.

AUFGABEN

4.66 Die Höhe des Bierschaums in einem Glas wurde alle 20 s gemessen.

    1) Zeichne die zur Tabelle gehörigen Punkte in ein Diagramm ein!

Zeit t (in s)	0	20	40	60	80	100	120
Höhe (in mm)	30	26	23	19	17	15	13

    2) Begründe, warum man von einer näherungsweisen exponentiellen Abnahme der Schaumhöhe sprechen kann und gib eine passende Termdarstellung der Funktion h: t ↦ h(t) an!

    3) Was bedeuten die Zahlen in dieser Termdarstellung?

    4) Man spricht von „sehr guter Bierschaumhaltbarkeit", wenn die Halbwertszeit des Schaumzerfalls mehr als 2 min beträgt. Liegt im vorliegenden Fall sehr gute Bierschaumhaltbarkeit vor?

4.67 Im Jahr 2008 wurden die kostendeckend nutzbaren Erdölreserven weltweit auf 159,9 Mill. Tonnen geschätzt und der Welterdölverbrauch betrug in diesem Jahr 3,91 Mill. Tonnen.

    a) In welchem Jahr würden die Welterdölreserven unter 10 % der Menge des Jahres 2008 sinken, wenn man annimmt, dass der jährliche Verbrauch auf dem Niveau des Jahres 2008 bleibt?

    b) Wann wäre der Verbrauch um 10 % höher als der Verbrauch des Jahres 2008, wenn man annimmt, dass er jährlich um ca. 0,5 % steigt?

4.68 Bei einer intravenösen Verabreichung eines Medikaments wird der Sättigungswert (maximale Konzentration im Blut) praktisch sofort, also zum Zeitpunkt t = 0, erreicht. Von da an wird das Medikament abgebaut. Nach 1 h beträgt die Konzentration nur mehr 80 % des Sättigungswerts. Berechne jenen Zeitpunkt, ab dem die Konzentration unter 1 % des Sättigungswerts gesunken ist, wenn man **a)** lineare, **b)** exponentielle Abnahme annimmt! Berechne mit Hilfe beider Modelle, wann die Konzentration auf 60 % bzw. 5 % gesunken ist! Sinkt sie jemals auf 0 %?

4.69 Die Tabelle vergleicht die Bevölkerungsentwicklung Chinas und Indiens für das Jahr 2016.

    1) Stelle für beide Länder die Wachstumsgesetze auf! Für das Jahr 2016 soll t = 0 gelten!

Land	China	Indien
Bevölkerungszahl (in Mill.)	1379	1324
jährliche Wachstumsrate	0,5 %	1,2 %

    2) Stelle die Entwicklung der Bevölkerungszahlen jeweils von 2016 bis 2050 mit Technologieeinsatz grafisch dar!

    3) Wann wird die Bevölkerungszahl Indiens die Bevölkerungszahl Chinas übersteigen?

Vergleich von linearen Funktionen und Exponentialfunktionen

4.70 Gegeben sei eine lineare Funktion f mit $f(x) = k \cdot x + d$. Zeige:

1) Die **absolute Änderung** $f(x + h) - f(x)$ hängt nur von h, aber nicht von x ab.

2) Der **Differenzenquotient** $\frac{f(x + h) - f(x)}{h}$ hängt weder von h noch von x ab.

4.71 Gegeben sei eine Exponentialfunktion f mit $f(x) = c \cdot a^x$. Zeige:

1) Die **relative Änderung** $\frac{f(x + h) - f(x)}{f(x)}$ hängt nur von h, aber nicht von x ab.

2) Der **Änderungsfaktor** $\frac{f(x + h)}{f(x)}$ hängt nur von h, aber nicht von x ab.

Wir fassen die wichtigsten Ergebnisse der letzten beiden Aufgaben zusammen:

Lineares Wachsen	Exponentielles Wachsen
$f(x) = k \cdot x + d$ (mit $k > 0$)	$f(x) = c \cdot a^x$ (mit $a > 1$)
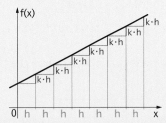	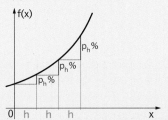
Gleiche Zunahme der Argumente bewirkt stets gleiche Zunahme der Funktionswerte: $f(x + h) = f(x) + k \cdot h$	Gleiche Zunahme der Argumente bewirkt stets Zunahme der Funktionswerte mit dem gleichen Faktor bzw. um den gleichen Prozentsatz vom Ausgangswert: $f(x + h) = f(x) \cdot a^h = f(x) \cdot \left(1 + \frac{p_h}{100}\right)$
Die **absolute Änderung** $f(x + h) - f(x)$ hängt nur von der Intervalllänge h, aber nicht von der Stelle x ab: $f(x + h) - f(x) = k \cdot h$	Die **relative Änderung** $\frac{f(x + h) - f(x)}{f(x)}$ hängt nur von der Intervalllänge h, aber nicht von der Stelle x ab: $\frac{f(x + h) - f(x)}{f(x)} = a^h - 1$
Der **Differenzenquotient** $\frac{f(x + h) - f(x)}{h}$ ist konstant, hängt also weder von der Intervalllänge h noch von der Stelle x ab: $\frac{f(x + h) - f(x)}{h} = k$	Der **Änderungsfaktor** $\frac{f(x + h)}{f(x)}$ hängt nur von der Intervalllänge h ab: $\frac{f(x + h)}{f(x)} = a^h$

AUFGABEN

Arbeitsblatt 22re4k

4.72 In einer Tourismusgemeinde gab es im Sommer jeweils folgende Nächtigungszahlen:

Jahr	2012	2014	2016
Nächtigungszahl	295 665	302 909	310 327

1) Entscheide durch Vergleich geeigneter Änderungsmaße, ob die Entwicklung der Nächtigungszahlen besser durch ein lineares oder ein exponentielles Modell beschrieben wird! Begründe die Antwort!

2) Welche ungefähre Sommernächtigungszahl liefert das gewählte Modell für das Jahr 2018?

„Exponentielle Katastrophen"

Wir vergleichen mittels Technologieeinsatz die Exponentialfunktion f mit $f(x) = 1{,}1^x$ mit der linearen Funktion g mit $g(x) = 10 \cdot x$, beide Funktionen für $x \geq 0$. Es sieht zunächst so aus, als ob die lineare Funktion g wesentlich schneller wächst als die Exponentialfunktion f. Durch Zoomen kann man jedoch einen größeren Ausschnitt des Koordinatensystems erfassen und stellt fest, dass die Exponentialfunktion f die lineare Funktion g schließlich übertrifft.

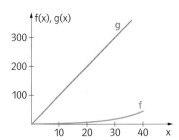
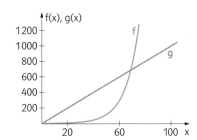

Die lineare Funktion g wächst nur für kleine Argumente wesentlich schneller als die Exponentialfunktion f.

Etwas Ähnliches beobachtet man, wenn man die Exponentialfunktion f mit $f(x) = 1{,}1^x$ mit der Potenzfunktion g mit $g(x) = x^3$ vergleicht:

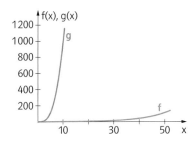
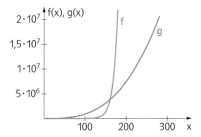

Auch die Potenzfunktion g wächst nur für relativ kleine Argumente schneller als die Exponentialfunktion.

Man kann beweisen, dass eine Exponentialfunktion jede Polynomfunktion (und damit auch jede lineare Funktion und jede Potenzfunktion) bei genügend großem x übertrifft. Den Beweis führen wir nicht durch.

Exponentielle Wachstumsprozesse werden in ihren Auswirkungen oft stark unterschätzt, weil das Wachstum zunächst langsam und beinahe linear verläuft (zB Bevölkerungswachstum). Man glaubt also, dass es immer so „harmlos" weitergehen wird, doch kommt es früher oder später zu einer explosionsartigen Entwicklung und damit zu einer „Katastrophe".

Eine praktische Anwendung dieser Erkenntnis betrifft die Rechenzeit von Computeralgorithmen. Oft hängt die Rechenzeit T(n) eines Algorithmus im Großen und Ganzen von der Größe eines Parameters n ab (zB bei der Überprüfung, ob n eine Primzahl ist). Bei manchen Algorithmen wächst die Rechenzeit T(n) annähernd exponentiell mit n, dh. sie nimmt zunächst langsam zu, steigt aber für große Werte von n schließlich unerwartet stark an. Dies kann zum Beispiel zur Folge haben, dass die Rechenzeit für ein gewisses n wenige Minuten beträgt, für nur wenig größere n schon mehrere Jahre und für nachfolgende n so groß ist, dass der Algorithmus nicht mehr durchgeführt werden kann. Man bemüht sich deshalb, Algorithmen zu finden, bei denen T(n) nicht exponentiell wächst, sondern annähernd wie bei einer Polynomfunktion in n. Leider ist das bei vielen Problemen nicht gelungen und vermutlich auch nicht möglich.

4.4 LOGARITHMUSFUNKTIONEN

Logarithmusfunktionen und ihre Graphen

Definition
Eine reelle Funktion f: $\mathbb{R}^+ \to \mathbb{R}$ mit **f(x) = c · log$_a$ x** (mit $c \in \mathbb{R}^*$, $a \in \mathbb{R}^+$, $a \neq 1$) heißt
Logarithmusfunktion.

BEACHTE: Bei einer Logarithmusfunktion muss $a \neq 1$ vorausgesetzt werden, weil $\log_a x$ nur für $a \neq 1$ definiert ist.

⊕
Applet
zk83ke

ᴊ**T** kompakt
Seite 86

Nachfolgend sind die Graphen einiger Logarithmusfunktionen f mit $f(x) = \log_a x$ für verschiedene Werte von a dargestellt.

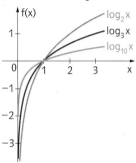

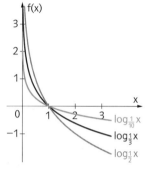

Logarithmusfunktionen mit a > 1 — Logarithmusfunktionen mit 0 < a < 1

Satz (Eigenschaften von Logarithmusfunktionen f mit $f(x) = \log_a x$)
(1) f(1) = 0, dh. alle Graphen gehen durch den Punkt **(1|0)**.
(2) ▪ f ist **streng monoton steigend**, wenn **a > 1** ist.
  ▪ f ist **streng monoton fallend**, wenn **0 < a < 1** ist.
(3) Die **2. Achse** ist eine **Asymptote** des Graphen von f.
(4) Die Graphen der Funktionen f und g mit **$f(x) = \log_a x$** und **$g(x) = \log_{\frac{1}{a}} x$** sind **symmetrisch bezüglich der x-Achse.**

BEWEIS: Wir beweisen nur (1), (2) und (4).
(1) $f(1) = \log_a 1 = 0$
(2) Eine Exponentialfunktion f: $x \mapsto a^x$ mit $a > 1$ ist streng monoton steigend. Somit gilt:
$x_1 < x_2 \Rightarrow a^{\log_a x_1} < a^{\log_a x_2} \Rightarrow \log_a x_1 < \log_a x_2 \Rightarrow f(x_1) < f(x_2)$
Eine Exponentialfunktion f: $x \mapsto a^x$ mit $0 < a < 1$ ist streng monoton fallend. Somit gilt:
$x_1 < x_2 \Rightarrow a^{\log_a x_1} < a^{\log_a x_2} \Rightarrow \log_a x_1 > \log_a x_2 \Rightarrow f(x_1) > f(x_2)$
(4) $\left(\frac{1}{a}\right)^{\log_{\frac{1}{a}} x} = x \Leftrightarrow \log_{\frac{1}{a}} x \cdot \log_a\left(\frac{1}{a}\right) = \log_a x \Leftrightarrow \log_{\frac{1}{a}} x \cdot (-1) = \log_a x \Leftrightarrow$

$\Leftrightarrow \log_{\frac{1}{a}} x = -\log_a x \Leftrightarrow g(x) = -f(x)$ ☐

Für das Weitere sollte man sich vor allem die Graphen der Logarithmusfunktionen mit a > 1 gut einprägen, weil man sich damit die Vorzeichen dieser Logarithmen gut merken kann.

Merke:
Für Logarithmen mit einer Basis **a > 1** gilt:
  $0 < x < 1 \Rightarrow \log_a x < 0$
  $x > 1 \quad\;\; \Rightarrow \log_a x > 0$

(R) ## Exponentialungleichungen

4.73
IT kompakt
Seite 86

a) Ein Wachstumsprozess verlaufe annähernd nach dem Wachstumsgesetz $N(t) = 100 \cdot 1{,}2^t$ (t in Stunden). Nach welcher Zeit ist $N(t) > 1500$?

b) Ein Abnahmeprozess verlaufe annähernd nach dem Abnahmegesetz $N(t) = 100 \cdot 0{,}8^t$ (t in Jahren). Nach welcher Zeit ist $N(t) < 15$?

LÖSUNG:

a) $100 \cdot 1{,}2^t > 1500 \iff 1{,}2^t > 15 \iff t \cdot \underbrace{\log_{10}1{,}2}_{> 0} > \log_{10}15 \iff t > \frac{\log_{10}15}{\log_{10}1{,}2} \approx 14{,}9 \ (h)$

BEACHTE: Wegen $\log_{10}1{,}2 > 0$ bleibt das Ungleichheitszeichen erhalten.

b) $100 \cdot 0{,}8^t < 15 \iff 0{,}8^t < 0{,}15 \iff t \cdot \underbrace{\log_{10}0{,}8}_{< 0} < \log_{10}0{,}15 \iff t > \frac{\log_{10}0{,}15}{\log_{10}0{,}8} \approx 8{,}5 \ (h)$

BEACHTE: Wegen $\log_{10}0{,}8 < 0$ dreht sich das Ungleichheitszeichen um.

4.74 Eine Größe vermindert sich nach dem Abnahmegesetz $N(t) = 500 \cdot e^{-0{,}25t}$ (t in Jahren). Nach welcher Zeit ist $N(t) \leqslant 10$?

LÖSUNG:

$500 \cdot e^{-0{,}25t} \leqslant 10 \implies e^{-0{,}25t} \leqslant 0{,}02 \implies \underbrace{-0{,}25}_{< 0} \cdot t \cdot \underbrace{\ln e}_{1} \leqslant \ln 0{,}02 \implies t \geqslant \frac{\ln 0{,}02}{-0{,}25} \approx 15{,}6$

Ab ca. 15,6 Jahren ist $N(t) \leqslant 10$.

(R) ## AUFGABEN

4.75 Ein exponentieller Wachstumsprozess verläuft annähernd nach dem Wachstumsgesetz $N(t) = 5 \cdot 1{,}12^t$. Zeichne den Graphen der Funktion N, die jedem Zeitpunkt t die Größe $N(t)$ zuordnet! Ermittle sowohl grafisch als auch rechnerisch, für welche t folgender Zusammenhang gilt:
a) $N(t) > 5$ b) $N(t) > 6$ c) $4 \leqslant N(t) \leqslant 6$ d) $6 \leqslant N(t) \leqslant 7$

4.76 Wir nehmen an, dass sich ein grippaler Infekt innerhalb eines kurzen Zeitraums annähernd exponentiell ausbreitet, wobei die Anzahl der Erkrankten täglich um ca. a) 15 %, b) 20 %, c) 25 % zunimmt. Wenn die Ansteckung von einem Menschen ausgeht, nach wie vielen Tagen werden mindestens 1 000 Menschen erkrankt sein?

4.77 Die Bevölkerung einer Stadt ist von 2007 bis 2016 annähernd exponentiell gewachsen. Im Jahr 2012 hatte die Stadt 42 000 Einwohner, im Jahr 2016 hatte sie 50 000 Einwohner. Wir gehen von der Annahme aus, dass das Wachstum noch einige Jahre so weitergehen wird.
a) Wie viele Einwohner wird die Stadt im Jahr 2020 haben?
b) Wann wird die Stadt mindestens 65 000 Einwohner haben?

4.78 Ein Körper mit der Temperatur 80 °C wird in einen Kühlraum gestellt. Dabei nimmt seine Temperatur pro Stunde um 20 % ab. Nach welcher Zeit ist die Temperatur unter a) 50°, b) 30°, c) 10°, d) 1° gesunken?

4.79 Das Insektizid DDT wurde bis in die 1970er-Jahre weltweit in großen Mengen zur Schädlingsbekämpfung eingesetzt. DDT reichert sich im Körpergewebe an und schädigt dieses. Die biologische Halbwertszeit von DDT im Körper beträgt mehr als 1 Jahr. In einer Probe weist das Fettgewebe einer untersuchten Person eine Konzentration von 1,54 mg DDT pro Kilogramm Gewebemasse auf. Nach frühestens wie vielen Tagen ist die DDT-Konzentration auf unter 0,9 mg/kg gesunken, wenn kein weiteres DDT aufgenommen wird?

4.5 WACHSTUM BEI BESCHRÄNKUNG

Grenzen des ungebremsten exponentiellen Wachstums

4.80 Im Jahre 2004 lebten ungefähr 6 Milliarden Menschen auf der Erde. Die Erdbevölkerung wächst annähernd exponentiell um ca. 2,2 % jährlich. Wann wäre bei ungebremstem exponentiellen Wachstum die Bevölkerungszahl so groß, dass auf dem Festland der Erde (ca. $1,7 \cdot 10^{14}\,m^2$) für jeden Menschen nur mehr so viel Platz ist wie für einen Besucher der Ostermesse auf dem Petersplatz in Rom (ca. $0,2\,m^2$)?

LÖSUNG:

Ist t die Anzahl der Jahre nach 2004, dann gilt: $N(t) = 6 \cdot 10^9 \cdot 1,022^t$.

Stünden jedem Menschen auf dem Festland nur $0,2\,m^2$ Platz zur Verfügung, dann hätten dort

insgesamt ca. $\frac{1,7 \cdot 10^{14}}{0,2} = 8,5 \cdot 10^{14}$ Menschen Platz.

Wir ermitteln also die Zeit t, für die gilt:
$$N(t) = 8,5 \cdot 10^{14}$$
$$6 \cdot 10^9 \cdot 1,022^t = 8,5 \cdot 10^{14}$$

Aus dieser Gleichung folgt der Reihe nach:

$$1,022^t = \frac{8,5}{6} \cdot 10^5 \Rightarrow t \cdot \log_{10} 1,022 = \log_{10}\left(\frac{8,5}{6}\right) + \log_{10}(10^5) \Rightarrow t = \frac{\log_{10}\left(\frac{8,5}{6}\right) + 5}{\log_{10} 1,022} \approx 545$$

Es hätte also bereits im Jahre 2549 jeder Mensch nur mehr $0,2\,m^2$ Platz.

Die Annahme eines ungebremsten exponentiellen Wachstums führt häufig zu unrealistischen Resultaten. Bevor es so weit kommt wie in der letzten Aufgabe, würden Ressourcenknappheit, Seuchen, Kriege uÄ das Wachstum bremsen. Das Wachstum der Erdbevölkerung kann nicht ungebremst exponentiell verlaufen. Im Folgenden erstellen wir dafür bessere Modelle.

Diskretes logistisches Wachstum

Eine Population wachse ungebremst nach dem Gesetz $N(n) = N_0 \cdot a^n$ (mit $N_0 > 0$ und $a > 1$, $n \in \mathbb{N}^*$, n in Jahren). Wir berechnen die relative Änderung von N:

$$\frac{N(n+1) - N(n)}{N(n)} = \frac{N_0 \cdot a^{n+1} - N_0 \cdot a^n}{N_0 \cdot a^n} = \frac{N_0 \cdot a^n \cdot (a-1)}{N_0 \cdot a^n} = a - 1$$

Wir sehen: Bei ungebremstem exponentiellen Wachsen ist die jährliche relative Änderung konstant. Wenn es jedoch für eine Population eine größtmögliche Individuenanzahl K gibt, kann die jährliche relative Änderung nicht konstant sein, weil sonst $N(n)$ früher oder später die Schranke K übersteigen würde. Es ist vielmehr sinnvoll anzunehmen, dass die jährliche relative Änderung umso kleiner wird, je näher die Populationsgröße $N(n)$ an die Schranke K herankommt, dh. je kleiner die Differenz $K - N(n)$ wird. Wir nehmen im Folgenden an, dass die relative Änderung im Zeitintervall $[n; n + 1]$ direkt proportional zur Differenz $K - N(n)$ ist:

$$\frac{N(n+1) - N(n)}{N(n)} = C \cdot [K - N(n)],$$

wobei der Proportionalitätsfaktor C eine für die jeweilige Population charakteristische Konstante ist. Daraus folgt:

$$N(0) = N_0 \quad \text{und} \quad N(n+1) = N(n) + C \cdot N(n) \cdot [K - N(n)]$$

Eine solche Darstellung bezeichnet man als rekursive Darstellung. Mit Hilfe der Rekursionsgleichung $N(n + 1) = N(n) + C \cdot N(n) \cdot [K - N(n)]$ kann man jeweils aus $N(n)$ den nächsten Wert $N(n + 1)$ berechnen, wobei man von der Anfangsbedingung $N(0) = N_0$ ausgeht.

Wird ein Wachstumsprozess wie vorhin beschrieben, so spricht man von einem **diskreten logistischen Wachstum**. Diskret heißt es deshalb, weil n nur natürliche Werte annehmen kann.

4.81 In einem Tierreservat besteht die Population einer Tierart anfangs aus 10 Tieren. Man schätzt, dass in diesem Reservat nicht mehr als 1000 Tiere dieser Art leben können.
Es ist N(n) die Anzahl der Tiere nach n Jahren.
Berechne N(n) für n = 0, 1, 2, …, 10 unter der Annahme, dass logistisches Wachstum mit **a)** C = 0,001, **b)** C = 0,0015 vorliegt! Zeichne den Graphen der Funktion N!

LÖSUNG ZU **a)**:

$$N(n + 1) = N(n) + 0,001 \cdot N(n) \cdot [1000 - N(n)]$$
$$N(0) = 10$$
$$N(1) = 10 + 0,001 \cdot 10 \cdot 990 = 19,90$$
$$N(2) = 19,90 + 0,001 \cdot 19,90 \cdot 980,10 \approx 39,40$$
$$N(3) \approx 39,40 + 0,001 \cdot 39,40 \cdot 960,60 \approx 77,25$$

Setze selbst bis N(10) fort!

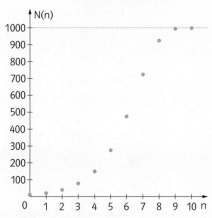

AUFGABEN

4.82 Es sei N(n) die Einwohnerzahl einer Stadt nach n Jahren. Die Infrastruktur dieser Stadt ist auf nicht mehr als 15 000 Einwohner angelegt. Berechne N(n) für n = 0, 1, 2, …, 10 unter der Annahme, dass logistisches Wachstum mit folgenden Werten vorliegt und zeichne den Graphen der Funktion N!

    a) N(0) = 1000, C = 0,000 05   **c)** N(0) = 5 000, C = 0,000 03   **e)** N(0) = 1000, C = 0,000 04
    b) N(0) = 1000, C = 0,000 08   **d)** N(0) = 2 500, C = 0,000 03   **f)** N(0) = 250, C = 0,000 07

4.83 Es sei A(n) der Flächeninhalt einer Bakterienkultur nach n Stunden und A(0) = 1mm^2.
Welchen Flächeninhalt würden die Bakterien einnehmen, wenn man
    1) ungebremstes exponentielles Wachstum zugrunde legt und annimmt, dass sich der Flächeninhalt stündlich um 20 % vergrößert,
    2) logistisches Wachstum mit C = 0,0004 und K = 500 zugrunde legt?

4.84 Betrachte einen logistischen Wachstumsprozess der Populationsgröße N mit K = 1000 und N_0 = 10. Berechne N(n) für n = 1, 2, 3, …, 15 und zeichne den Graphen der Funktion N, wenn **1)** C = 0,0010, **2)** C = 0,0020, **3)** C = 0,0025, **4)** C = 0,0028 ist! Beschreibe jeweils das langfristige Verhalten des Prozesses auch in Worten!

BEMERKUNG: Der Vergleich der Graphen aus Aufgabe 4.84 zeigt, dass die Funktion N für K = 1000 und N_0 = 10 ein unerwartetes Verhalten aufweist. Schon kleine Veränderungen des Proportionalitätsfaktors C können ein völlig andersartiges langfristiges Verhalten von N(n) bewirken.
Man sagt: Die Funktion N weist für die Werte K = 1000 und N_0 = 10 ein chaotisches Verhalten in Abhängigkeit vom Systemparameter C auf.

Kontinuierliches logistisches Wachstum

Ausgehend von ähnlichen Annahmen wie jenen, die zum diskreten Modell geführt haben, kann man mit Mitteln der höheren Mathematik eine auf $\mathbb{R}_0^+$ definierte Funktion finden, die die Populationsgröße $N(t)$ zum Zeitpunkt t angibt:

$$N(t) = \frac{K \cdot N_0 \cdot a^t}{N_0 \cdot a^t + (K - N_0)} \quad \text{(wobei } a > 1,\ N_0 = N(0) < K \text{ und } t \in \mathbb{R}_0^+)$$

Wird ein Wachstumsprozess durch eine Formel dieser Art beschrieben, spricht man von einem **kontinuierlichen logistischen Wachstum**.

4.85 Im Jahre 1960 gab es ca. $3 \cdot 10^9$ Menschen auf der Erde, bis 1977 wuchs die Zahl auf $4{,}1 \cdot 10^9$.

1) Wie viele Menschen würden im Jahre 2050 auf der Erde leben, wenn man ungebremstes exponentielles Wachstum annimmt?

2) Wie viele Menschen würden im Jahre 2050 auf der Erde leben, wenn man logistisches Wachstum zugrunde legt und annimmt, dass auf der Erde höchstens $K = 20 \cdot 10^9$ Menschen leben können?

3) Zeichne den Graphen der logistischen Wachstumsfunktion N, die jeder Zeit t (Jahre nach 1960) die Bevölkerungszahl der Erde zuordnet!

LÖSUNG:
Es sei t die Anzahl der Jahre nach 1960.

1) $N(t) = 3 \cdot 10^9 \cdot a^t$

$N(17) = 3 \cdot 10^9 \cdot a^{17} \Rightarrow 4{,}1 \cdot 10^9 = 3 \cdot 10^9 \cdot a^{17} \Rightarrow a = \sqrt[17]{\frac{4{,}1}{3}} = 1{,}0185\ldots$ (Abspeichern!)

Somit gilt:

$N(90) \approx 3 \cdot 10^9 \cdot a^{90} \approx 1{,}57 \cdot 10^{10}$

2) $N(t) = \dfrac{K \cdot N_0 \cdot a^t}{N_0 \cdot a^t + (K - N_0)} =$

$= \dfrac{20 \cdot 10^9 \cdot 3 \cdot 10^9 \cdot a^t}{3 \cdot 10^9 \cdot a^t + (20 \cdot 10^9 - 3 \cdot 10^9)} =$

$= \dfrac{60 \cdot 10^{18} \cdot a^t}{3 \cdot 10^9 \cdot a^t + 17 \cdot 10^9} = \dfrac{60 \cdot a^t}{3 \cdot a^t + 17} \cdot 10^9$

$N(17) = \dfrac{60 \cdot a^{17}}{3 \cdot a^{17} + 17} \cdot 10^9 = 4{,}1 \cdot 10^9 \Rightarrow$

$\Rightarrow a = 1{,}0225\ldots$ (Abspeichern!)

$N(90) = \dfrac{60 \cdot a^{90}}{3 \cdot a^{90} + 17} \cdot 10^9 = 1{,}14 \cdot 10^{10}$

3) Siehe die nebenstehende Abbildung!

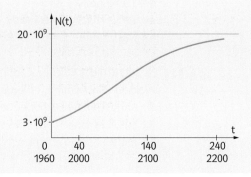

Die Abbildung in der letzten Aufgabe zeigt wiederum die typische Form des Graphen einer logistischen Wachstumsfunktion N. Einige hervorstechende Eigenschaften einer solchen Funktion sind im Folgenden angeführt.

1) Die Funktion N ist streng monoton steigend.

2) Es gilt $N_0 \leqslant N(t) < K$ für alle $t \in \mathbb{R}_0^+$.

3) Wenn K sehr viel größer als N_0 ist (in Zeichen: $K \gg N_0$), verläuft das logistische Wachstum anfänglich annähernd exponentiell.

4) Für sehr große Werte von t gilt: $N(t) \approx K$.

BEGRÜNDUNG:

1) Wir dividieren Zähler und Nenner durch a^t:

$$N(t) = \frac{K \cdot N_0 \cdot a^t}{N_0 \cdot a^t + (K - N_0)} = \frac{K \cdot N_0}{N_0 + (K - N_0) \cdot \frac{1}{a^t}}$$

Wir schließen nun so:

$$t \text{ wächst} \Rightarrow a^t \text{ wächst (wegen } a > 1) \Rightarrow \frac{1}{a^t} \text{ fällt} \Rightarrow (K - N_0) \cdot \frac{1}{a^t} \text{ fällt (wegen } K > N_0) \Rightarrow$$

$$\Rightarrow N_0 + (K - N_0) \cdot \frac{1}{a^t} \text{ fällt} \Rightarrow \frac{1}{N_0 + (K - N_0) \cdot \frac{1}{a^t}} \text{ wächst} \Rightarrow \frac{K \cdot N_0}{N_0 + (K - N_0) \cdot \frac{1}{a^t}} \text{ wächst}$$

2) Einerseits gilt $N_0 = N(0) \leq N(t)$ für alle $t \in \mathbb{R}_0^+$, da N streng monoton steigend ist. Andererseits erhalten wir, wenn wir Zähler und Nenner durch $N_0 \cdot a^t$ dividieren:

$$N(t) = \frac{K \cdot N_0 \cdot a^t}{N_0 \cdot a^t + (K - N_0)} = \frac{K}{1 + \frac{K - N_0}{N_0 \cdot a^t}} < K$$

3) Wir dividieren Zähler und Nenner durch K:

$$N(t) = \frac{K \cdot N_0 \cdot a^t}{N_0 \cdot a^t + (K - N_0)} = \frac{N_0 \cdot a^t}{\frac{N_0}{K} \cdot a^t + \left(1 - \frac{N_0}{K}\right)}$$

Für $K \gg N_0$ ist $\frac{N_0}{K} \approx 0$. Wenn außerdem die Werte von t klein sind, ist $\frac{N_0}{K} \cdot a^t \approx 0 \cdot 1 = 0$.

Somit gilt: $N(t) \approx N_0 \cdot a^t$

4) Wir dividieren Zähler und Nenner durch a^t:

$$N(t) = \frac{K \cdot N_0 \cdot a^t}{N_0 \cdot a^t + (K - N_0)} = \frac{K \cdot N_0}{N_0 + (K - N_0) \cdot \frac{1}{a^t}}$$

Für sehr große Werte von t ist $\frac{1}{a^t} \approx 0$ und somit:

$$N(t) \approx \frac{K \cdot N_0}{N_0} = K$$

AUFGABEN

4.86 Eine Grippeinfektion in einer Population von 10 000 Personen verläuft näherungsweise nach der Formel für kontinuierliches logistisches Wachstum. Dabei ist N(t) die Anzahl der nach t Tagen infizierten Personen. Es sei $N(0) = 10$ und $N(10) = 400$.

1) Stelle eine Formel für N(t) auf!

2) Wie viele Personen sind nach 30 Tagen infiziert?

3) Wie viele Personen sind nach 60 Tagen noch nicht infiziert?

4) Wann sind 95 % der Population infiziert?

5) Versuche zu erklären, warum die Ausbreitung einer Infektion am Anfang annähernd exponentiell, später aber mehr und mehr gebremst verläuft!

4.87 In einer 200 000 Bewohner zählenden Stadt verbreitet ein Stadtbewohner ein Gerücht. Jeder Stadtbewohner, der es erfährt, verbreitet es an andere Stadtbewohner weiter. Wir nehmen an, dass die Anzahl derer, die das Gerücht gehört haben, logistisch mit 15 % pro Stunde zunimmt (dh. $a = 1{,}15$).

1) Wie viele Menschen haben nach 5 h diese Neuigkeit erfahren?

2) Nach welcher Zeit wissen 20 % aller Stadtbewohner vom Gerücht?

3) Versuche zu erklären, warum sich die Ausbreitung eines Gerüchts mit dem logistischen Wachstum beschreiben lässt!

R TECHNOLOGIE KOMPAKT

GEOGEBRA   CASIO CLASS PAD II

Wachstums- bzw. Abnahmegesetz aus zwei Werten $N(t_1) = b$ und $N(t_2) = c$ ermitteln

X= CAS-Ansicht:

Eingabe: $N(t) := N\_0 * a^t$ — Werkzeug $=$

Eingabe: Löse($\{N(t_1) = b, N(t_2) = c\}, \{N\_0, a\}$) — Werkzeug $\approx$

Ausgabe → *Näherungswerte für N_0 und a*

Bemerkung: Eventuelle negative Werte für a können unberücksichtigt bleiben!

Iconleiste – Main – Statusleiste – Dezimal – Keyboard – Math3

Define $N(t) = N_0 \times a^t$ EXE

Math1

[□] – 1. Feld: $N(t_1) = b$ – 2. Feld: $N(t_2) = c$ – 3. Feld: N_0, a

EXE

Ausgabe → *Näherungswerte für N_0 und a*

Hinweis: Indizes findet man unter Keyboard – abc – Math1

Bemerkung: Eventuelle negative Werte für a können unberücksichtigt bleiben!

Exponentialungleichung lösen

X= CAS-Ansicht:

Eingabe: Löse(*Exponentialungleichung, Variable*) — Werkzeug $\approx$

Ausgabe → *Lösungsmenge der Exponentialungleichung*

Iconleiste – Main – Menüleiste – Aktion – Weiterführend –

solve(*Exponentialungleichung, Variable*) EXE

Ausgabe → *Lösungsmenge der Exponentialungleichung*

Den Graphen der Exponentialfunktion f mit $f(x) = e^x$ darstellen

Algebra-Ansicht:

Eingabe: $f(x) = exp(e)$ ENTER

oder

Eingabe: [⌨] – f(x) – e^x – x ENTER

Ausgabe → *Termdarstellung von f*

Grafik-Ansicht:

Ausgabe → *Graph der Funktion f*

Iconleiste – Menu – Grafik & Tabelle – Keyboard – Math1

$e^■$ x EXE

Symbolleiste – [⊎]

Ausgabe → *Graph der Funktion f*

Den Graphen der Logarithmusfunktion f mit $f(x) = c \cdot \log_a x$ variieren

Algebra-Ansicht:

Eingabe: $f(x) = c * log(a, x)$ ENTER

CREATE SLIDER anklicken –

Ausgabe → *Schieberegler zur Variation der Werte von c*
          Schieberegler zur Variation der Werte von a

Grafik-Ansicht:

Ausgabe → *Graph der Funktion f zu den gewählten Werte von c und a*

Iconleiste – Menu – Grafik & Tabelle

Eingabe: $c \times$ $\log_■^□$ – Basis: a – Numerus: x EXE

Symbolleiste – [⊎]

Ausgabe → *Schieberegler zur Variation der Werte von c*
          Schieberegler zur Variation der Werte von a

Wert von c und a auswählen

Ausgabe → *Graph der Funktion f zu den gewählten Werte von c und a*

AUFGABEN

T 4.01 Betrachte den Graphen der Logarithmusfunktion f mit $f(x) = c \cdot \log_a x$ bei Variation der Werte für die Parameter c und a im Bereich von 2 und 5! Beschreibe, wie sich eine Zunahme der c-Werte bzw. eine Zunahme der a-Werte auf den Graphen von f auswirkt!

KOMPETENZCHECK

AUFGABEN VOM TYP 1

FA-R 5.1 **4.88** In einer Region leben derzeit 90 000 Einwohner. Man erwartet, dass jährlich ca. 3 % der Einwohner abwandern werden. Kreuze die Gleichung an, welche die erwartete Einwohnerzahl E(t) in t Jahren richtig wiedergibt!

$E(t) = 90\,000 \cdot 0{,}03^t$	☐
$E(t) = 90\,000 \cdot 0{,}97 \cdot t$	☐
$E(t) = 90\,000 \cdot 0{,}97^t$	☐
$E(t) = 90\,000 + 0{,}03 \cdot t$	☐
$E(t) = 90\,000 \cdot 0{,}03 \cdot t$	☐
$E(t) = 87300^t$	☐

FA-R 5.2 **4.89** In der Abbildung ist eine Exponentialfunktion f der Form $f(x) = c \cdot a^x$ dargestellt. Berechne f(10)!

f(10) = _____

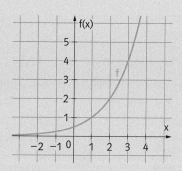

FA-R 5.3 **4.90** Kreuze an, welche Funktionen $f: \mathbb{R}_0^+ \to \mathbb{R}$ eine exponentielle Abnahme beschreiben!

$f(t) = 0{,}1 \cdot 1{,}001^t$	☐
$f(t) = 0{,}5 \cdot 2^t$	☐
$f(t) = 2 \cdot 0{,}5^t$	☐
$f(t) = 100 \cdot 0{,}99^t$	☐
$f(t) = 0{,}99999^t$	☐

FA-R 5.3 **4.91** Die Abnahme einer positiven Größe N mit der Zeit t wird sowohl durch $N(t) = c \cdot a^t$ als auch durch $N(t) = c \cdot e^{-\lambda t}$ beschrieben (t ≥ 0). Kreuze die zutreffende(n) Aussage(n) an!

$0 < a < 1$	☐
$\lambda < 0$	☐
$c > 0$	☐
Für alle $t \in \mathbb{R}_0^+$ gilt: $N(t) > 0$	☐
N ist streng monoton fallend.	☐

FA-R 5.3 **4.92** Kreuze an, welche Funktionen für a > 1 und c > 1 streng monoton steigend in $\mathbb{R}_0^+$ sind!

$f(x) = c - a^x$	☐
$f(x) = \dfrac{c}{a^x}$	☐
$f(x) = \dfrac{c}{c + a^{-x}}$	☐
$f(x) = c - a^{-x}$	☐
$f(x) = c \cdot (1 + a^x)$	☐

FA-R 5.3 **4.93** In der Abbildung sind zwei Funktionen f und g
der Form $x \mapsto c \cdot a^x$ dargestellt.

Ergänze durch Ankreuzen den folgenden Text so, dass eine
korrekte Aussage entsteht!

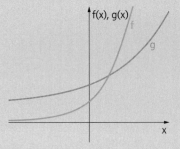

Beim Übergang von f zu g muss _____①_____ und _____②_____ werden.

①	
a vergrößert	☐
a verkleinert	☐
a nicht geändert	☐

②	
c vergrößert	☐
c verkleinert	☐
c nicht geändert	☐

FA-R 5.3 **4.94** Gegeben ist die Funktion $f: \mathbb{R} \to \mathbb{R}$ mit $f(x) = 5 \cdot 2^{x-1}$.
Kreuze die zutreffende(n) Aussage(n) an!

f ist von der Form $f(x) = c \cdot a^x$.	☐
f ist streng monoton fallend in $\mathbb{R}$.	☐
Für alle $x \in \mathbb{R}$ ist $f(x) > 0$.	☐
Der Graph von f schneidet die 2. Achse im Punkt $P = \left(0 \mid \frac{5}{2}\right)$.	☐
Die 1. Achse ist eine Asymptote des Graphen von f.	☐

FA-R 5.4 **4.95** Von einer Exponentialfunktion $f: \mathbb{R} \to \mathbb{R}$ kennt man die Funktionswerte an
zwei Stellen. Ergänze die Tabelle!

x	f(x)
1	1,5
2	0,75
3	

FA-R 5.4 **4.96** In der nebenstehenden Tabelle sind von einer Funktion $f: \mathbb{R} \to \mathbb{R}$ die
Funktionswerte an drei Stellen angegeben. Kann f eine Exponentialfunktion
sein? Begründe die Antwort!

x	f(x)
2	6
4	18
6	30

FA-R 5.4 **4.97** Die Einwohnerzahl N(t) einer Gemeinde in t Jahren kann man näherungsweise durch
$N(t) = 2\,500 \cdot 1{,}02^t$ angeben. Die Prognose gilt für die nächsten 10 Jahre.
Kreuze die zutreffende(n) Aussage(n) an!

Die Einwohnerzahl wächst linear.	☐
Zum Zeitpunkt 0 gibt es mehr als 2 000 Einwohner.	☐
Pro Jahr wächst die Einwohnerzahl auf das Doppelte.	☐
In 10 Jahren ist die Einwohnerzahl um ca. 21,9 % gewachsen.	☐
Der Zuwachs der Einwohnerzahl wird von Jahr zu Jahr größer.	☐

FA-R 5.4 **4.98** Von einer reellen Funktion f: $\mathbb{R} \to \mathbb{R}$ liegen einige Werte vor. Untersuche, ob es sich bei f um eine Exponentialfunktion mit $f(x) = c \cdot a^x$ handeln kann! Falls dies nicht zutrifft, ändere einen Funktionswert so ab, dass eine Exponentialfunktion vorliegt!

a)

x	f(x)
0	2
1	3
2	4

b)

x	f(x)
−2	50
−1	40
2	20,48

c)

x	f(x)
0	4
2	1
4	0,25

d)

x	f(x)
−3	1
0	64
2	256

FA-R 5.5 **4.99** Ein radioaktives Element zerfällt mit der Halbwertszeit τ. Im Diagramm ist die Anfangszahl N_0 der unzerfallenen Atome zum Zeitpunkt 0 eingetragen. Trage die entsprechenden Punkte zu den Zeitpunkten τ, 2τ und 3τ ein!

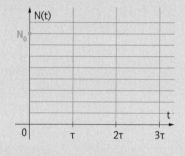

FA-R 5.5 **4.100** In der Abbildung sind zwei radioaktive Zerfallsprozesse N_1 und N_2 dargestellt. Welcher der beiden Prozesse hat die größere Halbwertszeit?

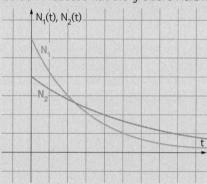

Antwort: _____

FA-R 5.6 **4.101** In der Tabelle sind jeweils für eine bestimmte Situation zwei Variablen x und y angegeben. Kreuze an, in welchen Fällen y (wenigstens näherungsweise) exponentiell von x abhängt.

Das Mooresche Gesetz besagt, dass sich die Speicherdichte bei Computern seit 1970 alle 18 Monate verdoppelt; y ist die Speicherdichte (in Gigabit/cm²) nach x 18-Monats-perioden nach 1970.	☐
Der Benzinverbrauch eines bestimmten Autos beträgt bei gleichmäßiger Fahrweise ca. 6 l/100 km; y ist der Benzinverbrauch (in l/100 km) bei einer Fahrt von x km Länge.	☐
Eine Bankschuld von 1000 € wird jährlich mit 12 % verzinst; y ist die Höhe der Schuld (in €) nach x Jahren Verzinsungsdauer.	☐
Der Pegelstand steigt bei einem Hochwasser seit 8 Uhr um ca. 5 cm/h; y ist der Pegelstand (in cm) x Stunden nach 8 Uhr.	☐
Ein Patient erhält eine Injektion. Die im Blut des Patienten befindliche Medikamenten-menge (in mg) wird stündlich um 3,5 % abgebaut; y ist die im Blut vorhandene Medikamentenmenge (in mg) x Stunden nach der Injektion.	☐

AUFGABEN VOM TYP 2

4.102 Reaktorkatastrophe in Tschernobyl

Am 26. April 1986 ereignete sich in Tschernobyl, einem Ort im Norden der Ukraine, eine Nuklear-katastrophe, die als erstes Ereignis in die höchste Kategorie „katastrophaler Unfall" eingeordnet wurde. Dabei wurden große Mengen an radioaktiven Substanzen freigesetzt, die in die Erdatmosphäre gelangten und in Form von radioaktiven Nieder-schlägen auch viele Gebiete in Europa kontami-nierten und somit gesundheitliche Schäden bei Mensch und Tier zur Folge hatten.

Insbesondere wurden bei diesem Unfall große Mengen an radioaktivem Jod-131 freigesetzt. Dieses lagert sich beim Menschen in der Schilddrüse ab und ist für das Entstehen von Krebserkrankungen verantwortlich. Das Zerfallsgesetz für die Masse m von Jod-131 lautet:

$$m(t) = m_0 \cdot 0{,}917^t \text{ (t in Tagen)}$$

a) ▪ Gib an, wie viel Prozent der jeweils vorhandenen Jod-131-Masse in einem Tag zerfallen!
   ▪ Berechne, wie viel Prozent der jeweils vorhandenen Jod-131-Masse jeweils pro Stunde zerfallen!

b) ▪ Berechne, wie viele Tage nach dem Reaktorunfall die jeweils vorhandene Jod-131-Masse auf unter ein Promille ihres ursprünglichen Werts gesunken ist!
   ▪ In der Grafik ist der Graph der Funktion m dargestellt. Markiere auf der Zeitachse ein Intervall, in dem die Masse m um 40% abgenommen hat!

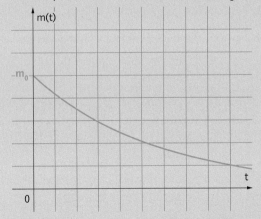

c) ▪ Gelangt über die Nahrung, das Trinkwasser oder die Luft radioaktives Material in den Körper, dann wird ein Teil im Gewebe gespeichert, ein Teil wieder abgebaut bzw. ausge-schieden. Die Zeitspanne, bis sich die Menge des aufgenommenen radioaktiven Stoffs im Organismus auf die Hälfte reduziert hat, nennt man biologische Halbwertszeit. Für Jod-131 beträgt diese ca. 80 Tage.
   Gib das Zerfallsgesetz für den biologischen Abbau mit Hilfe der Basis e an!
   ▪ Wir bezeichnen die Halbwertszeit von Jod-131 mit τ und die biologische Halbwertszeit mit $τ_b$. Gib einen Zusammenhang zwischen τ und $τ_b$ an!

AG-R 1.2
FA-R 1.7
FA-R 2.1
FA-R 2.5
FA-R 5.1
FA-R 5.2
FA-R 5.5

4.103 Ebola-Epidemie

In Wikipedia findet man folgende Beschreibung:

Die **Ebolafieber-Epidemie**, die 2014 in mehreren westafrikanischen Ländern ausbrach und Anfang 2016 als beendet erklärt wurde, gilt nach der Zahl der erfassten Erkrankungen und Todesfälle als bisher größte ihrer Art seit der Entdeckung des Ebolavirus 1976. Nach Angaben der Weltgesundheitsorganisation erkrankten im Verlauf der Epidemie – einschließlich der Verdachtsfälle – bisher 28 639 Menschen an Ebolafieber, von denen 11 316 starben (Stand: 13. März 2016). Die Ermittlung dieser Fallzahlen, die auf Meldungen der Gesundheitsbehörden der betroffenen Länder beruhen, ist ua. aufgrund unzureichender Laborkapazitäten nicht gesichert, so dass die WHO [World Health Organization] von einer deutlich höheren Dunkelziffer ausgeht.

a) Die folgende Grafik zeigt näherungsweise den Verlauf der Epidemie in Sierra Leone in den ersten 140 Tagen des Jahres 2014. Dabei ist E(t) die Anzahl der Erkrankungsfälle nach t Tagen und T(t) die Anzahl der Todesfälle nach t Tagen.

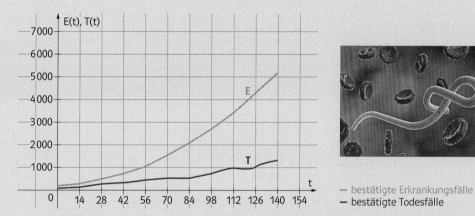

— bestätigte Erkrankungsfälle
— bestätigte Todesfälle

■ Die Funktion E: t ↦ E(t) zeigt einen annähernd exponentiellen Verlauf. Sie kann in grober Näherung durch eine Exponentialfunktion modelliert werden, deren Graph durch die Punkte (0 | 200) und (140 | 5 200) verläuft.
Gib eine Termdarstellung dieser Modellfunktion an!

■ Die Funktion T: t ↦ T(t) zeigt zumindest in den ersten 84 Tagen einen annähernd linearen Verlauf. Sie kann in grober Näherung durch eine lineare Funktion modelliert werden, deren Graph durch die Punkte (0 | 100) und (84 | 500) geht!
Gib eine Termdarstellung dieser Modellfunktion an!

b) ■ Im Jahr 2014 war die Befürchtung groß, dass sich das Ebolafieber weltweit verbreiten könnte. Nach Angaben der Weltgesundheitsorganisation verdoppelte sich die Anzahl der weltweiten Neuinfektionen in den ersten neun Monaten des Jahres 2014 etwa alle drei bis vier Wochen.
Ermittle aufgrund dieser Information eine untere und eine obere Schranke für den Erhöhungsprozentsatz der weltweiten wöchentlichen Neuinfektionen während dieses Zeitraums!

■ Die Einwohnerzahl von Sierra Leone beträgt 5 744 000 (Schätzung aus 2014). Obwohl die WHO Ende 2015 Sierra Leone als ebolafrei erklärt hatte, gab es im März 2016 wieder einen neuen Ebolafall. Insgesamt zählte man in Sierra Leone 14 124 Ebolafälle von 2014 bis zu diesem Zeitpunkt im Jahr 2016.
Berechne, wie viel Prozent der Gesamtbevölkerung von Sierra Leone dies ungefähr waren, wenn man die Einwohnerzahl in diesem Zeitraum als einigermaßen konstant annimmt!

5 WINKELFUNKTIONEN

5.1 DAS BOGENMASS

(R)

Warum ein weiteres Winkelmaß?

Wird ein Winkel im **Gradmaß** gemessen, so teilt man einen vollen Winkel in 360°, einen rechten Winkel somit in 90° ein. In der Vermessungskunde ist das **Neugradmaß** gebräuchlich. Dabei misst ein voller Winkel 400^g [= 400 gon = 400 Neugrad], ein rechter Winkel somit 100^g.

Beide Maße beruhen auf zufälligen außermathematischen Gegebenheiten. Das Gradmaß wurde von den Babyloniern eingeführt und hängt vermutlich damit zusammen, dass die Erde bei ihrem Umlauf um die Sonne zufällig ca. 360 Tage braucht. Das Neugradmaß ist durch eine Angleichung an das Zehnersystem entstanden und hängt damit zusammen, dass wir zufällig zehn Finger an unseren Händen haben. In der Mathematik wünscht man sich aber ein Winkelmaß, das nicht von zufälligen außermathematischen Gegebenheiten abhängt.

Das Auffinden eines solchen Maßes beruht auf der Idee, die Größe eines Winkels durch die Länge b eines zum Winkel gehörigen Winkelbogens anzugeben. Die Länge b hängt jedoch vom gewählten Radius r ab.

In der Abbildung gilt aufgrund ähnlicher Dreiecke: $\frac{s}{r} = \frac{s'}{r'}$

Analoges kann man für die Winkelbögen beweisen: $\frac{b}{r} = \frac{b'}{r'}$

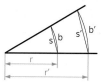

Für einen vorgegebenen Winkel ist also der Quotient $\frac{b}{r}$ konstant und unabhängig vom gewählten Radius. Er kann daher als Maß für die Größe des Winkels verwendet werden.

Definition

Das **Bogenmaß** eines Winkels ist der Quotient $a = \frac{b}{r}$, wobei b die Länge des zum Winkel gehörigen Bogens mit dem Radius r ist.

Für r = 1 ist $a = \frac{b}{1} = b$. Kurz: **Bogenmaß = Bogenlänge beim Radius 1**

BEMERKUNG: Das Bogenmaß ist als Quotient zweier Längen eine dimensionslose Zahl. Trotzdem wird es manchmal mit der Bezeichnung Radiant (rad) versehen, um es von anderen Winkelmaßen deutlich zu unterscheiden.

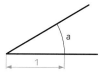

Ⓡ ## Umrechnung zwischen Grad- und Bogenmaß

Lernapplet
nb8i2x

Bogenmaß eines gestreckten Winkels (180°): $a = \frac{b}{r} = \frac{r\pi}{r} = \pi$
Daraus ergeben sich weitere Bogenmaße, zusammengefasst in der nebenstehenden Tabelle! Andere Umrechnungen vom Gradmaß ins Bogenmaß oder umgekehrt erledigt man am besten mittels einer Proportion. Misst ein Winkel g° und ist a das dazugehörige Bogenmaß, so gilt:

$$\frac{a}{\pi} = \frac{g}{180}$$

Bei gegebenem g kann daraus a berechnet werden und bei gegebenem a kann daraus g berechnet werden.

Gradmaß	Bogenmaß
0°	0
30°	$\frac{\pi}{6}$
45°	$\frac{\pi}{4}$
60°	$\frac{\pi}{3}$
90°	$\frac{\pi}{2}$
180°	π
270°	$\frac{3\pi}{2}$
360°	2π

5.01 a) Rechne das Gradmaß 1° ins Bogenmaß um! b) Rechne das Bogenmaß 1 ins Gradmaß um!

LÖSUNG:

a) $\frac{a}{\pi} = \frac{1}{180} \Rightarrow a = \frac{\pi}{180} \approx 0{,}0175$

Das Gradmaß 1° entspricht also einem Bogenmaß von ca. 0,02.

b) $\frac{1}{\pi} = \frac{g}{180} \Rightarrow g = \frac{180}{\pi} \approx 57{,}2958$

Das Bogenmaß 1 entspricht also ca. 57°.

⊓T kompakt Mit Technologieeinsatz kann man Sinus, Cosinus und Tangens in verschiedenen Maßen be-
Seite 106 rechnen. Achte auf die Einstellung: Gradmaß (DEG), Bogenmaß (RAD), Neugradmaß (GRAD).

Ⓡ AUFGABEN

⊓T 5.02 Rechne das Gradmaß ins Bogenmaß um!
a) 0,5° b) 2° c) 5° d) 87° e) 105° f) 225° g) 310° h) 350°

⊓T 5.03 Rechne das Bogenmaß ins Gradmaß um!
a) 0,05 b) 0,7 c) 1,5 d) 1,25 e) 2,02 f) 3,14 g) 4,76 h) 6,11

⊓T 5.04 Berechne sin und cos für das folgende Bogenmaß!
a) 0,03 b) 0,66 c) 1 d) 1,74 e) 2,39 f) 3,04 g) 4,86 h) 6,21

5.2 DREHBEWEGUNGEN

Drehsinn und Drehwinkelmaß

Ein punktförmig kleiner Körper bewege sich auf einer Kreisbahn mit dem Mittelpunkt $O = (0 | 0)$ und dem Radius r, beginnend im Punkt $P_0 = (r | 0)$. Man kann sich darunter zum Beispiel die Bewegung der Spitze des Minutenzeigers einer Uhr vorstellen. Um eine solche Bewegung zu beschreiben, gibt man den **Drehsinn** und das **Drehwinkelmaß** an.

In der Mathematik ist es üblich, eine Drehung im **Gegenuhrzeigersinn** als Drehung im **positiven Drehsinn** zu bezeichnen, eine Drehung im **Uhrzeigersinn** als Drehung im **negativen Drehsinn** (siehe Abb. 5.1a, b). Das **Drehwinkelmaß** ist das Maß des bei der Bewegung zurückgelegten Winkels (im Grad- oder Bogenmaß). Bei positivem Drehsinn erhält das Drehwinkelmaß ein positives Vorzeichen, bei negativem Drehsinn ein negatives.

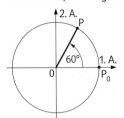

Abb. 5.1a
positiver Drehsinn

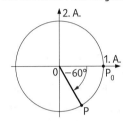

Abb. 5.1b
negativer Drehsinn

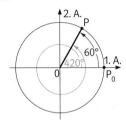

Abb. 5.1c
Drehung über 360° hinaus

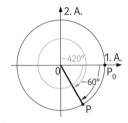

Abb. 5.1d
Drehung über −360° hinaus

Wenn der Körper im positiven Drehsinn einen vollen Umlauf zurücklegt, beträgt das Drehwinkelmaß 360°. Drehungen über einen vollen Umlauf hinaus werden sinnvollerweise durch Winkelmaße größer als 360° bzw. 2π beschrieben (Abb. 5.1c). Wenn der Körper im negativen Drehsinn einen vollen Umlauf zurücklegt, beträgt das Drehwinkelmaß −360°. Wenn sich der Körper weiter dreht, ist es sinnvoll, auch Winkelmaße zuzulassen, die kleiner als −360° bzw. −2π sind (Abb. 5.1d).

Applet
zk67na

5.05 Ein punktförmiger Körper bewegt sich auf einer Kreisbahn mit dem Mittelpunkt $O = (0 | 0)$, beginnend im Punkt $P_0 = (5 | 0)$. Gib die Polarkoordinaten $[r | \varphi]$ des Punktes P an, nachdem er eine Drehung um **a)** 390°, **b)** −780° ausgeführt hat!

LÖSUNG:

a) Das positive Vorzeichen des Drehwinkelmaßes bedeutet eine Bewegung im Gegenuhrzeigersinn. Insgesamt führt der Körper eine volle Drehung (360°) und eine Drehung um 30° aus.
Das Polarwinkelmaß φ von P liegt im Intervall [0°; 360°).
Wir erhalten dieses, indem wir von 390° das Gradmaß einer vollen Umdrehung (360°) abziehen: $\varphi = 390° - 360° = 30°$
Somit ergibt sich: $P = [5 | 30°]$

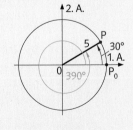

b) Das negative Vorzeichen des Drehwinkelmaßes bedeutet eine Bewegung im Uhrzeigersinn. Insgesamt führt der Körper zwei volle Drehungen (−2 · 360°) und eine Drehung um −60° aus.
Das Polarwinkelmaß φ von P erhalten wir, indem wir zu −780° das Gradmaß dreier voller Umdrehungen (3 · 360°) addieren:
$\varphi = -780° + 3 · 360° = 300°$
Somit ergibt sich: $P = [5 | 300°]$

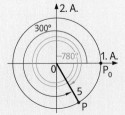

5.06 Ein punktförmiger Körper bewegt sich auf einer Kreisbahn mit dem Mittelpunkt $O = (0\,|\,0)$, beginnend im Punkt $P_0 = (3\,|\,0)$. Gib die Polarkoordinaten des Punktes P an, nachdem er sich um a) $\frac{17\pi}{4}$, b) $-\frac{5\pi}{2}$ gedreht hat!

LÖSUNG:

a) Polarwinkelmaß von $P = \frac{17\pi}{4} - 2 \cdot 2\pi = \frac{\pi}{4}$

$$P = \left[3\,\middle|\,\frac{\pi}{4}\right]$$

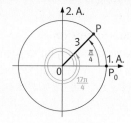

b) Polarwinkelmaß von $P = -\frac{5\pi}{2} + 2 \cdot 2\pi = \frac{3\pi}{2}$

$$P = \left[3\,\middle|\,\frac{3\pi}{2}\right]$$

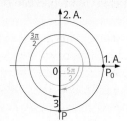

Zusammenfassung

- **Drehbewegung:** Angabe durch **Drehsinn** und **Drehwinkelmaß**
- Das **Drehwinkelmaß** kann größer als 360° (bzw. 2π) oder kleiner als $-360°$ (bzw. -2π) sein. **Positives Vorzeichen** bedeutet Drehung im **Gegenuhrzeigersinn**. **Negatives Vorzeichen** bedeutet Drehung im **Uhrzeigersinn**.
- Zu einem **Drehwinkelmaß** erhält man das dazugehörige **Polarwinkelmaß**, indem man ein geeignetes Vielfaches von 360° bzw. 2π addiert bzw. subtrahiert, sodass das Ergebnis in $[0°;\,360°)$ bzw. $[0;\,2\pi)$ liegt.

AUFGABEN

5.07 Ein punktförmiger Körper bewegt sich auf einer Kreisbahn mit dem Mittelpunkt $O = (0\,|\,0)$, beginnend im Punkt $P_0 = (4\,|\,0)$. Gib die Polarkoordinaten des Punktes P an, nachdem er sich um einen Winkel mit dem folgenden Gradmaß bewegt hat!

a) 365°　　c) 525°　　e) $-425°$　　g) $-720°$　　i) 900°

b) 420°　　d) 600°　　f) $-620°$　　h) $-830°$　　j) $-1200°$

5.08 Ein punktförmiger Körper bewegt sich auf einer Kreisbahn mit dem Mittelpunkt $O = (0\,|\,0)$, beginnend im Punkt $P_0 = (3\,|\,0)$. Gib die Polarkoordinaten des Punktes P an, nachdem er sich um einen Winkel mit dem folgenden Bogenmaß bewegt hat!

a) $\frac{19\pi}{4}$　　c) $\frac{17\pi}{2}$　　e) $\frac{\pi}{2}$　　g) $-\frac{5\pi}{2}$　　i) 41π

b) $-\frac{3\pi}{2}$　　d) $-\frac{25\pi}{4}$　　f) $-\frac{11\pi}{2}$　　h) $-\frac{\pi}{4}$　　j) 100π

5.09 Gib das Drehwinkelmaß des Minutenzeigers einer Uhr an, wenn er sich zwischen den angegebenen Uhrzeiten eines Tages dreht!

a) 8.45 und 12.30　　　　b) 10.15 und 14.20　　　　c) 12.40 und 18.00

5.10 Im Jahr 2005 wurde am Isartor in München eine rückwärts gehende Uhr montiert. Gib das Drehwinkelmaß der Drehbewegung an, die der Minutenzeiger dieser Uhr von 11.30 bis 16.15 ausführt!

5.3 ERWEITERUNG VON SINUS, COSINUS UND TANGENS

Sinus, Cosinus und Tangens für beliebige Winkelmaße

In den folgenden Abschnitten werden wir uns mit Sinus, Cosinus und Tangens als Funktionen beschäftigen. In diesem Zusammenhang messen wir Winkel ausschließlich im **Bogenmaß**.

Bisher waren $\sin a$ und $\cos a$ nur für Bogenmaße $a \in [0; 2\pi)$ definiert. Da Drehwinkelmaße aber auch außerhalb dieses Intervalls liegen können, ist es zweckmäßig, Sinus und Cosinus abermals zu erweitern. Es liegt nahe, den Sinus bzw. Cosinus eines Drehwinkelmaßes a gleich dem Sinus bzw. Cosinus des dazugehörigen Polarwinkelmaßes $\bar{a}$ zu setzen.

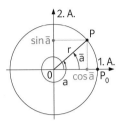

Definition
Ist $a \in \mathbb{R}$ ein Drehwinkelmaß und $\bar{a} \in [0; 2\pi)$ das dazugehörige Polarwinkelmaß, so setzt man:

$$\sin a = \sin \bar{a} \text{ und } \cos a = \cos \bar{a}$$

Den Tangens können wir für $a \in \mathbb{R}$ definieren, indem wir $\tan a = \frac{\sin a}{\cos a}$ setzen. Wir müssen allerdings diejenigen Werte von a ausnehmen, für die $\cos a = 0$ ist.

Definition
Für alle $a \in \mathbb{R}$ mit $a \neq \pm\frac{\pi}{2}, \pm\frac{3\pi}{2}, \pm\frac{5\pi}{2}, \dots$ setzt man: $\qquad \tan a = \dfrac{\sin a}{\cos a}$

Die Werte von $\sin a$, $\cos a$ und $\tan a$ können mit Technologieeinsatz nach Umstellung auf das Bogenmaß (RAD) wie gewohnt berechnet werden, auch wenn a außerhalb des Intervalls $[0; 2\pi)$ liegt.

Berechnung der kartesischen Koordinaten
Ein punktförmiger Körper bewege sich wie in obiger Abbildung auf einer Kreisbahn mit dem Mittelpunkt $O = (0 \mid 0)$, beginnend im Punkt $P_0 = (r \mid 0)$. Nachdem er sich um einen Winkel mit dem Bogenmaß a gedreht hat, gilt für seine kartesischen Koordinaten:

$$x = r \cdot \cos \bar{a} = r \cdot \cos a \quad \text{und} \quad y = r \cdot \sin \bar{a} = r \cdot \sin a$$

Wir können die kartesischen Koordinaten also für alle $a \in \mathbb{R}$ auf die gewohnte Weise berechnen:

$$x = r \cdot \cos a \quad \text{und} \quad y = r \cdot \sin a$$

AUFGABEN

5.11 Berechne mit Technologieeinsatz!

a) $\sin\frac{25\pi}{4}$ b) $\cos\frac{35\pi}{2}$ c) $\tan\frac{41\pi}{4}$ d) $\sin\left(-\frac{5\pi}{2}\right)$ e) $\cos\left(-\frac{33\pi}{4}\right)$ f) $\tan\left(-\frac{27\pi}{4}\right)$

5.12 Gib drei Drehwinkelmaße (Bogenmaße) an, die denselben Sinus haben wie das angegebene Polarwinkelmaß!

a) π b) $0{,}5\pi$ c) $\frac{\pi}{4}$ d) $0{,}85$ e) $\frac{\pi}{5}$ f) 1 g) $4{,}75$

5.13 a) Für welche Werte von a ist $\tan(2a)$ nicht definiert?

     b) Für welche Werte von a ist $\tan\left(\frac{a}{2}\right)$ nicht definiert?

5.4 DIE SINUS-, COSINUS- UND TANGENSFUNKTION

Winkelfunktionen

Jedem Bogenmaß $x \in \mathbb{R}$ kann man die Zahlen $\sin x$, $\cos x$ und $\tan x$ zuordnen, wobei im letzten Fall die Stellen $\pm\frac{\pi}{2}, \pm\frac{3\pi}{2}, \pm\frac{5\pi}{2}, \ldots$ ausgenommen werden müssen, an denen $\tan x = \frac{\sin x}{\cos x}$ nicht definiert ist. Es liegen somit folgende Funktionen vor:

Sinusfunktion	$\sin: \mathbb{R} \to \mathbb{R}$	mit $\mathbf{\sin(x) = \sin x}$
Cosinusfunktion	$\cos: \mathbb{R} \to \mathbb{R}$	mit $\mathbf{\cos(x) = \cos x}$
Tangensfunktion	$\tan: A \to \mathbb{R}$	mit $\mathbf{\tan(x) = \tan x}$, wobei $A = \mathbb{R} \setminus \left\{ \pm\frac{\pi}{2}, \pm\frac{3\pi}{2}, \pm\frac{5\pi}{2}, \ldots \right\}$

Diese Funktionen werden als **Winkelfunktionen**, **Kreisfunktionen** oder **trigonometrische Funktionen** bezeichnet.

BEACHTE: Die Argumente dieser Funktionen sind stets Bogenmaße. Wäre x ein Gradmaß, so würden andere Funktionen vorliegen, da zum Beispiel $\sin 1 \neq \sin 1°$ ist.

Die Graphen dieser Funktionen sehen so aus:

⊕ Applet z9y8sd

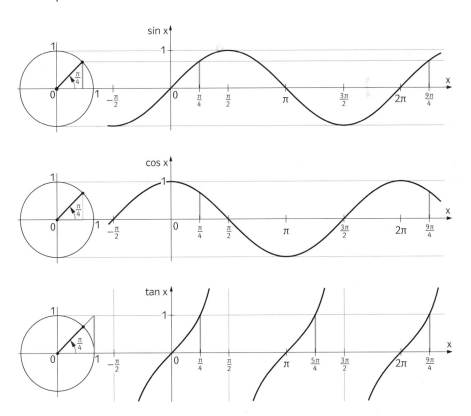

Die Graphen der Sinus- und Cosinusfunktion kann man mit Hilfe eines Einheitskreises zeichnen. Man lässt einen Punkt P den Einheitskreis einmal durchlaufen und trägt die grün eingezeichneten Strecken vorzeichenrichtig an den entsprechenden Stellen auf der x-Achse auf. Wenn man die Graphen für einen vollen Umlauf des Punktes P gezeichnet hat, kann man die Graphen nach links und rechts fortsetzen, weil sich ihre Verläufe in regelmäßigen Abständen wiederholen.

R **Periodizität der Winkelfunktionen**

Dass sich die Verläufe der Graphen in regelmäßigen Abständen wiederholen, ist die wohl auffallendste Eigenschaft der Winkelfunktionen. Die Funktionswerte der Sinusfunktion stimmen überein, wenn sich die Argumente um ganzzahlige Vielfache von 2π unterscheiden.
Dasselbe gilt für die Cosinusfunktion. Die Funktionswerte der Tangensfunktion stimmen überein, wenn sich die Argumente um ganzzahlige Vielfache von π unterscheiden. Es gilt also:

$$\sin x = \sin(x \pm 2\pi) = \sin(x \pm 4\pi) = \sin(x \pm 6\pi) = \dots$$
$$\cos x = \cos(x \pm 2\pi) = \cos(x \pm 4\pi) = \cos(x \pm 6\pi) = \dots$$
$$\tan x = \tan(x \pm \pi) \ \ = \tan(x \pm 2\pi) = \tan(x \pm 3\pi) = \dots$$

Funktionen dieser Art bekommen einen eigenen Namen:

Definition
Eine reelle Funktion f: A → ℝ heißt **periodisch**, wenn es eine positive Zahl p gibt, sodass für alle $x \in A$ gilt: $f(x + p) = f(x)$. Die Zahl p heißt eine **Periode** der Funktion f.

- Die Sinus- und Cosinusfunktion sind periodische Funktionen mit der kleinsten Periode 2π.
  Doch sind auch alle Vielfachen $n \cdot 2\pi$ (mit $n \in \mathbb{N}^*$) Perioden dieser Funktionen.
- Die Tangensfunktion ist eine periodische Funktion mit der kleinsten Periode π.
  Doch sind auch alle Vielfachen $n \cdot \pi$ (mit $n \in \mathbb{N}^*$) Perioden dieser Funktion.

R **AUFGABEN**

5.14 Wie lautet die Wertemenge der **a)** Sinusfunktion, **b)** Cosinusfunktion, **c)** Tangensfunktion?

5.15 Es sei $p \in \mathbb{R}^+$. Kreuze die beiden Aussagen an, die für alle Funktionen f: ℝ → ℝ gelten!

Wenn es ein $x \in \mathbb{R}$ mit $f(x + p) = f(x)$ gibt, dann ist f periodisch mit der Periode p.	☐
Wenn $f(x + p) = f(x)$ für alle $x \in \mathbb{R}$ ist, dann ist f periodisch mit der Periode p.	☒
Wenn $f(x + p) = f(x)$ für alle $x \in \mathbb{R}$ ist, dann ist f periodisch mit der kleinsten Periode p.	☐
Wenn f periodisch mit der Periode p ist, dann ist f auch periodisch mit der Periode 1,5p.	☐
Wenn f periodisch mit der Periode p ist, dann ist f auch periodisch mit der Periode 2p.	☒

5.16 Kreuze die zutreffende(n) Aussage(n) an!

Die Funktion $x \mapsto \cos x$ besitzt die Perioden 2π und 8π.	☒
Die Funktion $x \mapsto \sin x$ besitzt die Perioden 2π und 8π.	☒
Die Funktion $x \mapsto \tan x$ besitzt die Perioden 2π und 8π	☒
Die Funktion $x \mapsto e^x \cdot \sin x$ ist periodisch.	☐
Die Funktionswerte einer periodischen Funktion besitzen stets eine obere Schranke.	☐

5.17 Begründe: Eine streng monoton steigende Funktion kann nicht periodisch sein.

5.18 Nebenstehend ist eine periodische „Sägezahnfunktion" f: ℝ → ℝ ausschnittweise dargestellt.
a) Wie groß ist die kleinste Periode von f?
b) Wie lautet die Wertemenge von f?

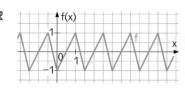

5.5 EIGENSCHAFTEN DER SINUS- UND COSINUSFUNKTION

Wir zählen im Folgenden einige Eigenschaften der Sinus- und Cosinusfunktion auf, die man sowohl am Einheitskreis als auch an den Graphen erkennen kann.

Schranken, Nullstellen, lokale Extremstellen und Monotonie

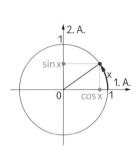
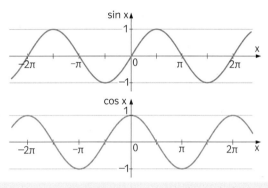

Satz: Für alle $x \in \mathbb{R}$ gilt: $-1 \leq \sin x \leq 1$ und $-1 \leq \cos x \leq 1$.

Satz: **(1)** $\sin x = 0 \Leftrightarrow x = k \cdot \pi \ (k \in \mathbb{Z})$ **(2)** $\cos x = 0 \Leftrightarrow x = \frac{\pi}{2} + k \cdot \pi \ (k \in \mathbb{Z})$

Satz

(1) Die Funktion $x \mapsto \sin x$ besitzt die **lokalen Maximumstellen** $x = \frac{\pi}{2} + k \cdot 2\pi$ und die **lokalen Minimumstellen** $x = \frac{3\pi}{2} + k \cdot 2\pi$ (mit $k \in \mathbb{Z}$).

(2) Die Funktion $x \mapsto \cos x$ besitzt die **lokalen Maximumstellen** $x = k \cdot 2\pi$ und die **lokalen Minimumstellen** $x = \pi + k \cdot 2\pi$ (mit $k \in \mathbb{Z}$).

Satz

(1) Die Funktion $x \mapsto \sin x$ ist **streng monoton steigend** in $\left[-\frac{\pi}{2} + k \cdot 2\pi; \frac{\pi}{2} + k \cdot 2\pi\right]$ und **streng monoton fallend** in $\left[\frac{\pi}{2} + k \cdot 2\pi; \frac{3\pi}{2} + k \cdot 2\pi\right]$ (mit $k \in \mathbb{Z}$).

(2) Die Funktion $x \mapsto \cos x$ ist **streng monoton steigend** in $[\pi + k \cdot 2\pi; 2\pi + k \cdot 2\pi]$ und **streng monoton fallend** in $[k \cdot 2\pi; \pi + k \cdot 2\pi]$ (mit $k \in \mathbb{Z}$).

Symmetrie

Satz: Für alle $x \in \mathbb{R}$ gilt: **(1)** $\cos(-x) = \cos x$ **(2)** $\sin(-x) = -\sin x$

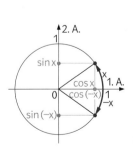
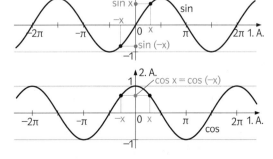

Die **Sinusfunktion** ist eine **ungerade**, die **Cosinusfunktion** eine **gerade Funktion**.

Beziehungen zwischen Sinus und Cosinus

Satz: Für alle $x \in \mathbb{R}$ gilt: **(1)** $\cos x = \sin\left(x + \frac{\pi}{2}\right)$ **(2)** $\sin x = \cos\left(x - \frac{\pi}{2}\right)$

- Im Einheitskreis erkennt man diese Zusammenhänge an den grau unterlegten, kongruenten Dreiecken.
- Der Graph der Cosinusfunktion geht aus dem Graphen der Sinusfunktion durch eine Verschiebung um $\frac{\pi}{2}$ parallel zur x-Achse nach links hervor.
- Der Graph der Sinusfunktion geht aus dem Graphen der Cosinusfunktion durch eine Verschiebung um $\frac{\pi}{2}$ parallel zur x-Achse nach rechts hervor.

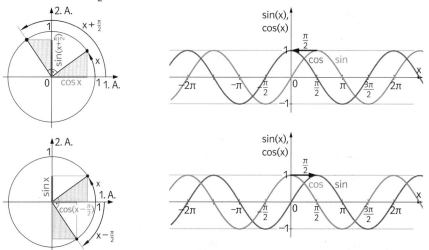

Additionstheoreme

5.19   Gilt für alle $x \in \mathbb{R}$ **1)** $\sin(x + y) = \sin x + \sin y$,   **2)** $\cos(x + y) = \cos x + \cos y$?

LÖSUNG: **1)** Nein! Es gilt zB $\sin\left(\pi + \frac{\pi}{2}\right) = \sin\frac{3\pi}{2} = -1$, aber $\sin\pi + \sin\frac{\pi}{2} = 0 + 1 = 1$.

          2) Nein! Suche selbst ein Gegenbeispiel!

Für $\sin(x \pm y)$ und $\cos(x \pm y)$ bzw. $\sin x \pm \sin y$ und $\cos x \pm \cos y$ gibt es folgende Formeln:

Satz (Erstes Additionstheorem): Für alle $x, y \in \mathbb{R}$ gilt:

(1) $\sin(x + y) = \sin x \cdot \cos y + \cos x \cdot \sin y$ **(3)** $\cos(x + y) = \cos x \cdot \cos y - \sin x \cdot \sin y$

(2) $\sin(x - y) = \sin x \cdot \cos y - \cos x \cdot \sin y$ **(4)** $\cos(x - y) = \cos x \cdot \cos y + \sin x \cdot \sin y$

Satz (Zweites Additionstheorem): Für alle $x, y \in \mathbb{R}$ gilt:

(1) $\sin x + \sin y = 2 \cdot \sin\frac{x+y}{2} \cdot \cos\frac{x-y}{2}$ **(3)** $\cos x + \cos y = 2 \cdot \cos\frac{x+y}{2} \cdot \cos\frac{x-y}{2}$

(2) $\sin x - \sin y = 2 \cdot \cos\frac{x+y}{2} \cdot \sin\frac{x-y}{2}$ **(4)** $\cos x - \cos y = -2 \cdot \sin\frac{x+y}{2} \cdot \sin\frac{x-y}{2}$

AUFGABEN

5.20   Zeige mit Hilfe des ersten Additionstheorems, dass für alle $x \in \mathbb{R}$ gilt:

a) $\cos(-x) = \cos x$ **c)** $\cos x = \sin\left(x + \frac{\pi}{2}\right)$ **e)** $\sin(2x) = 2 \cdot \sin x \cdot \cos x$

b) $\sin(-x) = -\sin x$ **d)** $\sin x = \cos\left(x - \frac{\pi}{2}\right)$ **f)** $\cos(2x) = \cos^2 x - \sin^2 x$

HINWEIS zu **a)** und **b)**: $-x = 0 - x$ HINWEIS zu **e)** und **f)**: $2x = x + x$

5.6 ALLGEMEINE SINUSFUNKTION

R

Funktionen der Form f(x) = a · sin(b · x)

Unter einem **Federpendel** versteht man einen an einer Feder befestigten kleinen Körper, der um eine **Ruhelage** schwingt. Trägt man die Abstände des Körpers von der Ruhelage längs einer Zeitachse auf, erhält man einen Graphen wie in der folgenden Abbildung.

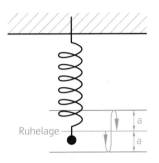 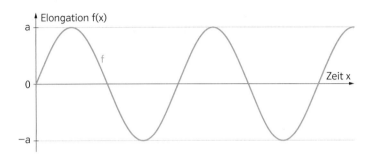

- Die vorzeichenbehaftete **Entfernung f(x) des Körpers von der Ruhelage zum Zeitpunkt x** wird als **Elongation zum Zeitpunkt x** bezeichnet (über der Ruhelage ist diese positiv, unter der Ruhelage negativ).

- Die **betragsmäßig größte Entfernung a von der Ruhelage** heißt **Amplitude der Schwingung**.

- Zwischen zwei aufeinander folgenden, gleich gerichteten Durchgängen durch die Ruhelage führt der Körper **eine (volle) Schwingung** aus.

Ordnet man jedem Zeitpunkt x die zugehörige Elongation zu, erhält man eine Funktion f von folgender Form:

$$f(x) = a \cdot \sin(b \cdot x) \text{ (mit } a, b \in \mathbb{R}^+)$$

Man bezeichnet a und b als Parameter von f.

R

Graphen von Funktionen der Form f(x) = a · sin(b · x)

T kompakt
Seite 106

BEISPIEL: Wir gehen von $f_0(x) = \sin(x)$ aus und studieren mit Technologieunterstützung, wie sich der Graph verändert, wenn man von $f_0(x) = \sin(x)$ zu
a) $f(x) = 2 \cdot \sin(x)$, **b)** $f(x) = \sin(2 \cdot x)$, **c)** $f(x) = 2 \cdot \sin(2 \cdot x)$ übergeht.

$f_0(x) = \sin(x)$

a) $f(x) = 2 \cdot \sin(x) \ [a = 2, b = 1]$

Die Amplitude von f_0 wird verdoppelt.

b) $f(x) = \sin(2 \cdot x)$ $\quad [a = 1, b = 2]$

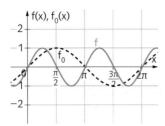

f führt in $[0; 2\pi]$ doppelt so viele Schwingungen aus wie f_0.

c) $f(x) = 2 \cdot \sin(2 \cdot x)$ $\quad [a = 2, b = 2]$

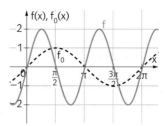

f führt in $[0; 2\pi]$ doppelt so viele Schwingungen aus wie f_0 und die Amplitude von f_0 wird verdoppelt.

Merke

Eine Funktion f der Form **$f(x) = a \cdot \sin(b \cdot x)$** mit a, b $\in \mathbb{R}^+$ entspricht einer Schwingung, wobei **a** die **Amplitude** und **b** die **Anzahl der Schwingungen im Zeitintervall $[0; 2\pi]$** ist.

Schrittweiser Aufbau einer Funktion der Form $f(x) = a \cdot \sin(b \cdot x)$

Allgemein kann eine Funktion f der Form $f(x) = a \cdot \sin(b \cdot x)$ mit a, b $\in \mathbb{R}^+$ schrittweise aufgebaut werden, indem man der Reihe nach die folgenden Funktionen betrachtet:

$$f_0(x) = \sin(x) \qquad f_1(x) = \sin(b \cdot x) \qquad f_2(x) = a \cdot \sin(b \cdot x)$$

- Beim Übergang von f_0 zu f_1 wird der Graph von f_0 mit dem Faktor $\frac{1}{b}$ normal zur 2. Achse gestreckt. Das bewirkt, dass die Funktion f_1 im Zeitintervall $[0; 2\pi]$ statt einer Schwingung b Schwingungen ausführt.
- Beim Übergang von f_1 zu f_2 wird der Graph von f_1 mit dem Faktor a normal zur 1. Achse gestreckt. Dass bewirkt, dass die Amplitude von f_2 statt 1 gleich a ist.

AUFGABEN

5.21 Gib für die Funktion f der Form $f(x) = a \cdot \sin(b \cdot x)$ die Parameter a und b an!

Arbeitsblatt
b367z6

a)

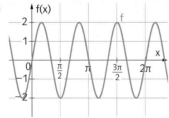

b)

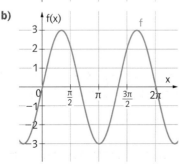

c)

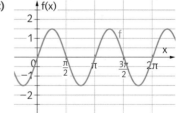

d)

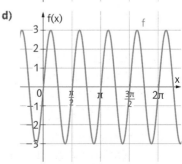

5.22 Skizziere den Graphen der Funktion f mit $f(x) = 2 \cdot \sin(4x)$ mit der Hand!

5.7 HARMONISCHE SCHWINGUNGEN IN DER PHYSIK

Grundbegriffe

In der Physik wird ein Schwingungsvorgang als **harmonische Schwingung** bezeichnet, wenn die Abhängigkeit der Elongation von der Zeit durch eine allgemeine Sinusfunktion beschrieben werden kann. Um uns der Notation in der Physik besser anzugleichen, bezeichnen wir ab jetzt die Zeit mit t sowie die Elongation zum Zeitpunkt t mit s(t) und schreiben:

$$s(t) = r \cdot \sin(\omega \cdot t) \text{ (mit } r, \omega \in \mathbb{R}^+)$$

Wichtige Begriffe, die in der Physik zur Beschreibung solcher Schwingungen verwendet werden, sind in der folgenden Tabelle enthalten.

Begriff	Bedeutung	Maßeinheit
Amplitude r	größte Entfernung von der Ruhelage	1 m
Elongation s(t)	Entfernung von der Ruhelage zum Zeitpunkt t	1 m
Schwingungsdauer T	Zeitdauer einer (vollen) Schwingung	1 s
Frequenz f	Zahl der Schwingungen pro Sekunde	$1\,\text{Hz [Hertz]} = 1\,\text{s}^{-1}$

Auf die physikalische Bedeutung von ω (Omega) gehen wir etwas später ein.

Zwischen der Schwingungsdauer T und der Frequenz f gibt es einen einfachen Zusammenhang. Führt der schwingende Körper f Schwingungen in einer Sekunde aus, dann dauert eine Schwingung $\frac{1}{f}$ Sekunden. Daraus folgt:

Merke: $T = \frac{1}{f}$ Die **Schwingungsdauer** ist der **Kehrwert der Frequenz**.

$f = \frac{1}{T}$ Die **Frequenz** ist der **Kehrwert der Schwingungsdauer**.

AUFGABEN

5.23 In der Abbildung ist der Graph einer harmonischen Schwingung dargestellt. Entnimm daraus die Amplitude, die Schwingungsdauer und die Frequenz der Schwingung (t in s, s(t) in m)!

Lernapplet
9b36ww

a)
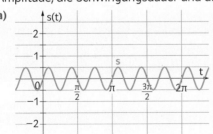

b)
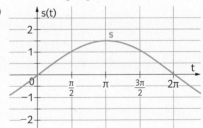

LÖSUNG:

a) Amplitude: a = 0,5 (m)
Im Zeitintervall [0; 2π] werden 6 volle Schwingungen ausgeführt. Daraus folgt:
Schwingungsdauer (Zeit für eine volle Schwingung): $T = \frac{2\pi}{6} = \frac{\pi}{3} \approx 1{,}047$ (s)
Frequenz $f = \frac{1}{T} = \frac{3}{\pi} \approx 0{,}955$ (Hz)

b) Amplitude: a = 1,5 (m)
Im Zeitintervall [0; 2π] wird eine halbe Schwingung ausgeführt. Daraus folgt:
Schwingungsdauer (Zeit für eine volle Schwingung): $T = 4\pi \approx 12{,}566$ (s)
Frequenz $f = \frac{1}{T} = \frac{1}{4\pi} \approx 0{,}080$ (Hz)

5.24 **a)** Ermittle die kleinste Periode der Funktion s in Aufgabe 5.23 a)!

 b) Ermittle die kleinste Periode der Funktion s in Aufgabe 5.23 b)!

 c) Wie groß ist die kleinste Periode einer Funktion s mit $s(t) = r \cdot \sin(\omega \cdot t)$?

5.25 Beschreibe, wie sich die Amplitude, die Schwingungsdauer bzw. die Frequenz einer Schwingung ändert, wenn man von der Elongation $s_0(t)$ zur Elongation $s(t)$ übergeht!

Skizziere die Graphen von s_0 und s in $[0; 2\pi]$ mit der freien Hand in einem gemeinsamen Koordinatensystem! Kontrolliere mit Technologieeinsatz!

 a) $s_0(t) = \sin(t)$, $s(t) = 2 \cdot \sin(4t)$

 c) $s_0(t) = \sin(t)$, $s(t) = 3 \cdot \sin(2{,}5t)$

 b) $s_0(t) = \sin(t)$, $s(t) = 2{,}5 \cdot \sin(t)$

 d) $s_0(t) = \sin(t)$, $s(t) = 0{,}5 \cdot \sin(0{,}25t)$

5.26 Die Elongation einer harmonischen Schwingung wird durch die Funktion s beschrieben. Gib die Amplitude, die Schwingungsdauer und die Frequenz der Schwingung an!

 a) $s(t) = 217 \cdot \sin(1500t)$

 c) $s(t) = 0{,}3 \cdot \sin(5{,}5t)$

 b) $s(t) = 25 \cdot \sin(25t)$

 d) $s(t) = 0{,}005 \cdot \sin(10\,000t)$

Kreisbewegung und harmonische Schwingung

Schwingungen kann man auf Kreisbewegungen zurückführen. Wir betrachten dazu einen Körper, der sich gleichmäßig auf einer Kreisbahn mit dem Radius r im positiven Umlaufsinn bewegt.

Er beginnt im Punkt $P_0 = [r \mid 0]$, befindet sich zum Zeitpunkt t im Punkt $P_t = [r \mid a(t)]$ und hat sich dabei auf einem Bogen um den Winkel mit dem Bogenmaß $a(t)$ weiterbewegt.

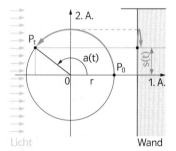

Lässt man Licht parallel zur 1. Achse einfallen und projiziert den Körper auf eine zur 1. Achse normale Wand, so führt der Schattenpunkt eine Schwingung aus. Für die Elongation $s(t)$ (zweite Koordinate des Punktes P_t) gilt:

$$s(t) = r \cdot \sin a(t)$$

Da sich der Körper gleichmäßig entlang des Kreises bewegt, dh. in gleichen Zeiten gleiche Bogenlängen zurücklegt, ist $a(t)$ direkt proportional zu t und es gilt $a(t) = \omega \cdot t$ mit einem Proportionalitätsfaktor $\omega \in \mathbb{R}^+$. Damit geht die obige Gleichung über in:

$$s(t) = r \cdot \sin(\omega \cdot t)$$

Dies entspricht einer harmonischen Schwingung.

Der Proportionalitätsfaktor $\omega = \frac{a(t)}{t}$ kann bei der Kreisbewegung als **Winkelgeschwindigkeit** gedeutet werden, denn er gibt das Maß des Drehwinkels des pro Zeiteinheit zurückgelegten Bogens an. Für die zugehörige harmonische Schwingung ergibt diese Deutung jedoch keinen Sinn. Um auch für die harmonische Schwingung einen sinnvollen Namen für ω zu finden, überlegt man so: Für einen vollen Umlauf auf dem Kreis ist $\omega = \frac{2\pi}{T} = 2\pi f$. Bis auf den Faktor 2π stimmt also die Winkelgeschwindigkeit ω mit der Frequenz f der Schwingung überein. Deshalb bezeichnet man **ω** als **Kreisfrequenz** der zur Kreisbewegung gehörigen harmonischen Schwingung.

Zusammenfassend lässt sich sagen: Eine Kreisbewegung und die dazugehörige harmonische Schwingung können durch analoge Begriffe beschrieben werden, die in der folgenden Tabelle zusammengestellt sind.

Größe	Bedeutung bei der Kreisbewegung	Bedeutung bei der Schwingung
r	Radius	Amplitude
T	Umlaufzeit (Zeitdauer für einen vollen Umlauf)	Schwingungsdauer (Zeitdauer für eine volle Schwingung)
f	Umlaufzahl (Anzahl der Umläufe pro Sekunde)	Frequenz (Anzahl der Schwingungen pro Sekunde)
ω	Winkelgeschwindigkeit	Kreisfrequenz

Phasenverschiebung

Der Begriff der harmonischen Schwingung wird in der Physik noch etwas allgemeiner verwendet. Man spricht auch dann von einer harmonischen Schwingung, wenn die Elongation so beschrieben werden kann:

$$s(t) = r \cdot \sin(\omega \cdot t + \varphi) = r \cdot \sin\left[\omega \cdot \left(t + \frac{\varphi}{\omega}\right)\right]$$

Dies entspricht einer Kreisbewegung, bei der sich der Körper zum Zeitpunkt $t = 0$ nicht im Punkt $P_0 = [r \mid 0]$, sondern im Punkt $P_0 = [r \mid \varphi]$ befindet. Der Graph der Funktion s entsteht aus dem Graphen der Funktion s_0 mit $s_0(t) = r \cdot \sin(\omega \cdot t)$ durch eine Verschiebung um $\frac{\varphi}{\omega}$ nach links. Man sagt: Die zu s gehörige Schwingung geht aus der zu s_0 gehörigen Schwingung durch eine **Phasenverschiebung** hervor.

Ausgehend von einer gewöhnlichen Sinusfunktion kann der Graph von s schrittweise aufgebaut werden, indem man der Reihe nach folgende Funktionen betrachtet:

$$s_0(t) = \sin(t) \qquad s_1(t) = \sin(\omega \cdot t) \qquad s_2(t) = \sin\left[\omega \cdot \left(t + \frac{\varphi}{\omega}\right)\right] \qquad s_3(t) = r \cdot \sin\left[\omega \cdot \left(t + \frac{\varphi}{\omega}\right)\right]$$

- Beim Übergang von s_0 zu s_1 wird der Graph von s_0 mit dem Faktor $\frac{1}{\omega}$ normal zur 2. Achse gestreckt, der Körper führt also im Zeitintervall $[0; 2\pi]$ nicht eine, sondern ω Schwingungen aus.

- Beim Übergang von s_1 zu s_2 wird der Graph von s_1 um $\frac{\varphi}{\omega}$ nach links verschoben.

- Beim Übergang von s_2 zu s_3 wird der Graph von s_2 mit dem Faktor r normal zur 1. Achse gestreckt, die Amplitude wird r-mal so groß.

BEISPIEL: Wir bauen die Funktion f mit $f(t) = 3 \cdot \sin\left(2 \cdot t + \frac{\pi}{2}\right) = 3 \cdot \sin\left[2 \cdot \left(t + \frac{\pi}{4}\right)\right]$ auf die oben beschriebene Art schrittweise auf.

$f_0(t) = \sin(t)$

$f_1(t) = \sin(2 \cdot t)$

$f_2(t) = \sin\left[2 \cdot \left(t + \frac{\pi}{4}\right)\right]$

$f_3(t) = 3 \cdot \sin\left[2 \cdot \left(t + \frac{\pi}{4}\right)\right]$

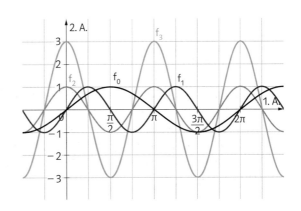

TECHNOLOGIE KOMPAKT

GEOGEBRA   CASIO CLASS PAD II

π eingeben und Näherungswert von π bestimmen

X= CAS-Ansicht:

Eingabe: *pi* – Werkzeug $\approx$

oder

Eingabe: ▦ – 123 – π – Werkzeug $\approx$

Ausgabe → *Näherungswert für π*

Iconleiste – Main – Statusleiste – Dezimal – Keyboard – Trig

π EXE

Ausgabe → *Näherungswert für π*

Sinus, Cosinus und Tangens im Gradmaß und im Bogenmaß berechnen

X= CAS-Ansicht:

Eingabe: *sin(a)* – Werkzeug $\approx$

Ausgabe → *Näherungswert für sin(a) mit a im Bogenmaß*

Eingabe: *sin(a°)* – Werkzeug $\approx$

Ausgabe → *Näherungswert für sin(a) mit a im Gradmaß*

Bemerkung: für Cosinus und Tangens analog

Iconleiste – Main – Statusleiste – Dezimal – 2π – Keyboard

– Trig

Eingabe: sin a EXE

Ausgabe → *Näherungswert für sin(a) mit a im Bogenmaß*

Statusleiste – Dezimal – 360°

Eingabe: sin a EXE

Näherungswert für sin(a) mit a im Gradmaß

Bemerkung: für Cosinus und Tangens analog

Graph der Sinusfunktion f(x) = a · sin(b · x) untersuchen

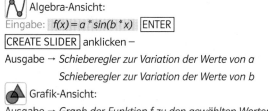 Algebra-Ansicht:

Eingabe: *f(x) = a*sin(b*x)* ENTER

CREATE SLIDER anklicken –

Ausgabe → *Schieberegler zur Variation der Werte von a*
                Schieberegler zur Variation der Werte von b

Grafik-Ansicht:

Ausgabe → *Graph der Funktion f zu den gewählten Werten*
                von a und b

Iconleiste – Menu – Grafik & Tabelle – Statusleiste – 2π –

Keyboard – Trig

Eingabe: a× sin (b×x) EXE

Symbolleiste – ▨

Ausgabe → *Schieberegler zur Variation der Werte von a*
                Schieberegler zur Variation der Werte von b

Werte von a und b auswählen

Ausgabe → *Graph der Funktion f zu den gewählten Werten*
                von a und b

AUFGABEN

T 5.01   Überlege, welcher der beiden Werte sin 1 (im Bogenmaß) und sin 1° (im Gradmaß) größer ist, und überprüfe deine Vermutung mit Technologieeinsatz!

T 5.02   Finde heraus, auf wie viele Nachkommastellen genau das Technologieprodukt die Zahl π ausgeben kann!

T 5.03   Betrachte den Graphen der Sinusfunktion f mit f(x) = a · sin(b · x) bei Variation der a-Werte im Bereich von 0,5 bis 4 bzw. bei Veränderung der b-Werte im Bereich von 1 bis 5! Beschreibe, wie sich eine Verdopplung des a-Wertes bzw. eine Halbierung des b-Wertes auf den Graphen von f auswirkt! Kann man für a und b Werte so finden, dass der Graph von f nicht durch den Ursprung O = (0 | 0) verläuft? Begründe!

KOMPETENZCHECK

AUFGABEN VOM TYP 1

FA-R 6.1 **5.27** Ordne jedem Graphen in der linken Tabelle die Funktionsgleichung aus der rechten Tabelle zu!

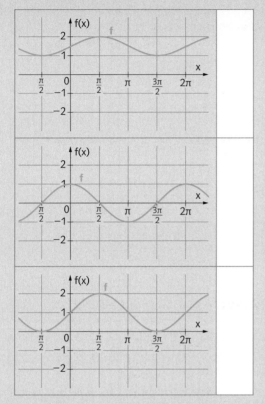

A	$f(x) = \sin x + 1$
B	$f(x) = 0,5 \cdot \sin x + 1,5$
C	$f(x) = \sin\left(x - \frac{\pi}{2}\right)$
D	$f(x) = \sin\left(x + \frac{\pi}{2}\right)$

FA-R 6.2 **5.28** Ein Körper führt eine Schwingung um eine Ruhelage aus. In der Abbildung ist die Abhängigkeit der Elongation f(x) von der Zeit x dargestellt (x in s, f(x) in cm).

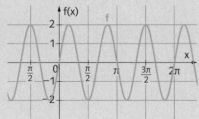

Kreuze die zutreffende(n) Aussage(n) an!

$f(x) = 2 \cdot \sin(3x)$	☐
Die Elongation zum Zeitpunkt $\frac{\pi}{2}$ beträgt 2 cm.	☐
Nach π Sekunden befindet sich der Körper in der Ruhelage.	☐
Die Amplitude der Schwingung beträgt 2 cm.	☐
Die Funktion f ist eine gerade Funktion.	☐

FA-R 6.3   **5.29**   In der Abbildung sind zwei Funktionen f und g der Form
x ↦ a · sin(b · x) dargestellt.
Ergänze durch Ankreuzen den folgenden Text so,
dass eine korrekte Aussage entsteht!

Beim Übergang von f zu g muss _____①_____ und

_____②_____ werden.

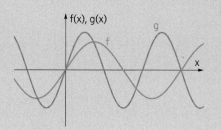

①	
a vergrößert	☐
a verkleinert	☐
a nicht geändert	☐

②	
b vergrößert	☐
b verkleinert	☐
b nicht geändert	☐

FA-R 6.3   **5.30**   Ein Körper schwingt um eine Ruhelage. Für positive Zeitangaben t (in s) kann seine
Elongation s (in m) durch die Funktionsgleichung s(t) = 3 · sin(4 · t) beschrieben werden.
Kreuze die Aussagen an, die auf diesen Sachzusammenhang zutreffen!

Die Schwingungsdauer misst 2π (s).	☐
Der Körper vollbringt in π Sekunden 2 volle Schwingungen.	☐
Der Körper befindet sich zum Zeitpunkt 3π (s) in der Ruhelage.	☐
$\frac{\pi}{2}$ ist die kleinste Periode der Funktion s.	☐
Die Amplitude der Schwingung misst 0,75 cm.	☐

FA-R 6.4   **5.31**   Kreuze diejenige Funktion f an,
deren kleinste Periodenlänge $\frac{\pi}{2}$ beträgt!

$f(t) = 2 \cdot \cos(2t)$	☐
$f(t) = 3 \cdot \cos\left(\frac{\pi}{2}t\right) + \frac{\pi}{2}$	☐
$f(t) = 0{,}5 \cdot \sin(t)$	☐
$f(t) = \frac{\pi}{2} \cdot \cos(t)$	☐
$f(t) = 3 \cdot \sin\left(t + \frac{\pi}{2}\right)$	☐
$f(t) = 1{,}5 \cdot \sin(4t)$	☐

FA-R 6.4   **5.32**   Gib drei Perioden der Funktion f mit f(x) = 2 · sin(3 · x) an!

FA-R 6.5   **5.33**   Die Funktion f mit f(x) = cos(x) lässt sich auch in der Form f(x) = c · sin(x − d) anschreiben.
Gib ein c und ein d an!

FA-R 6.5   **5.34**   Kreuze die richtige(n) Aussage(n) an!

$\cos(x) = \sin\left(x - \frac{\pi}{2}\right)$	☐
$\cos(x) = \sin\left(x + \frac{\pi}{2}\right)$	☐
$\sin(x) = \cos\left(x - \frac{\pi}{2}\right)$	☐
$\sin(x) = \cos\left(x + \frac{\pi}{2}\right)$	☐
$\cos(x) = \cos\left(x + \frac{\pi}{2}\right)$	☐

AUFGABEN VOM TYP 2

FA-R 6.1
FA-R 6.2
FA-R 6.3
FA-R 6.4
FA-R 6.5

5.35   Biorhythmen

Jeder Mensch bemerkt an sich selbst, dass die eigene körperliche, seelische und geistige Leistungsfähigkeit und Verfassung Schwankungen unterliegt. Am Beginn des 20. Jahrhunderts stellten einige Ärzte und Psychologen folgende – aus wissenschaftlicher Sicht unhaltbare – Behauptung auf:

> Die tägliche körperliche, seelische und geistige Verfassung einer Person unterliegen periodischen Veränderungen, die man durch allgemeine Sinusfunktionen beschreiben kann und als Biorhythmen bezeichnet.

Nebenstehend sind solche Biorhythmen dargestellt. Alle drei Biorhythmen starten zum Zeitpunkt der Geburt mit dem Wert 0 und schwanken dann periodisch, aber mit unterschiedlichen kleinsten Perioden zwischen demselben Maximal- und Minimalwert.

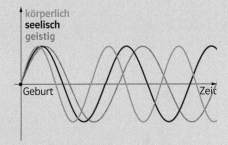

Adam gibt im Internet in einen *Biorhythmus-Rechner* sein Geburtsdatum und das aktuelle Datum (t = 0) ein. Er erhält für die nächsten 6 Wochen seine Biorhythmen in folgender Grafik angezeigt:

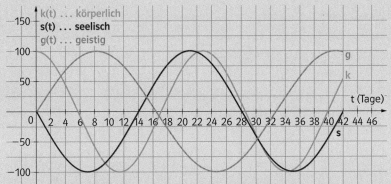

a) ▪ Von welchem Typ sind die drei Biorhythmusfunktionen k: t ↦ k(t), s: t ↦ s(t) und g: t ↦ g(t)?

▪ Gib die kleinsten Perioden der drei Biorhythmusfunktionen k, s und g in Tagen an und formuliere umgangssprachlich, welche Information jeweils der Wert der kleinsten Periode liefert!

b) ▪ Welchen minimalen bzw. maximalen Wert nehmen die Funktionen k, s und g an?

▪ Gibt es Tage, an denen alle drei Biorhythmusfunktionen negative Werte liefern? Gib Beispiele für solche Tage gegebenenfalls an!

c) ▪ An welchem Tag kann Adam auf ein „seelisches Hoch" hoffen?

▪ An welchen Tagen liegt die körperliche Leistungsfähigkeit über dem Wert 50?

d) ▪ Ermittle Termdarstellungen der abgebildeten Biorhythmusfunktionen!

▪ Stelle die Funktion k als Cosinusfunktion dar!

6 ERGÄNZUNGEN ZU FUNKTIONEN

GRUNDKOMPETENZEN

FA-R 1.2   **Formeln als Darstellung von Funktionen** interpretieren und dem **Funktionstyp** zuordnen können.

FA-R 1.8   Durch Gleichungen (Formeln) gegebene **Funktionen mit mehreren Veränderlichen** im Kontext deuten können, Funktionswerte ermitteln können.

FA-R 1.9   Einen **Überblick über die wichtigsten Typen mathematischer Funktionen** geben und ihre Eigenschaften vergleichen können.

6.1   FORMELN UND FUNKTIONEN

(R)

Reelle Funktionen in mehreren Variablen

⚡T kompakt
Seite 125

Bei einer reellen Funktion f: A → $\mathbb{R}$ war die Definitionsmenge A bisher stets eine Teilmenge von $\mathbb{R}$. Manchmal ist es jedoch sinnvoll, Definitionsmengen zu betrachten, die Teilmengen von folgenden Mengen sind:

$\mathbb{R}^2 = \{(a_1 \,|\, a_2) \,|\, a_1 \in \mathbb{R} \,\wedge\, a_2 \in \mathbb{R}\}$ **= Menge aller Paare reeller Zahlen**
$\mathbb{R}^3 = \{(a_1 \,|\, a_2 \,|\, a_3) \,|\, a_1 \in \mathbb{R} \,\wedge\, a_2 \in \mathbb{R} \,\wedge\, a_3 \in \mathbb{R}\}$ **= Menge aller Tripel reeller Zahlen**
$\mathbb{R}^n = \{(a_1 \,|\, a_2 \,|\, \ldots \,|\, a_n) \,|\, a_1 \in \mathbb{R} \,\wedge\, a_2 \in \mathbb{R} \,\wedge\, \ldots \,\wedge\, a_n \in \mathbb{R}\}$ **= Menge aller „n-Tupel" reeller Zahlen**

$(\mathbb{R}^+)^2 = \{(a_1 \,|\, a_2) \,|\, a_1 \in \mathbb{R}^+ \,\wedge\, a_2 \in \mathbb{R}^+\}$ **= Menge aller Paare positiver reeller Zahlen**

$(\mathbb{R}^+)^3 = \{(a_1 \,|\, a_2 \,|\, a_3) \,|\, a_1 \in \mathbb{R}^+ \,\wedge\, a_2 \in \mathbb{R}^+ \,\wedge\, a_3 \in \mathbb{R}^+\}$ **= Menge aller Tripel positiver reeller Zahlen**

$(\mathbb{R}^+)^n = \{(a_1 \,|\, a_2 \,|\, \ldots \,|\, a_n) \,|\, a_1 \in \mathbb{R}^+ \,\wedge\, a_2 \in \mathbb{R}^+ \,\wedge\, \ldots \,\wedge\, a_n \in \mathbb{R}^+\}$ **= Menge aller „n-Tupel" positiver reeller Zahlen**

Allgemein definiert man für eine Menge A:

$A^n = \{(a_1 \,|\, a_2 \,|\, \ldots \,|\, a_n) \,|\, a_1 \in A \,\wedge\, a_2 \in A \,\wedge\, \ldots \,\wedge\, a_n \in A\}$

BEISPIEL 1: Das Volumen V eines geraden Kreiskegels mit dem Radius r und der Höhe h ist gegeben durch:

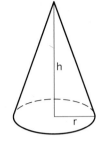

$$V(r, h) = \frac{r^2 \pi h}{3}$$

Man kann in dieser Formel eine Funktion sehen, die jedem Zahlenpaar $(r \mid h) \in (\mathbb{R}^+)^2$ die reelle Zahl $V(r, h)$ zuordnet. Wir schreiben kurz:

$$V: (\mathbb{R}^+)^2 \to \mathbb{R} \mid (r \mid h) \mapsto V(r, h)$$

BEISPIEL 2: Der Oberflächeninhalt O eines Quaders mit den Kantenlängen x, y, z ist gegeben durch:

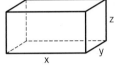

$$O(x, y, z) = 2 \cdot (xy + xz + yz)$$

Man kann in dieser Formel eine Funktion sehen, die jedem Zahlentripel $(x \mid y \mid z) \in (\mathbb{R}^+)^3$ die reelle Zahl $O(x, y, z)$ zuordnet. Wir schreiben kurz:

$$O: (\mathbb{R}^+)^3 \to \mathbb{R} \mid (x \mid y \mid z) \mapsto O(x, y, z)$$

Diese Beispiele legen nahe, den Begriff der reellen Funktion in folgender Weise zu verallgemeinern:

Definition
Eine Funktion $f: A \to \mathbb{R}$ mit $A \subseteq \mathbb{R}^n$ nennt man eine **reelle Funktion in n Variablen**.

Funktionen in Formeln sehen

In einem zylindrischen Messglas mit dem Radius r hat der Flüssigkeitsspiegel die Höhe h. Das Volumen der Flüssigkeitsmenge im Messglas ist gegeben durch:

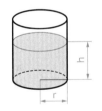

$$\mathbf{V(r, h) = r^2 \cdot \pi \cdot h}$$

In dieser Formel kann man die Funktion $\mathbf{V: (r \mid h) \mapsto V(r, h)}$ sehen, die jedem Zahlenpaar $\mathbf{(r \mid h)}$ das Flüssigkeitsvolumen $V(r, h)$ zuordnet.

Ist der Radius konstant, können wir schreiben:

$$\mathbf{V(h) = r^2 \cdot \pi \cdot h} \text{ (r konstant)}$$

In dieser Formel kann man die Funktion $\mathbf{V: h \mapsto V(h)}$ sehen, die jeder Flüssigkeitshöhe h das Flüssigkeitsvolumen $V(h)$ zuordnet. Diese Funktion V ist vom **Typ $f(x) = k \cdot x$**.

Betrachten wir zylindrische Messgläser mit verschiedenen Radien, die alle bis zur gleichen Höhe mit Flüssigkeit gefüllt sind, können wir schreiben:

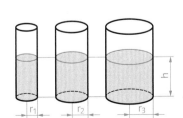

$$\mathbf{V(r) = \pi \cdot h \cdot r^2} \text{ (h konstant)}$$

In dieser Formel kann man die Funktion $\mathbf{V: r \mapsto V(r)}$ sehen, die jedem Radius r das Flüssigkeitsvolumen $V(r)$ zuordnet. Diese Funktion V ist vom **Typ $f(x) = c \cdot x^2$**.

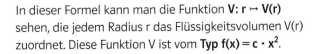

6.01 Beantworte folgende Fragen für die Formel $V(h) = r^2\pi \cdot h$ (r konstant).

1) Wie ändert sich das Volumen $V(h)$, wenn h wächst?
2) Wie ändert sich $V(h)$, wenn h verdoppelt wird? Begründe!
3) Wie muss h geändert werden, damit $V(h)$ verdreifacht wird? Begründe!
4) Ist $V(h)$ zu h direkt oder indirekt proportional?
5) Von welchem Typ ist die Funktion $V: h \mapsto V(h)$?
6) Was lässt sich über den Graphen dieser Funktion aussagen?

LÖSUNG: Wir setzen $r^2\pi = k$ (konstant). Dann gilt: $V(h) = k \cdot h$.

1) Wenn h wächst, dann wächst auch $V(h)$.
2) $V(h)$ wird verdoppelt, denn es gilt: $V(2 \cdot h) = k \cdot (2 \cdot h) = 2 \cdot (k \cdot h) = 2 \cdot V(h)$
3) h muss verdreifacht werden, denn es gilt: $V(3 \cdot h) = k \cdot (3 \cdot h) = 3 \cdot (k \cdot h) = 3 \cdot V(h)$
4) $V(h)$ ist zu h direkt proportional mit dem Proportionalitätsfaktor k.
5) Die Funktion ist vom Typ $x \mapsto k \cdot x$, dh. eine direkte Proportionalitätsfunktion.
6) Der Graph ist eine Gerade durch O mit der Steigung k.

6.02 Beantworte folgende Fragen für die Formel $V(r) = \pi h \cdot r^2$ (h konstant).

1) Wie ändert sich $V(r)$, wenn r wächst?
2) Wie ändert sich $V(r)$, wenn r verdoppelt wird? Begründe!
3) Wie muss r geändert werden, damit $V(r)$ verdreifacht wird?
4) Ist $V(r)$ zu r direkt oder indirekt proportional?
5) Von welchem Typ ist die Funktion $V: r \mapsto V(r)$?
6) Was lässt sich über den Graphen dieser Funktion aussagen?

LÖSUNG: Wir setzen $\pi h = c$ (konstant). Dann gilt: $V(r) = c \cdot r^2$.

1) Wenn r wächst, dann wächst auch $V(r)$.
2) $V(2 \cdot r) = c \cdot (2 \cdot r)^2 = c \cdot (4 \cdot r^2) = 4 \cdot (c \cdot r^2) = 4 \cdot V(r)$. Das Volumen wird vervierfacht.
3) $V(x \cdot r) = 3 \cdot V(r) \iff \pi h \cdot (x \cdot r)^2 = 3 \cdot \pi h \cdot r^2 \iff x^2 \cdot r^2 = 3 \cdot r^2 \iff x^2 = 3$
   Daraus folgt: $x = \sqrt{3}$. Der Radius muss mit $\sqrt{3}$ multipliziert werden.
4) $V(r)$ ist zu r weder direkt noch indirekt proportional.
5) Die Funktion ist vom Typ $x \mapsto c \cdot x^2$, dh. eine quadratische Funktion.
6) Der Graph ist Teil einer Parabel mit dem Scheitel $S = (0\,|\,0)$.

Die letzten beiden Aufgaben zeigen, dass die Betrachtung von Formeln unter dem Gesichtspunkt von Funktionen hilfreich sein kann, Fragen der folgenden Art zu beantworten:
- Wie ändert sich eine Größe, wenn sich eine andere Größe in bestimmter Weise ändert?
- Wie muss man eine Größe ändern, damit sich eine andere in bestimmter Weise ändert?
- Ist eine Größe zu einer anderen direkt oder indirekt proportional?
- Von welchem Typ ist der Zusammenhang zweier Größen?
- Was lässt sich über die grafische Darstellung dieses Zusammenhangs aussagen?

In der Formel $V = r^2 \cdot \pi \cdot h$ kann man durch Umformen noch mehr Funktionen entdecken:

BEISPIEL: Wir berechnen h aus dieser Formel: $h = \dfrac{V}{\pi \cdot r^2}$

In dieser Formel stecken ua. folgende Funktionen:

- Die Funktion h mit $h(V) = \dfrac{V}{\pi \cdot r^2} = \dfrac{1}{\pi \cdot r^2} \cdot V$ (r konstant) **Typ:** $f(x) = k \cdot x$
- Die Funktion h mit $h(r) = \dfrac{V}{\pi \cdot r^2} = \dfrac{V}{\pi} \cdot \dfrac{1}{r^2}$ (V konstant) **Typ:** $f(x) = c \cdot \dfrac{1}{x^2} = \dfrac{c}{x^2}$

R   AUFGABEN

6.03 Wir gießen eine bestimmte Flüssigkeitsmenge der Reihe nach in zylindrische Messgläser, deren Grundfläche immer größer wird. Aus $V = r^2\pi h$ folgt $h = \frac{V}{r^2\pi} = \frac{V}{A}$, wobei A der Flächeninhalt der Grundfläche des Messglases ist.

Da das Flüssigkeitsvolumen konstant bleibt, gilt:

$h(A) = \frac{V}{A}$ (V konstant)

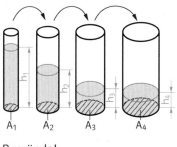

1) Wie ändert sich h(A), wenn A wächst bzw. wenn A verdoppelt wird? Begründe!

2) Wie muss A geändert werden, damit h(A) verdreifacht wird? Begründe!

3) Ist h(A) zu A direkt oder indirekt proportional?

4) Von welchem Typ ist die Funktion h: A ↦ h(A)?

5) Wie sieht der Graph dieser Funktion ungefähr aus? Wirkt sich derselbe kleine Fehler bei der Bestimmung des Grundflächeninhalts auf die Berechnung der Flüssigkeitshöhe stärker aus, wenn die Grundfläche klein oder wenn sie groß ist?

,T **6.04** Der Flächeninhalt eines Rechtecks mit den Seitenlängen a und b ist $A(a, b) = a \cdot b$.

a) Zeige durch Rechnung: $A(2a, b) = 2 \cdot A(a, b)$, $A(a, 2b) = 2 \cdot A(a, b)$, $A(2a, 2b) = 4 \cdot A(a, b)$
Was sagen diese Gleichungen aus? Wie kann man sie auch geometrisch begründen?

b) Ermittle durch Rechnung, um wie viel A zunimmt, wenn a und b beide um 1 vergrößert werden! Wie kann man dieses Resultat geometrisch begründen?

6.05 Stelle eine Formel für den Flächeninhalt A(x, y) der nebenstehenden Figur auf!

1) Zeige durch Rechnung, dass die Figur flächengleich einem Rechteck mit den Seitenlängen $x - y$ und $x + y$ ist! Begründe dies auch geometrisch!

2) Zeige durch Rechnung: $A(2x, 2y) = 4 \cdot A(x, y)$! Was sagt diese Gleichung aus?

3) Ist es möglich, dass A(x, y) kleiner wird, wenn x und y beide wachsen?

6.06 Volumen eines Zylinders mit dem Radius r und der Höhe h: $V(r, h) = r^2\pi h$.

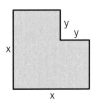

a) Zeige durch Rechnung:
$V(3r, h) = 9 \cdot V(r, h)$, $V(r, 3h) = 3 \cdot V(r, h)$, $V(3r, 3h) = 27 \cdot V(r, h)$
Was sagen diese Gleichungen aus?

b) Ermittle t in der Gleichung $V(5 \cdot r, 5 \cdot h) = t \cdot V(r, h)$ und interpretiere das Ergebnis!

6.07 Stelle eine Formel für die Summe S(x, y, z) aller Kantenlängen eines Quaders mit den Seitenlängen x, y, z auf!

a) Zeige: $S(x + 1, y, z) = S(x, y, z) + 4$! Was sagt diese Gleichung aus?

b) Schreibe eine entsprechende Gleichung für den Fall an, dass jede Kantenlänge um 1 vergrößert wird!

6.08 Stelle eine Formel für das Volumen V(r, x, y) des nebenstehend abgebildeten Turms auf!

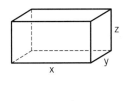
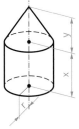

a) Zeige: $V(2r, 2x, 2y) = 8 \cdot V(r, x, y)$! Was sagt diese Gleichung aus?

b) Auf das Wievielfache wächst das Volumen V, wenn r, x und y alle vervierfacht werden? Auf das Wievielfache müsste r allein vergrößert werden, um dieselbe Volumenszunahme zu erreichen?

6.09 Stelle eine Formel für das Volumen V(x, y, z, h) des nebenstehend
abgebildeten Körpers auf!

   a) Zeige durch Rechnung: $V(x, y, r \cdot z, r \cdot h) = r \cdot V(x, y, z, h)$!
       Was sagt diese Gleichung aus?

   b) Verdoppelt sich das Volumen, wenn x, y, z und h verdoppelt werden?
       Begründe!

   c) Auf das Wievielfache müssen x, y, z und h zugleich vergrößert werden,
       damit das Volumen des Körpers auf das 125fache wächst?

   d) Gib vier verschiedene Möglichkeiten an, wie man x, y, z und h verändern kann, um das
       Volumen des Körpers zu verhundertfachen! Schreibe die entsprechenden Gleichungen an!

6.10 Wie schnell ein Körper auf einem Himmelskörper zu „Boden" fällt, hängt von der Fallbeschleunigung a auf diesem Himmelskörper ab. Der in der Zeit t zurückgelegte Weg s ist (ohne Berücksichtigung eines allfälligen atmosphärischen Widerstandes) gegeben durch $s = \frac{a}{2} \cdot t^2$.

   1) Welche der Funktionen $a \mapsto s$ (t konstant) und $t \mapsto s$ (a konstant) sind linear?
       Wenn eine dieser Funktionen von einem anderen Typ ist, gib diesen an!

   2) Welches der nebenstehenden
       Schaubilder könnte die Funktion
       $t \mapsto s$ (a konstant) darstellen?

6.11 Gegeben ist die Formel $u = \frac{x}{yz^2}$ mit $x, y, z, u \in \mathbb{R}^+$.

   a) Welche Proportionalität besteht zwischen u und x?
       Von welchem Typ ist die Funktion u mit $u(x) = \frac{x}{yz^2}$?

   b) Welche Proportionalität besteht zwischen u und y?
       Von welchem Typ ist die Funktion u mit $u(y) = \frac{x}{yz^2}$?

   LÖSUNG: Wenn nichts dazugesagt wird, wird stillschweigend angenommen, dass die nicht
       erwähnten Variablen der Formel konstant gehalten werden.

       a) $u(x) = \frac{x}{yz^2} = \frac{1}{yz^2} \cdot x$.   Das bedeutet: u ist zu x direkt proportional.
                                        Die Funktion u ist vom Typ $f(x) = k \cdot x$.

       b) $u(y) = \frac{x}{yz^2} = \frac{x}{z^2} \cdot \frac{1}{y}$.   Das bedeutet: u ist zu y indirekt proportional.
                                          Die Funktion u ist vom Typ $f(x) = c \cdot \frac{1}{x} = \frac{c}{x}$.

6.12 Beantworte die folgenden Fragen für die Formel (mit $x, y, z, u \in \mathbb{R}^+$)!

   a) $u = x^2 yz$ **b)** $u = \frac{x^2 y}{z}$ **c)** $u = \frac{z^2}{xy}$ **d)** $u = \frac{xy^2}{2z^2}$

   1) Zu welchen der Größen x, y, z ist u direkt proportional, zu welchen indirekt proportional?
   2) Ist u zu x^2, y^2 bzw. z^2 direkt oder indirekt proportional?
   3) Von welchem Typ sind die Funktionen $x \mapsto u$, $y \mapsto u$, $z \mapsto u$?
   4) Wächst oder fällt u, wenn x wächst und y und z konstant bleiben?

6.13 Wie ändert sich z in der folgenden Formel, wenn von den Variablen $x, y \in \mathbb{R}^+$ eine wächst und die
andere konstant bleibt?

   a) $z = x^3 - y$ **b)** $z = \frac{y}{x^2}$ **c)** $z = \frac{1}{x} - \frac{1}{y}$

6.14 In der folgenden Formel sind $x, y \in \mathbb{R}^+$ und C ist eine Konstante. Wie ändert sich x, wenn y
wächst? Können x und y beide zugleich wachsen?

   a) $x - y = C$ **b)** $x^2 \cdot y = C$ **c)** $\frac{x}{y} = C$ **d)** $\frac{1}{x \cdot y} = C$

6.15 Ein Auto fährt frontal gegen eine Mauer. Als Maß für die Stärke des Aufpralls kann man die kinetische Energie des Autos nehmen. Hat das Auto die Masse m und fährt es mit der Geschwindigkeit v, so beträgt seine kinetische Energie $E = \frac{mv^2}{2}$ (m in Kilogramm, v in km/h).

1) Angenommen, das Auto wäre so beladen gewesen, dass es die $1\frac{1}{2}$ fache Masse besessen hätte. Auf das Wievielfache wäre die Stärke des Aufpralls gewachsen?

2) Angenommen, das Auto wäre mit doppelter Geschwindigkeit gegen die Wand gefahren. Auf das Wievielfache wäre dann die Stärke des Aufpralls gewachsen?

3) Betrachte die Funktionen $m \mapsto E$ (v konstant) und $v \mapsto E$ (m konstant)! Welche dieser beiden Funktionen ist linear? Von welchem Typ ist die andere Funktion?

6.16 Fließt ein elektrischer Strom der Stromstärke I während der Zeitdauer t durch einen Leiter mit dem Widerstand R, so wird dabei elektrische Energie in Wärmeenergie umgesetzt. Diese ist gegeben durch $W = I^2Rt$.

a) Zu welchen der Größen I, R, t ist W direkt proportional? Ist W zu I^2 direkt proportional?

b) Wie ändert sich W, wenn I verdreifacht wird?

c) Die Wärmeenergie, die ein elektrisches Heizgerät abgibt, soll bei konstanter Betriebsdauer vervierfacht werden. Berechne, auf das Wievielfache man dazu die Stromstärke erhöhen muss! Begründe die Antwort!

d) Die Wärmeenergie, die ein elektrisches Heizgerät abgibt, soll bei konstanter Stromstärke vervierfacht werden. Berechne, auf das Wievielfache man dazu die Betriebsdauer erhöhen muss! Begründe die Antwort!

Aufstellen von Formeln aus der Kenntnis von Abhängigkeiten

Bisher haben wir stets aus einer vorgegebenen Formel Abhängigkeiten zwischen den vorkommenden Größen herausgelesen. In der Praxis steht man aber häufig vor dem umgekehrten Problem: Aufgrund von Messungen oder einfach aufgrund gewisser plausibler Annahmen weiß man, wie eine bestimmte Größe von anderen Größen abhängt und will daraus eine Formel für diese Größe aufstellen.

6.17 Drähte aus einem bestimmten Metall mit verschiedenen Querschnitten und Längen werden durch Anhängen verschiedener Gewichtsstücke geringfügig gedehnt. Durch Messungen stellt man fest:

- Die Längenzunahme Δl [lies: Delta l] ist direkt proportional zur Masse m des Gewichtsstücks und zur Länge l des Drahtes.
- Die Längenzunahme Δl ist indirekt proportional zum Inhalt q der Querschnittsfläche des Drahtes.

Ein Messergebnis ist in der Tabelle angegeben. Stelle eine Formel für die Längenzunahme Δl auf!

m (in kg)	l (in mm)	q (in mm²)	Δl (in mm)
6,8	700	2	3,00

LÖSUNG:

Wegen der angegebenen Proportionalitäten ist die gesuchte Formel von der Bauart:

$$\Delta l = c \cdot \frac{m \cdot l}{q} \quad \text{mit } c \in \mathbb{R}^+$$

Die Konstante c kann man aus den Messergebnissen bestimmen:

$$3 = c \cdot \frac{6,8 \cdot 700}{2} \quad \Rightarrow \quad c \approx 0,0013$$

Damit lautet die Formel:

$$\Delta l \approx 0,0013 \cdot \frac{m \cdot l}{q}$$

6.18 Das von einer annähernd punktförmigen Lichtquelle ausgehende Licht verteilt sich in doppelter Entfernung von der Lichtquelle auf die vierfache Fläche, in dreifacher Entfernung auf die neunfache Fläche usw. Die Beleuchtungsstärke eines Schirms (mit konstantem Flächeninhalt) beträgt also in doppelter Entfernung nur mehr ein Viertel, in dreifacher Entfernung nur mehr ein

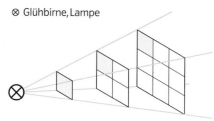

⊗ Glühbirne, Lampe

Neuntel usw. Es ist somit plausibel anzunehmen, dass die Beleuchtungsstärke E des Schirms direkt proportional zur Lichtstärke I der Lichtquelle und indirekt proportional zum Quadrat der Entfernung r des Schirms von der Lichtquelle ist. Stelle eine Formel für die Beleuchtungsstärke E auf! Falls diese Formel eine nicht näher bekannte Konstante enthält, gib an, durch welche Messung man diese Konstante bestimmen könnte!

6.19 Der elektrische Widerstand eines Leiters hängt von der Beschaffenheit des Leiters ab. Durch Versuche kann man feststellen:
- Der Widerstand R ist direkt proportional zur Länge l des Leiters.
- Der Widerstand R ist indirekt proportional zum Flächeninhalt A des Leiterquerschnitts.

In der Tabelle findet sich das Messergebnis für einen speziellen Silberdraht bei 20 °C Raumtemperatur.

l (m)	A (in m²)	R (in Ω)
0,5	$19{,}6 \cdot 10^{-6}$	404,13

1) Stelle eine Formel für den Widerstand R eines Leiters aus Silber in Abhängigkeit von l und A auf!

2) Der in der Formel auftretende Proportionalitätsfaktor heißt spezifischer Widerstand ρ (Rho). Wovon hängt der Wert von ρ ab?

3) Stelle eine Formel für den Widerstand R eines Silberdrahtes mit kreisrundem Querschnitt und dem Durchmesser d in Abhängigkeit von l und d auf!

6.20 Der thermische Zustand einer konstanten Menge eines idealen Gases wird durch die drei Größen Druck p, Volumen V und Temperatur T beschrieben. Experimentell kann man feststellen:
- Bei konstanter Temperatur T ist der Druck p zum Volumen V indirekt proportional.
- Bei konstantem Volumen V ist der Druck p direkt proportional zur Temperatur T.

Konkret ergibt eine Messung an einem 50-Liter-Druckgasbehälter, der mit 10 kg Sauerstoff gefüllt ist, dass bei einer Temperatur von 20 °C (= 293,15 K) im Behälter ein Druck von 15,23 MPa (Megapascal) herrscht.

1) Stelle eine Formel auf, die für die Gasmenge von 10 kg Sauerstoff den Druck p in Abhängigkeit vom Volumen V und der Temperatur T angibt! Beachte, dass p in Pascal, V in Kubikmeter und T in Kelvin angegeben werden müssen!

2) Untersuche, wie sich bei gleich bleibender Gasmenge der Druck in einem Behälter verändert, wenn man die Temperatur um 10 % erhöht, aber das Volumen um 10 % verkleinert!

6.21 Stelle eine Formel für u auf, wenn für die vier Größen u, x, y, z Folgendes bekannt ist:

a) u ist zu x^2 und y direkt proportional, aber zu z indirekt proportional.
Für x = y = z = 1 misst man u = 2.

b) u ist zu x und z direkt proportional, aber zu y^2 indirekt proportional.
Für x = y = z = 2 misst man u = 1,5.

c) Wird x bzw. y ver-a-facht, so wird u ver-a-facht. Wird hingegen z ver-a-facht, sinkt u auf den a-ten Teil. Für x = y = z = 4 misst man u = 8.

d) u ist zu den dritten Potenzen von x und y direkt proportional, aber zur dritten Potenz von z indirekt proportional. Für x = y = z = 2 misst man u = 8.

6.2 VERKETTUNG VON FUNKTIONEN

Verkettung als Hintereinanderausführung

Um den Funktionswert $h(x) = \sqrt{x^2 + 1}$ für eine konkrete Zahl x zu berechnen, kann man die Funktion h in die Funktion f: $x \mapsto x^2 + 1$ und die Funktion g: $x \mapsto \sqrt{x}$ zerlegen. Man ermittelt dann zuerst $f(x) = x^2 + 1$ und anschließend $g(f(x)) = \sqrt{f(x)}$. Insgesamt erhält man:

$$h(x) = g(f(x)) = \sqrt{f(x)} = \sqrt{x^2 + 1}$$

Der Ausdruck g(f(x)) bedeutet: Man wendet zuerst auf die Zahl x die Funktion f an und erhält die Zahl f(x); anschließend wendet man auf die Zahl f(x) die Funktion g an und erhält die Zahl g(f(x)).

kompakt Seite 125

Statt die Funktionen f und g hintereinander anzuwenden, kann man der Zahl x gleich die Zahl g(f(x)) zuordnen. Die Funktion, die dies leistet, wird mit g ∘ f bezeichnet (lies: „g Ring f" oder „g nach f") und heißt **Verkettung von f und g**. Damit man g ∘ f bilden kann, muss vorausgesetzt werden, dass jeder Funktionswert f(x) in der Definitionsmenge von g liegt, dh. die Wertemenge von f muss eine Teilmenge der Definitionsmenge von g sein.

> **Definition**
> Es seien f und g zwei reelle Funktionen mit der Eigenschaft, dass die Wertemenge von f eine Teilmenge der Definitionsmenge von g ist. Dann heißt die Funktion g ∘ f mit
> $$(g \circ f)(x) = g(f(x))$$
> die **Verkettung der Funktionen f und g.**

AUFGABEN

6.22 Gib einen Funktionsterm für $(g \circ f)(x) = g(f(x))$ an! Ersetze dazu in g(x) das Argument x durch f(x)!

a) $f(x) = 3x^2$, $\quad g(x) = \sqrt{x}$ **e)** $f(x) = -x$, $\quad g(x) = 2^x$

b) $f(x) = 2x + 1$, $\quad g(x) = \sqrt[3]{x}$ **f)** $f(x) = 3x + 5$, $\quad g(x) = x^4$

c) $f(x) = x - 2$, $\quad g(x) = x^2$ **g)** $f(x) = 3x + \pi$, $\quad g(x) = \sin x$

d) $f(x) = x^2$, $\quad g(x) = x + 1$ **h)** $f(x) = -kx$ (mit k > 0), $\quad g(x) = a^x$ (mit a > 0)

6.23 Gib Termdarstellungen f(x) und g(x) zweier Funktionen f und g an, sodass $h(x) = (g \circ f)(x)$ gilt!

a) $h(x) = \sqrt{\sin x}$ **e)** $h(x) = \frac{1}{\cos x}$ **i)** $h(x) = 10^{-\frac{x}{2}}$

b) $h(x) = \sin^2 x$ **f)** $h(x) = \sqrt[5]{x^2 + x + 1}$ **j)** $h(x) = \frac{1}{2^x}$

c) $h(x) = \cos x - 1$ **g)** $h(x) = (7x - 4)^3$ **k)** $h(x) = \tan |x|$

d) $h(x) = \cos(x - 1)$ **h)** $h(x) = (x + 1)^7$ **l)** $h(x) = e^{-2x}$

6.24 Ermittle eine Termdarstellung für $(g \circ f)(x)$ und gib die größtmögliche Definitionsmenge von f an, sodass g ∘ f gebildet werden kann!

a) $f(x) = 5x + 5$, $\quad g(x) = \sqrt{x}$ **c)** $f(x) = x^2$, $\quad g(x) = \frac{1}{x}$

b) $f(x) = 2x - 10$, $\quad g(x) = \sqrt[3]{x}$ **d)** $f(x) = \sqrt{x}$, $\quad g(x) = \sin x$

6.3 UMKEHRFUNKTIONEN

Bijektive Funktionen

Eine reelle Funktion war bisher immer von der Form f: A → $\mathbb{R}$ mit A ⊆ $\mathbb{R}$. Im Folgenden wird der Begriff der reellen Funktion jedoch etwas allgemeiner verwendet, denn es werden auch Funktionen f: A → B mit A ⊆ $\mathbb{R}$ und B ⊆ $\mathbb{R}$ zugelassen.

Definition

Eine Funktion **f: A → B** mit A ⊆ $\mathbb{R}$ und B ⊆ $\mathbb{R}$ nennt man eine **reelle Funktion**.
- Die Menge **A** heißt **Definitionsmenge** der Funktion f.
- Die Menge **B** heißt **Zielmenge** der Funktion f.
- Die Menge **f(A) = {f(x) ∈ B | x ∈ A}** heißt **Wertemenge** der Funktion f.

BEACHTE: Die Wertemenge von f ist stets eine Teilmenge der Zielmenge von f; sie kann aber durchaus eine echte Teilmenge der Zielmenge sein.

Ordnet eine reelle Funktion f: A → B einem Element x ∈ A das Element y ∈ B zu, so nennt man **y** das **Bildelement von x** und **x** ein **Urelement von y**.

Laut Definition einer Funktion besitzt jedes x ∈ A genau ein Bildelement y ∈ B. Umgekehrt kann es aber sein, dass ein Element y ∈ B kein Urelement bzw. mehrere Urelemente in A besitzt (wie in nebenstehender Abbildung).

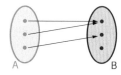

Definition

Eine Funktion f: A → B, bei der jedes Element x ∈ A genau ein Bildelement y ∈ B und jedes Element y ∈ B genau ein Urelement x ∈ A besitzt, nennt man eine **bijektive Funktion**.

Durch Einschränken der Definitions- bzw. Zielmenge einer Funktion f kann man oft erreichen, dass eine bijektive Funktion entsteht.

BEISPIEL: Die Funktion f: $\mathbb{R}$ → $\mathbb{R}$ | x ↦ x^2 ist nicht bijektiv, denn manche Elemente y aus der Zielmenge $\mathbb{R}$ besitzen zwei Urbilder x_1 und x_2 in der Definitionsmenge $\mathbb{R}$ (linke Abbildung). Schränken wir jedoch sowohl die Definitionsmenge als auch die Zielmenge auf $\mathbb{R}_0^+$ ein, gibt es zu jedem y aus der eingeschränkten Zielmenge genau ein Urbild aus der eingeschränkten Definitionsmenge, dh. es liegt eine bijektive Funktion vor (rechte Abbildung).

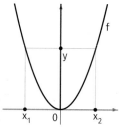

f: $\mathbb{R}$ → $\mathbb{R}$ | x ↦ x^2
Definitionsmenge: $\mathbb{R}$
Zielmenge: $\mathbb{R}$
Wertemenge: $\mathbb{R}_0^+$

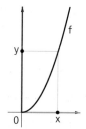

f: $\mathbb{R}_0^+$ → $\mathbb{R}_0^+$ | x ↦ x^2
Definitionsmenge: $\mathbb{R}_0^+$
Zielmenge: $\mathbb{R}_0^+$
Wertemenge: $\mathbb{R}_0^+$

L

Umkehrfunktionen

Ist f: A → B eine bijektive reelle Funktion, so kann man die Funktion
f*: B → A betrachten, die jedem Element $y \in B$ sein Urelement $x \in A$
bezüglich f zuordnet. Siehe nebenstehende Abbildung!

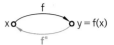

T kompakt
Seite 125

Definition

Sei f: A → B eine bijektive reelle Funktion. Die Funktion f*: B → A, die jedem Element $y \in B$ sein
Urelement $x \in A$ bezüglich f zuordnet, nennt man die **Umkehrfunktion** der Funktion f.

Ist f* die Umkehrfunktion von f, so ist klarerweise f die Umkehrfunktion von f*.
Wir können also sagen: f und f* sind Umkehrfunktionen voneinander.
An der nebenstehenden Abbildung erkennt man unmittelbar
die Richtigkeit des folgenden Satzes:

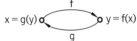

Satz

Die reellen Funktionen f: A → B und g: B → A sind genau dann Umkehrfunktionen voneinander,
wenn für alle $x \in A$ und alle $y \in B$ gilt:

$$y = f(x) \iff x = g(y)$$

⊕
Applet
q829w5

6.25 Gegeben sind die Funktionen f: $\mathbb{R}_0^+ \to \mathbb{R}_0^+$ mit $f(x) = x^2$ und g: $\mathbb{R}_0^+ \to \mathbb{R}_0^+$ mit $g(x) = \sqrt{x}$.

    a) Zeige, dass die Funktionen f und g Umkehrfunktionen voneinander sind!

    b) Zeichne die Graphen der Funktionen f und g! Was fällt auf?

LÖSUNG:

a) Für alle $x \in \mathbb{R}_0^+$ und alle $y \in \mathbb{R}_0^+$ gilt:

$$y = f(x) \iff y = x^2 \iff x = \sqrt{y} \iff x = g(y)$$

b) Siehe nebenstehende Abbildung!
Man erkennt: Die Graphen von f und g liegen symmetrisch
bezüglich der 1. Mediane.

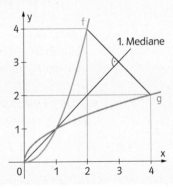

6.26 Gegeben sind die Funktionen f: $\mathbb{R} \to \mathbb{R}^+$ mit $f(x) = 2^x$ und g: $\mathbb{R}^+ \to \mathbb{R}$ mit $g(x) = \log_2 x$.

    a) Zeige, dass die Funktionen f und g Umkehrfunktionen voneinander sind!

    b) Zeichne die Graphen der Funktionen f und g! Liegen auch diese
Graphen symmetrisch bezüglich der 1. Mediane?

LÖSUNG:

a) Für alle $x \in \mathbb{R}$ und alle $y \in \mathbb{R}^+$ gilt:

$$y = f(x) \iff y = 2^x \iff x = \log_2 y \iff x = g(y)$$

b) Siehe nebenstehende Abbildung! Auch diese Graphen
liegen symmetrisch bezüglich der 1. Mediane.

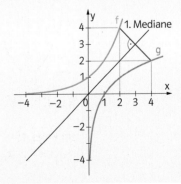

Allgemein gilt:

Satz

Sind zwei reelle Funktionen f: A → B und g: B → A Umkehrfunktionen voneinander, dann liegen ihre Graphen symmetrisch bezüglich der 1. Mediane.

BEWEIS: Es sei F der Graph von f und G der Graph von g:

$$F = \{(x \mid y) \mid x \in A \land y \in B \land y = f(x)\}$$
$$G = \{(y \mid x) \mid y \in B \land x \in A \land x = g(y)\}$$

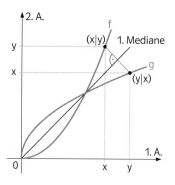

Weil f und g Umkehrfunktionen voneinander sind, gilt für alle x ∈ A und alle y ∈ B:

$$(x \mid y) \in F \Leftrightarrow y = f(x) \Leftrightarrow x = g(y) \Leftrightarrow (y \mid x) \in G$$

Da die Punkte (x | y) und (y | x) symmetrisch bezüglich der 1. Mediane liegen, folgt daraus: Die Punkte von F und G gehen durch Spiegelung an der 1. Mediane auseinander hervor. ☐

AUFGABEN

6.27 Skizziere den Graphen der Funktion f! Ermittle die Definitionsmenge, Zielmenge und Wertemenge von f! Ist die Wertemenge eine echte Teilmenge der Zielmenge?

a) f: $\mathbb{R} \to \mathbb{R}$ mit f(x) = x

b) f: $\mathbb{R}_0^+ \to \mathbb{R}$ mit f(x) = $\sqrt{x}$

c) f: $\mathbb{R} \to \mathbb{R}$ mit f(x) = 2^x

d) f: $\mathbb{R}^+ \to \mathbb{R}$ mit f(x) = $\log_{10} x$

6.28 Skizziere den Graphen der Funktion f! Ermittle die Definitionsmenge, Zielmenge und Wertemenge von f! Schränke die Definitionsmenge oder die Zielmenge so ein, dass eine bijektive Funktion entsteht!!

a) f: $\mathbb{R} \to \mathbb{R}$ mit f(x) = $\frac{1}{2}x^2$

b) f: $\mathbb{R} \to \mathbb{R}$ mit f(x) = $-x^2$

c) f: $\mathbb{R} \to \mathbb{R}$ mit f(x) = $\frac{1}{2} \cdot 2^x$

d) f: $\mathbb{R} \to \mathbb{R}$ mit f(x) = sin(x)

6.29 Welche der folgenden Funktionen f: $\mathbb{R} \to \mathbb{R}$ sind bijektiv?

(1) f(x) = 2x + 1

(2) f(x) = $x^2 - 1$

(3) f(x) = x^3

(4) f(x) = x^4

(5) f(x) = $1{,}5^x$

(6) f(x) = sin(2x)

6.30 Zeige, dass die Funktionen f und g Umkehrfunktionen voneinander sind! Zeichne ihre Graphen und überprüfe, ob diese symmetrisch zur 1. Mediane liegen!

a) f: $\mathbb{R} \to \mathbb{R}$ mit f(x) = 2x, g: $\mathbb{R} \to \mathbb{R}$ mit g(x) = $\frac{x}{2}$

b) f: $\mathbb{R}_0^+ \to \mathbb{R}_0^+$ mit f(x) = x^3, g: $\mathbb{R}_0^+ \to \mathbb{R}_0^+$ mit g(x) = $\sqrt[3]{x}$

6.31 Zeige, dass die Funktionen f und g Umkehrfunktionen voneinander sind!

a) f: $\mathbb{R} \to \mathbb{R}$ mit f(x) = kx + d, g: $\mathbb{R} \to \mathbb{R}$ mit g(x) = $\frac{x-d}{k}$ (k ∈ $\mathbb{R}^*$, d ∈ $\mathbb{R}$)

b) f: $\mathbb{R}_0^+ \to \mathbb{R}_0^+$ mit f(x) = x^n, g: $\mathbb{R}_0^+ \to \mathbb{R}_0^+$ mit g(x) = $\sqrt[n]{x}$ (n ∈ $\mathbb{N}^*$)

c) f: $\mathbb{R} \to \mathbb{R}^+$ mit f(x) = a^x, g: $\mathbb{R}^+ \to \mathbb{R}$ mit g(x) = $\log_a x$ (a ∈ $\mathbb{R}^+$, a ≠ 1)

6.32 Die Funktion id: A → A | x ↦ x heißt **identische Funktion** auf der Menge A. Zeige: Sind f: A → A und g: A → A Umkehrfunktionen voneinander, dann gilt (g ∘ f) = (f ∘ g) = id.

6.4 ALLGEMEINER FUNKTIONSBEGRIFF

Funktionen kommen nicht nur im Bereich der Zahlen vor, sondern auch in anderen Bereichen. Wir betrachten dazu einige Beispiele.

Funktionen in der Geometrie

BEISPIEL 1: Durch eine Translation (Parallelverschiebung) in einer Ebene E wird jedem Punkt P der Ebene ein Bildpunkt P′ der Ebene zugeordnet. Man kann darin die folgende Funktion sehen:

$T: E \to E \mid P \mapsto P'$

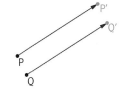

BEISPIEL 2: Durch eine Drehung in einer Ebene E um ein Drehzentrum Z mit dem Drehwinkelmaß α wird jedem Punkt P der Ebene ein Bildpunkt P′ der Ebene zugeordnet.
Man kann darin die folgende Funktion sehen:

$D: E \to E \mid P \mapsto P'$

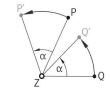

BEISPIEL 3: Jedem Punkt P einer Zahlengeraden g wird eine reelle Zahl x zugeordnet. Man kann darin folgende Funktion sehen:

$f: g \to \mathbb{R} \mid P \mapsto x$

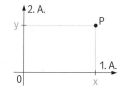

BEISPIEL 4: Jedem Punkt P einer Ebene E wird nach Einführung eines Koordinatensystems ein Zahlenpaar (x | y) zugeordnet. Man kann darin folgende Funktion sehen:

$f: E \to \mathbb{R}^2 \mid P \mapsto (x \mid y)$

Allgemeiner Funktionsbegriff

Allgemein kann man Funktionen f: A → B betrachten, bei denen A und B beliebige Mengen (mathematischer oder außermathematischer Objekte) sind.

BEISPIEL: Jedem Kinobesucher wird ein Sitzplatz zugeordnet.
  f: A → B | Kinobesucher ↦ Sitzplatz
  Dabei ist A die Menge der Kinobesucher und B die Menge der Sitzplätze.
  Beispielsweise gilt für den Kinobesucher Meier: f(Meier) = Sitz 8 in Reihe 7

Definition (Allgemeiner Funktionsbegriff)
Wird jedem Element einer Menge A genau ein Element einer Menge B zugeordnet, dann heißt diese Zuordnung eine **Funktion** (oder **Abbildung**) **von A nach B**.

Auch bei solchen Funktionen f bezeichnet man die Menge **A** als **Definitionsmenge** von f und die Menge **B** als **Zielmenge** von f. Ebenfalls wird die Menge **f(A)** der Bildelemente von A als **Wertemenge** von f bezeichnet (obwohl die Werte nicht unbedingt Zahlen sein müssen). Es ist stets f(A) ⊆ B (wobei f(A) auch eine echte Teilmenge von B sein kann).

6.5 HISTORISCHES ZU FUNKTIONEN

Die ältesten Darstellungen funktionaler Zusammenhänge bilden **Tabellen**. Schon 2000 v.Chr. erstellten die Babylonier Rechentafeln, ua. zur Berechnung des Kehrwerts, des Quadrats, der dritten Potenz sowie der Quadrat- und Kubikwurzel einer Zahl. Später finden sich Tabellen vor allem in der antiken Geometrie und Astronomie (zum Beispiel im *Almagest* des **Ptolemaios**).

Die älteste Darstellung, die zumindest entfernt unseren heutigen **Graphen** entspricht, stammt aus dem 11. Jahrhundert (siehe Abb. 6.1). Dargestellt sind Planetenpositionen in Abhängigkeit von der Zeit.

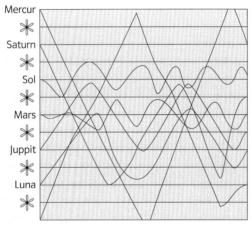

Abb. 6.1

Im 14. Jahrhundert entwickelte **Nicole Oresme** Darstellungen wie in Abb. 6.2, mit denen er Proportionalitäten illustrierte.

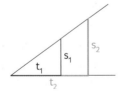

Abb. 6.2

Ein wesentliches Darstellungsmittel wurde der Graph in der **analytischen Geometrie**, die von **René Descartes** (1596–1650) und **Pierre Fermat** (1601–1665) unabhängig voneinander entwickelt wurde. **Fermat** schrieb (vgl. Abb. 6.3): „Sobald zwei unbekannte Größen in einer Gleichung auftreten, … gibt es einen Ort [Punkt] und der Endpunkt einer der beiden Quantitäten [Endpunkt der als Strecke gedachten Ordinate] beschreibt eine gerade oder krumme Linie". (Bis ins 20. Jahrhundert hinein bezeichnete man die entstehende Kurve als „Ortslinie".)

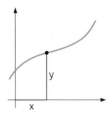

Abb. 6.3

Im 16. Jahrhundert entwickelte sich das Rechnen mit Buchstaben, vor allem durch **Francois Viète** (genannt **Vieta**, 1540–1603). Mit Buchstaben konnte man funktionale Zusammenhänge auch durch **Terme** oder **Gleichungen** beschreiben.

Das Wort „functio" tauchte zum ersten Mal in einem Briefwechsel zwischen **Gottfried Wilhelm Leibniz** (1646–1716) und **Johann Bernoulli** (1667–1748) auf. Bis ins 17. Jahrhundert hat man allerdings funktionale Zusammenhänge nur dargestellt und gebraucht, ohne zu fragen, was denn eigentlich eine Funktion sei. Diese Frage stellte man sich erst ernsthaft, als Grenzfälle auftauchten, bei denen nicht klar war, ob man sie als Funktionen auffassen sollte (zB Graphen mit Ecken oder Sprüngen).

Johann Bernoulli beschrieb eine Funktion als „analytischen Ausdruck", der aus veränderlichen und konstanten Größen zusammengesetzt ist (siehe Abb. 6.4). Gemeint ist ein Term, der aus Zahlen und Variablen aufgebaut ist.

Leonhard Euler (1707–1783), ein Schüler **Johann Bernoullis**, übernahm im Wesentlichen dessen Funktionsdefinition (siehe Abb. 6.5). Als Beispiel für einen analytischen Ausdruck [Term] gab er ua. $az + b\sqrt{a^2 - 4z^2}$ an. Darin ist z die veränderliche Zahlgröße und 4 eine eigentliche Zahl, während a und b konstante Zahlgrößen sind.

Abb. 6.4:
Johann Bernoulli
(1667–1748)

Man nennt Funktion einer veränderlichen Größe eine Größe, die auf irgendeine Weise aus eben dieser veränderlichen Größe und Konstanten zusammengesetzt ist.

Abb. 6.5:
Leonhard Euler
(1707–1783)

Eine Funktion einer veränderlichen Zahlgröße ist ein analytischer Ausdruck, der auf irgendeine Weise aus der veränderlichen Zahlgröße und aus eigentlichen Zahlen oder aus konstanten Zahlgrößen zusammengesetzt ist.

Eulers Funktionsbegriff war sehr eingeschränkt. Eine Funktion war identisch mit einem Term, wobei die Funktion auf ihrem gesamten Definitionsbereich durch denselben Term gegeben sein musste. Auch musste der Graph mit freier Hand ohne abzusetzen gezeichnet werden können (*„libero manus ductu"*). Abschnittweise definierte Funktionen, Sprungfunktionen und auch konstante Funktionen ließ **Euler** nicht zu. Von Ausdrücken wie z^0, 1^z oder $\frac{a^2 - az}{a - z}$ behauptete er, dass sie nur aussähen wie Funktionen, aber keine seien.

Während **Bernoulli** φx schrieb, verwendete **Euler** die Schreibweise f(x), womit er die Funktion meinte und nicht, wie heute üblich, den Funktionswert an der Stelle x. Er betrachtete auch „mehrdeutige Funktionen", zB die Wurzelfunktionen, weil er im Gegensatz zur heutigen Übereinkunft $\sqrt{4} = \pm 2$ setzte. (Die mangelhafte Unterscheidung zwischen Funktion und Funktionswert sowie die Zweideutigkeit des Wurzelsymbols hielten sich bis ins 20. Jahrhundert.)

Die von **Bernoulli** und **Euler** vorgeschlagene totale Identifikation einer Funktion mit einem Term führte jedoch bald zu Problemen, beispielsweise bei Beziehungen der folgenden Art:

$$|x| = \begin{cases} x, \text{ wenn } x \geq 0 \\ -x, \text{ wenn } x < 0 \end{cases}$$

Hier steht nämlich links ein Term, rechts stehen zwei Terme. Das heißt: links steht eine „Funktion", rechts stehen zwei „Funktionen". Die Idee einer abschnittweise definerten Funktion findet man zum ersten Mal bei **Joseph Fourier** (1768–1830). Doch blieb auch er zum Teil noch an den Eulerschen Vorstellungen hängen. Den Graphen einer abschnittweise konstanten Funktion zeichnete er wie in Abb. 6.6, was aus heutiger Sicht nicht möglich wäre, weil einigen Argumenten mehrere Funktionswerte zugeordnet werden.

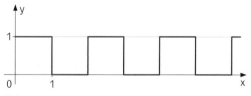

Abb. 6.6

Die völlige Loslösung des Funktionsbegriffs vom Term und vom Graphen gelang aber erst im 19. Jahrhundert. Bei **Nikolai Lobatschewski** (1793–1856) und **Johann Peter Dirichlet** (1805–1859) war nicht mehr die Rede davon, dass eine Funktion durch einen Term oder einen Graphen gegeben sein müsse. **Hans Hermann Hankel** (1839–1873) hat diese Definitionen noch etwas klarer gefasst (siehe Abb. 6.7). Im Wesentlichen arbeiten heute noch viele Mathematiker, vor allem Anwender, mit diesem Funktionsbegriff.

Abb. 6.7:
Hans Hermann Hankel
(1839–1873)

Eine Funktion heißt y von x, wenn jedem Werte der veränderlichen Größe x innerhalb eines gewissen Intervalls ein bestimmter Wert von y entspricht; gleichviel, ob y in dem ganzen Intervalle nach demselben Gesetze von x abhängt oder nicht; ob diese Abhängigkeit durch mathematische Operationen ausgedrückt werden kann oder nicht.

Abb. 6.8:
Richard Dedekind
(1831–1916)

Unter einer Abbildung φ eines Systems S wird ein Gesetz verstanden, nach welchem zu jedem bestimmten Element s von S ein bestimmtes Ding gehört, welches das Bild von s heißt und mit φ(s) bezeichnet wird.

Der Definitionsbereich einer Funktion wurde zu **Eulers** Zeiten nicht sonderlich beachtet. Bei **Hankel** war er noch stets ein Intervall. Mit dem Fortschritt der Mathematik im 19. Jahrhundert mussten jedoch auch andere Definitions- und Zielbereiche zugelassen werden. Dies führte schließlich zu einem allgemeinen Funktionsbegriff durch **Richard Dedekind** (1831–1916), bei dem beliebige Definitions- und Zielmengen zugelassen sind (siehe Abb. 6.8; Mengen hießen bei **Dedekind** „Systeme" und Funktionen „Abbildungen").

Bei **Dedekind** findet sich zum ersten Mal eine klare Unterscheidung zwischen der Funktion φ und dem Funktionswert φ(s). Seine Definition enthält allerdings einen „Schönheitsfehler". In ihr ist von einem nicht näher definierten „Gesetz" die Rede.

Was sich die Mathematiker des 19. Jahrhunderts mit der Funktionsdefinition von **Hankel** eingehandelt haben, war ihnen am Anfang nicht bewusst. Sie dachten zunächst nur an „anständige" Funktionen. Erst nach und nach bemerkten sie, dass unter ihren Funktionsbegriff wahre „Monster" fielen. Aber schon **Bernhard Bolzano** (1781–1848) und nach ihm **Karl Weierstrass** (1815–1897) fanden „pathologische" Funktionen, deren Graphen aus lauter Ecken bestehen. Manche Mathematiker lehnten diesen Funktionsbegriff ab, andere jedoch stürzten sich begierig auf die Untersuchung solcher Funktionen, was

letztlich den Fortschritt der Mathematik beflügelt hat.

Die vielen Möglichkeiten, eine Funktion zu definieren, und die Unsicherheit darüber, wirklich das erfasst zu haben, was man erfassen will, haben einen berühmten Mathematiker zu einem denkwürdigen Ausspruch verleitet:

Hermann Weyl
(1885–1955)
Niemand kann erklären, was eine Funktion ist.

Dieser Ausspruch spiegelt zwei fundamentale Eigenschaften eines mathematischen Begriffs wider:

- Ein mathematischer Begriff wird niemals vollständig durch eine Definition erfasst.

- Die Entwicklung eines mathematischen Begriffs ist nie abgeschlossen.

In der Tat gibt es auch heute noch Weiterentwicklungen des Funktionsbegriffs, vor allem Verallgemeinerungen.

TECHNOLOGIE KOMPAKT

GEOGEBRA

CASIO CLASS PAD II

Funktion f in mehreren Variablen definieren und Funktionswerte berechnen

X= CAS-Ansicht:

Eingabe: *f(x, y) := Funktionsterm in x und y* − Werkzeug $=$

Eingabe: *f(a, b)* − Werkzeug $=$

Ausgabe → *Funktionswert zum Zahlenpaar (a|b)*

Bemerkung: für mehr als zwei Variablen analog

Iconleiste − Main − [Keyboard] − [Math3]

Define *f(x, y) = Funktionsterm in x und y* [EXE]

Eingabe: *f(a, b)* [EXE]

Ausgabe → *Funktionswert zum Zahlenpaar (a|b)*

Bemerkung: für mehr als zwei Variablen analog

Verkettung g ∘ f von Funktionen f und g definieren

X= CAS-Ansicht:

Eingabe: *f(x) := Term der Funktion f* − Werkzeug $=$

Eingabe: *g(x) := Term der Funktion g* − Werkzeug $=$

Eingabe: *h(x) := g(f(x))* − Werkzeug $=$

Ausgabe → *Funktionsterm der Funktion g ∘ f*

Iconleiste − Main − [Keyboard] − [Math3]

Define *f(x) = Term der Funktion f* [EXE]

Define *g(x) = Term der Funktion g* [EXE]

Eingabe: *h(x) = g(f(x))* [EXE]

Ausgabe → *Funktionsterm der Funktion g ∘ f*

Die Umkehrfunktion f*: y ↦ x einer Funktion f: x ↦ y ermitteln (falls vorhanden)

X= CAS-Ansicht:

Eingabe: *f(x) := Term der Funktion f* − Werkzeug $=$

Eingabe: Löse(*f(x) = y, x*) − Werkzeug $=$

Ausgabe → *Gleichung(en), die bei eventueller Einschränkung von Definitions- und Zielmenge als Funktionsgleichungen der entsprechenden Umkehrfunktion f*: y ↦ x in Frage kommen*

Bemerkung: Geogebra kann nicht prüfen, ob f bijektiv ist.

Iconleiste − Main − [Keyboard] − [Math3]

Define *f(x) = Term der Funktion f* [EXE]

Menüleiste − Aktion − Weiterführend −

solve(*f(x) = y, x*) [EXE]

Ausgabe → *Gleichung(en), die bei eventueller Einschränkung von Definitions- und Zielmenge als Funktionsgleichungen der entsprechenden Umkehrfunktion f*: y ↦ x in Frage kommen*

Bemerkung: Das CPII kann nicht prüfen, ob f bijektiv ist.

AUFGABEN

T 6.01 Stelle eine Formel für das Volumen V(x, y) des dargestellten Körpers auf!

a) Welche der beiden Werte ist der größere, V(222, 444) oder V(444, 222)? Begründe zuerst ohne Berechnung und überprüfe anschließend rechnerisch!

b) Beantworte die folgenden Fragen! Begründe die Antworten zuerst allgemein und überprüfe diese dann an selbst gewählten Zahlenbeispielen mittels Technologie!

   1) Wie ändert sich das Volumen, wenn man x verdoppelt und y halbiert?

   2) Wie ändert sich das Volumen, wenn man x halbiert und y verdoppelt?

T 6.02 Gegeben seien die beiden Funktionen f und g mit $f(x) = x^2 + 2$ und $g(x) = \sqrt{x-1}$! Gib einen Funktionsterm für g ∘ f und einen Funktionsterm für f ∘ g an! Unterscheiden sich die beiden Terme?

T 6.03 Gegeben ist die Funktion f: $\mathbb{R} \to \mathbb{R}$, $f(x) = 2x + 3$!

   1) Begründe, warum die Umkehrfunktion f* der Funktion f existiert!

   2) Bestimme die Umkehrfunktion f* von f unter Zuhilfenahme von Technologie!

KOMPETENZCHECK

AUFGABEN VOM TYP 1

FA-R 1.2 **6.33** Fährt ein Auto der Masse m auf einer Kreisbahn vom Radius r mit der Geschwindigkeit v, so ist die Fliehkraft gegeben durch $F = \frac{mv^2}{r}$. Darin kann man ua. folgende Funktionen sehen:

f_1: m ↦ F (v und r konstant) $\qquad\qquad$ f_3: v ↦ F (m und r konstant)

f_2: r ↦ F (m und v konstant) $\qquad\qquad$ f_4: F ↦ v (r und m konstant)

Diese vier Funktionen sind in den folgenden Abbildungen dargestellt. Welcher Graph gehört zu welcher Funktion? Beschrifte die Achsen und die Graphen und schreibe jeweils die dazugehörige Funktionsgleichung unter den Graphen!

_____ _____ _____ _____

FA-R 1.2 **6.34** Gegeben ist die Formel $F = \frac{mv^2}{r}$ für die Fliehkraft. Ordne jeder Funktion in der linken Tabelle den dazugehörigen Funktionstyp aus der rechten Tabelle zu!

v ↦ m (F und r konstant)	
r ↦ F (m und v konstant)	
v ↦ F (m und r konstant)	
m ↦ F (v und r konstant)	
F ↦ v (m und r konstant)	

A	Typ: $f(x) = c \cdot x$
B	Typ: $f(x) = \frac{c}{x}$
C	Typ: $f(x) = c \cdot x^2$
D	Typ: $f(x) = c \cdot \sqrt{x}$
E	Typ: $f(x) = \frac{c}{x^2}$

FA-R 1.2 **6.35** Kreuze diejenige Funktion an, die in der Abbildung dargestellt sein könnte (a, b ∈ ℝ⁺)!

$f_1(x) = \frac{a}{x} + b$	☐
$f_2(x) = a \cdot x^3$	☐
$f_3(x) = \frac{x^2}{a} - b$	☐
$f_4(x) = \frac{a}{x^2} - b$	☐
$f_5(x) = a \cdot x^2 + b$	☐
$f_6(x) = a \cdot x + b$	☐

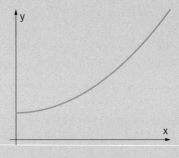

FA-R 1.8 **6.36** Für das Volumen V eines Quaders mit den Kantenlängen a, b, c gilt: $V = a \cdot b \cdot c$.
Kreuze die zutreffende(n) Aussage(n) an!

Wenn jede Kantenlänge verdoppelt wird, wird V verdoppelt.	☐
Wenn jede Kantenlänge um 10 % verkürzt wird, wird V um mehr als 25 % vermindert.	☐
Wenn a verdoppelt wird, jedoch b und c gleich bleiben, verdoppelt sich V.	☐
Wenn a verdoppelt, b halbiert wird und c gleich bleibt, ändert sich V nicht.	☐
Wenn a verdoppelt und b und c halbiert werden, wird V größer.	☐

FA-R 1.9 **6.37** In der linken Tabelle sind Ausschnitte der Graphen verschiedener Funktionen dargestellt. Jede Funktion ist von einem der in der rechten Tabelle genannten Funktionstypen. Ordne jedem Graphen den Funktionstyp aus der rechten Tabelle zu!

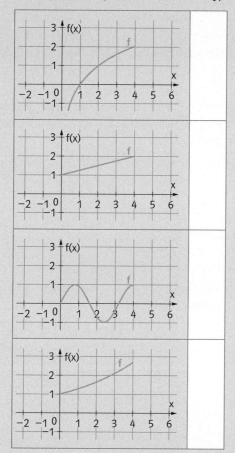

A	Lineare Funktion
B	Exponentialfunktion
C	Logarithmusfunktion
D	Winkelfunktion

FA-R 1.9 **6.38** In den Tabellen sind für fünf Funktionen f_1, f_2, f_3, f_4, f_5 der Form f: $\mathbb{R} \to \mathbb{R}$ nur die Werte an drei Stellen angegeben. Leider kann man daraus nicht mit Sicherheit schließen, von welchem Typ diese Funktionen jeweils sind. Man kann aber für jede Funktion gewisse Funktionstypen ausschließen, die nicht in Frage kommen.

x	$f_1(x)$
−1	5
0	4
2	2,56

x	$f_2(x)$
3	1
9	2
81	4

x	$f_3(x)$
−2	4
0	0
1	−2

x	$f_4(x)$
−8	32
−4	8
2	2

x	$f_5(x)$
3	3
5	1,8
9	1

Kreuze die zutreffende(n) Aussage(n) an!

f_1 kann keine Exponentialfunktion sein.	☐
f_2 kann keine Logarithmusfunktion sein.	☐
f_3 kann keine quadratische Polynomfunktion sein.	☐
f_4 kann keine lineare Funktion sein.	☐
f_5 kann keine indirekte Proportionalitätsfunktion sein.	☐

FA-R 1.9 6.39 In der linken Tabelle sind Gleichungen verschiedener Funktionen angegeben. Ordne jeder Funktionsgleichung in der linken Tabelle den passenden Graphen aus der rechten Tabelle zu!

$f(x) = \frac{1}{4}x + 2$	
$f(x) = \frac{1}{4}x^2$	
$f(x) = \frac{1}{4} \cdot 2^x$	
$f(x) = \frac{1}{4} \cdot \log_2(x)$	

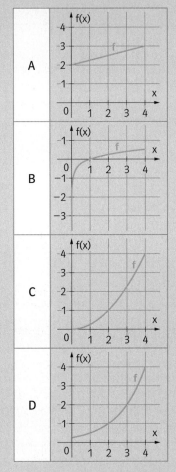

FA-R 1.9 6.40 Ordne jeder Funktionsgleichung in der linken Tabelle den entsprechenden Funktionstyp aus der rechten Tabelle zu! (k und c sind Konstanten.)

$f(x) = -0{,}132 \cdot x^{\frac{1}{2}}$		A	$f(x) = k \cdot x$
$f(x) = -0{,}132 \cdot 0{,}132^x$		B	$f(x) = \frac{c}{x}$
$f(x) = -0{,}132 \cdot x$		C	$f(x) = c \cdot x^2$
$f(x) = -0{,}132 \cdot x^{-1}$		D	$f(x) = c \cdot a^x$
$f(x) = -0{,}132 \cdot x^2$		E	$f(x) = c \cdot x^q$ mit $q \in \mathbb{Q}$

FA-R 1.9 6.41 Ordne jeder Funktion f in der linken Tabelle die Eigenschaft aus der rechten Tabelle zu, die für alle x, y aus dem größtmöglichen Definitionsbereich von f gilt!

Wurzelfunktion f mit $f(x) = \sqrt{x}$		A	$f(x + y) = f(x) + f(y)$
Exponentialfunktion f mit $f(x) = a^x$		B	$f(x + y) = f(x) \cdot f(y)$
direkte Proportionalitätsfunktion f mit $f(x) = k \cdot x$		C	$f(x \cdot y) = f(x) + f(y)$
Logarithmusfunktion f mit $f(x) = \log_a(x)$		D	$f(x \cdot y) = f(x) \cdot f(y)$

AUFGABEN VOM TYP 2

AG-R 2.1
FA-R 1.2
FA-R 3.1

6.42 **Änderungen eines Würfelvolumens**

Ein Würfel mit der Kantenlänge a besitzt das Volumen $V(a) = a^3$ und den Oberflächeninhalt $O = 6a^2$.

a) ▪ Gib den Definitions- und Wertebereich der Funktion V: $a \mapsto V(a)$ an und zeichne den Graphen der Funktion für $0 < a \le 2$ mit freier Hand in das nebenstehende Koordinatensystem ein!

▪ Kreuze an, welcher Funktionstyp auf die Funktion V zutrifft!

lineare Funktion	☐
Potenzfunktion	☐
Polynomfunktion	☐
Exponentialfunktion	☐
Wurzelfunktion	☐

b) ▪ Wie verändert sich der Oberflächeninhalt, wenn jede Kantenlänge verdoppelt wird?

▪ Wie verändert sich das Würfelvolumen, wenn jede Kantenlänge gedrittelt wird?

c) ▪ Um wie viel Prozent nimmt der Oberflächeninhalt ab, wenn jede Kante um 10 % verkürzt wird?

▪ Um wie viel Prozent muss jede Kante verlängert werden, damit das Würfelvolumen um 15 % zunimmt?

d) ▪ Wird das Würfelvolumen verdoppelt, wenn jede Kantenlänge verdoppelt wird? Begründe die Antwort!

▪ Im alten Griechenland wurde die Insel Delos von einer Pestepidemie heimgesucht. Um diese abzuwehren, verlangte das Orakel von Delphi, den würfelförmigen Altar des Apollon in Delphi so zu vergrößern, dass ein Würfel mit doppeltem Volumen entsteht. Auf das Wievielfache hätten dazu die Würfelkanten verlängert werden müssen?

Der Tempel des Apollon in Delphi

7 FOLGEN

7.1 ZAHLENFOLGEN

Endliche und unendliche Folgen

Für $\sqrt{2}$ kann man schrittweise eine Folge von Näherungswerten mit immer mehr Nachkommastellen angeben:

$$a_1 = 1{,}4; \quad a_2 = 1{,}41; \quad a_3 = 1{,}414; \quad a_4 = 1{,}4142; \quad \ldots$$

Die Zahlen $a_1, a_2, a_3, a_4, \ldots$ bilden eine **Zahlenfolge** oder kurz eine **Folge**. Die Zahlen selbst bezeichnet man als **Glieder der Folge**. Enthält die Folge nur endlich viele Glieder $a_1, a_2, a_3, \ldots, a_n$, so spricht man von einer **endlichen Folge**. Wird die Folge ohne Ende fortgesetzt, spricht man von einer **unendlichen Folge**. Die Nummerierung kann auch mit dem Index 0 beginnen.

Schreibweisen für Folgen:

Endliche Folge: $(a_1, a_2, a_3, \ldots, a_n)$ oder $(a_0, a_1, a_2, \ldots, a_n)$

Unendliche Folge: $(a_1, a_2, a_3, \ldots)$ oder $(a_n \mid n \in \mathbb{N}^*)$ [Lies: Folge aller a_n mit $n \in \mathbb{N}^*$]

                 $(a_0, a_1, a_2, \ldots)$ oder $(a_n \mid n \in \mathbb{N})$ [Lies: Folge aller a_n mit $n \in \mathbb{N}$]

⌐T kompakt
Seite 144

Ist das Glied a_n durch einen Term gegeben, spricht man von einer **Termdarstellung** der Folge.

Zum Beispiel ist durch $a_n = 1 - \frac{1}{n}$ die Folge $\left(1 - \frac{1}{n} \mid n \in \mathbb{N}^*\right) = \left(0, \frac{1}{2}, \frac{2}{3}, \frac{3}{4}, \ldots\right)$ festgelegt.

Folgen als Funktionen

Eine Folge $(a_n \mid n \in \mathbb{N}^*)$ kann man auch als eine Funktion $f: \mathbb{N}^* \to \mathbb{R}$ auffassen, die jeder von 0 verschiedenen natürlichen Zahl n den Funktionswert $f(n) = a_n$ zuordnet.

⚙ kompakt
Seite 144

BEISPIEL: Die ersten fünf Glieder der Folge $\left(1 - \frac{1}{n} \mid n \in \mathbb{N}^*\right) = \left(0, \frac{1}{2}, \frac{2}{3}, \frac{3}{4}, \frac{4}{5}, \ldots\right)$ sind in Abb. 7.1 als Punkte auf einer Zahlengeraden dargestellt. Fasst man die Folge als Funktion $f: \mathbb{N}^* \to \mathbb{R}$ mit $f(n) = a_n = 1 - \frac{1}{n}$ auf, kann man sie auch durch den Graphen dieser Funktion wie in Abb. 7.2 darstellen.

Abb. 7.1

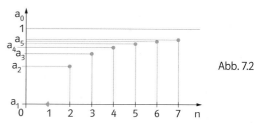

Abb. 7.2

AUFGABEN

⚙ **7.01** Berechne die ersten fünf Glieder der Folge $(a_n \mid n \in \mathbb{N}^*)$! Stelle sie auf der Zahlengeraden dar und zeichne den Graphen der zugehörigen Funktion!

a) $a_n = 2n + 1$ **b)** $a_n = 1 - n$ **c)** $a_n = 3$ **d)** $a_n = 2 \cdot (-1)^n$ **e)** $a_n = 2 \cdot (n - 4)$

⚙ **7.02** Berechne a_n für $n = 1, 2, \ldots, 7$:

a) $a_n = \begin{cases} 1 & \text{für n gerade} \\ -1 & \text{für n ungerade} \end{cases}$ **b)** $a_n = \begin{cases} (-1)^n & \text{für n gerade} \\ 0 & \text{für n ungerade} \end{cases}$

7.03 Es sind fünf Glieder einer Folge $(a_n \mid n \in \mathbb{N}^*)$ gegeben. Finde eine möglichst einfache Termdarstellung, die zu dieser Folge gehören könnte!

a) $a_1 = 1$, $a_3 = 5$, $a_4 = 7$, $a_6 = 11$, $a_7 = 13$ **c)** $a_1 = -1$, $a_2 = 1$, $a_3 = -1$, $a_5 = -1$, $a_7 = -1$
b) $a_1 = 1$, $a_2 = 4$, $a_3 = 7$, $a_4 = 10$, $a_5 = 13$ **d)** $a_1 = 2$, $a_2 = 5$, $a_3 = 10$, $a_5 = 26$, $a_8 = 65$

7.04 Die ersten drei Glieder einer Folge $(a_n \mid n \in \mathbb{N}^*)$ sind: $a_1 = 1$, $a_2 = 2$, $a_3 = 3$. Gib eine möglichst einfache Termdarstellung an, die zu dieser Folge gehören könnte! Zeige durch Rechnung, dass für die Zahlen a_1, a_2, a_3 auch gilt: $a_n = -n^3 + 6n^2 - 10n + 6$! Was kann man daraus schließen?

Beschränkte Folgen

Bei der Folge $\left(1 - \frac{1}{n} \mid n \in \mathbb{N}^*\right) = \left(0, \frac{1}{2}, \frac{2}{3}, \frac{3}{4}, \ldots\right)$ gilt: $0 \le a_n < 1$ für alle $n \in \mathbb{N}^*$. Diese Eigenschaft wird durch folgende Begriffe erfasst.

Definition
Sei $(a_n \mid n \in \mathbb{N}^*)$ eine Folge.
(1) Eine reelle Zahl K heißt **obere Schranke der Folge**, wenn $a_n \le K$ für alle $n \in \mathbb{N}^*$.
(2) Eine reelle Zahl L heißt **untere Schranke der Folge**, wenn $a_n \ge L$ für alle $n \in \mathbb{N}^*$.
Die Folge heißt **nach oben (unten) beschränkt**, wenn sie eine obere (untere) Schranke besitzt.
Sie heißt **beschränkt**, wenn sie nach oben und unten beschränkt ist.

BEISPIEL: Die Folge $\left(1 - \frac{1}{n} \mid n \in \mathbb{N}^*\right)$ ist beschränkt, da $0 \le 1 - \frac{1}{n} < 1$ für alle $n \in \mathbb{N}^*$. Die Zahl 1 ist eine obere, die Zahl 0 eine untere Schranke der Folge. Jede Zahl $K > 1$ wäre ebenfalls eine obere Schranke, jede Zahl $L < 0$ ebenfalls eine untere Schranke der Folge.

7.05 Ist die Folge $(a_n \mid n \in \mathbb{N}^*)$ nach oben bzw. unten beschränkt? Ist sie beschränkt?

a) $a_n = n + 3$ **c)** $a_n = (-1)^n \cdot n$ **e)** $a_n = 2$ **g)** $a_n = |n|$

b) $a_n = 2 - 3n$ **d)** $a_n = (-1)^n \cdot \frac{1}{n}$ **f)** $a_n = 2 \cdot (n - 4)$ **h)** $a_n = -\sqrt{n}$

7.06 Gib eine Folge $(a_n \mid n \in \mathbb{N}^*)$ mit folgenden Eigenschaften an:

a) Die Folge ist nach oben beschränkt, aber nicht nach unten beschränkt.
b) Die Folge ist nach unten beschränkt, aber nicht nach oben beschränkt.
c) Die Folge ist weder nach unten noch nach oben beschränkt.
d) Die Folge ist beschränkt.

7.07 **a)** Gib zwei obere und zwei untere Schranken der Folge $\left(2 - \frac{1}{n} \mid n \in \mathbb{N}^*\right)$ an!

b) Zeige, dass $0{,}999$ keine obere Schranke der Folge $\left(1 - \frac{1}{n} \mid n \in \mathbb{N}^*\right)$ ist!

Monotone Folgen

Die Glieder der Folge $\left(1 - \frac{1}{n} \mid n \in \mathbb{N}^*\right) = \left(0, \frac{1}{2}, \frac{2}{3}, \frac{3}{4}, \ldots\right)$ werden immer größer, dh. es gilt: $a_1 < a_2 < a_3 < \ldots$. In Analogie zu Funktionen definiert man:

Definition
Eine Folge $(a_n \mid n \in \mathbb{N}^*)$ heißt

- **monoton steigend**, wenn $\mathbf{a_n \leq a_{n+1}}$ für alle $n \in \mathbb{N}^*$,
- **monoton fallend**, wenn $\mathbf{a_n \geq a_{n+1}}$ für alle $n \in \mathbb{N}^*$,
- **streng monoton steigend**, wenn $\mathbf{a_n < a_{n+1}}$ für alle $n \in \mathbb{N}^*$,
- **streng monoton fallend**, wenn $\mathbf{a_n > a_{n+1}}$ für alle $n \in \mathbb{N}^*$.

Die Folge heißt (**streng**) **monoton**, wenn sie (streng) monoton steigend oder (streng) monoton fallend ist.

BEISPIEL: Die Folge $(a_n \mid n \in \mathbb{N}^*)$ mit $a_n = \frac{n}{n+2}$ ist streng monoton steigend, denn es gilt:

$$a_n < a_{n+1} \iff \frac{n}{n+2} < \frac{n+1}{n+3} \iff n^2 + 3n < n^2 + 3n + 2$$

Da die letzte Ungleichung für alle $n \in \mathbb{N}^*$ wahr ist, gilt auch die erste Ungleichung für alle $n \in \mathbb{N}^*$.

7.08 Zeige, dass die Folge $(a_n \mid n \in \mathbb{N}^*)$ streng monoton steigend ist!

a) $a_n = 2n - 1$ **b)** $a_n = n^2 - n + 1$ **c)** $a_n = \frac{n^2}{n+1}$ **d)** $a_n = \frac{n^2 - 1}{n^2 + 1}$

7.09 Zeige, dass die Folge $(a_n \mid n \in \mathbb{N}^*)$ streng monoton fallend ist!

a) $a_n = 10 + \frac{1}{n^2}$ **b)** $a_n = \frac{1}{2n+1}$ **c)** $a_n = \frac{2n+1}{n}$ **d)** $a_n = \frac{n+6}{n^2+1}$

7.10 Ist die Folge $(a_n \mid n \in \mathbb{N}^*)$ monoton steigend, monoton fallend oder nicht monoton?

a) $a_n = 3 - n$ **c)** $a_n = 2 \cdot 3^n$ **e)** $a_n = \frac{n}{2n+1}$ **g)** $a_n = \frac{n}{2^n}$

b) $a_n = 1 - n^2$ **d)** $a_n = (-1)^n$ **f)** $a_n = \frac{n+1}{n}$ **h)** $a_n = \frac{1-n}{n^2}$

7.2 GRENZWERTE VON FOLGEN

Intuitive Ermittlung von Grenzwerten

Die im vorigen Abschnitt betrachtete Folge $\left(1 - \frac{1}{n} \mid n \in \mathbb{N}^*\right) = \left(0, \frac{1}{2}, \frac{2}{3}, \frac{3}{4}, \frac{4}{5}, \ldots\right)$ hat noch eine bemerkenswerte Eigenschaft. Ihre Glieder nähern sich immer mehr der Zahl 1 und scheinen dieser Zahl sogar beliebig nahe zu kommen.

Nähern sich die Glieder einer Folge (a_n) „unbegrenzt" einer bestimmten Zahl a (dh. kommen sie der Zahl a beliebig nahe), dann nennt man **a** den **Grenzwert** (**Limes**) der Folge und schreibt:

$$a = \lim_{n \to \infty} a_n \quad \text{[Lies: a ist der Limes von } a_n \text{ für n gegen unendlich.]}$$

Es gilt also: $\lim_{n \to \infty}\left(1 - \frac{1}{n}\right) = 1$. Allerdings besitzt nicht jede Folge einen Grenzwert.

Zum Beispiel hat die Folge $(n \mid n \in \mathbb{N}^*) = (1, 2, 3, \ldots)$ keinen Grenzwert.

Definition
Eine Folge heißt **konvergent**, wenn sie einen Grenzwert besitzt, und **divergent**, wenn sie keinen Grenzwert besitzt.

7.11 Ermittle den Grenzwert der Folge $(a_n \mid n \in \mathbb{N}^*)$ mit **a)** $a_n = \frac{n+1}{5n+3}$, **b)** $a_n = \frac{n^2+1}{3n^2+2}$!

LÖSUNG:

a) Wir dividieren beim Folgenterm Zähler und Nenner durch n: $\frac{n+1}{5n+3} = \frac{1+\frac{1}{n}}{5+\frac{3}{n}}$

Mit wachsendem n nähert sich der Zähler unbegrenzt der Zahl 1 und der Nenner unbegrenzt der Zahl 5. Somit gilt: $\lim_{n \to \infty} \frac{n+1}{5n+3} = \frac{1}{5}$.

b) Wir dividieren beim Folgenterm Zähler und Nenner durch n^2: $\frac{n^2+1}{3n^2+2} = \frac{1+\frac{1}{n^2}}{3+\frac{2}{n^2}}$

Mit wachsendem n nähert sich der Zähler unbegrenzt der Zahl 1 und der Nenner unbegrenzt der Zahl 3. Somit gilt: $\lim_{n \to \infty} \frac{n^2+1}{3n^2+2} = \frac{1}{3}$.

AUFGABEN

7.12 Ermittle den Grenzwert der Folge $(a_n \mid n \in \mathbb{N}^*)$!

a) $a_n = \frac{2}{n}$

b) $a_n = 1 - \frac{1}{5n}$

c) $a_n = \frac{n^2+2}{4n^2+3}$

d) $a_n = \frac{6n+1}{2n}$

e) $a_n = \frac{1}{2}\left(2 - \frac{1}{n}\right)$

f) $a_n = \frac{n^2-1}{n^2+5}$

g) $a_n = 4 \cdot \left(1 - \frac{2}{n}\right)$

h) $a_n = \frac{n}{n-1}$

i) $a_n = \frac{n+2}{4n^2-1}$

j) $a_n = \frac{1}{n^2}$

k) $a_n = \frac{1}{n^2+1}$

l) $a_n = \frac{n^2+2}{3n^2-5}$

7.13 Zeige, dass die Folge $(a_n \mid n \in \mathbb{N}^*)$ eine „Nullfolge" ist, dh. den Grenzwert 0 besitzt!

a) $a_n = \frac{n}{n^3}$

b) $a_n = \frac{n^3-4n}{n^4-4}$

c) $a_n = \frac{n^{10}-n^2}{n^{20}}$

d) $a_n = \frac{n}{n^4-n^3}$

7.14 Betrachte die Folge $(\sqrt[n]{n} \mid n \in \mathbb{N}^*)$! Berechne mit Technologieeinsatz die Glieder für $n = 100, 200, \ldots, 1000$! Ergibt sich eine Vermutung über einen Grenzwert?

Exaktere Fassung des Grenzwertbegriffs

kompakt
Seite 144

In der Aufgabe 7.11 haben wir Grenzwerte dadurch erhalten, dass wir Zähler und Nenner durch n bzw. n^2 dividiert haben und dann die Zahl ermittelt haben, der sich die Folgenglieder mit wachsendem n „unbegrenzt nähern". In manchen Fällen (zB. beim Nachweis von $\lim\limits_{n \to \infty} \sqrt[n]{n} = 1$) versagt diese Methode jedoch. Man braucht in solchen Fällen eine exaktere Definition des Grenzwertbegriffs, die wir jetzt erarbeiten wollen.

7.15 Gegeben ist die Folge $(a_n \mid n \in \mathbb{N}^*)$ mit $a_n = 1 - \frac{1}{n}$. Wir wissen bereits: $\lim\limits_{n \to \infty} a_n = 1$.

a) Ab welchem Index haben alle Folgenglieder a_n vom Grenzwert 1 einen kleineren Abstand als $\frac{1}{1000}$?

b) Ab welchem Index haben alle Folgenglieder a_n vom Grenzwert 1 einen kleineren Abstand als eine beliebig klein vorgegebene Zahl $\varepsilon \in \mathbb{R}^+$?

LÖSUNG: Wir erinnern uns, dass der Abstand der Zahl a_n von 1 gleich $|a_n - 1|$ ist.

a) $|a_n - 1| < \frac{1}{1000} \iff \left|1 - \frac{1}{n} - 1\right| < \frac{1}{1000} \iff \left|-\frac{1}{n}\right| < \frac{1}{1000} \iff \frac{1}{n} < \frac{1}{1000} \iff n > 1000$

Ab dem 1001. Glied haben alle Folgenglieder von 1 einen kleineren Abstand als $\frac{1}{1000}$.

b) $|a_n - 1| < \varepsilon \iff \left|1 - \frac{1}{n} - 1\right| < \varepsilon \iff \left|-\frac{1}{n}\right| < \varepsilon \iff \frac{1}{n} < \varepsilon \iff n > \frac{1}{\varepsilon}$

Wählt man also als Index n die nächste auf $\frac{1}{\varepsilon}$ folgende natürliche Zahl n_0, dann haben ab diesem Index alle Folgenglieder von 1 einen kleineren Abstand als ε.

Diese Aufgabe zeigt, dass man den Begriff des Grenzwerts exakter so definieren kann:

Definition
Die Zahl a heißt **Grenzwert (Limes) der Folge $(a_n \mid n \in \mathbb{N}^*)$**, geschrieben $a = \lim\limits_{n \to \infty} a_n$, wenn gilt: Zu jeder (noch so kleinen) Zahl $\varepsilon \in \mathbb{R}^+$ gibt es einen Index $n_0 \in \mathbb{N}^*$, sodass
$$|a_n - a| < \varepsilon \text{ für alle } n \geq n_0.$$

Um nachzuweisen, dass eine Folge (a_n) den Grenzwert a hat, geht man in zwei Schritten vor:
Erster Schritt: Man gibt ein beliebiges $\varepsilon > 0$ vor.
Zweiter Schritt: Man zeigt, dass $|a_n - a|$ ab einem gewissen Index n_0 kleiner als ε wird (indem man die Ungleichung $|a_n - a| < \varepsilon$ nach n auflöst).

Mit Hilfe der obigen Grenzwertdefinition kann man den folgenden Satz beweisen. Den Beweis findet man im Anhang auf Seite 284.

Satz
Jede **konvergente Folge** ist **beschränkt**.

BEACHTE: Die Umkehrung dieses Satzes gilt nicht. Eine beschränkte Folge muss nicht konvergent sein. ZB ist die Folge $(1, -1, 1, -1, \ldots)$ beschränkt, aber nicht konvergent.

AUFGABEN

7.16 Beweise zuerst, dass die Folge $(a_n \mid n \in \mathbb{N}^*)$ den Grenzwert a hat und ermittle anschließend, ab welchem Index der Abstand aller Folgenglieder a_n von a kleiner als 0,01 ist!

Lernapplet
k26w4z

a) $a_n = \frac{3}{n}$, $a = 0$

b) $a_n = \frac{1}{2n-1}$, $a = 0$

c) $a_n = 2 - \frac{2}{n}$, $a = 2$

d) $a_n = 1 + \frac{5}{n}$, $a = 1$

e) $a_n = \frac{4 + 2n}{4 + n}$, $a = 2$

f) $a_n = \frac{(-1)^n + n}{2n}$, $a = \frac{1}{2}$

7.3 ARITHMETISCHE FOLGEN

Arithmetische Folgen als Spezialfälle linearer Funktionen

7.17 **1)** Leasingangebot für ein Auto: $5\,000\,€$ Anzahlung in bar, monatliche Leasingrate: $170\,€$, Fälligkeit der ersten Rate einen Monat nach Vertragsabschluss. Es sei a_n der Gesamtbetrag der nach n Monaten insgesamt geleisteten Zahlungen (in Euro). Gib eine Formel für a_n an!

2) Wie 1) für eine Anzahlung von $d\,€$ und eine monatliche Leasingrate von $k\,€$.

LÖSUNG: **1)** $a_n = 5\,000 + 170 \cdot n = 170 \cdot n + 5\,000$ **2)** $a_n = d + k \cdot n = k \cdot n + d$

Definition
Eine Folge $(a_n \mid n \in \mathbb{N})$ mit $\mathbf{a_n = k \cdot n + d}$ ($k, d \in \mathbb{R}$) heißt **arithmetische Folge**.

Schreibt man $f(n)$ statt a_n, ergibt sich: $f(n) = k \cdot n + d$. Man kann also eine arithmetische Folge als eine auf $\mathbb{N}$ definierte lineare Funktion f auffassen.

BEISPIEL: $a_n = 0,5 \cdot n + 1$ bzw. $f(n) = 0,5 \cdot n + 1$

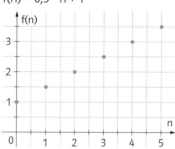

BEMERKUNG: Um die Analogie zu linearen Funktionen deutlicher zu machen, beginnen wir arithmetische Folgen stets mit dem Index 0.

Für eine arithmetische Folge mit $k = 0$ gilt $a_n = d$ für alle $n \in \mathbb{N}$. Eine solche Folge heißt **konstante Folge**.

Satz
Für eine arithmetische Folge mit $\mathbf{a_n = k \cdot n + d}$ gilt:

(1) $\mathbf{k = a_{n+1} - a_n}$ **(2)** $\mathbf{a_n = a_0 + k \cdot n}$ **(3)** $\mathbf{a_n = \dfrac{a_{n-1} + a_{n+1}}{2}}$ (für $n \geq 1$)

BEWEIS:

(1) $a_{n+1} - a_n = k \cdot (n+1) + d - (k \cdot n + d) = kn + k + d - kn - d = k$

(2) $a_n = k \cdot n + d = d + k \cdot n = a_0 + k \cdot n$

(3) $\dfrac{a_{n-1} + a_{n+1}}{2} = \dfrac{1}{2} \cdot [k(n-1) + d + k(n+1) + d] = \dfrac{1}{2} \cdot [2kn + 2d] = kn + d = a_n$ □

BEMERKUNGEN:

Zu (1): Aufgrund dieser Eigenschaft bezeichnet man **k** kurz als **Differenz** der Folge.

Zu (2): Mit dieser Formel kann man das n-te Glied aus dem Anfangsglied berechnen.

$$\overset{+k}{a_0 \to} \overset{+k}{a_1 \to} \overset{+k}{a_2 \to} a_3 \cdots \overset{+k}{a_{n-1} \to} a_n$$

Zu (3): Jedes Glied a_n ist das arithmetische Mittel seiner beiden Nachbarglieder. Daher rührt der Name „arithmetische Folge".

7.18 Der Neupreis einer 8-Farben-Druckmaschine beträgt 165 000 €. Der für das Finanzamt maßgebliche steuerliche Wert der Maschine verkleinert sich jährlich um 8 250 €. Sei W_n der steuerliche Wert der Maschine nach n Jahren.

1) Gib eine Termdarstellung der Folge $(W_n \mid n \in \mathbb{N})$ an!

2) Wie hoch ist der steuerliche Wert der Druckmaschine nach 10 Jahren?

3) Nach frühestens wie vielen Jahren sinkt der steuerliche Wert der Maschine unter 100 000 €?

4) Nach wie vielen Jahren hat die Druckmaschine für das Finanzamt keinen Wert mehr?

7.19 Ermittle das Anfangsglied a_0 sowie die Differenz k der arithmetischen Folge $(a_n \mid n \in \mathbb{N})$!

a) $a_n = 2n + 1$ **b)** $a_n = 7n - 2$ **c)** $a_n = 0{,}5 \cdot n + 3$ **d)** $a_n = -0{,}1 \cdot n + 0{,}7$

7.20 Von einer arithmetischen Folge $(a_n \mid n \in \mathbb{N})$ kennt man das Anfangsglied a_0 sowie die Differenz k. Gib eine Termdarstellung für a_n an und berechne die ersten fünf Folgenglieder!

a) $a_0 = 1;\ k = 2$ **b)** $a_0 = 10;\ k = -2$ **c)** $a_0 = -3;\ k = 4$ **d)** $a_0 = 0{,}8;\ k = 0{,}2$

7.21 Von einer arithmetischen Folge $(a_n \mid n \in \mathbb{N})$ kennt man ein Glied und die Differenz k. Berechne a_0 und gib eine Formel für a_n an!

a) $a_1 = 3;\ k = 2$ **b)** $a_2 = 17;\ k = 4$ **c)** $a_3 = -2;\ k = -3$ **d)** $a_5 = 16{,}5;\ k = 2$

7.22 Von einer arithmetischen Folge $(a_n \mid n \in \mathbb{N})$ kennt man zwei Glieder. Berechne das Anfangsglied a_0 sowie die Differenz k und gib eine Formel für a_n an!

a) $a_1 = 15;\ a_4 = 30$ **b)** $a_4 = 19;\ a_{10} = 49$ **c)** $a_6 = -13;\ a_{10} = -17$ **d)** $a_8 = 5{,}6;\ a_{10} = 6$

7.23 Von einer Zahlenfolge $(a_n \mid n \in \mathbb{N})$ liegen einige Glieder vor. Untersuche, ob es sich um eine arithmetische Folge handeln kann! Falls dies zutrifft, gib eine Termdarstellung von $(a_n \mid n \in \mathbb{N})$ der Folge an! Falls dies nicht zutrifft, untersuche, ob man ein Folgenglied so ändern kann, dass eine arithmetrische Folge vorliegen könnte!

a)

n	a_n
0	−2,5
1	1
2	4,5

b)

n	a_n
2	10
4	5
5	0

c)

n	a_n
3	4,4
11	1,2
16	0,8

d)

n	a_n
1	1 220
7	120
13	−980

7.24 Von einer arithmetischen Zahlenfolge $(a_n \mid n \in \mathbb{N})$ kennt man einige Glieder! Vervollständige die zughörige Tabelle und gib eine Termdarstellung der Folge an!

a)

n	a_n
0	1
1	3
2	
4	

b)

n	a_n
0	
3	30
50	500
100	

c)

n	a_n
0	
2	12
5	
17	−10,5

d)

n	a_n
2	0
3	
5	0
8	

7.25 Gegeben ist die Folge $(a_n \mid n \in \mathbb{N})$ mit $a_n = n^2$.
Betrachte die Differenzen aufeinanderfolgender Glieder und zeige, dass diese eine arithmetische Folge bilden!

7.26 Beweise: Die Summe dreier aufeinander folgender Glieder einer arithmetischen Folge ist stets durch 3 teilbar.

Beschränktheit, Monotonie und Konvergenz arithmetischer Folgen

Satz

Eine arithmetische Folge $(a_n \mid n \in \mathbb{N})$ mit $a_n = k \cdot n + d$ ist

(1) **nach unten beschränkt** und **nach oben unbeschränkt**, wenn **k > 0**,

(2) **nach oben beschränkt** und **nach unten unbeschränkt**, wenn **k < 0**,

(3) **nach unten und oben beschränkt**, wenn **k = 0**.

BEWEIS:

(1) Ist $k > 0$, dann gilt für alle $n \in \mathbb{N}$: $a_n = a_0 + n \cdot k \geq a_0$. Die Folge ist somit nach unten beschränkt. Sie überschreitet aber jede noch so große Schranke und ist somit nach oben unbeschränkt.

(2) Kann analog bewiesen werden. Führe den Beweis selbst!

(3) Ist $k = 0$, dann sind alle $a_n = a_0$ für alle $n \in \mathbb{N}$. Somit ist a_0 sowohl eine untere als auch eine obere Schranke der Folge. ☐

Satz

Eine **arithmetische Folge** $(a_n \mid n \in \mathbb{N})$ mit $a_n = k \cdot n + d$ ist

(1) **streng monoton steigend**, wenn **k > 0**,

(2) **streng monoton fallend**, wenn **k < 0**,

(3) **konstant**, wenn **k = 0**.

BEWEIS:

(1) Ist $k > 0$, dann ist $a_{n+1} = a_n + k > a_n$ für alle $n \in \mathbb{N}$. Somit ist die Folge streng monoton steigend.

(2) Ist $k < 0$, dann ist $a_{n+1} = a_n + k < a_n$ für alle $n \in \mathbb{N}$. Somit ist die Folge streng monoton fallend.

(3) Ist $k = 0$, dann ist $a_n = a_0$ für alle $n \in \mathbb{N}$. Somit ist die Folge konstant. ☐

Satz

Eine **arithmetische Folge** $(a_n \mid n \in \mathbb{N})$ mit $a_n = k \cdot n + d$ ist

(1) **divergent**, wenn **k ≠ 0**,

(2) **konvergent**, wenn **k = 0**.

BEWEIS:

(1) Ist $k \neq 0$, so ist die Folge nicht beschränkt. Die Glieder können sich also keiner Zahl unbegrenzt nähern.

(2) Ist $k = 0$, so ist die Folge konstant und somit konvergent. ☐

AUFGABEN

7.27 Kreuze an, welche Eigenschaften die Folge jeweils hat!

Folge	beschränkt	nicht beschränkt	streng monoton steigend	streng monoton fallend	konvergent	divergent
$a_n = 2 + 3 \cdot n$	☐	☐	☐	☐	☐	☐
$a_n = n - 1$	☐	☐	☐	☐	☐	☐
$a_n = 1 - 2 \cdot n$	☐	☐	☐	☐	☐	☐
$a_n = 1$	☐	☐	☐	☐	☐	☐
$a_n = -5 \cdot n$	☐	☐	☐	☐	☐	☐
$a_n = 0$	☐	☐	☐	☐	☐	☐

7.4 GEOMETRISCHE FOLGEN

Geometrische Folgen als Spezialfälle von Exponentialfunktionen

7.28 **1)** Ein Algenbelag auf einem See nimmt eine Fläche von ca. 500 m² ein und vergrößert sich monatlich um ca. 30 %. Gib eine Formel für den Flächeninhalt b_n des Belags (in Quadratmeter) nach n Monaten an!

2) Wie 1) für den Anfangsflächeninhalt c (in m²) und den monatlichen Vergrößerungsfaktor q.

LÖSUNG: **1)** $b_n = 500 \cdot 1,3^n$ **2)** $b_n = c \cdot q^n$

Definition
Eine Folge $(b_n \mid n \in \mathbb{N})$ mit $b_n = c \cdot q^n$ ($c, q \in \mathbb{R}^*$) heißt **geometrische Folge**.

Schreibt man f(n) statt b_n, ergibt sich: $f(n) = c \cdot q^n$. Man kann also eine geometrische Folge als eine auf $\mathbb{N}$ definierte Exponentialfunktion f auffassen.

BEISPIEL: $b_n = 0,1 \cdot 2^n$ bzw. $f(n) = 0,1 \cdot 2^n$

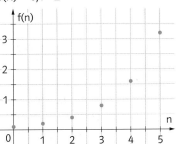

BEMERKUNG: Um die Analogie zu Exponentialfunktionen deutlicher zu machen, beginnen wir geometrische Folgen stets mit dem Index 0.

Für $q = 1$ gilt $b_n = c$ für alle $n \in \mathbb{N}$. Eine solche Folge ist eine **konstante Folge**.

Satz
Für eine geometrische Folge mit $b_n = c \cdot q^n$ gilt:

(1) $q = \dfrac{b_{n+1}}{b_n}$ **(2)** $b_n = b_0 \cdot q^n$ **(3)** $b_n = \sqrt{b_{n-1} \cdot b_{n+1}}$ (wenn alle Folgenglieder > 0 sind)

BEWEIS:

(1) $\dfrac{b_{n+1}}{b_n} = \dfrac{c \cdot q^{n+1}}{c \cdot q^n} = \dfrac{q^n \cdot q}{q^n} = q$

(2) $b_n = c \cdot q^n = b_0 \cdot q^n$ (wegen $b_0 = c \cdot q^0 = c$)

(3) $\sqrt{b_{n-1} \cdot b_{n+1}} = \sqrt{c \cdot q^{n-1} \cdot c \cdot q^{n+1}} = \sqrt{c^2 \cdot q^{2n}} = c \cdot q^n = b_n$ □

BEMERKUNGEN:

Zu (1): Aufgrund dieser Eigenschaft bezeichnet man **q** kurz als **Quotient** der Folge.

Zu (2): Mit dieser Formel kann man das n-te Glied aus dem Anfangsglied berechnen.

$$\underset{b_0}{\bullet} \xrightarrow{\cdot q} \underset{b_1}{\bullet} \xrightarrow{\cdot q} \underset{b_2}{\bullet} \xrightarrow{\cdot q} \underset{b_3}{\bullet} \cdots \underset{b_{n-1}}{\bullet} \xrightarrow{\cdot q} \underset{b_n}{\bullet}$$

Zu (3): Man bezeichnet die Zahl $\sqrt{x \cdot y}$ (mit $x, y \in \mathbb{R}^+$) als geometrisches Mittel der Zahlen x und y. Jedes Glied b_n ist das geometrische Mittel seiner beiden Nachbarglieder. Daher rührt der Name „geometrische Folge".

AUFGABEN

7.29 Berechne die ersten sechs Glieder der geometrischen Folge $(b_n \mid n \in \mathbb{N})$ mit $b_n = 0{,}2 \cdot 2^n$!
Stelle die Glieder als Punkte auf einer Zahlengeraden dar! Fasse die Folge außerdem als Funktion
$f\colon \mathbb{N} \to \mathbb{R}$ auf und zeichne den Graphen von f für $0 \leqslant n \leqslant 5$!

7.30 Ein Ball wird losgelassen und hüpft auf und ab, wobei er jedes Mal 20 % der vorangegangenen
Höhe verliert. Es sei $H_0 = 2\,\text{m}$ die Ausgangshöhe und H_n die Höhe, die der Ball bei der n-ten
Aufwärtsbewegung erreicht.
1) Gib eine Termdarstellung für die Folge $(H_n \mid n \in \mathbb{N})$ an!
2) Nach wie vielen Aufwärtsbewegungen sinkt die Höhe des Balls unter 40 cm?

7.31 Beim Durchgang durch eine Glasplatte verliert das Licht 10 % seiner Helligkeit. Es werden n
solche Glasplatten aneinander gelegt. Es sei I_0 die Helligkeit des Lichts beim Eintritt in die erste
Glasplatte und I_n die Helligkeit des Lichts beim Austritt aus der n-ten Glasplatte.
1) Gib eine Termdarstellung der Folge $(I_n \mid n \in \mathbb{N})$ an!
2) Wie viele Glasplatten müssen aneinandergelegt werden, damit die Austrittshelligkeit
höchstens halb so groß wie die Eintrittshelligkeit ist?

7.32 Ermittle das Anfangsglied b_0 sowie den Quotienten q der Folge $(b_n \mid n \in \mathbb{N})$!
a) $b_n = 3 \cdot 2^n$
b) $b_n = 5 \cdot 3^n$
c) $b_n = 1{,}5 \cdot (-0{,}5)^n$
d) $b_n = -2 \cdot 1{,}2^n$

7.33 Von einer geometrischen Folge $(b_n \mid n \in \mathbb{N})$ kennt man das Anfangsglied b_0 und den Quotienten q.
Gib eine Formel für b_n an und berechne die ersten fünf Glieder der Folge!
a) $b_0 = 1$; $q = 2$
b) $b_0 = 3$; $q = 3$
c) $b_0 = 6$; $q = 0{,}5$
d) $b_0 = 0{,}5$; $q = 0{,}1$

7.34 Von einer geometrischen Folge $(b_n \mid n \in \mathbb{N})$ kennt man ein Glied und den Quotienten q.
Berechne das Anfangsglied b_0 und gib eine Formel für b_n an!
a) $b_1 = 12$; $q = 2$
b) $b_2 = 81$; $q = 3$
c) $b_3 = 512$; $q = 4$
d) $b_4 = 0{,}0625$; $q = 0{,}5$

7.35 Von einer geometrischen Folge $(b_n \mid n \in \mathbb{N})$ kennt man zwei Glieder. Berechne das Anfangsglied
b_0 sowie den Quotienten q und gib eine Formel für b_n an!
a) $b_1 = 98$; $b_2 = 686$
b) $b_2 = 216$; $b_4 = 7776$
c) $b_3 = 1875$; $b_5 = 46875$

7.36 Von einer Zahlenfolge $(b_n \mid n \in \mathbb{N})$ liegen einige Glieder vor. Untersuche, ob es sich dabei um eine
geometrische Folge handeln kann! Wenn ja, gib eine Termdarstellung der Folge an! Wenn nicht,
untersuche, ob man ein Glied so ändern kann, dass eine geometrische Folge entsteht!

a)
n	b_n
0	1
1	−2
2	4

b)
n	b_n
2	100
4	4
6	0,25

c)
n	b_n
0	8
2	18
5	60,75

d)
n	b_n
1	−1
2	1
5	1

7.37 Von einer geometrischen Zahlenfolge $(b_n \mid n \in \mathbb{N})$ kennt man einige Glieder!
Vervollständige die zugehörige Tabelle und gib eine Termdarstellung der Folge an!

a)
n	b_n
0	3
1	9
2	
4	

b)
n	b_n
0	
3	128
4	
5	2

c)
n	b_n
0	
2	−5
3	5
8	

d)
n	b_n
2	
6	
8	0,01
10	0,0001

7.38 Gegeben ist die geometrische Folge $(b_n \mid n \in \mathbb{N})$ mit $b_n = 2^n$. Zeige: Die Folge (d_n) der Differenzen aufeinanderfolgender Glieder der Folge (b_n) stimmt mit der Folge (b_n) überein!

Beschränktheit, Monotonie und Konvergenz geometrischer Folgen

Satz

Eine **geometrische Folge $(b_n \mid n \in \mathbb{N})$ mit $b_n = c \cdot q^n$** ist

(1) beschränkt, wenn $|q| \leq 1$, **(2) nicht beschränkt**, wenn $|q| > 1$.

BEWEIS: Siehe Anhang Seite 284!

Satz

Eine **geometrische Folge $(b_n \mid n \in \mathbb{N})$ mit $b_n = c \cdot q^n$** und $c > 0$ ist

(1) streng monoton steigend, wenn $q > 1$, **(3) konstant**, wenn $q = 1$,

(2) streng monoton fallend, wenn $0 < q < 1$, **(4) nicht monoton**, wenn $q < 0$.

BEWEIS:

(1) Ist $q > 1$, dann sind alle Folgenglieder positiv und es gilt für alle $n \in \mathbb{N}$: $b_{n+1} = b_n \cdot q > b_n$

(2) Ist $0 < q < 1$, dann sind alle Folgenglieder positiv und es gilt für alle $n \in \mathbb{N}$: $b_{n+1} = b_n \cdot q < b_n$

(3) Ist $q = 1$, dann ist $b_{n+1} = b_0$ für alle $n \in \mathbb{N}$.

(4) Ist $q < 0$, dann sind die Glieder der Folge abwechselnd positiv und negativ.
Die Folge kann also weder monoton steigend noch monoton fallend sein. ☐

Satz

Eine **geometrische Folge $(b_n \mid n \in \mathbb{N})$ mit $b_n = c \cdot q^n$** ist

(1) konvergent mit dem Limes 0, wenn $|q| < 1$, **(3) konvergent mit dem Limes c**, wenn $q = 1$,

(2) divergent, wenn $|q| > 1$, **(4) divergent**, wenn $q = -1$.

BEWEIS:

(1) Sei $|q| < 1$. Wegen $\lim\limits_{n \to \infty} b_n = \lim\limits_{n \to \infty} (c \cdot q)^n = c \cdot \lim\limits_{n \to \infty} q^n$ genügt es zu zeigen: $\lim\limits_{n \to \infty} q^n = 0$.

Für beliebiges $\varepsilon \in \mathbb{R}^+$ gilt: $|q^n - 0| = |q|^n < \varepsilon \Leftrightarrow n \cdot \log_{10}|q| < \log_{10}\varepsilon \Leftrightarrow n > \dfrac{\log_{10}\varepsilon}{\log_{10}|q|}$.

Wählen wir also einen Index $n_0 > \dfrac{\log_{10}\varepsilon}{\log_{10}|q|}$, dann gilt: $|q^n - 0| < \varepsilon$ für alle $n \geq n_0$.

(2) Für $|q| > 1$ ist die Folge nicht beschränkt. Folglich kann sich b_n keiner Zahl unbegrenzt nähern.

(3) Ist $q = 1$, dann ist $b_n = c$ für alle $n \in \mathbb{N}$. Die Folge ist somit konvergent mit dem Limes c.

(4) Ist $q = -1$, dann lautet die Folge $(-c, c, -c, c, \ldots)$, sie besitzt also keinen Grenzwert. ☐

AUFGABEN

7.39 Kreuze an, welche Eigenschaften die Folge jeweils hat!

Folge	beschränkt	nicht beschränkt	streng monoton steigend	streng monoton fallend	konvergent	divergent
$b_n = 3 \cdot 0{,}5^n$	☐	☐	☐	☐	☐	☐
$b_n = -2 \cdot 1{,}5^n$	☐	☐	☐	☐	☐	☐
$b_n = 1{,}3 \cdot 2^{n-1}$	☐	☐	☐	☐	☐	☐
$b_n = -8 \cdot 0{,}99^n$	☐	☐	☐	☐	☐	☐
$b_n = (-1)^n$	☐	☐	☐	☐	☐	☐
$b_n = 2 \cdot (-2)^n$	☐	☐	☐	☐	☐	☐

7.5 REKURSIVE DARSTELLUNG VON FOLGEN

Termdarstellung und rekursive Darstellung

BEISPIEL 1: Gegeben ist die arithmetische Folge mit dem Anfangsglied $a_0 = 2$ und der Differenz $k = 5$. Wir stellen die ersten vier Glieder auf zwei verschiedene Arten dar:

1. Art:
$a_0 = 2$
$a_1 = 2 + 5 = 7$
$a_2 = 2 + 2 \cdot 5 = 12$
$a_3 = 2 + 3 \cdot 5 = 17$
Allgemein:
$a_n = 2 + n \cdot 5$ für $n = 0, 1, 2, \ldots$

2. Art:
$a_0 = 2$
$a_1 = a_0 + 5 = 7$
$a_2 = a_1 + 5 = 12$
$a_3 = a_2 + 5 = 17$
Allgemein:
$a_0 = 2$ und $a_{n+1} = a_n + 5$ für $n = 0, 1, 2, \ldots$

T kompakt
Seite 144

Die Berechnung auf die erste Art liefert die uns schon bekannte **Termdarstellung** einer arithmetischen Folge. Die Berechnung auf die zweite Art liefert eine so genannte **rekursive Darstellung**. Mit Hilfe der **Rekursionsgleichung** $a_{n+1} = a_n + 5$ kann man jeweils aus a_n den nächsten Wert a_{n+1} berechnen, wobei man vom **Anfangswert** $a_0 = 2$ ausgeht.

BEISPIEL 2: Gegeben ist die geometrische Folge mit dem Anfangsglied $b_0 = 3$ und dem Quotienten $q = 2$. Wir stellen die ersten vier Glieder auf zwei verschiedene Arten dar:

1. Art:
$b_0 = 3$
$b_1 = 3 \cdot 2 = 6$
$b_2 = 3 \cdot 2 \cdot 2 = 3 \cdot 2^2 = 12$
$b_3 = 3 \cdot 2^2 \cdot 2 = 3 \cdot 2^3 = 24$
Allgemein:
$b_n = 3 \cdot 2^n$

2. Art:
$b_0 = 3$
$b_1 = b_0 \cdot 2 = 6$
$b_2 = b_1 \cdot 2 = 12$
$b_3 = b_2 \cdot 2 = 24$
Allgemein:
$b_0 = 3$ und $b_{n+1} = b_n \cdot 2$

Auch hier liefert uns die Berechnung auf die erste Art eine Termdarstellung und die Berechnung auf die zweite Art eine rekursive Darstellung der Folge. Mit Hilfe der Rekursionsgleichung $b_{n+1} = b_n \cdot 2$ kann man jeweils aus b_n den nächsten Wert b_{n+1} berechnen, wobei man vom Anfangswert b_0 ausgeht.

7.40 Ermittle eine rekursive Darstellung der Folge $(x_n \mid n \in \mathbb{N})$ mit der Termdarstellung $x_n = n^2 + n$!

LÖSUNG:
$x_0 = 0^2 + 0 = 0$
$x_{n+1} = (n+1)^2 + (n+1) = n^2 + 2n + 1 + n + 1 = \underbrace{n^2 + n}_{x_n} + 2n + 2 = x_n + 2n + 2$

Rekursive Darstellung: $x_0 = 0$ und $x_{n+1} = x_n + 2n + 2$

AUFGABEN

7.41 Gib eine rekursive Darstellung der Folge $(x_n \mid n \in \mathbb{N})$ an!

a) $x_n = 2^{n+1}$ **b)** $x_n = 2n + 1$ **c)** $x_n = (-1)^n$ **d)** $x_n = n^2$

7.42 Gib eine Termdarstellung der Folge $(x_n \mid n \in \mathbb{N})$ an!

a) $x_0 = 0$ und $x_{n+1} = x_n + 2$ **b)** $x_0 = 1$ und $x_{n+1} = 3 \cdot x_n$ **c)** $x_0 = 5$ und $x_{n+1} = x_n$

Fibonacci-Folgen

In den bisherigen rekursiven Darstellungen konnte man jedes Glied aus dem jeweils vorangehenden Glied berechnen. Rekursionsgleichungen können aber komplizierter aussehen. Es kann vorkommen, dass jedes Glied aus den beiden vorangehenden oder sogar aus mehreren vorangehenden Gliedern berechnet wird.

7.43 Die folgende, etwas unrealistische, aber interessante „Kaninchenaufgabe" geht auf **Leonardo von Pisa** (genannt **Fibonacci**, ca. 1170–ca. 1250) zurück: Angenommen, ein Kaninchenpaar (Männchen und Weibchen) bekommt jeweils nach 2 Monaten ein weiteres Kaninchenpaar (Männchen und Weibchen) als Nachwuchs.

1) Wie viele Kaninchenpaare sind nach 1, 2, 3, 4, 5 bzw. 6 Monaten vorhanden, wenn zu Beginn 1 Kaninchenpaar vorhanden ist (und kein Kaninchen stirbt)?

2) Wie kann man die Anzahl der Kaninchenpaare nach n Monaten berechnen?

LÖSUNG:

1) Wir stellen jedes Kaninchenpaar durch einen kleinen Kreis dar. Jedes Elternpaar verbinden wir durch eine Strecke mit dem (2 Monate später geborenen) Jungenpaar.

	Anzahl der Paare
Ende 1. Monat	1
Ende 2. Monat	1
Ende 3. Monat	2
Ende 4. Monat	3
Ende 5. Monat	5
Ende 6. Monat	8

2) Wir bezeichnen die Anzahl der Kaninchenpaare nach n Monaten mit f_n. Am Ende des n-ten Monats sind einerseits die f_{n-1} Paare vom Ende des $(n-1)$-ten Monats vorhanden sowie andererseits die f_{n-2} Nachwuchspaare der Paare vom Ende des $(n-2)$-ten Monats. Somit gilt: $f_n = f_{n-1} + f_{n-2}$. Ausgehend von $f_1 = 1$ und $f_2 = 1$ kann man damit alle Anzahlen f_n berechnen.

Die Gleichung $f_n = f_{n-1} + f_{n-2}$ gilt auch noch, wenn wir das Glied $f_0 = 0$ hinzunehmen. Wir erhalten so insgesamt eine rekursive Darstellung einer Folge ($f_n \mid n \in \mathbb{N}$), die man als **Fibonacci-Folge** bezeichnet.

Fibonacci-Folge: $f_0 = 0$, $f_1 = 1$ und $f_n = f_{n-1} + f_{n-2}$ für $n = 2, 3, 4, \ldots$

Ausgehend von den beiden ersten Gliedern kann man die weiteren Glieder dieser Folge einfach berechnen, indem man jeweils die beiden vorangehenden Glieder addiert. Man erhält die Folge:

$$(0, 1, 1, 2, 3, 5, 8, 13, 21, \ldots)$$

Man bezeichnet die Glieder dieser Folge als **Fibonacci-Zahlen**.

Die Fibonacci-Folge ist aus zwei Gründen berühmt geworden. Erstens besitzt sie eine Fülle von interessanten Eigenschaften und tritt in vielen Teilgebieten der Mathematik auf. Zweitens findet man überraschenderweise Fibonacci-Zahlen auch in der Natur. Untersucht man etwa die Anzahl der Blütenblätter von Blumen, so zählt man in vielen Fällen eine Fibonacci-Zahl:

Leonardo von Pisa, genannt **Fibonacci** (ca. 1170–ca. 1250)

Tigerlilie: 3

Butterblume: 5

Silberwurz: 8

Sonnenhut: 13

Margerite: 21

Gänseblümchen finden sich mit 13, 21, 34, 55 oder 89 Blütenblättern. Auch bei genauer Betrachtung eines Tannenzapfens kann man Fibonacci-Zahlen finden. Die Schuppen eines solchen Zapfens sind in links- und rechtslaufenden Spiralen angeordnet. Die Anzahl dieser Spiralen hängt zwar von der Nadelholzart ab, ist aber immer eine Fibonacci-Zahl.

Die Fibonacci-Folge hat so viele interessante Eigenschaften und Anwendungen, dass es sogar eine eigene Zeitschrift gibt, das *Fibonacci-Quarterly*, in der ausschließlich Beiträge publiziert werden, die mit der Fibonacci-Folge zusammenhängen.

Für die Fibonacci-Folge kann man eine Termdarstellung angeben:

Fibonacci-Folge: $\quad f_n = \dfrac{\left(\frac{1+\sqrt{5}}{2}\right)^n - \left(\frac{1-\sqrt{5}}{2}\right)^n}{\sqrt{5}}$

Das Überraschende an dieser Termdarstellung ist, dass sie trotz des Vorhandenseins von Wurzeln für jedes $n \in \mathbb{N}$ eine natürliche Zahl f_n liefert. Überprüfe für einige Werte von n, dass sich tatsächlich die Glieder der Fibonacci-Folge ergeben!

AUFGABEN

7.44 Berechne die ersten 10 Glieder der Folge $(x_n \mid n \in \mathbb{N})$!

a) $x_0 = 1,\ x_1 = -1$ und $x_n = x_{n-1} - x_{n-2}$ für $n = 2, 3, 4, \ldots$

b) $x_0 = 0,\ x_1 = 2$ und $x_n = x_{n-1} - 2x_{n-2}$ für $n = 2, 3, 4, \ldots$

c) $x_0 = 1,\ x_1 = 1$ und $x_n = x_{n-1} + x_{n-2} + 2$ für $n = 2, 3, 4, \ldots$

d) $x_0 = 1,\ x_1 = 1,\ x_2 = 1$ und $x_n = x_{n-1} + x_{n-2} + x_{n-3}$ für $n = 3, 4, 5, \ldots$

7.45 Gib die ersten fünf Glieder der Folge an, die folgendermaßen definiert ist: Die ersten beiden Glieder sind 2 und 3. Jedes weitere Glied erhält man, indem man die beiden vorangehenden Glieder addiert, diese Summe durch 2 dividiert und davon 1 abzieht.

7.46 Für die Folge $(x_n \mid n \in \mathbb{N})$ gilt: $x_0 = 2,\ x_1 = 3$ und $x_n = x_{n-1} \cdot x_{n-2}$ für $n = 2, 3, 4, \ldots$
Berechne die ersten 7 Glieder und begründe, warum alle Glieder mit $n \geq 2$ gerade sind!

7.47 Schreibe die ersten 13 Zahlen der Fibonacci-Folge an und schreibe unter jede Zahl ein g bzw. u, wenn die Zahl gerade bzw. ungerade ist. Begründe, dass auf eine gerade Zahl immer zwei ungerade Zahlen und dann wieder eine gerade Zahl folgen müssen!

7.48 Wir stehen vor einer Treppe mit vielen Stufen. Die Stufe 1 muss auf jeden Fall betreten werden. Danach steht es einem frei, ob man die nächste oder die übernächste Stufe betritt.
Es sei f_n die Anzahl der Möglichkeiten, die Stufe n zu erreichen. Zeige, dass die Glieder f_n eine Fibonacci-Folge mit $n \geq 1$ bilden!

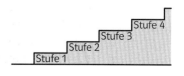

TECHNOLOGIE KOMPAKT

GEOGEBRA

CASIO CLASS PAD II

Die ersten m Glieder einer Folge ($a_n | n \in \mathbb{N}^*$) bei gegebener Termdarstellung berechnen

Tabellen-Ansicht:

Eingabe in Zelle A1 bis Zelle Am: *nacheinander die Zahlen von 1 bis m.*

Eingabe in Zelle B1: Formel *= Folgenterm* , dabei ersetze n durch A1!

Zelle B1 markieren und das Ausfüllkästchen bis zur Zeile m nach unten ziehen.

Ausgabe → *Liste der Glieder a_1, ..., a_m in der Spalte B*

Iconleiste – Menu – Folgen & Reihen – Explizit

Eingabe: *Folgenterm* [EXE]

Symbolleiste – [▦] – Startwert: *1* – Ende: *m* – [OK]

Menüleiste – ◆ – Σ-Anzeige – Aus

Symbolleiste – [▤]

Ausgabe → *Liste der Glieder a_1, ..., a_m in der Spalte a_nE*

Die ersten m Glieder einer Folge ($a_n | n \in \mathbb{N}^*$) bei gegebener rekursiver Darstellung berechnen

Tabellen-Ansicht:

Eingabe in Zelle A1 bis Zelle Am: *nacheinander die Indizes von 1 bis m.*

Eingabe in Zelle B1: *Anfangsglied a_1*

Eingabe in Zelle B2: Formel *= rechte Seite der Rekursionsgleichung* , dabei ersetze a_n durch B1!

Zelle B2 markieren und das Ausfüllkästchen bis zur Zeile m nach unten ziehen.

Ausgabe → *Liste der Glieder a_1, ..., a_m in der Spalte B*

Iconleiste – Menu – Folgen & Reihen – Rekursiv

Symbolleiste – [n+1 / a1]

Eingabe: *Anfangsglied a_1, rechte Seite der Rekursionsgleichung*

[EXE]

Symbolleiste – [▦] – Startwert: *1* – Ende: *m* – [OK]

Menüleiste – ◆ – Σ-Anzeige – Aus

Symbolleiste – [▤]

Ausgabe → *Liste der Glieder a_1, ..., a_m in der Spalte a_n*

Die ersten m Glieder einer Folge ($a_n | n \in \mathbb{N}^*$) graphisch darstellen

als **Punktgraph** der Funktion f: $\mathbb{N}^* \mapsto \mathbb{R}$ mit $f(n) = a_n$:

Tabellen-Ansicht:

Tabelle der m Datenpunkte $(n | a_n)$ wie oben erzeugen – alle Zellen, die Daten enthalten, markieren –

Werkzeug {•••} (Liste von Punkten) – [Erzeugen]

Grafik-Ansicht:

Ausgabe → *Punktgraph der Folge (a_1, ..., a_m)*

als **Punkte** auf einer Zahlengeraden:

Algebra-Ansicht:

Eingabe: Folge((*Folgenterm*, 0), n, 1, m)

Grafik-Ansicht:

Ausgabe → a_1, ..., a_m *als Punkte auf der 1. Achse*

als **Punktgraph** der Funktion f: $\mathbb{N}^* \mapsto \mathbb{R}$ mit $f(n) = a_n$:

Iconleiste – Menu – Folgen & Reihen

Vorgehensweise wie oben zur Berechnung der ersten m Glieder, danach:

Symbolleiste – [⊿]

Ausgabe → *Punktgraph der Folge (a_1, ..., a_m)*

Grenzwert einer Folge ($a_n | n \in \mathbb{N}^*$) ermitteln

[X=] CAS-Ansicht:

Eingabe: Grenzwert(*Folgenterm*, inf) – Werkzeug [=]

Ausgabe → $\lim_{n \to \infty} a_n$, *falls existent*

Hinweis: *inf* (infinit) steht für das Zeichen ∞, das auch über

[⌨] – [ABC] – [#&¬] – [∞] eingegeben werden kann.

Iconleiste – Main – [Keyboard] – [Math2]

[lim →□] – 1. Feld: *n* – 2. Feld: *∞* – 3. Feld: *Folgenterm* [EXE]

Ausgabe → $\lim_{n \to \infty} a_n$, *falls existent*

Hinweis: ∞ kann unter [Keyboard] – [Math2] eingegeben werden.

↗ Für konkrete Anleitungen siehe Technologietrainingshefte

KOMPETENZCHECK

AUFGABEN VOM TYP 1

FA-L 7.1 **7.49** **a)** Kreuze die arithmetischen Zahlenfolgen $(u_n \mid n \in \mathbb{N})$ an!

$u_n = 3 - n$	☐
$u_n = \frac{3n}{4}$	☐
$u_n = 2n^2 + 1$	☐
$u_n = 2 \cdot n + 3$	☐
$u_n = 3 \cdot \left(-\frac{1}{2}\right)^n$	☐

b) Kreuze die geometrischen Zahlenfolgen $(v_n \mid n \in \mathbb{N})$ an!

$v_n = \frac{1}{2^n}$	☐
$v_n = -\frac{4^n}{3}$	☐
$v_n = 2 \cdot 3^n + 1$	☐
$v_n = 3$	☐
$v_n = n + 3$	☐

FA-L 7.1 **7.50** Von einer geometrischen Folge $(b_n \mid n \in \mathbb{N})$ kennt man die ersten beiden Glieder. Kreuze die Folgen an, die konvergent sind!

$b_0 = 15,\ b_1 = 5$	$b_0 = \frac{3}{32},\ b_1 = \frac{9}{6}$	$b_0 = 1,\ b_1 = -1$	$b_0 = \frac{1}{2},\ b_1 = -\frac{3}{8}$	$b_0 = 2,\ b_1 = \sqrt{2}$
☐	☐	☐	☐	☐

FA-L 7.1 **7.51** Ein sehr großes Papierblatt wird fortlaufend in der Mitte gefaltet und zusammengelegt. Es ist $d_0 = 0{,}01\,\text{mm}$ die Dicke des Papierblatts und d_n die Dicke des nach n-maligem Falten entstehenden Papierstapels. Gib eine Formel für d_n an! Ermittle, wie oft das Papierblatt gefaltet werden muss, damit die Dicke des Papierstapels mindestens $2{,}5\,\text{mm}$ beträgt!

FA-L 7.1 **7.52** Zwischen der subjektiv empfundenen Lautstärke L und der objektiven Schallintensität I eines Schallereignisses besteht der Zusammenhang $L = 10 \cdot \log_{10}\left(\frac{I}{I_0}\right)$ (L in Dezibel, I in Watt/m², I_0 ist eine Konstante). Zeige: Ist $(I_n \mid n \in \mathbb{N})$ eine geometrische Folge mit $I_n = I_0 \cdot q^n$, dann ist die zugehörige Folge $(L_n \mid n \in \mathbb{N})$ eine arithmetische Folge.

FA-L 7.1 **7.53** Ein Patient nimmt täglich um 8 Uhr früh ein Medikament ein. Es ist a_n die am n-ten Tag um 8 Uhr früh (nach Einnahme des Medikaments) im Körper des Patienten vorhandene Wirkstoffmenge in mg. Dabei gilt $a_1 = 10$ und $a_{n+1} = 0{,}6 \cdot a_n + 10$ für $n = 1, 2, 3, \ldots$. Ermittle, welcher Prozentsatz der am Vortag aufgenommenen Wirkstoffmenge jeweils bis zur neuerlichen Einnahme am nächsten Tag abgebaut wird und welche Wirkstoffmenge täglich zugeführt wird!

FA-L 7.1 **7.54** Gib eine rekursive Darstellung der Folge $(x_n \mid n \in \mathbb{N}^*)$ mit **a)** $x_n = 1 + 2 + \ldots + n$, **b)** $x_n = 4$ an!

FA-L 7.2 **7.55** Kreuze die richtige(n) Aussage(n) an!

Jede arithmetische Folge $(a_n \mid n \in \mathbb{N})$ kann als lineare Funktion aufgefasst werden.	☐
Jede geometrische Folge $(b_n \mid n \in \mathbb{N})$ kann als Exponentialfunktion aufgefasst werden.	☐
Es gibt eine Folge, die man nicht als Funktion auffassen kann.	☐
Die Folge $(x_n \mid n \in \mathbb{N})$ mit $x_n = 2 \cdot n$ ist eine arithmetische Folge.	☐
Eine Folge $(x_n \mid n \in \mathbb{N})$ mit $x_{n+1} = x_n^2$ ist eine geometrische Folge.	☐

FA-L 7.2   **7.56**   Gegeben sind zwei Folgen:

Für die Folge $(a_n \mid n \in \mathbb{N}^*)$ gilt $a_1 = 1$ und $a_{n+1} = 2 \cdot a_n + 3$ für $n = 1, 2, 3, \ldots$.

Für die Folge $(b_n \mid n \in \mathbb{N}^*)$ gilt $b_n = 2 \cdot n + 3$ für $n = 1, 2, 3, \ldots$.

Für welche dieser Folgen nehmen die Glieder linear mit n zu? Begründe die Antwort!

FA-L 7.3   **7.57**   Kreuze die Zahlenfolgen $(a_n \mid n \in \mathbb{N}^*)$ an, die nach oben beschränkt sind!

$a_n = n - 10$	☐
$a_n = (-2)^n$	☐
$a_n = \dfrac{5n+1}{n+1}$	☐
$a_n = 1 - n^2$	☐
$a_n = 5$	☐

FA-L 7.3   **7.58**   Kreuze die Zahlenfolgen $(a_n \mid n \in \mathbb{N}^*)$ an, die streng monoton fallend sind!

$a_n = 2n - 100$	☐
$a_n = \dfrac{n}{2^n}$	☐
$a_n = \dfrac{6n+1}{2n-1}$	☐
$a_n = 1 - \dfrac{1}{n}$	☐
$a_n = \left(\dfrac{1}{2}\right)^n$	☐

FA-L 7.3   **7.59**   Kreuze die richtige(n) Aussage(n) an!

Ist $(a_n \mid n \in \mathbb{N}^*)$ beschränkt, dann ist $(a_n \mid n \in \mathbb{N}^*)$ konvergent.	☐
Ist $(a_n \mid n \in \mathbb{N}^*)$ konvergent, dann ist $(a_n \mid n \in \mathbb{N}^*)$ beschränkt.	☐
Sind $(a_n \mid n \in \mathbb{N}^*)$ und $(b_n \mid n \in \mathbb{N}^*)$ beschränkt, dann ist auch $(a_n + b_n \mid n \in \mathbb{N}^*)$ beschränkt.	☐
Sind $(a_n \mid n \in \mathbb{N}^*)$ und $(b_n \mid n \in \mathbb{N}^*)$ streng monoton steigend, dann ist auch $(a_n + b_n \mid n \in \mathbb{N}^*)$ streng monoton steigend.	☐
Sind $(a_n \mid n \in \mathbb{N}^*)$ und $(b_n \mid n \in \mathbb{N}^*)$ streng monoton steigend, dann ist auch $(a_n \cdot b_n \mid n \in \mathbb{N}^*)$ streng monoton steigend.	☐

FA-L 7.4   **7.60**   Kreuze die konvergenten Zahlenfolgen $(a_n \mid n \in \mathbb{N}^*)$ an!

$a_n = (-2)^n$	☐
$a_n = \dfrac{3}{n} \cdot (-1)^n$	☐
$a_n = \dfrac{1000n + 10}{2n}$	☐
$a_n = n^2 - 10$	☐
$a_n = 1 - \left(-\dfrac{1}{2}\right)^n$	☐

FA-L 7.4   **7.61**   Ermittle den Grenzwert der Folge $(a_n \mid n \in \mathbb{N}^*)$ mit $a_n = 4 \cdot \dfrac{3n^2}{2n^2 - 1} \cdot 0{,}5^n + 1$!

AUFGABEN VOM TYP 2

AG-R 2.1 **7.62** **Gleichstufige Stimmung**
FA-L 7.1

Tonhöhen hängen von den zugrundeliegenden Frequenzen der Luftschwingungen ab, die in Hertz (Hz) gemessen werden. Bei reinen Intervallen müssen die beiden Töne ein bestimmtes Frequenzverhältnis (höhere Frequenz zu niedrigerer Frequenz) aufweisen.

Intervall	Oktave	Quinte	Quarte	Große Terz
Frequenzverhältnis	2 : 1	3 : 2	4 : 3	5 : 4

Um bei einem Tasteninstrument, wie beispielsweise einem Klavier, nur reine Intervalle zu erhalten, müsste man für jede Tonart die Saiten extra stimmen. Um dies zu vermeiden, teilt man eine Oktave (zB. von c bis c') in 12 gleiche Halbtonintervalle:

Diese so genannte „gleichstufige Stimmung" bringt den Vorteil mit sich, dass man in allen Tonarten spielen kann, bringt leider aber auch den Nachteil mit sich, dass viele Intervalle nicht in allen Tonarten rein klingen. Die Unterschiede sind aber so klein, dass sie normalerweise nicht auffallen.

a) ▪ Bei gleichstufiger Stimmung bilden die steigenden Frequenzen der Halbtöne innerhalb einer Oktave eine geometrische Folge (f_0, f_1, …, f_{12}).

Zeige, dass der Quotient dieser Folge gleich $\sqrt[12]{2}$ ist!

▪ Gib die Frequenzen der Halbtöne c', cis', d', dis', e', f', fis', g', gis', a', ais', h', c" bei gleichstufiger Stimmung an, wobei das Instrument so gestimmt ist, dass a' der Kammerton mit der Frequenz 440 Hz ist!

b) Geht man beispielsweise von einem c aus 7 Oktaven höher, erhält man wiederum ein c, nur eben 7 Oktaven höher. Geht man vom gleichen Ausgangston um 12 Quinten höher, erhält man bei gleichstufiger Stimmung dasselbe c wie vorhin. Diese Tatsache ist als „Quintenzirkel" bekannt. Siehe Abbildung! Verwendet man jedoch statt 12 gleichstufiger Quinten 12 reine Quinten, erhält man einen Ton, der geringfügig höher ist als das vorhin erhaltene c.

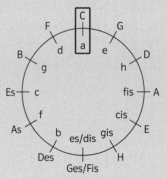

▪ Gehe zunächst von einem Ton mit der Frequenz f_0 aus und zeige, dass sich bei Erhöhung um 7 Oktaven bzw. 12 gleichstufige Quinten die gleiche Frequenz f_1 ergibt! Gehe dann vom gleichen Ton mit der Frequenz f_0 aus und zeige, dass sich bei Erhöhung um 12 reine Quinten eine Frequenz f_2 ergibt, die geringfügig größer als f_1 ist!

▪ Das Frequenzverhältnis $\frac{f_2}{f_1}$ bezeichnet man als „pythagoräisches Komma". Es entspricht ungefähr einem Achtelton. Zeige, dass $\frac{f_2}{f_1} \approx 1{,}013\,64$ ist!

SEMESTERCHECK 1

AUFGABEN VOM TYP 1

AG-R 2.1 **1** Kreuze die Aussage(n) an, die für alle x, y ∈ ℝ$^+$ gelten!

a)

$\dfrac{\sqrt{x^3y^3}}{\sqrt{xy^7}} = xy^{-2}$	☐
$\left(\sqrt[3]{x^3}\right)^3 = x^6$	☐
$\log_{10}x = y \Leftrightarrow 10^y = x$	☐
$2^x = y \Leftrightarrow x = \dfrac{\log_{10}y}{2}$	☐
$\dfrac{y}{x} \cdot e^{y \cdot \ln x} = y \cdot x^{y-1}$	☐

b)

$x^3 : x^{-4} = \dfrac{1}{x}$	☐
$\left(\dfrac{x^3}{4y^{-1}}\right)^{-2} = -\dfrac{16}{x^6y^2}$	☐
$\sqrt[4]{y^6} = y^{1,5}$	☐
$2xy^2 \cdot \sqrt[3]{x} = \sqrt[3]{8x^4y^6}$	☐
$\sqrt{x^2 + y^2} = x + y$	☐

AG-R 2.1 **2** Wo steckt der Fehler? Begründe!

$$\left(\tfrac{7}{8}\right)^4 = \left(\tfrac{8}{7}\right)^x \Leftrightarrow \tfrac{7^4}{8^4} = \tfrac{8^x}{7^x} \Leftrightarrow 7^4 \cdot 7^x = 8^4 \cdot 8^x \Leftrightarrow 7^{4+x} = 8^{4+x} \Leftrightarrow 7 = 8$$

AG-R 2.4 **3** Bestimme alle Werte des Parameters a ∈ ℝ, für die folgende Ungleichung eine Lösung in ℕ* hat!

a) $a(x - 1) \leqslant 2ax$ **b)** $\dfrac{ax - 1}{2} + ax < 4$

FA-R 1.5 **4** Gegeben ist die Formel $y = \dfrac{a \cdot b^2}{c}$ mit a, b, c ∈ ℝ$^+$.

Werden jeweils zwei der Variablen a, b bzw. c konstant gehalten werden, ergeben sich die Zuordnungen a ↦ y, b ↦ y und c ↦ y.

Kreuze jene Graphen an, die für eine dieser Zuordnungen in Frage kommen! Beschrifte bei diesen Graphen die Achsen!

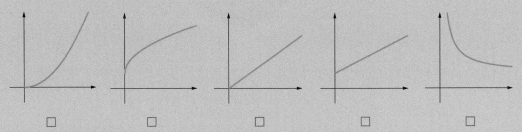

☐   ☐   ☐   ☐   ☐

FA-R 1.5 **5** Ergänze durch Ankreuzen den folgenden Text so, dass eine korrekte Aussage entsteht!
Eine reelle Funktion f: ℝ → ℝ ist genau dann ____①____, wenn ____②____ .

①	
streng monoton steigend	☐
monoton fallend	☐
nicht monoton	☐

②	
f(a) ⩽ f(b) für ein a ∈ ℝ und ein b ∈ ℝ	☐
f(a) ⩾ f(b) für ein a ∈ ℝ und ein b ∈ ℝ	☐
f(a) ⩾ f(b) für alle a, b ∈ ℝ mit a > b	☐
f(a) ⩾ f(b) für alle a, b ∈ ℝ mit a < b	☐

FA-R 1.8 **6** Die Größe der Vortriebskraft F beim Segeln lässt sich näherungsweise mit der folgenden Formel berechnen: $F = \dfrac{A \cdot \varrho \cdot v_w^2}{4}$. Dabei ist F die Vortriebskraft in Newton, A der Inhalt der Segelfläche in m^2, v_w die Windgeschwindigkeit am Segel in m/s und $\varrho = 1{,}225\,kg/m^3$ eine Konstante.

Kreuze die zutreffende(n) Aussage(n) an!

Bei konstanter Windgeschwindigkeit v_w ist die Vortriebskraft F indirekt proportional zum Inhalt A der Segelfläche.	☐
Bei konstanter Vortriebskraft F ist der Inhalt A der Segelfläche direkt proportional zum Quadrat der Windgeschwindigkeit v_w.	☐
Bei konstanter Windgeschwindigkeit v_w führt eine Vergrößerung des Inhalts A der Segelfläche um ein Fünftel ihrer Größe zur Erhöhung der Vortriebskraft F um 20 %.	☐
Bei konstantem Inhalt A der Segelfläche ist für die doppelte Vortriebskraft F die doppelte Windgeschwindigkeit v_w nötig.	☐
Damit die Vortriebskraft F bei halber Windgeschwindigkeit v_w konstant bleibt, müsste der Inhalt A der Segelfläche vervierfacht werden.	☐

FA-R 1.9 **7** Gegeben sind die Termdarstellungen von vier Funktionen f, g, h und m sowie sechs Aussagen über Funktionen. Ordne jeder Funktion in der linken Tabelle die jeweils zutreffende Aussage aus der rechten Tabelle zu!

$f(x) = -1{,}5 \cdot x + 1$	
$g(x) = x^{-2}$	
$h(x) = 1{,}5 \cdot \sin x$	
$m(x) = 10 \cdot 1{,}5^x$	

A	Diese Funktion ist eine gerade Funktion.
B	Der Graph dieser Funktion hat konstante Steigung.
C	Wenn x um 1 erhöht wird, so nimmt der Funktionswert stets um 50 % vom Ausgangswert zu.
D	Diese Funktion hat die Periode π.
E	Wenn x um 10 erhöht wird, so nimmt der Funktionswert stets um 15 zu.
F	Der Funktionswert an der Stelle 0 ist gleich 0.

FA-R 3.1 **8** Eine Potenzfunktion f mit $f(x) = a \cdot x^z$ ($z \in \mathbb{Z}^*$ und $z \neq 1$) hat folgende Eigenschaften:

- f ist auf ganz $\mathbb{R}$ definiert.
- Der Graph von f ist symmetrisch bezüglich des Ursprungs O.
- Der Graph von f geht durch den Punkt $P = (1 \mid 2)$.

Gib eine mögliche Funktionsgleichung der Funktion f an!

$f(x) = $ _____

FA-R 5.3 **9** Kreuze die Funktionsgleichungen an, die einen exponentiellen Abnahmeprozess beschreiben!

$f(x) = 100 \cdot 5^{-x}$	☐
$f(x) = 100 \cdot e^{0{,}2 \cdot x}$	☐
$f(x) = 100 \cdot 1{,}2^x$	☐
$f(x) = 100 \cdot e^{-0{,}2 \cdot x}$	☐
$f(x) = 100 \cdot 0{,}2^{-x}$	☐

FA-R 5.5 **10** Ein exponentieller Abnahmeprozess verläuft nach dem Gesetz $N(t) = N_0 \cdot a^t$ (t in Tagen). Der Prozess ist in der Abbildung für $N_0 = 1000$ grafisch dargestellt. Wie würde dieser Prozess verlaufen, wenn man N_0 von 1000 auf 1500 erhöht?
Zeichne den dazugehörigen Graphen in die Abbildung ein!

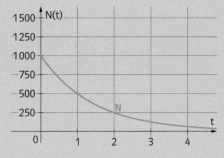

FA-R 6.1 **11** In der nebenstehenen Abbildung soll der Graph der Funktion $f: \mathbb{R} \to \mathbb{R}$ mit $f(x) = 3 \cdot \sin\left(\frac{x}{3}\right)$ dargestellt werden.
Ergänze dazu die beiden Koordinatenachsen und deren Skalierung entsprechend den Gitterlinien passend!

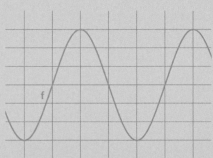

FA-R 6.2 **12** Nebenstehend ist ein Ausschnitt des Graphen der Funktion f mit $f(x) = 1,5 \cdot \cos(x)$ dargestellt. Gib die Koordinaten der Punkte A, B, C und D an!

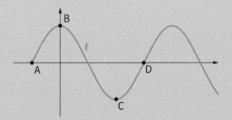

AN-R 1.1 **13** Die Tabelle gibt die Anzahlen der Eheschließungen und Ehescheidungen in Österreich für die Jahre 1985 bis 2014 an.

	Eheschließungen	Ehescheidungen
1985	44 867	15 460
1990	45 212	16 282
1995	42 946	18 204
2000	39 228	19 552
2005	39 153	19 453
2010	37 545	17 442
2014	37 458	16 647

Kreuze die zutreffende(n) Aussage(n) an!

Von 2000 bis 2005 war die absolute Änderung der Anzahl der Eheschließungen negativ.	☐
Von 1985 bis 2000 betrug die relative Änderung der Scheidungsanzahl mehr als 25 %.	☐
Von 1995 bis 2005 wurden jedes Jahr im Mittel ca. 125 Ehen geschieden.	☐
Die Anzahl der Eheschließungen war 2014 um mehr als 15 % kleiner als 1990.	☐
Von 1990 bis 2014 stieg die Anzahl der Ehescheidungen auf mehr als 103 %.	☐

AN-R 1.1 **14** Zeige, dass für jede reelle Funktion f der Änderungsfaktor in einem Intervall [a; b] um 1 größer ist als die relative Änderung in diesem Intervall!

AUFGABEN VOM TYP 2

FA-R 1.4
FA-R 1.5
AN-R 1.1

1 **Chemisches Experiment**

Während eines chemischen Experiments ändert sich laufend der Druck im verwendeten Reaktionsbehälter.
Die Funktion p: t ↦ p(t) gibt für jeden Zeitpunkt t ≥ 0 den Druck p(t) im Behälter an. Das Experiment beginnt zum Zeitpunkt t = 0. Die Zeit wird dabei in Minuten, der Druck in Bar gemessen.
Ein Ausschnitt des Graphen der Funktion p ist nebenstehend dargestellt.

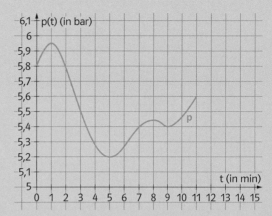

a) ▪ Beschreibe verbal die Druckveränderungen im Behälter während der ersten 11 Minuten!

▪ Nach den Sicherheitsrichtlinien darf der Druck im Behälter höchstens 6,20 bar betragen. Ermittle, wann im Zeitintervall [0; 11] der Druck sein Maximum erreicht, und berechne, um wie viel Prozent dieser Maximalwert unter dem höchsten zulässigen Wert liegt!

b) ▪ Kreuze die zutreffende(n) Aussage(n) an!

Die Funktion p besitzt sechs lokale Extremstellen im Intervall [0; 11].	☐
Die Funktion p besitzt vier globale Minimumstellen im Intervall [0; 11].	☐
Die Funktion p steigt im Intervall [5; 11] streng monoton.	☐
Die Funktion p besitzt eine globale Maximumstelle im Intervall [0; 11].	☐
Das Monotonieverhalten der Funktion p ändert sich im Intervall [2; 5] nicht.	☐

▪ Ordne jedem Änderungsmaß der Funktion p in der linken Tabelle den passenden gerundeten Näherungswert aus der rechten Tabelle zu!

absolute Änderung von p im Intervall [3; 11]	
relative Änderung von p im Intervall [2; 5]	
mittlere Änderungsrate von p im Intervall [7; 9]	
Änderungsfaktor von p im Intervall [3; 9]	

A	1,037
B	0,982
C	− 0,103
D	0,100
E	0,000

c) ▪ Gib ein Zeitintervall im Bereich [0; 11] an, in dem der Druck um mindestens 4 % steigt!

▪ Gib ein Zeitintervall an, in dem ein mittlerer Druckabfall zwischen 0,15 bar/min und 0,25 bar/min eintritt!

d) Über den Verlauf des Experimentes für t > 11 (min) liegen keine Messdaten vor. Der Einfachheit halber behilft man sich mit folgender Annahme:

Für t > 11 steigt der Druck linear und zwar mit jenem Wert der mittleren Änderungsrate, den p in [9; 11] aufweist.

▪ Ergänze aufgrund dieser Annahme den Graphen von p im Intervall [11; 15]!

▪ Ermittle aufgrund dieser Annahme eine Termdarstellung von p im Intervall [11; 15] und untersuche, ob der Druck im Intervall (11; 15] das Maximum von p in [0; 11] übersteigt!

AG-R 2.1   **2**   **Motorbezogene Versicherungssteuer**
FA-R 1.3
FA-R 2.1
AN-R 1.1

Die Motorleistung eines Autos wird in der Physik in der Maßeinheit Kilowatt (kW) angegeben. Im täglichen Leben ist aber immer noch die Maßeinheit PS (Pferdestärken) üblich. Es gilt:

1 kW = 1,35962162 PS

Für PKWs ist in Österreich die so genannte motorbezogene Versicherungssteuer zu entrichten. Diese beträgt bei jährlicher Zahlungsweise pro Monat
- für die ersten 24 kW der eingetragenen Leistung je kW: 0 Euro
- für die folgenden 66 kW der eingetragenen Leistung je kW: 0,62 Euro
- für die folgenden 20 kW der eingetragenen Leistung je kW: 0,66 Euro
- für die darüber hinausgehenden kW der eingetragenen Leistung je kW: 0,75 Euro

Bei monatlicher Zahlungsweise ist jeweils um 10 % mehr zu bezahlen. (Stand 2017)

a) ▪ Frau Müller fährt ein Auto mit 140 PS. Gib dessen ungefähre Leistung in kW an!
    ▪ Berechne die Höhe der anfallenden motorbezogenen Versicherungssteuer pro Monat bei jährlicher Zahlungsweise!

b) ▪ Herr Steiner kauft ein Auto mit 120 kW Motorleistung. Wie hoch ist die entsprechende motorbezogene Versicherungssteuer für ein Jahr bei monatlicher Zahlungsweise!
    ▪ Beim Kauf eines Neuwagens macht Frau Wieser zur Bedingung, dass die motorbezogene Versicherungssteuer bei monatlicher Zahlungsweise maximal 70 €/Monat betragen soll. Berechne, wie hoch die Motorleistung des Neuwagens in kW höchstens sein darf!

c) ▪ Wir bezeichnen mit S(x) die motorbezogene Versicherungssteuer, die für einen PKW mit einer Motorleistung von x kW bei jährlicher Zahlungsweise monatlich zu entrichten ist. Gib eine abschnittsweise Termdarstellung der Funktion S: x ↦ S(x) an!
    ▪ Zeichne den Graphen der Funktion S: x ↦ S(x) für $0 \leq x \leq 180$!

d) Herr Berger steigt von einem Kleinwagen mit $x_1 = 59$ kW Leistung auf einen Geländewagen mit $x_2 = 120$ kW um.
    ▪ Benenne die Terme $\dfrac{S(x_2) - S(x_1)}{S(x_1)}$ und $\dfrac{S(x_2)}{S(x_1)}$ mit den korrekten Fachausdrücken!
    ▪ Interpretiere die Werte der beiden Terme im Sachzusammenhang!

AG-R 2.1   **3**   **Elektrischer Widerstand eines Leiters**
FA-R 1.2
FA-R 1.8

Für den elektrischen Widerstand eines Leiters mit kreisrundem Querschnitt gilt folgende Formel: $R = \varrho \cdot \dfrac{L}{r^2 \cdot \pi}$. Dabei ist R der Widerstand in Ohm (Ω), L die Länge des Leiters in m, r der Radius des Querschnitts in mm und ϱ in $\Omega \cdot mm^2/m$ eine Materialkonstante.

a) ▪ In der Praxis verwendet man statt des Radius r oft den Durchmesser d des Querschnitts zur Berechnung von R. Stelle eine Formel auf, die angibt, wie R von d abhängt!
    ▪ Bei einem 50 cm langen Silberdraht ($\varrho = 0{,}015$ $\Omega \cdot mm^2/m$) wird ein Widerstand R von 10 Milliohm (mΩ) gemessen. Berechne den Durchmesser des Drahtes in mm!

b) ▪ Gib die Typen der Funktionen L ↦ R (r konstant) und r ↦ L (R konstant) an!
    ▪ Gib an, wie sich R verändert, wenn bei konstantem L der Radius r verdreifacht wird!

c) ▪ Nenne wenigstens zwei Möglichkeiten, wie L und r verändert werden können, sodass sich dadurch der Widerstand R verzwölffacht!
    ▪ Die Länge eines Verbindungskabels in einem Elektrogerät wird um 20 % verkürzt. Der Widerstand des Kabels muss unverändert bleiben. Berechne, um wie viel % daher auch der Radius des verwendeten Kabels verkleinert werden muss!

4 „Kommissar" Newton

Bei der Aufklärung von Tötungsdelikten ist es oft wichtig, den Todeszeitpunkt der Opfer zu kennen. Eine Methode zur (näherungsweisen) Bestimmung des Todeszeitpunktes basiert auf der Tatsache, dass die Körperkerntemperatur eines Verstorbenen mit dem Eintritt des Todes gesetzmäßig abnimmt.

Bei diesem Verfahren misst man zu einem bestimmten Zeitpunkt $t = 0$ (in h) die Körperkerntemperatur T_0 (in °C) des Toten sowie die Umgebungstemperatur T_U (in °C).

Kann man annehmen, dass die Umgebungstemperatur T_U konstant und kleiner als T_0 ist, dann gilt für die Körperkerntemperatur $T(t)$ zum Zeitpunkt t näherungsweise das folgende

Newtonsche Abkühlungsgesetz: $T(t) = T_U + (T_0 - T_U) \cdot e^{-k \cdot t}$

Dabei ist k die sogenannte Abkühlungskonstante, die von den konkreten Umständen abhängt.

> **Ein Mordfall:** In einer Wohnung wird eine Frauenleiche aufgefunden. Die Polizei geht von einem Mord aus. Um 11:30 Uhr stellt der beigezogene Arzt fest: Die Körperkerntemperatur der Toten beträgt noch 32,5 (°C), die Raumtemperatur der klimatisierten Wohnung misst 20,5 (°C). Für die Berechnung des Todeszeitpunktes nimmt der Arzt die Körperkerntemperatur des Opfers zum Todeszeitpunkt mit normalen 37 (°C) an und wählt für die Abkühlungskonstante $k = 0,0439$.

a)
- Berechne mit Hilfe des Newtonschen Abkühlungsgesetzes den Todeszeitpunkt des Opfers! Verwende dabei die Messdaten und Annahmen des Arztes!
- Eine „Faustregel" besagt: *In Zeiträumen, die nicht allzu lang nach dem Eintritt des Todes liegen, fällt die Körperkerntemperatur um etwa 0,833 °C pro Stunde.*
  Berechne den Todeszeitpunkt des Opfers aufgrund dieser „Faustregel"!

b) Begründe die folgenden Aussagen anhand des Newtonschen Abkühlungsgesetzes!
- Die Abkühlungskonstante k muss positiv sein.
- $T(t)$ ist stets größer als die Umgebungstemperatur T_U.
  $T(t)$ kommt aber der Umgebungstemperatur T_U langfristig beliebig nahe.

c)
- Skizziere im nebenstehenden Koordinatensystem den typischen Verlauf einer Temperaturfunktion nach dem Newtonschen Abkühlungsgesetz!
- Zeige, dass der Unterschied zwischen der Körperkerntemperatur $T(t)$ und der Umgebungstemperatur T_U pro Stunde jeweils um denselben Prozentsatz abnimmt! Gib diesen Prozentsatz für die im Mordfall verwendete Funktion T an!

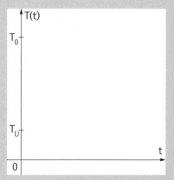

d) Im vorliegenden Fall hat der Arzt $k = 0,0439$ aufgrund der konkreten Umstände als Erfahrungswert gewählt. Um den Wert von k zu verbessern, misst er um 12:15 Uhr die Körperkerntemperatur des Opfers ein zweites Mal und erhält 32,2 (°C).
- Berechne den neuen Wert der Abkühlungskonstante k aufgrund der beiden vorgenommenen Temperaturmessungen!
- Berechne den Todeszeitpunkt entsprechend dem neuen Wert von k!

8 REIHEN

8.1 ENDLICHE REIHEN

L

Die Summe einer endlichen arithmetischen Reihe

T kompakt
Seite 165

Ist $(a_1, a_2, \ldots, a_n)$ eine endliche Folge, so bezeichnet man den Ausdruck $a_1 + a_2 + \ldots + a_n$ als die zu dieser Folge gehörige **endliche Reihe**. Die Summe S der Folgenglieder $a_1, a_2, \ldots a_n$ nennt man die **Summe der Reihe** und schreibt $a_1 + a_2 + \ldots + a_n = S$.

Ist die Folge $(a_1, a_2, \ldots, a_n)$ eine endliche arithmetische Folge, so bezeichnet man die zugehörige Reihe $a_1 + a_2 + \ldots + a_n$ als **endliche arithmetische Reihe**.

BEISPIEL: Vom großen Mathematiker **Carl Friedrich Gauss** (1777–1855) wird erzählt, dass er als Volksschüler von seinem Lehrer die Aufgabe erhielt, die natürlichen Zahlen von 1 bis 100 zusammenzuzählen, dh. die Summe der arithmetischen Reihe $1 + 2 + \ldots + 100$ zu berechnen. Während seine Mitschüler beträchtliche Zeit mit den fortlaufenden Additionen verbrachten, legte Gauß zum Erstaunen seines Lehrers schon nach wenigen Minuten das richtige Ergebnis 5050 vor. Er ging nämlich schlau vor und fasste die Summanden zu Teilsummen zusammen:

$$1 + 100 = 101, 2 + 99 = 101, 3 + 98 = 101, \ldots, 50 + 51 = 101$$

Insgesamt ergibt sich die Summe $50 \cdot 101 = 5050$.

Allgemein kann man mit dieser Methode zeigen (Beweis im Anhang auf Seite 284):

Satz:
Ist $a_1 + a_2 + \ldots + a_n$ eine **endliche arithmetische Reihe**, so gilt für ihre Summe S:
$$S = \frac{n}{2} \cdot (a_1 + a_n)$$

BEISPIEL: $1 + 3 + 5 + 7 + 9 + 11 + 13 + 15 = \frac{8}{2} \cdot (1 + 15) = 64$

L

AUFGABEN

∡T 8.01 Berechne die Summe der folgenden Reihe!

a) $1 + 2 + 3 + 4 + \ldots + 11$
b) $1 + 3 + 5 + 7 + \ldots + 23$
c) $1 + 4 + 7 + \ldots + 25$
d) $1 + 11 + 21 + \ldots + 91$

e) $0{,}5 + 1 + 1{,}5 + \ldots + 20$
f) $2 + 3 + 4 + 5 + \ldots + 15$
g) $(-1) + (-2) + (-3) + \ldots + (-20)$
h) $(-2) + (-4) + (-6) + \ldots + (-18)$

i) $4 + 6 + 8 + 10 + \ldots + 88$
j) $5 + 5{,}4 + 5{,}8 + \ldots + 9$
k) $8 + 9{,}5 + 11 + \ldots + 18{,}5$
l) $6 + 8{,}2 + 10{,}4 + \ldots + 25{,}8$

LÖSUNG ZU **b)**: Die Differenz der arithmetischen Folge beträgt 2. Die Gliederanzahl der Reihe kann man durch Abzählen oder so ermitteln: $23 = 1 + (n - 1) \cdot 2 \Rightarrow n = 12$; $S = \frac{12}{2} \cdot (1 + 23) = 144$

8.02 Berechne die Summe der

a) ersten 1000 geraden Zahlen in $\mathbb{N}^*$,
b) ersten 500 ungeraden Zahlen in $\mathbb{N}^*$,

c) ersten 900 natürlichen Vielfachen von 3 in $\mathbb{N}^*$,
d) Zahlen $-10, -20, -30, \ldots, -1000$!

8.03 Zeige für $n \in \mathbb{N}^*$: **a)** $1 + 2 + 3 + \ldots + n = \frac{n(n+1)}{2}$ **b)** $2 + 4 + 6 + \ldots + 2n = n(n+1)$

L

Die Summe einer endlichen geometrischen Reihe

Ist die Folge $(b_1, b_2, \ldots, b_n)$ eine endliche geometrische Folge, so bezeichnet man die zugehörige Reihe $b_1 + b_2 + \ldots + b_n$ als **endliche geometrische Reihe**.
Für die Summe einer solchen Reihe gilt der folgende Satz (Beweis im Anhang auf Seite 285):

Satz

Ist $b_1 + b_2 + \ldots + b_n$ eine **endliche geometrische Reihe** mit n Gliedern und dem Quotienten $q \neq 1$, so gilt für ihre Summe S:

$$S = b_1 \cdot \frac{q^n - 1}{q - 1}$$

BEACHTE: Für $|q| < 1$ ist es besser, die Summenformel so anzuschreiben: $S = b_1 \cdot \frac{1 - q^n}{1 - q}$

BEISPIELE:

1) $S = 3 + 3 \cdot 2 + 3 \cdot 2^2 + 3 \cdot 2^3 + \ldots + 3 \cdot 2^8 = ?$
Es liegt eine geometrische Reihe mit $b_1 = 3$, $q = 2$, $n = 9$ vor, daher gilt:
$S = 3 \cdot \frac{2^9 - 1}{2 - 1} = 1533$

2) $S = 1 + \frac{1}{2} + \left(\frac{1}{2}\right)^2 + \left(\frac{1}{2}\right)^3 + \left(\frac{1}{2}\right)^4 = ?$

Es liegt eine geometrische Reihe mit $b_1 = 1$, $q = \frac{1}{2}$, $n = 5$ vor, daher gilt:

$S = \frac{1 - \left(\frac{1}{2}\right)^5}{1 - \frac{1}{2}} = \frac{1 - \frac{1}{32}}{\frac{1}{2}} = \frac{62}{32} = \frac{31}{16}$

L

AUFGABEN

∡T 8.04 Berechne die Summe der folgenden Reihe!

a) $1 + 2 + 4 + 8 + \ldots + 1024$
b) $1 + 3 + 3^2 + 3^3 + \ldots + 3^{10}$
c) $1 + 0{,}2 + 0{,}2^2 + \ldots + 0{,}2^5$

d) $4 + 4 \cdot 5 + 4 \cdot 5^2 + \ldots + 4 \cdot 5^{10}$
e) $10 + 10 \cdot 1{,}1 + 10 \cdot 1{,}1^2 + \ldots + 10 \cdot 1{,}1^5$
f) $0{,}4 + 0{,}4 \cdot 0{,}2 + 0{,}4 \cdot 0{,}2^2 + 0{,}4 \cdot 0{,}2^3$

∡T 8.05 Schreibe die Folge in der Form $(b_1, b_2, \ldots, b_n)$ an und berechne die Summe ihrer Glieder!

a) $(3 \cdot 2^i \mid i = 1, 2, \ldots, 7)$ **b)** $((-3) \cdot 4^i \mid i = 1, 2, \ldots, n)$

8.2 UNENDLICHE REIHEN

Die Summe einer unendlichen Reihe

Einer endlichen Folge $(a_1, a_2, ..., a_n)$ kann man eine Summe $a_1 + a_2 + ... + a_n$ zuordnen.
Kann man auch einer unendlichen Folge $(a_1, a_2, a_3, ...)$ eine Summe $a_1 + a_2 + a_3 + ...$ zuordnen?
In manchen Fällen ergibt dies offensichtlich keinen Sinn.
Zum Beispiel wächst die unendliche Reihe

$$1 + 2 + 3 + ...$$

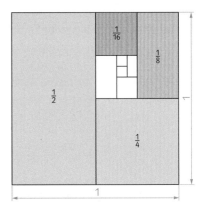

über alle Schranken und besitzt sicher keine endliche
Summe. Hingegen kann man der nebenstehenden
Abbildung entnehmen, dass gilt:

$$\frac{1}{2} + \frac{1}{4} + \frac{1}{8} + ... = 1$$

Wie kann man die unendlichen Reihen beschreiben,
die eine endliche Summe besitzen?
Wir betrachten dazu die **Teilsummen** (Partialsummen)
der Reihe $a_1 + a_2 + a_3 + ...$:

$$S_1 = a_1$$
$$S_2 = a_1 + a_2$$
$$S_3 = a_1 + a_2 + a_3$$
$$...$$
$$S_n = a_1 + a_2 + ... + a_n$$

Strebt die Folge $(S_n \mid n \in \mathbb{N}^*)$ der Teilsummen gegen einen Grenzwert S, so liegt es nahe, diesen
als **Summe der Reihe** zu bezeichnen.

T kompakt
Seite 165

Definition
Sei $a_1 + a_2 + a_3 + ...$ eine unendliche Reihe.

- Ist die Folge $(S_n \mid n \in \mathbb{N}^*)$ der Teilsummen der Reihe konvergent, so nennt man auch die Reihe
  konvergent. Ist $\lim\limits_{n \to \infty} S_n = S$, so nennt man S die **Summe der Reihe** und schreibt:

$$a_1 + a_2 + a_3 + ... = S$$

- Ist die Folge $(S_n \mid n \in \mathbb{N}^*)$ der Teilsummen der Reihe divergent, so nennt man auch die Reihe
  divergent. Einer divergenten Reihe wird keine Summe zugeschrieben.

Der folgende Satz wird gelegentlich gebraucht. Er besagt im Wesentlichen, dass man auch aus
einer Summe von unendlich vielen Gliedern einen gemeinsamen Faktor herausheben darf.

Satz
Ist die Reihe $a_1 + a_2 + a_3 + ...$ konvergent und $c \in \mathbb{R}$, so ist auch die Reihe
$c \cdot a_1 + c \cdot a_2 + c \cdot a_3 + ...$ konvergent und es gilt:
$$c \cdot a_1 + c \cdot a_2 + c \cdot a_3 + ... = c \cdot (a_1 + a_2 + a_3 + ...)$$

BEWEIS: $c \cdot a_1 + c \cdot a_2 + c \cdot a_3 + ... = \lim\limits_{n \to \infty} (c \cdot a_1 + c \cdot a_2 + ... + c \cdot a_n) =$

$$= \lim\limits_{n \to \infty} [c \cdot (a_1 + a_2 + ... + a_n)] =$$

$$= c \cdot \lim\limits_{n \to \infty} (a_1 + a_2 + ... + a_n) = c \cdot (a_1 + a_2 + a_3 + ...) \qquad \square$$

Die Summe einer unendlichen geometrischen Reihe

Unendliche arithmetische Reihen mit Ausnahme der Reihe $0 + 0 + 0 + 0 + \dots$ sind stets divergent. Unendliche geometrische Reihen jedoch können für bestimmte Werte des Quotienten q konvergent sein, wie der folgende Satz zeigt (Beweis im Anhang auf Seite 285):

Satz

Besitzt eine **unendliche geometrische Reihe $b_1 + b_2 + b_3 + \dots$** den Quotienten **q** mit **|q| < 1**, dann gilt für ihre Summe S:

$$S = b_1 \cdot \frac{1}{1-q}$$

Applet
n2j354

8.06 Die nebenstehende Wellenlinie entsteht durch unendlich oftmaliges Aneinanderfügen von Halbkreisen, wobei ab dem zweiten Halbkreis jeder Halbkreisdurchmesser nur $\frac{2}{3}$ des vorangehenden Durchmessers ausmacht. Wie lang ist die gesamte Wellenlinie, wenn der erste Durchmesser 6 mm beträgt?

LÖSUNG: Länge des 1. Halbkreises = 3π

Länge des 2. Halbkreises = $3\pi \cdot \frac{2}{3}$

Länge des 3. Halbkreises = $3\pi \cdot \left(\frac{2}{3}\right)^2$

…

Länge des n-ten Halbkreises = $3\pi \cdot \left(\frac{2}{3}\right)^{n-1}$

…

Gesamtlänge der Wellenlinie: $S = 3\pi + 3\pi \cdot \frac{2}{3} + 3\pi \cdot \left(\frac{2}{3}\right)^2 + \dots$

Es liegt eine unendliche geometrische Reihe mit $b_1 = 3\pi$ und $q = \frac{2}{3}$ vor.

Wegen $|q| < 1$ gilt für die Gesamtlänge der Wellenlinie: $S = \frac{3\pi}{1 - \frac{2}{3}} = 9\pi \approx 28{,}27$.

AUFGABEN

8.07 Ist die folgende geometrische Reihe konvergent? Wenn ja, gib ihre Summe an!

a) $1 + 2 + 2^2 + \dots$ **c)** $1 + \left(-\frac{1}{2}\right) + \left(-\frac{1}{2}\right)^2 + \dots$ **e)** $3 + 3 \cdot \frac{1}{4} + 3 \cdot \left(\frac{1}{4}\right)^2 + \dots$

b) $1 + \frac{1}{2} + \left(\frac{1}{2}\right)^2 + \dots$ **d)** $1 + (-1) + (-1)^2 + \dots$ **f)** $5 - 5 \cdot 0{,}1 + 5 \cdot 0{,}1^2 - 5 \cdot 0{,}1^3 + \dots$

8.08 Ein Gummiball fällt lotrecht aus 1 m Höhe, steigt nach dem Auftreffen auf dem Boden wieder bis zur Höhe von 0,8 m auf, steigt nach dem nächsten Auftreffen auf dem Boden bis zur Höhe von 0,64 m auf, usw. Die Sprunghöhen des Gummiballs bilden dabei eine geometrische Folge. Wie lang ist der Weg, den der Ball bis zum „Stillstand" insgesamt zurücklegt?

8.09 Die nebenstehend abgebildete Spirale entsteht durch unendlich oftmaliges Aneinanderfügen von Halbkreisen, wobei ab dem zweiten Durchmesser jeder Durchmesser vier Fünftel des vorhergehenden Durchmessers ausmacht. Der erste Durchmesser beträgt 10 cm.

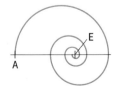

1) Wie groß ist die Gesamtlänge der Spirale?
2) Der rechte Endpunkt der Spirale nähert sich unbegrenzt einem Punkt E. Wie weit ist E von A entfernt?

8.10 Die nebenstehend abgebildete „Schlangenlinie" entsteht durch fortlaufendes, endloses Aneinanderfügen von halben Quadraten, wobei die Seitenlänge der Quadrate bei jedem Schritt um 40 % abnimmt. Die Seitenlänge des ersten Quadrats beträgt 5 cm.

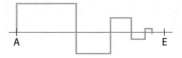

    1) Wie groß ist die Gesamtlänge der „Schlangenlinie"?

    2) Der rechte Endpunkt der „Schlangenlinie" nähert sich unbegrenzt einem Punkt E. Wie weit ist E von A entfernt?

8.11 Die nebenstehend abgebildete „Spirale" entsteht durch unendlich oftmaliges Aneinanderfügen von halben Quadraten, wobei die Seitenlängen der Quadrate bei jedem Schritt halbiert werden. Die Seitenlänge des ersten Quadrats beträgt 5 cm.

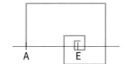

    1) Wie lang ist diese Linie?

    2) Der rechte Endpunkt der „Spirale" nähert sich unbegrenzt einem Punkt E. Wie weit ist E von A entfernt?

8.12 Durch unendlich oftmaliges Aneinanderfügen von Quadraten wie in der Abbildung entsteht eine „Treppe" mit unendlich vielen Stufen. Die Seitenlängen der Quadrate verkürzen sich dabei bei jedem Schritt um ein Viertel. Die Seitenlänge des ersten Quadrats beträgt 0,5 m. Berechne

    1) die Gesamtlänge der Trittflächen,

    2) die Gesamtlänge der Treppe (Trittflächen und Spiegelflächen)!

8.13 Sechs durch einen Punkt Q laufende Geraden schließen miteinander gleich große Winkel ein. Der Punkt P liegt auf einer dieser Geraden und seine Entfernung von Q beträgt 6 cm. Von P aus wird durch fortlaufendes, endloses Fällen des Lotes auf die jeweils nächste Gerade ein spiralförmiger Linienzug erzeugt. Wie lang ist dieser?

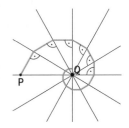

Achilles und die Schildkröte

Die Tatsache, dass eine unendliche Reihe eine endliche Summe besitzen kann, hat schon den Griechen der Antike Kopfzerbrechen bereitet. Vom griechischen Philosophen **Zenon von Elea** (ca. 495 v. Chr.–ca. 430 v. Chr.) stammt folgendes Problem:

Der Sagenheld Achilles und eine Schildkröte veranstalten ein Wettrennen, wobei Achilles der Schildkröte fairerweise einen gewissen Vorsprung gewährt. Bis nun Achilles (A) in einem ersten Schritt die Startposition der Schildkröte (S) erreicht, hat sich die Schildkröte bereits ein Stück weiter bewegt.

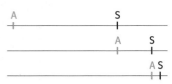

Erreicht Achilles dann in einem zweiten Schritt die neue Position der Schildkröte, ist die Schildkröte abermals ein Stück vorangekommen. Und so weiter bis in alle Ewigkeit. Die Schildkröte bleibt immer ein Stück vor Achilles. Er kann also die Schildkröte nie einholen.

Dieses Paradoxon (Widerspruch zur Alltagserfahrung) lässt sich so auflösen: Die Zeitintervalle der einzelnen Teilschritte werden immer kleiner. Addiert man diese Zeitintervalle, so bilden sie eine unendliche Reihe. Diese Reihe konvergiert und hat daher eine endliche Summe, sodass Achilles die Schildkröte in einer endlichen Zeit einholt.

8.3 ANWENDUNGEN VON FOLGEN UND REIHEN AUF PROBLEME DER FINANZMATHEMATIK

Zinseszinsen

8.14
T kompakt Seite 165

Jemand legt zu Jahresbeginn ein Kapital von K_0 Euro auf ein jährlich mit p% verzinstes Sparbuch. Wie groß ist der Kontostand am Ende des ersten, zweiten, dritten, ..., n-ten Jahres?

LÖSUNG:

Wir bezeichnen den Kontostand am Ende des n-ten Jahres mit K_n.

$$K_1 = K_0 + p\% \text{ von } K_0 = K_0 + \frac{p}{100} \cdot K_0 = K_0 \cdot \left(1 + \frac{p}{100}\right)$$

$$K_2 = K_1 + p\% \text{ von } K_1 = K_1 + \frac{p}{100} \cdot K_1 = K_1 \cdot \left(1 + \frac{p}{100}\right) = K_0 \cdot \left(1 + \frac{p}{100}\right)^2$$

$$K_3 = K_2 + p\% \text{ von } K_2 = K_2 + \frac{p}{100} \cdot K_2 = K_2 \cdot \left(1 + \frac{p}{100}\right) = K_0 \cdot \left(1 + \frac{p}{100}\right)^3$$

...

$$K_n = K_0 \cdot \left(1 + \frac{p}{100}\right)^n$$

Bei der letzten Aufgabe handelt es sich um eine **Zinseszins-Rechnung**, weil die Zinsen am Ende eines jeden Jahres zu dem zu Beginn des Jahres vorhandenen Kapital dazugeschlagen und im darauf folgenden Jahr mitverzinst werden.

Man bezeichnet $\frac{p}{100} = p\%$ als **jährlichen Zinssatz** und $q = 1 + \frac{p}{100}$ als **jährlichen Aufzinsungsfaktor**. Ein jährlicher Zinssatz wird oft in der Form **p% p.a.** (pro anno) angegeben. Wir halten fest:

Zinseszinsformel (für volle Jahre)

Wird ein Kapital K_0 mit p% jährlich verzinst, so beträgt das Kapital K_n nach n Jahren:

$$\mathbf{K_n = K_0 \cdot \left(1 + \frac{p}{100}\right)^n = K_0 \cdot q^n} \quad \left(\text{mit } q = 1 + \frac{p}{100}\right)$$

Zum Leidwesen aller Sparer muss ein Teil des Zinsertrages als Kapitalertragsteuer (kurz KESt) an das Finanzamt abgeliefert werden. Diese beträgt derzeit (Stand 2017) 25%, dh. 25% der vereinbarten Zinsen (Bruttozinsen) gehen an den Staat und nur 75% werden effektiv dem Sparer gutgeschrieben. Die verbleibenden Zinsen nennt man die effektiven Zinsen, den zugehörigen Zinssatz $p_{eff}\% = 0,75 \cdot p\%$ nennt man den effektiven Zinssatz.

8.15 Ein Geldbetrag von 20 000 € wird für 10 volle Kalenderjahre zu 2,5% p.a. angelegt. Welchen Guthabenstand erreicht der Sparer, wenn
a) keine KESt berücksichtigt wird, **b)** wenn die KESt berücksichtigt wird?

LÖSUNG:

1) $K_{10} = 20\,000 \cdot 1,025^{10} \approx 25\,601,69$ (€)

2) Da dem Sparer nur 75% des Zinsertrags tatsächlich gutgeschrieben werden, erhält er nur den effektiven Jahreszinssatz $0,75 \cdot 2,5\% = 1,875\%$. Nach 10 Jahren beträgt sein Guthaben daher:
$K_{10} = 20\,000 \cdot 1,01875^{10} \approx 24\,082,76$ (€)

8.16 Jemand legt ein Kapital von 5 000 € zu Jahresbeginn auf ein mit 1,75 % p.a. verzinstes Sparbuch. Wie hoch ist der Kontostand am Ende des 3. Jahres, 5. Jahres bzw. 6. Jahres, wenn

a) keine KESt berücksichtigt wird, **b)** die KESt berücksichtigt wird?

8.17 Welches Kapital muss man zu Jahresbeginn anlegen, um bei einem jährlichen effektiven Zinssatz von 2 % **a)** am Ende des 5. Jahres 5 000 €, **b)** am Ende des 10. Jahres 10 000 € angespart zu haben?

8.18 Jemand zahlt zu Jahresbeginn 12 000 € auf ein mit 1 % p.a. effektiv verzinstes Konto ein. Wie hoch ist der Kontostand am Ende des 6. Jahres, wenn

a) der Zinssatz zwei Jahre nach der Einzahlung auf 1,5 % erhöht wird,

b) wenn zwei Jahre nach der Einzahlung weitere 3 000 € eingezahlt werden?

Einfache, gemischte und theoretische Verzinsung

Die bankenübliche Verzinsung bei Spareinlagen beruht auf folgenden **Grundsätzen**:

- Die kleinste Zeiteinheit für die Verzinsung von Spareinlagen ist der Tag. Jeder Monat wird von den Geldinstituten mit 30 Tagen gezählt, wodurch ein Bankjahr 360 Zinstage umfasst.
- Einzahlungen werden ab dem der Einzahlung folgenden Werktag verzinst.
- Die Verzinsung von Einlagen endet am Tag vor deren Auszahlung (unabhängig davon, ob dieser Tag ein Werktag ist oder nicht).
- Am Jahresende werden die anfallenden Zinsen zum Kapital addiert und ab dem nächsten Jahr mitverzinst.

Wird ein Kapital K_0 nur für einen Teil eines Jahres verzinst, werden Zinsen tageweise berechnet. Man spricht von **einfacher Verzinsung.** Für einen Tag wird $\frac{1}{360}$ des Jahreszinssatzes, für t Tage daher $\frac{t}{360}$ des Jahreszinssatzes gewährt. Ist $\frac{p}{100}$ der Jahreszinssatz, so ist $\frac{p}{100} \cdot \frac{t}{360}$ der Zinssatz für t Tage und das Kapital K_t nach t Tagen innerhalb eines Jahres beträgt somit:

$$K_t = K_0 + K_0 \cdot \frac{p}{100} \cdot \frac{t}{360} = K_0 \cdot \left(1 + \frac{p}{100} \cdot \frac{t}{360}\right)$$

Einfache Verzinsung (für Teile eines Jahres)
Wird ein Kapital K_0 mit p % jährlich verzinst, so beträgt das Kapital K_t nach t Tagen:

$$\mathbf{K_t = K_0 \cdot \left(1 + \frac{p}{100} \cdot \frac{t}{360}\right)} \text{ (für } 0 \le t \le 360)$$

Umfasst der Verzinsungszeitraum sowohl volle Jahre als auch Teile von Jahren, so werden für die vollen Jahre Zinseszinsen berechnet, für die Teile ganzer Jahre jedoch nur einfache Zinsen. Diese Art der Verzinsung bezeichnet man als **gemischte Verzinsung.**

8.19 Ein Kapital von 12 000 € wird mit 1 % effektiv verzinst. Wie hoch ist das Endguthaben E bei einer Verzinsungsdauer von 2 Jahren und 270 Tagen?

LÖSUNG:

Das Kapital nach 2 Jahren beträgt: $K_2 = 12\,000 \cdot 1{,}01^2 = 12\,241{,}20$ (€).
Das Endguthaben nach weiteren 270 Tagen beträgt:

$$E = 12\,241{,}20 \cdot \left(1 + \frac{1}{100} \cdot \frac{270}{360}\right) \approx 12\,333{,}01 \text{ (€)}$$

Um solche Berechnungen zu erleichtern, liegt der Gedanke nahe, auch die tageweise Verzinsung mit der Zinseszinsformel $K_n = K_0 \cdot \left(1 + \frac{p}{100}\right)^n$ durchzuführen, auch wenn dabei n keine natürliche Zahl ist. Diese Art der Verzinsung nennt man **theoretische Verzinsung**.

8.20 (Fortsetzung von 8.19)
Berechne das Endguthaben E in Aufgabe 8.19 mittels theoretischer Verzinsung!

LÖSUNG: 270 Tage sind bei bankengemäßer Berechnung $\frac{270}{360} = 0{,}75$ Jahre. Die Verzinsung erstreckt sich also insgesamt über 2,75 Jahre. Mit der Zinseszinsformel ergibt sich:
$$E = 12\,000 \cdot 1{,}01^{2{,}75} \approx 12\,332{,}89 \; (€)$$

Die letzten beiden Aufgaben zeigen, dass sich die entsprechenden Endkapitale geringfügig unterscheiden. Der Grund dafür ist, dass ein Kapital bei **theoretischer Verzinsung** einem **exponentiellen Wachsen** und bei **gemischter Verzinsung** innerhalb eines Kalenderjahres einem **linearen Wachsen** unterliegt. Dies wollen wir näher erläutern. Dazu nehmen wir an, dass ein zu Beginn eines Jahres eingezahltes Kapital K_0 effektiv mit p% p.a. verzinst wird.

- Bei **theoretischer Verzinsung** beträgt der Guthabenstand nach x Jahren:

  $K_x = K_0 \cdot \left(1 + \frac{p}{100}\right)^x$, wobei $x \in \mathbb{R}_0^+$ ist.

  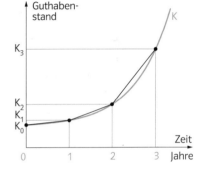

  Stellt man den Guthabenstand in Abhängigkeit von der Verzinsungsdauer grafisch dar, so erhält man den Graphen der Exponentialfunktion K mit

  $K(x) = K_0 \cdot \left(1 + \frac{p}{100}\right)^x$.

- Bei **gemischter Verzinsung** beträgt der Guthabenstand nach n vollen Jahren:

  $K_n = K_0 \cdot \left(1 + \frac{p}{100}\right)^n$, wobei $n \in \mathbb{N}$ ist.

  Diesen Guthabenständen entsprechen die Punkte $(0\,|\,K_0)$, $(1\,|\,K_1)$, $(2\,|\,K_2)$, ... auf dem Graphen der Exponentialfunktion K. Die Guthabenstände für beliebige Tage innerhalb der Kalenderjahre erhält man, indem man aufeinander folgende Punkte durch Strecken verbindet. Der gemischten Verzinsung entspricht somit eine abschnittweise lineare Funktion.

Man erkennt, dass der Zinsertrag bei gemischter Verzinsung im Allgemeinen größer ist als bei theoretischer Verzinsung, doch ist der Unterschied nicht sehr groß, da die abschnittweise lineare Funktion von der Exponentialfunktion nur wenig abweicht.

Auf den ersten Blick mag der Umstand, dass die Geldinstitute ein für sie ungünstigeres Verzinsungsmodell anwenden, ein wenig verwundern. Dies lässt sich jedoch historisch begründen: Als den Banken noch keine Computer zur Verfügung standen und die Zinsen händisch berechnet werden mussten, erwies sich die Berechnung tageweise einfacher Zinsen – verbunden mit der Verwendung einer Tabelle von Aufzinsungsfaktoren – als die wesentlich einfachere Variante, da Potenzen mit gebrochenen Hochzahlen schwer zu berechnen waren.

AUFGABEN

8.21 Jemand legt 1000 € auf ein mit 0,8 % effektiv verzinstes Sparbuch. Wie viel kann er abheben, wenn die Verzinsungsdauer 2 Jahre und 181 Tage beträgt? Rechne **a)** mit gemischter Verzinsung, **b)** mit theoretischer Verzinsung!

Regelmäßige jährliche Einzahlungen

8.22 Herr Pichler zahlt zu jedem Jahresbeginn 1000 € auf ein Konto ein und erhält 0,8 % Zinsen pro Jahr. Über welchen Betrag kann er am Ende des 10. Jahres nach KESt-Abzug verfügen?

LÖSUNG:

- effektiver Zinssatz $p_{eff} = 0,75 \cdot 0,8\,\% = 0,6\,\%$.
  jährlicher Aufzinsungsfaktor: $q = 1,006$
- Wir veranschaulichen die Einzahlungen durch eine Zeitleiste:

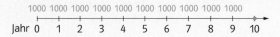

Die 1. Einzahlung wird 10 Jahre lang, die 2. Einzahlung 9 Jahre lang, …, die 10. und letzte Einzahlung 1 Jahr lang verzinst. Wir erhalten das Guthaben K_{10} am Ende des 10. Jahres durch Addition der aufgezinsten Einzahlungen und beginnen mit der letzten Einzahlung:

$$K_{10} = 1000 \cdot q + 1000 \cdot q^2 + \ldots + 1000 \cdot q^{10}$$

Das ist eine geometrische Reihe mit 10 Gliedern, dem Anfangsglied $b_1 = 1000 \cdot q$ und dem Quotienten q. Somit gilt:

$$K_{10} = 1000 \cdot q \cdot \frac{q^{10}-1}{q-1} \approx 10\,336,01 \;(€)$$

AUFGABEN

8.23 Jemand zahlt stets zu Jahresbeginn fünfmal hintereinander 1000 € und dann noch dreimal hintereinander 800 € auf ein mit 0,7 % effektiv verzinstes Konto. Welches Guthaben besitzt er 10 Jahre nach der ersten Einzahlung?

Regelmäßige monatliche Einzahlungen

Definition
Liefert in gleichen Zeiträumen die jährliche Verzinsung eines Kapitals K_0 mit dem Aufzinsungsfaktor q dasselbe Guthaben wie die monatliche Verzinsung des Kapitals K_0 mit dem Aufzinsungsfaktor q_m, so nennt man die **Aufzinsungsfaktoren q und q_m äquivalent**.

8.24 Ein Kapital K_0 wird jährlich mit dem Aufzinsungsfaktor q verzinst. Ermittle den zu q äquivalenten monatlichen Aufzinsungsfaktor q_m!

LÖSUNG: Zum Jahresende muss gelten: $K_0 \cdot q = K_0 \cdot q_m{}^{12}$. Daraus folgt: $q_m = \sqrt[12]{q}$.

Merke
Einem **jährlichen Aufzinsungsfaktor q** entspricht der äquivalente **monatliche Aufzinsungsfaktor** $q_m = \sqrt[12]{q}$.

8.25 Frau Pichler überweist ab Jahresbeginn an jedem Monatsersten 200 € auf ein Konto und erhält 2 % Zinsen pro Jahr. Über welchen Betrag kann sie am Ende des 4. Jahres nach KESt-Abzug verfügen?

LÖSUNG:

- effektiver Zinssatz $p_{eff} = 0,75 \cdot 2\,\% = 1,5\,\%$.
  jährlicher Aufzinsungsfaktor: $q = 1,015$
  monatlicher Aufzinsungsfaktor: $q_m = \sqrt[12]{1,015}$

- Wir veranschaulichen die Einzahlungen durch eine Zeitleiste:

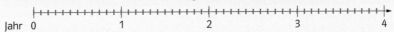

Jahr 0   1   2   3   4

Jede der 48 Einzahlungen in der Höhe von 200 € ist in der Zeitleiste durch einen orangen Strich dargestellt. Man sieht: Die 1. Einzahlung wird 48 Monate lang, die 2. Einzahlung 47 Monate lang, ..., die 48. und letzte Einzahlung 1 Monat lang verzinst.

Insgesamt beträgt das Guthaben K_4 am Ende des 4. Jahres daher:

$$K_4 = 200 \cdot q_m + 200 \cdot q_m^2 + \ldots + 200 \cdot q_m^{48}$$

Das ist eine geometrische Reihe mit 48 Gliedern, dem Anfangsglied $b_1 = 200 \cdot q_m$ und dem Quotienten q_m. Somit gilt:

$$K_4 = 200 \cdot q_m \cdot \frac{q_m^{48}-1}{q_m-1} \approx 9\,897{,}76 \; (\text{€})$$

AUFGABEN

8.26 Herr Müller eröffnet zu Jahresbeginn ein Sparbuch mit einem effektiven Zinssatz von 0,5 % p.a. und zahlt am Anfang eines jeden Monats 100 € ein.

1) Wie groß ist der Guthabenstand am Ende des 5. Jahres?
2) Am Ende des wievielten Jahres erreicht der Guthabenstand erstmals mehr als 12 000 €?
3) Wie groß müsste eine einmalige Zahlung zum Zeitpunkt der Sparbucheröffnung sein, damit am Ende des 5. Jahres der in 1) errechnete Guthabenstand erreicht wird?

8.27 Frau Gruber eröffnet zu Jahresbeginn ein Sparbuch mit einem effektiven Zinssatz von 0,5 % p.a. und zahlt am Anfang eines jeden Monats 200 € ein.

1) Wie groß ist der Guthabenstand am Ende des 6. Jahres?
2) Welchen Betrag müsste sie regelmäßig zu Jahresbeginn einzahlen, um am Ende des 6. Jahres den in 1) errechneten Guthabenstand zu erreichen?

Vergleich von Angeboten

8.28 Willi will seinen Gebrauchtwagen verkaufen und erhält zwei Angebote:

    Angebot 1: 12 000 € bei Kaufabschluss, nach einem bzw. zwei Jahren je 1000 €
    Angebot 2: 8 000 € bei Kaufabschluss und 6 000 € nach zwei Jahren

Welches Angebot ist für Willi günstiger, wenn er auf seiner Bank einen effektiven Zinssatz von 1 % erhält? Rechne mit theoretischer Verzinsung!

LÖSUNG: Wir nehmen an, dass Willi die erhaltenen Geldbeträge zur Bank bringt. Um die beiden Angebote miteinander vergleichen zu können, muss man alle geleisteten Zahlungen auf den gleichen Zeitpunkt beziehen. Wir wählen als Zeitpunkt das Ende des zweiten Jahres:

Angebot 1:   12000 1000 1000   **Angebot 2:**   8000   6000

     Jahr 0   1   2   Jahr 0   1   2

Beim Angebot 1 ergibt sich: $K_2 = 12\,000 \cdot 1{,}01^2 + 1\,000 \cdot 1{,}01 + 1\,000 \approx 14\,251{,}20 \; (\text{€})$
Beim Angebot 2 ergibt sich: $K_2 = 8\,000 \cdot 1{,}01^2 + 6\,000 = 14\,160{,}80 \; (\text{€})$
Das Angebot 1 ist für Willi günstiger.

AUFGABEN

8.29 Wie Aufgabe 8.28 für einen Grundstücksverkauf mit $p_{eff} = 2\,\%$:

    Angebot 1: 60 000 € bei Kaufabschluss und 20 000 € nach zwei Jahren
    Angebot 2: 62 000 € bei Kaufabschluss, nach einem bzw. zwei Jahren je 9 000 €

8.4 STETIGE VERZINSUNG

Stetige Verzinsung und Euler'sche Zahl e

Theoretisch müsste man ein Kapital K_0 nicht erst am Ende eines Jahres verzinsen, sondern könnte es am Ende jedes Tages, jeder Stunde, jeder Minute, jeder Sekunde, jeder Zehntelsekunde usw. verzinsen. **Jakob Bernoulli** (1654 – 1705) hat folgende Frage aufgeworfen: Wie groß ist das Endkapital K_n nach n Jahren, wenn **in jedem Augenblick** verzinst wird? Man bezeichnet diese Art der Verzinsung als **stetige Verzinsung**.

Bernoulli geht dabei von der Annahme aus, dass ein Jahr in n gleich lange Zeiträume unterteilt wird und nach jedem n-tel-Jahr mit dem n-ten Teil des zugrunde gelegten Jahreszinssatzes $\frac{p}{100}$ verzinst wird. In diesem Fall gilt für das Endkapital K_1 nach einem Jahr:

$$K_1 = K_0 \cdot \left(1 + \frac{p}{100} \cdot \frac{1}{n}\right)^n$$

Um das Problem etwas einfacher zu gestalten, nehmen wir zunächst $K_0 = 1\,€$ und $p = 100$ an, also einen unrealistischen Jahreszinssatz von 100 %. Dann lautet die obige Formel

$$K_1 = \left(1 + \frac{1}{n}\right)^n$$

Wenn in jedem Augenblick verzinst wird, geht die Formel über in:

$$K_1 = \lim_{n \to \infty}\left(1 + \frac{1}{n}\right)^n$$

Man kann beweisen, dass der Grenzwert dieser Folge existiert. Um eine Vorstellung von seiner Größe zu erhalten, berechnen wir einige Glieder der Folge (siehe nebenstehende Tabelle). Wir vermuten, dass die Folge gegen eine Zahl konvergiert, die ungefähr gleich 2,718 281 828 … ist. **Leonhard Euler** (1707 – 1783) hat diese Zahl mit e bezeichnet.

n	$\left(1 + \frac{1}{n}\right)^n$
100	2,704 813 829 …
1000	2,716 923 932 …
10 000	2,718 145 927 …
100 000	2,718 268 237 …
1 000 000	2,718 280 469 …
2 000 000 000	2,718 281 828 …

Definition: Die Zahl $e = \lim\limits_{n \to \infty}\left(1 + \frac{1}{n}\right)^n \approx 2{,}718\,281\,828\ldots$ heißt **Euler'sche Zahl**.

Für $K = 1$ und $p = 100$ können wir nun auch das Endkapital K_n nach n Jahren ermitteln:
$$K_1 = K_0 \cdot e, \ \ K_2 = K_0 \cdot e^2, \ \ K_3 = K_0 \cdot e^3, \ \ \ldots, \ \ K_n = K_0 \cdot e^n$$
Allgemein kann man beweisen:

Satz: Wird ein Kapital K_0 bei einem zugrunde gelegten Jahreszinssatz von p % **stetig verzinst**, so gilt für das Kapital K_n nach n Jahren:
$$K_n = K_0 \cdot e^{\frac{p}{100} \cdot n}$$

8.30
⚡T kompakt
Seite 165

Ein Kapital $K_0 = 1000\,€$ wird zum Jahreszinssatz 2 % angelegt. Berechne das Endkapital nach 20 Jahren **1)** bei jährlicher Verzinsung, **2)** bei stetiger Verzinsung!

LÖSUNG: **1)** $K_{20} = 1000 \cdot 1{,}02^{20} \approx 1485{,}95$ (€)   **2)** $K_{20} = 1000 \cdot e^{0{,}02 \cdot 20} \approx 1491{,}82$ (€)
Man sieht: Der Unterschied zwischen jährlicher und stetiger Verzinsung ist relativ gering.

AUFGABEN

8.31 Angenommen, jemand hätte zu Christi Geburt 1 € zum Jahreszinssatz 2,5 % angelegt. Welchen Geldbetrag hätte er Ende 2010 bei **a)** jährlicher, **b)** stetiger Verzinsung gehabt?

TECHNOLOGIE KOMPAKT

GEOGEBRA

CASIO CLASS PAD II

Summe einer endlichen Reihe $a_1 + a_2 + a_3 + \ldots + a_n$ ermitteln

X= CAS-Ansicht:

Eingabe: *Summe(Folgenterm a_n, n, 1, m)* – Werkzeug $=$

Ausgabe → *Summe der endlichen Reihe $a_1 + \ldots + a_m$*

Iconleiste – Main – Statusleiste – Dezimal – Keyboard – Math2

⊡ – unteres Feld: *n = 1* – oberes Feld: *m* –

rechtes Feld: *Folgenterm a_n* EXE

Ausgabe → *Summe der endlichen Reihe $a_1 + \ldots + a_m$*

HINWEIS: $\sum\limits_{n=1}^{m} a_n = a_1 + a_2 + \ldots + a_m$

Summe einer unendlichen Reihe $a_1 + a_2 + a_3 + \ldots$ ermitteln

X= CAS-Ansicht:

Eingabe: Summe(*Folgenterm a_n, n, 1, inf*) – Werkzeug $=$

Ausgabe → *Summe der unendlichen Reihe $a_1 + a_2 + \ldots$*

HINWEIS: *inf* steht für das Zeichen ∞.

Iconleiste – Main – Statusleiste – Dezimal – Keyboard – Math2

⊡ – unteres Feld: *n = 1* – oberes Feld: ∞ –

rechtes Feld: *Folgenterm a_n* EXE

Ausgabe → *Summe der unendlichen Reihe $a_1 + a_2 + \ldots$*

Kapital K mit Zinseszinsen für n volle Jahre ermitteln

X= CAS-Ansicht:

Eingabe: $K(K\_0, p, n) := K\_0*(1 + p/100)^n$ – Werkzeug $=$

Eingabe: *K(Anfangskapital, Jahreszinssatz, Jahresanzahl)* –

Werkzeug $\approx$

Ausgabe → *Kapital nach n vollen Jahren (ohne KESt)*

Iconleiste – Main – Statusleiste – Dezimal – Keyboard – Math3

Define $K(K_0, p, n) = K_0 \times (1 + p/100)^n$ EXE

Eingabe: *K(Anfangskapital, Jahreszinssatz, Jahresanzahl)*

EXE

Ausgabe → *Kapital nach n vollen Jahren (ohne KESt)*

Kapital K bei stetiger Verzinsung nach n Jahren ermitteln

X= CAS-Ansicht:

Eingabe: $K(K\_0, p, n) := K\_0*exp(n*p/100)$ – Werkzeug $=$

Eingabe: *K(Anfangskapital, Jahreszinssatz, Jahresanzahl)* –

Werkzeug $\approx$

Ausgabe → *Kapital bei stetiger Verzinsung nach n Jahren (ohne KESt)*

Iconleiste – Main – Statusleiste – Dezimal – Keyboard – Math3

Define $K(K_0, p, n) = K_0 \times e^{\blacksquare} n \times p/100$ EXE

Eingabe: *K(Anfangskapital, Jahreszinssatz, Jahresanzahl)*

EXE

Ausgabe → *Kapital bei stetiger Verzinsung nach n Jahren (ohne KESt)*

AUFGABEN

T 8.01 Gegeben ist die Summe S_{20} der endlichen Reihe $a_1 + \ldots + a_{20}$ mit $a_n = 1 + \frac{n}{2}$.

    1) Ist S_{20} größer als 30? Begründe ohne detaillierte Rechnung!

    2) Berechne S_{20} mit Technologie!

T 8.02 Berechne näherungsweise die Summe der unendlichen Reihe $a_1 + a_2 + a_3 + \ldots$ mit $a_n = \frac{2}{n^2}$!

T 8.03 Ein Geldbetrag von 150 000 € wird für 6 Jahre bei einem Zinssatz von 1,2 % p.a. verzinst. Berechne die Höhe des Endkapitals ohne Berücksichtigung der KESt, wenn

    a) bankübliche Zinseszinsrechnung angewendet wird,

    b) stetige Verzinsung benützt wird!

 KOMPETENZCHECK

AUFGABEN VOM TYP 1

FA-L 8.1 **8.32** Ergänze die Tabelle für eine endliche arithmetische Reihe $a_1 + a_2 + \ldots + a_n$ mit der Summe S!

a)

n	a_1	a_n	S
	4	454	17404

b)

n	a_1	a_n	S
50		1593	39837,5

FA-L 8.1 **8.33** Kreuze die richtige(n) Aussage(n) an!

$1 + 3 + 5 + 7 + 9 + \ldots + 99 = 2500$	☐
$20 + 22 + 24 + 26 + \ldots + 60 = 800$	☐
$3 \cdot 8 + 4 \cdot 8 + 5 \cdot 8 + \ldots + 27 \cdot 8 = 3000$	☐
$3 + 3 \cdot 2 + 3 \cdot 4 + 3 \cdot 8 + \ldots + 3 \cdot 512 = 3060$	☐
$3 + 3^2 + 3^3 + \ldots + 3^{10} = 88572$	☐

FA-L 8.2 **8.34** Gegeben ist die Reihe $x_1 + x_2 + x_3 + \ldots$
mit $x_n = (-0,5)^n$ für $n = 1, 2, 3, \ldots$.
Es ist S_n die n-te Teilsumme der Reihe.
Kreuze die zutreffende(n) Aussage(n) an!

$S_3 = -0,375$	☐
Die Summe der ersten 10 Glieder ist > 0.	☐
$\lim\limits_{n \to \infty} S_n = 1$	☐
Die Folge (x_n) ist konvergent.	☐
Die Reihe $x_1 + x_2 + x_3 + \ldots$ ist divergent.	☐

FA-L 8.3 **8.35** Ergänze die Tabelle für eine unendliche geometrische Reihe $b_1 + b_2 + \ldots$ mit der Summe S!

a)

b_1	q	S
	0,2	125

b)

b_1	q	S
1000		2000

FA-L 8.3 **8.36** Kreuze die richtige(n) Aussage(n) an!

$1 + \frac{3}{2} + \frac{9}{4} + \frac{27}{8} + \ldots = \frac{5}{2}$	☐
$1 - \frac{2}{3} + \frac{4}{9} - \frac{8}{27} + \ldots = \frac{3}{5}$	☐
$8 - 8 \cdot 0,2 + 8 \cdot 0,2^2 - 8 \cdot 0,2^3 + \ldots = \frac{20}{3}$	☐
$2 + 2 \cdot \frac{1}{3} + 2 \cdot \left(\frac{1}{3}\right)^2 + 2 \cdot \left(\frac{1}{3}\right)^3 + \ldots = 3$	☐
$3 + 0,2 + 0,02 + 0,002 + \ldots = 2,5$	☐

FA-L 8.4 **8.37** Jemand legt jeweils am Monatsersten 150 € auf ein mit 1% p.a. effektiv verzinstes Sparbuch. Kreuze die Terme an, die das Guthaben am Ende des dritten Jahres richtig angeben!

$150 \cdot 1,01^3$	☐
$150 \cdot \sqrt[12]{1,01}^{36} + 150 \cdot \sqrt[12]{1,01}^{35} + \ldots + 150 \cdot \sqrt[12]{1,01}$	☐
$150 \cdot \sqrt[12]{1,01}^{36} + 150 \cdot \sqrt[12]{1,01}^{35} + \ldots + 150 \cdot \sqrt[12]{1,01} + 150$	☐
$150 \cdot \left(\sqrt[12]{1,01}^{36} + \sqrt[12]{1,01}^{35} + \ldots + \sqrt[12]{1,01}\right)$	☐
$150 \cdot \left(1,01^{\frac{36}{12}} + 1,01^{\frac{35}{12}} + \ldots + 1,01^{\frac{1}{12}}\right)$	☐

AUFGABEN VOM TYP 2

FA-L 7.1 **8.38** **Die Legende vom Erfinder des Schachspiels**

FA-L 8.1

FA-L 8.4

Der Legende nach soll sich Sissa ibn Dahir, der
Erfinder des Schachspiel, von seinem König
Shihram als Lohn für seine Erfindung die Menge
aller Weizenkörner erbeten haben, die in folgender
Weise auf das Schachbrett gelegt werden sollen.

Auf dem 1. Feld soll ein Weizenkorn liegen,
auf dem 2. Feld sollen zwei Weizenkörner liegen,
auf dem 3. Feld vier Weizenkörner usw. bis zum
64. Feld des Schachbretts. Auf jedem Feld soll also
die doppelte Anzahl an Weizenkörnern liegen wie
auf dem vorangehenden Feld.

König Shihram lachte über Sissas bescheidenen Wunsch. Tatsächlich aber hatte Shihram
keinen Grund zum Lachen.

a) ▪ Wie viele Weizenkörner hätte man auf das letzte Feld der ersten Reihe legen müssen?
   ▪ Wie viele Weizenkörner hätte man auf das letzte Feld legen müssen?

b) ▪ Wie viele Weizenkörner hätte Sissa insgesamt als Lohn erhalten müssen?
   ▪ Wenn ein Weizenkorn ca. 0,05 g wiegt und die gesamte Weltjahresproduktion an Weizen
     ca. 610 Millionen Tonnen beträgt, wie viele solche Weltjahresproduktionen wären dann
     nötig gewesen, um Sissas Lohn aufzubringen?

c) ▪ Angenommen, Sissa hätte verlangt, dass auf dem 1. Feld ein Weizenkorn und auf jedem
     weiteren Feld 2 Weizenkörner mehr als auf dem vorangehenden Feld liegen sollen. Wie
     viele Weizenkörner hätte man dann auf das letzte Feld legen müssen?
   ▪ Wie viele Weizenkörner hätte Sissa in diesem Fall als Lohn erhalten müssen?

AG-R 2.4 **8.39** **Tiefenbohrung**

FA-L 8.1

FA-L 8.4

Zur Erschließung einer neuen Thermalquelle soll eine Tiefenbohrung vorgenommen werden,
wobei eine Tiefe von 208 m erreicht werden muss. Zwei Prospektionsunternehmen legen
folgende Angebote:

Angebot I: Für die ersten 200 m werden fixe 110 000 € verrechnet. Der 201. Meter kostet 800 €
und jeder folgende Meter um 500 € mehr als der vorhergehende.

Angebot II: Für die ersten 200 m wird ein Fixbetrag von 125 000 € verlangt. Der 201. Meter
kostet 750 € und jeder weitere Meter um 2 % mehr als der vorhergehende.

a) ▪ Berechne die Kosten, wenn man sich für das Angebot I entscheidet!
   ▪ Berechne die Kosten, wenn man sich für das Angebot II entscheidet!

b) ▪ Welche größte Bohrtiefe könnte man mit einem Gesamtbudget von 140 000 € erreichen,
     wenn man das Angebot I annimmt?
   ▪ Welche größte Bohrtiefe könnte man mit dem gleichen Gesamtbudget von 140 000 €
     erreichen, wenn man das Angebot II annimmt?

VEKTOREN IN $\mathbb{R}^3$

LERNZIELE

9.1 **Vektoren in $\mathbb{R}^3$ (Zahlentripel) kennen;** **Rechenoperationen für Vektoren in $\mathbb{R}^3$** kennen und durchführen können (Addition, Subtraktion, Multiplikation mit einem Skalar, Skalarprodukt).

9.2 **Vektoren in $\mathbb{R}^3$** und deren **Rechenoperationen geometrisch deuten** können.

9.3 Einfache **Anwendungen in der Raumgeometrie** durchführen können

9.4 Das **Vektorprodukt** und die **Normalprojektion von Vektoren in $\mathbb{R}^3$** ermitteln und anwenden können.

- **Technologie kompakt**

- **Kompetenzcheck**

GRUNDKOMPETENZEN

AG-R 3.1 **Vektoren als Zahlentupel** verständig einsetzen und im Kontext deuten können.

AG-R 3.2 **Vektoren geometrisch** (als **Punkte** bzw. **Pfeile**) deuten und verständig einsetzen können.

AG-R 3.3 Definitionen der **Rechenoperationen** mit Vektoren (Addition, Multiplikation mit einem Skalar, Skalarmultiplikation) kennen, Rechenoperationen verständig einsetzen und (auch geometrisch) deuten können.

AG-L 3.6 Die **geometrische Bedeutung des Skalarprodukts** kennen und den **Winkel zwischen zwei Vektoren** ermitteln können.

AG-L 3.7 **Einheitsvektoren** ermitteln, verständig einsetzen und interpretieren können.

AG-L 3.8 **Definition des vektoriellen Produkts** und seine **geometrische Bedeutung** kennen.

9.1 VEKTOREN IN $\mathbb{R}^3$

Zahlentripel

Zur Beschreibung mancher Sachverhalte kommt man mit einer Zahl nicht aus. Man braucht dazu mehrere Zahlen. Wenn drei Zahlen a_1, a_2 und a_3 benötigt werden, kann man diese zu einem **Zahlentripel** zusammenfassen.

Wie Zahlenpaare kann man auch Zahlentripel in Form einer Spalte oder in Form einer Zeile anschreiben.

Spaltenform	Zeilenform
$\begin{pmatrix} a_1 \\ a_2 \\ a_3 \end{pmatrix}$	$(a_1 \mid a_2 \mid a_3)$

Die Menge aller Tripel reeller Zahlen bezeichnet man mit $\mathbb{R}^3$ (sprich: R drei).

Definition (Menge $\mathbb{R}^3$)
$\mathbb{R}^3 = \{ (a_1 \mid a_2 \mid a_3) \mid a_1, a_2, a_3 \in \mathbb{R} \}$

Ein Zahlentripel $(a_1 \mid a_2 \mid a_3)$ bezeichnet man auch als **Vektor** mit den **Koordinaten** a_1, a_2, a_3 oder als **Vektor aus** $\mathbb{R}^3$. Beispielsweise gilt $(2 \mid -5 \mid 3) \in \mathbb{R}^3$. Wie bei Zahlenpaaren sieht man auch zwei Zahlentripel dann als gleich an, wenn sie dieselben Zahlen in derselben Reihenfolge enthalten.

↗**T** kompakt
Seite 181

Die Rechenoperationen für Zahlentripel sind zu jenen für Zahlenpaare analog, es kommt lediglich jeweils eine dritte Koordinate hinzu:

Definition (Summe, Differenz und Vielfache für Vektoren aus $\mathbb{R}^3$)

Es seien $A = \begin{pmatrix} a_1 \\ a_2 \\ a_3 \end{pmatrix}$, $B = \begin{pmatrix} b_1 \\ b_2 \\ b_3 \end{pmatrix}$ Vektoren aus $\mathbb{R}^3$ und $r \in \mathbb{R}$. Man setzt:

$$A + B = \begin{pmatrix} a_1 \\ a_2 \\ a_3 \end{pmatrix} + \begin{pmatrix} b_1 \\ b_2 \\ b_3 \end{pmatrix} = \begin{pmatrix} a_1 + b_1 \\ a_2 + b_2 \\ a_3 + b_3 \end{pmatrix}, \quad A - B = \begin{pmatrix} a_1 \\ a_2 \\ a_3 \end{pmatrix} - \begin{pmatrix} b_1 \\ b_2 \\ b_3 \end{pmatrix} = \begin{pmatrix} a_1 - b_1 \\ a_2 - b_2 \\ a_3 - b_3 \end{pmatrix}, \quad r \cdot A = r \cdot \begin{pmatrix} a_1 \\ a_2 \\ a_3 \end{pmatrix} = \begin{pmatrix} r \cdot a_1 \\ r \cdot a_2 \\ r \cdot a_3 \end{pmatrix}$$

Wie in $\mathbb{R}^2$ definiert man:

- Der Vektor $O = (0 \mid 0 \mid 0)$ heißt **Nullvektor** in $\mathbb{R}^3$.
- Ist $A = (a_1 \mid a_2 \mid a_3) \in \mathbb{R}^3$, dann heißt der Vektor $-A = (-a_1 \mid -a_2 \mid -a_3)$ der **Gegenvektor von A** oder der **zu A inverse Vektor**.

Definition (Skalarprodukt für Vektoren in $\mathbb{R}^3$)

Es seien $A, B \in \mathbb{R}^3$. Die reelle Zahl $A \cdot B = \begin{pmatrix} a_1 \\ a_2 \\ a_3 \end{pmatrix} \cdot \begin{pmatrix} b_1 \\ b_2 \\ b_3 \end{pmatrix} = a_1 \cdot b_1 + a_2 \cdot b_2 + a_3 \cdot b_3$ heißt **skalares Produkt** bzw. **Skalarprodukt** der Vektoren A und B.

Für Vektoren in $\mathbb{R}^3$ gelten analoge Rechengesetze wie für Vektoren in $\mathbb{R}^2$. Diese kann man wie in $\mathbb{R}^2$ begründen, indem man die Rechnungen für die einzelnen Koordinaten getrennt aufschreibt. Man kann also mit Vektoren in $\mathbb{R}^3$ im Prinzip so rechnen wie mit Vektoren in $\mathbb{R}^2$.

R ↗**T**   AUFGABEN

9.01 Berechne die Summe und die Differenz der Vektoren A und B!
a) $A = (1 \mid 0 \mid 3)$, $B = (2 \mid 2 \mid 4)$ b) $A = (-2 \mid 7 \mid -3)$, $B = (-2 \mid -2 \mid 4)$

9.02 Berechne das r-fache des Vektors A und den Gegenvektor zu A!
a) $A = (1 \mid -1 \mid 3)$, $r = 2$ b) $A = (-2 \mid 0 \mid 5)$, $r = 0{,}5$ c) $A = (3 \mid -7 \mid -5)$, $r = -2$

9.03 Berechne die Summe und die Differenz der Vektoren A und B, das r-fache des Vektors A, das r-fache des Vektors B, den Gegenvektor zu A und den Gegenvektor zu $r \cdot B$!
a) $A = (a \mid 2a \mid a)$, $B = (2a \mid 0 \mid 3a)$, $r = 3$ b) $A = (-2 + a \mid 2a \mid -3a)$, $B = (a \mid a \mid a)$, $r = -3$

9.04 $A = (3 \mid 1 \mid -1)$, $B = (4 \mid 0 \mid 3)$, $C = (-2 \mid 1 \mid 1)$, $D = (6 \mid 6 \mid 5)$, $E = (-1 \mid -4 \mid -2)$, $F = (-1 \mid 7 \mid 5)$. Berechne:
a) $2 \cdot A + (B + C) - (D - E) + F$ b) $2 \cdot A + (A + C) - (D - A) + (D + C) - A$

9.05 Berechne das Skalarprodukt der Vektoren A und B!
a) $A = (2 \mid 3 \mid -1)$, $B = (7 \mid -1 \mid 9)$ b) $A = (5 \mid 5 \mid -8)$, $B = (6 \mid 1 \mid 3)$ c) $A = (5 \mid -2 \mid -1)$, $B = (1 \mid 3 \mid 5)$

9.06 Berechne das Skalarprodukt der Vektoren A und B!
a) $A = (a \mid a \mid a)$, $B = (b \mid b \mid b)$ b) $A = (x \mid y \mid xy)$, $B = (y \mid x \mid 1)$ c) $A = (a \mid 2a \mid -a)$, $B = (-a \mid a \mid 3a)$

9.2 GEOMETRISCHE DARSTELLUNG VON VEKTOREN IN $\mathbb{R}^3$

R **Darstellung von Vektoren in $\mathbb{R}^3$ als Punkte oder Pfeile im Raum**

T kompakt
Seite 181

Ein **Koordinatensystem im Raum** wird von drei paarweise aufeinander normal stehenden Zahlengeraden gebildet, die den Nullpunkt O miteinander gemeinsam haben. Analog zu $\mathbb{R}^2$ kann man Vektoren aus $\mathbb{R}^3$ (Zahlentripel) als Punkte oder Pfeile in einem fixen räumlichen Koordinatensystem darstellen.

Darstellung von $(a_1 | a_2 | a_3)$ als Punkt
Man erhält den zugehörigen Punkt A als Eckpunkt eines Quaders
oder indem man den grün eingezeichneten Pfeilen folgt.

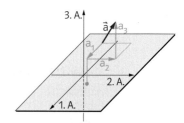

Darstellung von $(a_1 | a_2 | a_3)$ als Pfeil
Man wählt einen beliebigen Anfangspunkt im Raum und
bewegt sich dann je nach Vorzeichen
– um a_1 in Richtung bzw. Gegenrichtung der 1. Achse,
– um a_2 in Richtung bzw. Gegenrichtung der 2. Achse,
– um a_3 in Richtung bzw. Gegenrichtung der 3. Achse.
Dann verbindet man den Anfangspunkt mit dem Endpunkt.
Ist $a_1 = 0$, $a_2 = 0$ oder $a_3 = 0$, so entfällt die entsprechende
Bewegung.

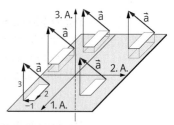

Da man den Anfangspunkt beliebig wählen darf, kann man dem
Zahlentripel $(a_1 | a_2 | a_3)$ unendlich viele Pfeile zuordnen; diese
sind aber alle gleich lang, parallel und gleich gerichtet.
In nebenstehender Abbildung ist das Zahlentripel $(2 | -1 | 3)$
durch einige Pfeile im Raum dargestellt.

Der Nullvektor aus $\mathbb{R}^3$, dh. das Zahlentripel $(0 | 0 | 0)$, entspricht bei der Punktdarstellung dem
Ursprung O des Koordinatensystems, bei der Pfeildarstellung einem **Nullpfeil** mit beliebigem
Anfangspunkt. Dieser hat die Länge 0, man kann ihm aber keine Richtung zuschreiben.

Zusammenfassend lässt sich sagen:

- Jedem Vektor aus $\mathbb{R}^3$ (Zahlentripel) entspricht genau ein Punkt des Raumes.
  Umgekehrt entspricht jedem Punkt des Raumes genau ein Vektor aus $\mathbb{R}^3$ (Zahlentripel).
- Jedem Vektor aus $\mathbb{R}^3$ (Zahlentripel) entsprechen unendlich viele Pfeile des Raumes, die alle
  gleich lang und (vom Nullvektor abgesehen) auch parallel und gleich gerichtet sind.
  Umgekehrt entspricht jedem Pfeil des Raumes genau ein Vektor aus $\mathbb{R}^3$ (Zahlentripel).

Die Bezeichnung von Vektoren aus $\mathbb{R}^3$ erfolgt wie in $\mathbb{R}^2$.
- Wird ein Vektor als Punkt gedeutet, so bezeichnen wir ihn mit A, B, C, …
- Wird ein Vektor als Pfeil gedeutet, so bezeichnen wir ihn mit $\vec{a}, \vec{b}, \vec{c}$, … oder $\overrightarrow{AB}, \overrightarrow{PQ}$, … .

Den Nullvektor $(0 | 0 | 0)$ bezeichnen wir bei der Deutung als Punkt (Ursprung des Koordinatensystems) mit O, bei der Deutung als Nullpfeil mit $\vec{o}$. Wird ein Vektor A aus $\mathbb{R}^3$ geometrisch als
Punkt dargestellt, so beschriften wir auch den Punkt mit A. Wird ein Vektor $\vec{a}$ aus $\mathbb{R}^3$ geometrisch
durch Pfeile dargestellt, so beschriften wir jeden dieser Pfeile mit $\vec{a}$.

Satz

Für alle A, B $\in \mathbb{R}^3$ gilt: **(1)** $\overrightarrow{AB} = B - A$ **(2)** $\overrightarrow{AB} = -\overrightarrow{BA}$

BEWEIS:

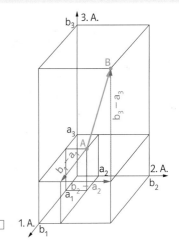

(1) Wir setzen $A = \begin{pmatrix} a_1 \\ a_2 \\ a_3 \end{pmatrix}$ und $B = \begin{pmatrix} b_1 \\ b_2 \\ b_3 \end{pmatrix}$.

Aus der Abbildung liest man ab:

$$\overrightarrow{AB} = \begin{pmatrix} b_1 - a_1 \\ b_2 - a_2 \\ b_3 - a_3 \end{pmatrix} = \begin{pmatrix} b_1 \\ b_2 \\ b_3 \end{pmatrix} - \begin{pmatrix} a_1 \\ a_2 \\ a_3 \end{pmatrix} = B - A$$

Man kann zeigen, dass dies für alle Lagen von A und B gilt.

(2) $\overrightarrow{AB} = B - A = -(A - B) = -\overrightarrow{BA}$ □

Geometrische Darstellung der Rechenoperationen für Vektoren in $\mathbb{R}^3$

Wie in $\mathbb{R}^2$ kann in $\mathbb{R}^3$ bewiesen werden:

Satz

Für alle A, B, C $\in \mathbb{R}^3$ gilt: **(1)** $A + \overrightarrow{AB} = B$ **(2)** $\overrightarrow{AB} + \overrightarrow{BC} = \overrightarrow{AC}$

Punkt-Pfeil-Darstellung der Vektoraddition in $\mathbb{R}^3$

Wird ein Vektor aus $\mathbb{R}^3$ durch einen Punkt im Raum und ein zweiter Vektor aus $\mathbb{R}^3$ durch einen an diesen Punkt angehängten Pfeil dargestellt, so entspricht die Summe der beiden Vektoren dem Endpunkt des angehängten Pfeils.

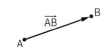

Pfeildarstellung der Vektoraddition in $\mathbb{R}^3$

Werden zwei Vektoren aus $\mathbb{R}^3$ durch aneinandergehängte Pfeile im Raum dargestellt, so entspricht der Summe der beiden Vektoren der Pfeil vom Anfangspunkt des ersten Pfeils zum Endpunkt des zweiten Pfeils.

Streckungsdeutung der Multiplikation eines Vektors in $\mathbb{R}^3$ mit einer reellen Zahl

Der Multiplikation eines Vektors ($\neq \vec{o}$) mit einer reellen Zahl r entspricht eine Streckung jedes zugehörigen Pfeils mit dem Faktor r.

Parallelogrammregel

Die Summe $\vec{a} + \vec{b}$ entspricht dem vom gemeinsamen Anfangspunkt ausgehenden Pfeil entlang der Diagonale des von $\vec{a}$ und $\vec{b}$ aufgespannten Parallelogramms.

Differenzregel

Die Differenz $\vec{b} - \vec{a}$ entspricht dem Pfeil vom Endpunkt von $\vec{a}$ zum Endpunkt von $\vec{b}$.

R

AUFGABEN

9.07 Berechne den Vektor $\overrightarrow{AB}$!

a) $A = (2|3|-6)$, $B = (7|7|5)$

b) $A = (3|3|4)$, $B = (-4|-2|-2)$

c) $A = (5|3|9)$, $B = (9|7|-5)$

d) $A = (-4|-7|0)$, $B = (-4|-5|3)$

e) $A = (5|-3|6)$, $B = (-3|7|5)$

f) $A = (5|4|10)$, $B = (-7|2|9)$

9.08 Ein zum Vektor $\vec{a}$ gehöriger Pfeil wird vom Punkt A aus r-mal abgetragen. Berechne den Endpunkt B!

a) $A = (1|2|1)$, $\vec{a} = (2|1|7)$, $r = 2$

b) $A = (4|7|-3)$, $\vec{a} = (5|0|-3)$, $r = -1$

c) $A = (-1|5|-4)$, $\vec{a} = (-2|5|-3)$, $r = -1{,}5$

d) $A = (4|7|-9)$, $\vec{a} = (3|-2|-1)$, $r = -3$

9.09 Berechne den fehlenden Eckpunkt D des Parallelogramms ABCD!

a) $A = (2|3|-6)$, $B = (7|7|5)$, $C = (4|4|4)$

b) $A = (1|0|9)$, $B = (5|4|7)$, $C = (3|-1|5)$

c) $A = (-4|-2|-3)$, $B = (1|-3|5)$, $C = (3|6|7)$

d) $A = (0|0|2)$, $B = (3|3|3)$, $C = (0|5|6)$

9.10 Berechne die fehlenden Eckpunkte des Quaders mit der Grundfläche ABCD und der Deckfläche EFGH!

a) $A = (0|0|0)$, $B = (3|1|2)$, $D = (1|-1|-1)$, $E = (1|5|-4)$

b) $A = (1|1|1)$, $B = (5|5|3)$, $C = (7|5|-1)$, $E = (-15|21|-7)$

9.11 Ein Parallelepiped ist ein vierseitiges (eventuell schiefes) Prisma, dessen Begrenzungsflächen lauter Parallelogramme sind (siehe Abbildung). Von einem Parallelepiped kennt man die folgenden Eckpunkte. Berechne die Koordinaten der restlichen Eckpunkte!

a) $A = (-1|2|-5)$, $B = (1|7|-4)$, $E = (3|0|3)$, $G = (1|6|7)$

b) $B = (7|-4|5)$, $C = (10|1|3)$, $D = (4|3|2)$, $H = (6|0|12)$

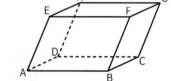

9.12 In einem Parallelepiped ABCDEFGH ist $\vec{a} = \overrightarrow{AB}$, $\vec{b} = \overrightarrow{AD}$ und $\vec{c} = \overrightarrow{AE}$.

1) Drücke die Raumdiagonalvektoren $\overrightarrow{AG}$, $\overrightarrow{HB}$, $\overrightarrow{CE}$ und $\overrightarrow{FD}$ durch $\vec{a}$, $\vec{b}$ und $\vec{c}$ aus!

2) Zeige: Die Summe dieser Raumdiagonalvektoren ist der Nullvektor.

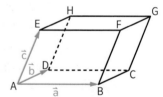

9.13 Die nebenstehende Abbildung zeigt einen Würfel mit der Kantenlänge 6, dessen Eckpunkt A im Ursprung des Koordinatensystems liegt.

a) Gib die Koordinaten aller Würfeleckpunkte an!

b) Verschiebe den Würfel so, dass der Würfelmittelpunkt M im Punkt $M_1 = (4|1|6)$ zu liegen kommt! Welche Koordinaten haben die einzelnen Eckpunkte dann?

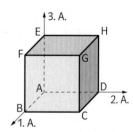

9.14 Eine gerade quadratische Pyramide mit der Grundkantenlänge a und der Höhe h hat die Spitze S. Die Eckpunkte A, B, C und D der Grundfläche sind nicht eindeutig bestimmt. Gib eine Möglichkeit für die Wahl der Koordinaten von A, B, C und D an!

a) $S = (2|2|5)$, $a = 4$, $h = 5$

b) $S = (0|0|6)$, $a = 6$, $h = 4$

c) $S = (5|5|5)$, $a = 2$, $h = 8$

9.3 EINFACHE ANWENDUNGEN DER VEKTORRECHNUNG IN DER RÄUMLICHEN GEOMETRIE

Mittelpunkte, Schwerpunkte, Teilungspunkte

Wie in $\mathbb{R}^2$ kann man auch in $\mathbb{R}^3$ die folgenden Formeln herleiten:

Mittelpunkt der Strecke AB: $\quad M = \frac{1}{2} \cdot (A + B)$

Schwerpunkt des Dreiecks ABC: $\; S = \frac{1}{3} \cdot (A + B + C)$

Teilungspunkte kann man ebenfalls wie in $\mathbb{R}^2$ ermitteln.

AUFGABEN

9.15 Berechne die Mittelpunkte der Seiten und den Schwerpunkt des Dreiecks ABC!
a) $A = (0\,|\,0\,|\,0)$, $B = (6\,|\,4\,|\,0)$, $C = (8\,|\,6\,|\,4)$ **b)** $A = (3\,|\,9\,|\,{-5})$, $B = (5\,|\,7\,|\,{-7})$, $C = (-3\,|\,3\,|\,3)$

9.16 Ermittle den Punkt T auf der Strecke AB, der von A doppelt so weit entfernt ist wie von B!
a) $A = (2\,|\,1\,|\,0)$, $B = (5\,|\,4\,|\,3)$ **b)** $A = (-2\,|\,3\,|\,5)$, $B = (16\,|\,3\,|\,{-7})$

9.17 Die Strecke AB wird in drei gleich lange Teile zerlegt. Berechne die Koordinaten der Teilungspunkte!
a) $A = (3\,|\,3\,|\,3)$, $B = (6\,|\,6\,|\,9)$ **b)** $A = (1\,|\,{-2}\,|\,{-2})$, $B = (10\,|\,13\,|\,{-5})$

Parallele und normale Vektoren

Wie in $\mathbb{R}^2$ definiert man in $\mathbb{R}^3$:

- Zwei vom Nullvektor verschiedene Vektoren $\vec{a}$ und $\vec{b}$ in $\mathbb{R}^3$ sind zueinander **parallel**, wenn die zugehörigen Pfeile zueinander parallel sind.
- Zwei vom Nullvektor verschiedene Vektoren $\vec{a}$ und $\vec{b}$ in $\mathbb{R}^3$ sind zueinander **normal** (**orthogonal**), wenn die zugehörigen Pfeile zueinander normal sind.

Wie in $\mathbb{R}^2$ kann man in $\mathbb{R}^3$ die folgenden beiden Sätze beweisen:

Satz (Parallelitätskriterium)
Zwei vom Nullvektor verschiedene Vektoren $\vec{a}$ und $\vec{b}$ in $\mathbb{R}^3$ sind genau dann zueinander **parallel**, wenn $\vec{b} = r \cdot \vec{a}$ mit $r \in \mathbb{R}^*$ gilt.

Satz (Orthogonalitätskriterium)
Zwei vom Nullvektor verschiedene Vektoren $\vec{a}, \vec{b} \in \mathbb{R}^3$ sind genau dann zueinander **normal**, wenn $\vec{a} \cdot \vec{b} = 0$ ist.

AUFGABEN

Arbeitsblatt np2t5x

9.18 Kreuze an, was zutrifft!

$\vec{a}$	$\vec{b}$	$\vec{a} \parallel \vec{b}$	$\vec{a} \perp \vec{b}$	weder $\vec{a} \parallel \vec{b}$ noch $\vec{a} \perp \vec{b}$
$(4\,|\,{-6}\,|\,2)$	$(3\,|\,2\,|\,0)$	☐	☐	☐
$(4\,|\,{-6}\,|\,2)$	$(-2\,|\,3\,|\,{-1})$	☐	☐	☐
$(4\,|\,{-6}\,|\,2)$	$(2\,|\,3\,|\,2)$	☐	☐	☐
$(7\,|\,5\,|\,7)$	$(-7\,|\,{-6}\,|\,7)$	☐	☐	☐

9.19 Gib einen Vektor an, der auf den Vektor $\vec{a}$ normal steht!
a) $\vec{a} = (2\,|\,{-2}\,|\,1)$ **b)** $\vec{a} = (1\,|\,0\,|\,{-1})$ **c)** $\vec{a} = (0\,|\,0\,|\,8)$ **d)** $\vec{a} = (7\,|\,{-2}\,|\,5)$ **e)** $\vec{a} = (2\,|\,1\,|\,9)$

Betrag eines Vektors und Einheitsvektoren

9.20
*T kompakt
Seite 181*

Der Vektor $\vec{PQ} = (a_1 \,|\, a_2 \,|\, a_3)$ ist als Pfeil von P nach Q dargestellt.
Stelle eine Formel für die Länge dieses Pfeils auf!

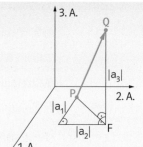

LÖSUNG: $\overline{PF}^2 = |a_1|^2 + |a_2|^2$

$\overline{PQ}^2 = \overline{PF}^2 + \overline{FQ}^2 = |a_1|^2 + |a_2|^2 + |a_3|^2 = a_1^2 + a_2^2 + a_3^2$

$\overline{PQ} = \sqrt{a_1^2 + a_2^2 + a_3^2}$

Überlege, dass diese Formel auch für $a_1 = 0$ oder $a_2 = 0$ oder $a_3 = 0$ gilt!

Definition

Unter dem **Betrag des Vektors $\vec{a} = (a_1 \,|\, a_2 \,|\, a_3) \in \mathbb{R}^3$** versteht man die reelle Zahl

$$|\vec{a}| = \sqrt{a_1^2 + a_2^2 + a_3^2}$$

Geometrisch entspricht $|\vec{a}|$ der Länge eines dem Vektor $\vec{a}$ zugeordneten Pfeils.
Wie in $\mathbb{R}^2$ kann man auch in $\mathbb{R}^3$ die folgenden beiden Sätze beweisen:

Satz

Für alle $\vec{a} \in \mathbb{R}^3$ und alle $r \in \mathbb{R}$ gilt: **(1)** $|r \cdot \vec{a}| = |r| \cdot |\vec{a}|$ **(2)** $|\vec{a}|^2 = \vec{a}^2$

Satz: Sind A und B zwei Punkte des Raumes, dann gilt für ihren Abstand: $\overline{AB} = |\vec{AB}| = |B - A|$.

Definition

Ist $\vec{a} \neq \vec{o}$ ein Vektor in $\mathbb{R}^3$, dann heißt der Vektor $\vec{a_0} = \frac{1}{|\vec{a}|} \cdot \vec{a}$ **der zu $\vec{a}$ gehörige Einheitsvektor.**

MERKE: Der Vektor $\vec{a_0}$ ist zu $\vec{a}$ parallel, zu $\vec{a}$ gleich gerichtet und hat den Betrag 1.

9.21 Vom Punkt $P = (1 \,|\, 2 \,|\, {-3})$ aus wird eine Strecke der Länge 12 in Richtung des Vektors $\vec{a} = (2 \,|\, 2 \,|\, 1)$ abgetragen. Ermittle die Koordinaten des zweiten Endpunkts Q dieser Strecke!

LÖSUNG: Wir tragen den zu $\vec{a}$ gehörigen Einheitsvektor $\vec{a_0}$ von P aus 12-mal ab:

$$Q = P + 12 \cdot \vec{a_0} = P + 12 \cdot \frac{1}{|\vec{a}|} \cdot \vec{a} = (1 \,|\, 2 \,|\, {-3}) + 12 \cdot \frac{1}{3} \cdot (2 \,|\, 2 \,|\, 1) = (9 \,|\, 10 \,|\, 1)$$

AUFGABEN

T **9.22** Berechne die Seitenlängen des Dreiecks ABC!
   a) $A = (2 \,|\, 0 \,|\, 4)$, $B = (3 \,|\, 1 \,|\, 1)$, $C = (1 \,|\, {-1} \,|\, 1)$ **b)** $A = (3 \,|\, {-2} \,|\, {-2})$, $B = (3 \,|\, 1 \,|\, {-2})$, $C = (4 \,|\, 0 \,|\, {-1})$

9.23 Zeige, dass das Dreieck ABC für beliebige $r, s \in \mathbb{R}$ gleichseitig ist! Wähle dann konkrete Zahlenwerte für r und s und berechne die Seitenlängen dieses Dreiecks!
   a) $A = (r \,|\, 0 \,|\, s)$, $B = (s \,|\, r \,|\, 0)$, $C = (0 \,|\, s \,|\, r)$ **b)** $A = (r \,|\, s \,|\, 0)$, $B = (0 \,|\, r \,|\, s)$, $C = (r - s \,|\, r + s \,|\, s - r)$

T **9.24** Vom Punkt P aus wird eine Strecke der Länge d in Richtung des Vektors $\vec{a}$ abgetragen.
Ermittle die Koordinaten des zweiten Endpunkts Q dieser Strecke!
   a) $P = (7 \,|\, 3 \,|\, {-2})$, $d = 6$, $\vec{a} = (1 \,|\, 2 \,|\, {-2})$ **c)** $P = (5 \,|\, 0 \,|\, 0)$, $d = 24$, $\vec{a} = (4 \,|\, {-2} \,|\, 4)$
   b) $P = (4 \,|\, 3 \,|\, 6)$, $d = 12$, $\vec{a} = (2 \,|\, {-1} \,|\, 2)$ **d)** $P = (3 \,|\, 0 \,|\, {-2})$, $d = 9 \cdot \sqrt{3}$, $\vec{a} = (1 \,|\, 1 \,|\, 1)$

Winkelmaß von Vektoren in $\mathbb{R}^3$

Das Winkelmaß zweier Vektoren ist in $\mathbb{R}^3$ analog definiert wie in $\mathbb{R}^2$.

$\nearrow\overset{\smallsmile}{T}$ kompakt
Seite 181

Definition
Zwei vom Nullvektor verschiedene Vektoren $\vec{a}, \vec{b} \in \mathbb{R}^3$ seien durch Pfeile
von einem gemeinsamen Anfangspunkt aus dargestellt.
Das Maß φ des Winkels, den diese beiden Pfeile miteinander
einschließen, nennt man das **Winkelmaß der Vektoren $\vec{a}$ und $\vec{b}$.**

Für das Winkelmaß φ zweier Vektoren gilt stets: $\mathbf{0° \leqslant \varphi \leqslant 180°}$. Analog zu $\mathbb{R}^2$ gilt auch in $\mathbb{R}^3$:

Satz
Ist φ das Winkelmaß der vom Nullvektor verschiedenen Vektoren $\vec{a}, \vec{b} \in \mathbb{R}^3$, dann gilt:

$$\cos \varphi = \frac{\vec{a} \cdot \vec{b}}{|\vec{a}| \cdot |\vec{b}|}$$

Lernapplet
5f7i3c

Wie in $\mathbb{R}^2$ folgt in $\mathbb{R}^3$ aus $\vec{a} \cdot \vec{b} = |\vec{a}| \cdot |\vec{b}| \cdot \cos \varphi$:

- Ist $\vec{a} \cdot \vec{b} > 0$, so bilden die Pfeile einen spitzen Winkel.

- Ist $\vec{a} \cdot \vec{b} < 0$, so bilden die Pfeile einen stumpfen Winkel.

- Ist $\vec{a} \cdot \vec{b} = 0$, so bilden die Pfeile einen rechten Winkel.

AUFGABEN

$\nearrow\overset{\smallsmile}{T}$ 9.25 Berechne das Winkelmaß der Vektoren $\vec{a}$ und $\vec{b}$!
a) $\vec{a} = (7\,|\,2\,|\,1)$, $\vec{b} = (3\,|\,2\,|-3)$ **b)** $\vec{a} = (4\,|\,0\,|-5)$, $\vec{b} = (1\,|\,1\,|\,7)$ **c)** $\vec{a} = (4\,|\,1\,|\,7)$, $\vec{b} = (5\,|\,5\,|\,2)$

$\nearrow\overset{\smallsmile}{T}$ 9.26 Zeige, dass das Dreieck ABC rechtwinkelig ist und berechne die Maße der beiden anderen Winkel!
a) $A = (1\,|\,3\,|-1)$, $B = (2\,|\,5\,|-4)$, $C = (3\,|\,5\,|\,1)$ **c)** $A = (3\,|\,2\,|\,0)$, $B = (4\,|\,1\,|\,7)$, $C = (1\,|\,1\,|\,1)$
b) $A = (10\,|\,0\,|\,0)$, $B = (6\,|\,0\,|\,1)$, $C = (7\,|\,1\,|\,5)$ **d)** $A = (2\,|\,1\,|-1)$, $B = (3\,|-1\,|-4)$, $C = (4\,|-1\,|\,1)$

Flächeninhalt eines Dreiecks in $\mathbb{R}^3$

Wie in $\mathbb{R}^2$ kann man auch in $\mathbb{R}^3$ beweisen:

Satz
Für den Flächeninhalt A eines von den Vektoren $\vec{a} = (a_1\,|\,a_2\,|\,a_3)$ und
$\vec{b} = (b_1\,|\,b_2\,|\,b_3)$ aufgespannten Dreiecks gilt:

$$A = \frac{1}{2} \cdot \sqrt{\vec{a}^2 \cdot \vec{b}^2 - (\vec{a} \cdot \vec{b})^2}$$

AUFGABEN

9.27 Berechne den Flächeninhalt des Dreiecks, das von den Vektoren $\vec{a}$ und $\vec{b}$ aufgespannt wird!
a) $\vec{a} = (5\,|\,2\,|\,3)$, $\vec{b} = (2\,|\,4\,|-1)$ **b)** $\vec{a} = (0\,|\,5\,|\,3)$, $\vec{b} = (6\,|-2\,|-1)$ **c)** $\vec{a} = (2\,|-2\,|\,3)$, $\vec{b} = (3\,|-6\,|-1)$

9.28 Berechne den Flächeninhalt des Dreiecks ABC!
a) $A = (0\,|\,0\,|\,0)$, $B = (5\,|\,2\,|\,3)$, $C = (2\,|\,2\,|-1)$ **b)** $A = (3\,|\,1\,|-7)$, $B = (0\,|\,5\,|\,3)$, $C = (1\,|-2\,|-1)$

9.4 VEKTORPRODUKT UND NORMALPROJEKTION IN $\mathbb{R}^3$

Normalvektoren in $\mathbb{R}^3$

Das Ermitteln von Normalvektoren ist in $\mathbb{R}^3$ komplizierter als in $\mathbb{R}^2$.

■ Nebenstehend ist ein von $\vec{o}$ verschiedener Vektor $\vec{a} \in \mathbb{R}^3$ durch einen roten Pfeil im Raum dargestellt. Alle Vektoren, die zu $\vec{a}$ normal sind, können durch Pfeile dargestellt werden, die in einer Normalebene E zu dem zu $\vec{a}$ gehörigen Pfeil liegen. Diese Normalvektoren zu $\vec{a}$ können also verschiedene Richtungen und verschiedene Beträge haben.

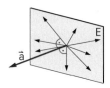

■ Nebenstehend sind zwei von $\vec{o}$ verschiedene Vektoren $\vec{a}$, $\vec{b} \in \mathbb{R}^3$ durch rote Pfeile dargestellt. Alle Vektoren, die sowohl zu $\vec{a}$ als auch zu $\vec{b}$ normal sind, können durch Pfeile dargestellt werden, die auf einer Normalgeraden g zu den beiden roten Pfeilen liegen. Diese Normalvektoren sind alle zueinander parallel, können aber verschiedene Beträge haben.

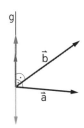

9.29 Gib einen Vektor $\vec{n}$ an, der zu $\vec{a}$ und $\vec{b}$ normal ist!

a) $\vec{a} = (4|-5|-2)$, $\vec{b} = (3|3|-1)$

b) $\vec{a} = (a_1|a_2|a_3)$, $\vec{b} = (b_1|b_2|b_3)$

LÖSUNG: Wir setzen $\vec{n} = (x|y|z)$.

a) Da $\vec{n} \perp \vec{a}$ und $\vec{n} \perp \vec{b}$, muss gelten:

$$\begin{cases} \vec{a} \cdot \vec{n} = 4x - 5y - 2z = 0 \\ \vec{b} \cdot \vec{n} = 3x + 3y - z = 0 \end{cases}$$

Setzt man für z eine beliebige reelle Zahl ein, etwa $z = t$ mit $t \in \mathbb{R}$, so ergibt sich ein Gleichungssystem für x und y:

$$\begin{cases} 4x - 5y = 2t \\ 3x + 3y = t \end{cases}$$

Löst man dieses Gleichungssystem (zB mit Technologieeinsatz), so ergibt sich:

$$x = \frac{11}{27} \cdot t, \, y = -\frac{2}{27} \cdot t, \, z = t$$

Somit ist $\left(\frac{11}{27} \cdot t \Big| -\frac{2}{27} \cdot t \Big| t \right)$ für jedes $t \in \mathbb{R}$ ein Normalvektor zu $\vec{a}$ und $\vec{b}$.
Da wir nur *einen* Normalvektor suchen, wählen wir der Einfachheit halber $t = 27$ und erhalten:
$\vec{n} = (11|-2|27)$

b) Da $\vec{n} \perp \vec{a}$ und $\vec{n} \perp \vec{b}$, muss gelten:

$$\begin{cases} \vec{a} \cdot \vec{n} = a_1x + a_2y + a_3z = 0 \\ \vec{b} \cdot \vec{n} = b_1x + b_2y + b_3z = 0 \end{cases}$$

Setzt man für z eine beliebige reelle Zahl ein, etwa $z = t$ mit $t \in \mathbb{R}$, so ergibt sich ein Gleichungssystem für x und y:

$$\begin{cases} a_1x + a_2y = -a_3t \\ b_1x + b_2y = -b_3t \end{cases}$$

Löst man dieses Gleichungssystem, so ergibt sich:

$$x = \frac{a_2b_3 - a_3b_2}{a_1b_2 - a_2b_1} \cdot t, \, y = \frac{a_3b_1 - a_1b_3}{a_1b_2 - a_2b_1} \cdot t, \, z = t$$

Somit ist $\left(\frac{a_2b_3 - a_3b_2}{a_1b_2 - a_2b_1} \cdot t \Big| \frac{a_3b_1 - a_1b_3}{a_1b_2 - a_2b_1} \cdot t \Big| t \right)$ für jedes $t \in \mathbb{R}$ ein Normalvektor zu $\vec{a}$ und $\vec{b}$.
Da wir nur *einen* Normalvektor suchen, wählen wir der Einfachheit halber $t = a_1b_2 - a_2b_1$ und erhalten:
$\vec{n} = (a_2b_3 - a_3b_2 \,|\, a_3b_1 - a_1b_3 \,|\, a_1b_2 - a_2b_1)$

BEMERKUNG: In der Aufgabe 9.29 b) haben wir stillschweigend $a_1b_2 - a_2b_1 \neq 0$ vorausgesetzt. Der Vektor $\vec{n} = (a_2b_3 - a_3b_2 \,|\, a_3b_1 - a_1b_3 \,|\, a_1b_2 - a_2b_1)$ ist aber auch dann zu $\vec{a}$ und $\vec{b}$ normal, wenn $a_1b_2 - a_2b_1 = 0$ ist! Überprüfe dies selbst mit dem Skalarprodukt!

Der in Aufgabe 9.29 b) erhaltene Normalvektor $\vec{n}$ erhält einen eigenen Namen:

Definition

Es seien $\vec{a} = (a_1 \,|\, a_2 \,|\, a_3)$ und $\vec{b} = (b_1 \,|\, b_2 \,|\, b_3)$ Vektoren in $\mathbb{R}^3$. Der Vektor

$$\vec{a} \times \vec{b} = \begin{pmatrix} a_2 b_3 - a_3 b_2 \\ a_3 b_1 - a_1 b_3 \\ a_1 b_2 - a_2 b_1 \end{pmatrix}$$

heißt **Vektorprodukt** (oder **vektorielles Produkt**) **der Vektoren $\vec{a}$ und $\vec{b}$**.

T kompakt
Seite 181

Vektorprodukte können mit Technologieeinsatz bequem berechnet werden (siehe Seite 181).

Merkschemata bei „händischer" Berechnung

1. Möglichkeit: Man schreibt die Koordinaten der Vektoren $\vec{a}$ und $\vec{b}$ spaltenweise nebeneinander an. Dann denkt man sich der Reihe nach die erste, zweite bzw. dritte Zeile gestrichen und multipliziert die verbleibenden Koordinaten kreuzweise wie folgt miteinander:

$$
\begin{array}{ll}
\begin{matrix} \cancel{a_1} & \cancel{b_1} \\ a_2 \times b_2 \\ a_3 \quad b_3 \end{matrix} \rightarrow a_2 b_3 - a_3 b_2 &
\begin{matrix} a_1 \quad b_1 \\ a_2 \times b_2 \\ a_3 \quad b_3 \end{matrix} \rightarrow -(a_1 b_3 - a_3 b_1) \qquad
\begin{matrix} a_1 \times b_1 \\ a_2 \quad b_2 \\ \cancel{a_3} \quad \cancel{b_3} \end{matrix} \rightarrow a_1 b_2 - a_2 b_1
\end{array}
$$

Beachte die Änderung des Vorzeichens bei der 2. Koordinate!

2. Möglichkeit: Man schreibt die Koordinaten der Vektoren $\vec{a}$ und $\vec{b}$ spaltenweise wie unten gezeigt an, beginnend mit den zweiten Koordinaten a_2 und b_2. Dann wird fortlaufend kreuzweise multipliziert.

$$
\begin{matrix}
a_2 \times b_2 & \rightarrow & a_2 b_3 - a_3 b_2 \\
a_3 \times b_3 & \rightarrow & a_3 b_1 - a_1 b_3 \\
a_1 \times b_1 & \rightarrow & a_1 b_2 - a_2 b_1 \\
a_2 \quad b_2
\end{matrix}
$$

Es empfiehlt sich, nach der Berechnung die folgende Probe zu machen: Da $\vec{a} \times \vec{b}$ ein gemeinsamer Normalvektor von $\vec{a}$ und $\vec{b}$ ist, muss $(\vec{a} \times \vec{b}) \cdot \vec{a} = 0$ und $(\vec{a} \times \vec{b}) \cdot \vec{b} = 0$ sein.

Beachte

Das Vektorprodukt unterscheidet sich in zweierlei Hinsicht vom Skalarprodukt zweier Vektoren:

- Das Skalarprodukt kann in $\mathbb{R}^2$ und in $\mathbb{R}^3$ gebildet werden, das **Vektorprodukt nur in $\mathbb{R}^3$**.
- Das **Skalarprodukt** ist ein **Skalar** (eine reelle Zahl), das **Vektorprodukt** ein **Vektor**.

AUFGABEN

9.30 Gib einen Vektor an, der zu $\vec{a}$ und $\vec{b}$ normal ist!

a) $\vec{a} = (-2 \,|\, -1 \,|\, 1)$, $\vec{b} = (4 \,|\, 0 \,|\, 3)$ c) $\vec{a} = (6 \,|\, -2 \,|\, 0)$, $\vec{b} = (1 \,|\, 2 \,|\, 0)$ e) $\vec{a} = (2 \,|\, 0 \,|\, 1)$, $\vec{b} = (2 \,|\, 0 \,|\, -1)$

b) $\vec{a} = (5 \,|\, 5 \,|\, -3)$, $\vec{b} = (1 \,|\, 1 \,|\, 6)$ d) $\vec{a} = (-3 \,|\, 0 \,|\, 4)$, $\vec{b} = (2 \,|\, 2 \,|\, 2)$ f) $\vec{a} = (3 \,|\, 5 \,|\, -1)$, $\vec{b} = (1 \,|\, 0 \,|\, 0)$

T 9.31 Berechne das Vektorprodukt der Vektoren $\vec{a}$ und $\vec{b}$!

a) $\vec{a} = (3 \,|\, -1 \,|\, 6)$, $\vec{b} = (4 \,|\, 2 \,|\, 3)$ c) $\vec{a} = (3 \,|\, 0 \,|\, 6)$, $\vec{b} = (4 \,|\, 0 \,|\, -1)$ e) $\vec{a} = (3r \,|\, 2r \,|\, r)$, $\vec{b} = (s \,|\, 2s \,|\, 3s)$

b) $\vec{a} = (2 \,|\, -2 \,|\, 0)$, $\vec{b} = (1 \,|\, 2 \,|\, 0)$ d) $\vec{a} = (-2 \,|\, 6 \,|\, 3)$, $\vec{b} = (3 \,|\, -2 \,|\, 6)$ f) $\vec{a} = (r \,|\, s \,|\, t)$, $\vec{b} = (t \,|\, -s \,|\, r)$

Eigenschaften des Vektorprodukts

Applet
au26v8

Im Folgenden sind $\vec{a}$ und $\vec{b}$ stets nicht parallele und von $\vec{o}$ verschiedene Vektoren in $\mathbb{R}^3$. Bezüglich des Vektorprodukts $\vec{a} \times \vec{b}$ stellen sich drei Fragen:

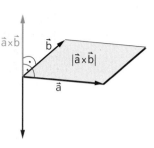

- Wie groß ist der Betrag des Vektors $\vec{a} \times \vec{b}$?
- Welche Richtung weist ein zu $\vec{a} \times \vec{b}$ gehöriger Pfeil auf?
- Welche Orientierung weist ein zu $\vec{a} \times \vec{b}$ gehöriger Pfeil auf?
  (Es gibt ja zwei Möglichkeiten, wie man in der Abbildung sieht.)

Zum Betrag von $\vec{a} \times \vec{b}$:

$$|\vec{a} \times \vec{b}| = \sqrt{(a_2b_3 - a_3b_2)^2 + (a_3b_1 - a_1b_3)^2 + (a_1b_2 - a_2b_1)^2}$$

Durch Ausquadrieren und Zusammenfassen unter der Wurzel ergibt sich:

$$|\vec{a} \times \vec{b}| = \sqrt{(a_1{}^2 + a_2{}^2 + a_3{}^2) \cdot (b_1{}^2 + b_2{}^2 + b_3{}^2) - (a_1b_1 + a_2b_2 + a_3b_3)^2} = \sqrt{\vec{a}^2 \cdot \vec{b}^2 - (\vec{a} \cdot \vec{b})^2}$$

Dieser Wurzelausdruck gibt den Flächeninhalt A des von den Vektoren $\vec{a}$ und $\vec{b}$ aufgespannten Parallelogramms an (vgl. Seite 175). Somit gilt:

> Der Betrag von **$\vec{a} \times \vec{b}$** ist gleich dem **Flächeninhalt** eines von $\vec{a}$ und $\vec{b}$ aufgespannten **Parallelogramms**.

Zur Richtung von $\vec{a} \times \vec{b}$:

Wir haben schon in Aufgabe 9.29 b) gezeigt:

> Der Vektor $\vec{a} \times \vec{b}$ ist normal zu $\vec{a}$ und zu $\vec{b}$.

Zur Orientierung von $\vec{a} \times \vec{b}$:

Wir gehen von der folgenden Definition aus. Dabei stellen wir die Vektoren durch Pfeile von einem gemeinsamen Anfangspunkt aus dar.

Definition
Die Vektoren $\vec{a}$, $\vec{b}$ und $\vec{a} \times \vec{b}$ bilden ein **Rechtssystem** (**Linkssystem**), wenn bei kürzester Drehung von $\vec{a}$ nach $\vec{b}$ der Vektor $\vec{a} \times \vec{b}$ in jene Richtung zeigt, in die sich bei dieser Drehung eine Rechtsschraube (Linksschraube) bewegen würde.

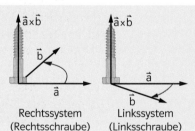

Rechtssystem (Rechtsschraube) Linkssystem (Linksschraube)

Man kann beweisen:

Satz
Die Vektoren $\vec{a}$, $\vec{b}$ und $\vec{a} \times \vec{b}$ bilden genau dann ein **Rechtssystem** (**Linkssystem**), wenn die Koordinatenachsen so angeordnet sind, dass die Einheitsvektoren $\vec{e}_1 = (1\,|\,0\,|\,0)$, $\vec{e}_2 = (0\,|\,1\,|\,0)$ und $\vec{e}_3 = (0\,|\,0\,|\,1)$ der Koordinatenachsen ein Rechtssystem (Linkssystem) bilden.

Da in diesem Buch die Koordinatenachsen immer so angeordnet sind, dass die Einheitsvektoren $\vec{e}_1$, $\vec{e}_2$, und $\vec{e}_3$ ein Rechtssystem bilden, bilden die Vektoren $\vec{a}$, $\vec{b}$ und $\vec{a} \times \vec{b}$ in diesem Buch immer ein Rechtssystem.

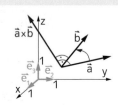

Wir fassen zusammen:

Satz (Eigenschaften des Vektorprodukts)

Sind $\vec{a}$ und $\vec{b}$ **nicht parallele** und **von $\vec{o}$ verschiedene Vektoren** in $\mathbb{R}^3$, dann gilt:

(1) $(\vec{a} \times \vec{b}) \perp \vec{a}$ und $(\vec{a} \times \vec{b}) \perp \vec{b}$

(2) $|\vec{a} \times \vec{b}| =$ **Flächeninhalt eines von $\vec{a}$ und $\vec{b}$ aufgespannten Parallelogramms**

(3) $\vec{a}, \vec{b}$ und $\vec{a} \times \vec{b}$ bilden ein **Rechtssystem**.

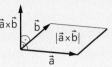

Da sich ein Parallelogramm in zwei kongruente Dreiecke zerlegen lässt, folgt aus (2) eine weitere Möglichkeit zur Berechnung des Flächeninhalts eines Dreiecks:

Satz (Flächeninhalt eines Dreiecks)

Für den Flächeninhalt A eines von den Vektoren $\vec{a}, \vec{b} \in \mathbb{R}^3$ aufgespannten Dreiecks gilt:

$A = \frac{1}{2} \cdot |\vec{a} \times \vec{b}|$

AUFGABEN

9.32 Gegeben sind die vom Nullvektor verschiedenen Vektoren $\vec{a} = (a_1 | a_2 | a_3)$ und $\vec{b} = (b_1 | b_2 | b_3)$. Beweise durch Rechnung und begründe geometrisch:

a) $\vec{a} \times \vec{b} = -(\vec{b} \times \vec{a})$ **b)** $\vec{a} \times \vec{a} = \vec{o}$ **c)** $\vec{a} \parallel \vec{b} \Rightarrow \vec{a} \times \vec{b} = \vec{o}$

9.33 Gegeben sind die vom Nullvektor verschiedenen Vektoren $\vec{a} = (a_1 | a_2 | a_3)$ und $\vec{b} = (b_1 | b_2 | b_3)$.

1) Zeige durch Rechnung, dass für alle $r \in \mathbb{R}^+$ gilt:

$(r \cdot \vec{a}) \times \vec{b} = \vec{a} \times (r \cdot \vec{b}) = r \cdot (\vec{a} \times \vec{b})$

2) Deute die Beziehung $|(r \cdot \vec{a}) \times \vec{b}| = |\vec{a} \times (r \cdot \vec{b})| = |r \cdot (\vec{a} \times \vec{b})|$ geometrisch anhand der nebenstehenden Abbildung!

9.34 Berechne mit Hilfe des Vektorprodukts den Flächeninhalt eines **1)** Parallelogramms, **2)** Dreiecks, das von den Vektoren $\vec{a}$ und $\vec{b}$ aufgespannt wird!

a) $\vec{a} = (1 | 2 | 3), \vec{b} = (7 | 4 | -1)$ **c)** $\vec{a} = (1 | 4 | -6), \vec{b} = (-5 | 2 | -1)$

b) $\vec{a} = (0 | 4 | 0), \vec{b} = (3 | 2 | 6)$ **d)** $\vec{a} = (-2 | -2 | 3), \vec{b} = (4 | -6 | -1)$

9.35 Von einem Quader kennt man drei Eckpunkte A, B, C der Grundfläche und die Höhe h. Zeige, dass die Grundfläche ABCD ein Quadrat ist und berechne die Eckpunkte E, F, G, H der Deckfläche des Quaders! Wie viele Lösungen gibt es?

a) A = (9 | 3 | 12), B = (3 | 11 | 36), C = (−5 | −13 | 42), h = 39

b) A = (5 | 1 | −4), B = (−4 | 3 | 2), C = (2 | 9 | 9), h = 22

9.36 Von einem geraden dreiseitigen Prisma kennt man die Eckpunkte A, B, C der Grundfläche und die Höhe h. Berechne die Eckpunkte D, E, F der Deckfläche des Prismas (2 Lösungen)!

a) A = (4 | 1 | −3), B = (1 | 0 | 1), C = (8 | 2 | −11), h = 18

b) A = (2 | 3 | 0), B = (8 | 0 | −2), C = (−2 | −3 | 4), h = 21

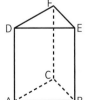

9.37 Von einem geraden dreiseitigen Prisma mit der Grundfläche ABC und der Deckfläche DEF kennt man A = (0 | 0 | 0), B = (2 | 7 | −10), C = (−2 | −1 | 4) und D = (6 | y | z). Berechne die Koordinaten der Eckpunkte D, E, F und das Volumen V des Prismas!

Normalprojektion in $\mathbb{R}^3$

Die Normalprojektion $\vec{a_b}$ eines Vektors $\vec{a}$ auf einen Vektor $\vec{b}$ ist in $\mathbb{R}^3$
analog zu $\mathbb{R}^2$ definiert. Wie in $\mathbb{R}^2$ kann man auch in $\mathbb{R}^3$ die folgende
Formel herleiten:

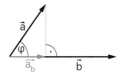

Satz (Betrag der Normalprojektion)
Für alle von $\vec{o}$ verschiedenen Vektoren $\vec{a}, \vec{b} \in \mathbb{R}^3$ gilt: $\quad |\vec{a_b}| = \dfrac{|\vec{a} \cdot \vec{b}|}{|\vec{b}|}$

AUFGABEN

9.38 Berechne den Betrag der Normalprojektion des Vektors $\vec{a}$ auf den Vektor $\vec{b}$!
a) $\vec{a} = (1|-4|8)$, $\vec{b} = (-3|12|4)$ c) $\vec{a} = (-1|1|6)$, $\vec{b} = (6|-24|-8)$
b) $\vec{a} = (4|5|-6)$, $\vec{b} = (1|0|0)$ d) $\vec{a} = (3|9|-7)$, $\vec{b} = (2|2|2)$

Volumen eines Parallelepipeds

Applet
ua5m42

9.39 Ein Prisma ABCDEFGH wie in der Abbildung wird als Parallelepiped bezeichnet. Berechne das
Volumen V des Parallelepipeds mit $A = (-3|3|1)$, $B = (3|5|3)$, $C = (5|1|2)$, $E = (-3|4|6)$!

LÖSUNG:
$\vec{a} = \overrightarrow{AB} = (6|2|2)$, $\vec{b} = \overrightarrow{AD} = \overrightarrow{BC} = (2|-4|-1)$, $\vec{c} = \overrightarrow{AE} = (0|1|5)$
- Inhalt der Grundfläche: $G = |\vec{a} \times \vec{b}|$

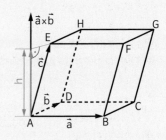

- Die Höhe h ist gleich dem Betrag der Normalprojektion des
  Vektors $\vec{c}$ auf den Vektor $\vec{a} \times \vec{b}$: $\quad h = \dfrac{|\vec{c} \cdot (\vec{a} \times \vec{b})|}{|\vec{a} \times \vec{b}|}$

- $V = G \cdot h = |\vec{a} \times \vec{b}| \cdot \dfrac{|\vec{c} \cdot (\vec{a} \times \vec{b})|}{|\vec{a} \times \vec{b}|} = |(\vec{a} \times \vec{b}) \cdot \vec{c}|$

$$V = \left| \left[\begin{pmatrix} 6 \\ 2 \\ 2 \end{pmatrix} \times \begin{pmatrix} 2 \\ -4 \\ -1 \end{pmatrix} \right] \cdot \begin{pmatrix} 0 \\ 1 \\ 5 \end{pmatrix} \right| = \left| \begin{pmatrix} 6 \\ 10 \\ -28 \end{pmatrix} \cdot \begin{pmatrix} 0 \\ 1 \\ 5 \end{pmatrix} \right| = |0 + 10 - 140| = 130$$

In der letzten Aufgabe hat sich ergeben:

Satz
Für das Volumen V eines von den Vektoren $\vec{a}, \vec{b}, \vec{c} \in \mathbb{R}^3$ aufgespannten
Parallelepipeds gilt:
$$V = |(\vec{a} \times \vec{b}) \cdot \vec{c}|$$

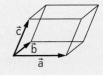

BEMERKUNG: Da ein Parallelepiped auch als Spat bezeichnet wird, nennt man den Ausdruck
$(\vec{a} \times \vec{b}) \cdot \vec{c}$ das **Spatprodukt** der Vektoren $\vec{a}, \vec{b}$ und $\vec{c}$.

AUFGABEN

9.40 Berechne das Volumen des Parallelepipeds ABCDEFGH!
a) $A = (1|-1|5)$, $B = (3|2|5)$, $F = (4|1|9)$, $G = (8|2|6)$
b) $B = (1|-4|5)$, $F = (9|7|7)$, $G = (10|8|11)$, $H = (12|4|7)$
c) $A = (-9|1|2)$, $D = (-5|5|4)$, $E = (-1|2|7)$, $F = (5|-1|8)$
d) $C = (7|6|-2)$, $D = (3|4|2)$, $F = (6|-1|1)$, $H = (5|1|3)$

TECHNOLOGIE KOMPAKT

GEOGEBRA

CASIO CLASS PAD II

Summe, Differenz und Vielfache von Vektoren $(a_1|a_2|a_3)$ und $(b_1|b_2|b_3)$ aus $\mathbb{R}^3$ ermitteln

X= CAS-Ansicht:

Eingabe: $(a_1, a_2, a_3) + (b_1, b_2, b_3)$ – Werkzeug $=$

bzw.

Eingabe: $(a_1, a_2, a_3) - (b_1, b_2, b_3)$ – Werkzeug $=$

bzw.

Eingabe: $r * (a_1, a_2, a_3)$ – Werkzeug $=$

Ausgabe → *Summe, Differenz bzw. Vielfaches der Vektoren*

Iconleiste – Main – $\boxed{\text{Keyboard}}$ – $\boxed{\text{Math2}}$

$\boxed{\vdots}$ – $\boxed{\vdots}$ – 1. Feld: a_1 – 2. Feld: a_2 – 3. Feld: a_3 – $\boxed{\Rightarrow}$ A $\boxed{\text{EXE}}$

$\boxed{\vdots}$ – $\boxed{\vdots}$ – 1. Feld: b_1 – 2. Feld: b_2 – 3. Feld: b_3 – $\boxed{\Rightarrow}$ B $\boxed{\text{EXE}}$

Eingabe: A + B $\boxed{\text{EXE}}$ bzw.

Eingabe: A – B $\boxed{\text{EXE}}$ bzw.

Eingabe: r × A $\boxed{\text{EXE}}$

Ausgabe → *Summe, Differenz bzw. Vielfaches der Vektoren*

Skalarprodukt zweier Vektoren $(a_1|a_2|a_3)$ und $(b_1|b_2|b_3)$ aus $\mathbb{R}^3$ ermitteln

X= CAS-Ansicht:

Eingabe: $(a_1, a_2, a_3) * (b_1, b_2, b_3)$ – Werkzeug $=$

Ausgabe → *Skalarprodukt der Vektoren*

Iconleiste – Main – Menüleiste – Aktion – Vektor –

dotP$((a_1|a_2|a_3), (b_1|b_2|b_3))$ $\boxed{\text{EXE}}$

Ausgabe → *Skalarprodukt der Vektoren*

Vektor $(a_1|a_2|a_3)$ aus $\mathbb{R}^3$ als Punkt im Raum darstellen

Algebra-Ansicht:

Eingabe: A = (a_1, a_2, a_3) $\boxed{\text{ENTER}}$

3D-Grafik-Ansicht:

Ausgabe → *Vektor (a_1, a_2, a_3) als Punkt im Raum*

Vektor $(a_1|a_2|a_3)$ aus $\mathbb{R}^3$ als Pfeil im Raum darstellen

Algebra-Ansicht:

Eingabe: u = Vektor$((a_1, a_2, a_3))$ $\boxed{\text{ENTER}}$

3D-Grafik-Ansicht:

Ausgabe → *Vektor (a_1, a_2, a_3) als Pfeil im Raum*

Betrag eines Vektors $(a_1|a_2|a_3)$ aus $\mathbb{R}^3$ ermitteln

Algebra-Ansicht:

Eingabe: Länge$((a_1, a_2, a_3))$ $\boxed{\text{ENTER}}$

Ausgabe → *Betrag des Vektors*

Iconleiste – Main – Menüleiste – Aktion – Vektor –

norm$((a_1|a_2|a_3))$ $\boxed{\text{EXE}}$

Ausgabe → *Betrag des Vektors*

Winkelmaß zweier Vektoren $(a_1|a_2|a_3)$ und $(b_1|b_2|b_3)$ aus $\mathbb{R}^3$ ermitteln

Algebra-Ansicht:

Eingabe: Winkel$((a_1, a_2, a_3), (b_1, b_2, b_3))$ $\boxed{\text{ENTER}}$

Ausgabe → *Winkelmaß der beiden Vektoren*

Iconleiste – Main – Statusleiste – 360° – Menüleiste – Aktion –

Vektor – angle$((a_1|a_2|a_3), (b_1|b_2|b_3))$ $\boxed{\text{EXE}}$

Ausgabe → *Winkelmaß der beiden Vektoren*

Vektorprodukt zweier Vektoren $(a_1|a_2|a_3)$ und $(b_1|b_2|b_3)$ aus $\mathbb{R}^3$ ermitteln

X= CAS-Ansicht:

Eingabe: (a_1, a_2, a_3) $\boxed{\text{ABC}}$ $\boxed{\text{\#\&¬}}$ $\boxed{\otimes}$ $(b_1, b_2, b_3))$ – Werkzeug $=$

Ausgabe → *Vektorprodukt der Vektoren*

Iconleiste – Main – Menüleiste – Aktion – Vektor –

crossP$((a_1|a_2|a_3), (b_1|b_2|b_3))$ $\boxed{\text{EXE}}$

Ausgabe → *Vektorprodukt der Vektoren*

 KOMPETENZCHECK

AUFGABEN VOM TYP 1

AG-R 3.1 **9.41** Jemand bestellt bei einem Versandhaus drei Waren. Der Vektor $P = (p_1 | p_2 | p_3)$ gibt die Stückpreise, der Vektor $B = (b_1 | b_2 | b_3)$ die bestellten Stückzahlen der drei Waren an. Das Versandhaus verrechnet für die gesamte Sendung der bestellten Waren (unabhängig von den bestellten Stückzahlen) Versandkosten von 4,50 €. Drücke die Gesamtkosten G durch B und P aus und gib G mit Hilfe der Koordinaten an!

AG-R 3.2 **9.42** Ein Würfel hat seinen Mittelpunkt im Ursprung O. Seine Kanten sind 6 cm lang. Jede Kante ist parallel zu einer der Koordinatenachsen. Gib die Koordinaten der Eckpunkte des Würfels an!

AG-R 3.2 **9.43** Von einem Parallelepiped mit der Grundfläche ABCD und der Deckfläche EFGH kennt man die Eckpunkte A = (−2|1|5), B = (6|6|2), E = (−1|−1|14) und H = (3|−3|15). Kreuze die Punkte an, die Eckpunkte des Parallelepipeds sind!

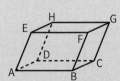

(10 | 2 | 3)	☐
(2 | −3 | 6)	☐
(7 | 4 | 11)	☐
(11 | 2 | 12)	☐
(11 | 2 | 18)	☐

AG-R 3.2 **9.44** Der abgebildete Quader wird durch die Vektoren $\vec{a} = \overrightarrow{AB}$, $\vec{b} = \overrightarrow{AD}$ und $\vec{c} = \overrightarrow{AE}$ aufgespannt. Der Punkt P liegt auf der Kante AB, der Punkt Q auf der Kante CG. Für den Vektor $\overrightarrow{PQ}$ ist genau eine der angegebenen Darstellungen bei passender Wahl der Skalare r, s und t korrekt. Kreuze diese Darstellung an!

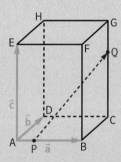

$\overrightarrow{PQ} = r \cdot \vec{a} + s \cdot \vec{c}$	☐
$\overrightarrow{PQ} = r \cdot \vec{b} + s \cdot \vec{c}$	☐
$\overrightarrow{PQ} = r \cdot (\vec{a} + \vec{b})$	☐
$\overrightarrow{PQ} = r \cdot \vec{a} + s \cdot \vec{b} + t \cdot \vec{c}$	☐
$\overrightarrow{PQ} = r \cdot \vec{a} + s \cdot (\vec{b} + \vec{c})$	☐
$\overrightarrow{PQ} = r \cdot (\vec{a} + \vec{b}) + s \cdot \vec{c}$	☐

AG-R 3.3 **9.45** Gegeben sind die Vektoren $\vec{a} = (12 | 8 | −4)$, $\vec{b} = (11 | 10 | −2)$, $\vec{c} = (2 | −5 | −14)$, $\vec{d} = (2 | −2 | 1)$. Kreuze die zutreffende(n) Aussage(n) an!

$\vec{a} \perp \vec{c}$	☐
$\vec{b} \perp \vec{d}$	☐
$(\vec{b} + \vec{d}) \perp \vec{c}$	☐
$(\vec{a} − \vec{c}) \perp \vec{d}$	☐
$(2 \cdot \vec{a}) \perp \vec{a}$	☐

AG-R 3.3 **9.46** Zeige durch Rechnung, dass das Dreieck ABC mit A = (1|−5|−12), B = (−3|9|8), C = (8|−4|4) rechtwinkelig ist!

AG-R 3.3 **9.47** Kreuze die Aussagen an, die für alle von $\vec{o}$ verschiedenen Vektoren $\vec{a}$, $\vec{b} \in \mathbb{R}^3$ gelten!

$\vec{a} \cdot \vec{b} = \vec{b} \cdot \vec{a}$	☐
$\vec{a} \cdot \vec{o} = 0$	☐
$\vec{a} \cdot (−\vec{a}) = 0$	☐
$\vec{a} \parallel \vec{b} \Rightarrow \vec{a} \cdot \vec{b} = 0$	☐
$\vec{a} \perp \vec{b} \Rightarrow \vec{a} \cdot \vec{b} = 0$	☐

AUFGABEN VOM TYP 2

AG-R 3.1 **9.48** **Finden geeigneter Koordinaten**
AG-R 3.2
AG-L 3.6 Gegeben ist das Dreieck ABC mit A = (r | 0 | s), B = (r | r | r), C = (0 | s | r) und r, s ∈ ℝ (r und s nicht
AG-L 3.7 beide 0).
AG-L 3.8

a) ▪ Zeige, dass das Dreieck ABC gleichschenkelig ist!
   ▪ Gib geeignete Zahlenwerte für r und s an, sodass das Dreieck ABC gleichseitig ist!

b) ▪ Gib geeignete Zahlenwerte für r und s an, sodass das Dreieck ABC spitzwinkelig ist!
   ▪ Gib geeignete Zahlenwerte für r und s an, sodass das Dreieck ABC stumpfwinkelig ist!

c) ▪ Zeige, dass das Dreieck ABC für r = 1 und s = −1 nicht rechtwinkelig ist!
   ▪ Berechne den Flächeninhalt dieses Dreiecks!

d) ▪ Gib geeignete Zahlenwerte für r und s an, sodass das Dreieck ABC den Schwerpunkt
     S = (2 | 2 | 3) hat!
   ▪ Gib für r = 1 und s = −1 einen Vektor an, der auf das zugehörige Dreieck ABC normal
     steht und den Betrag $2\sqrt{21}$ hat!

AG-R 3.1 **9.49** **Turmhelm**
AG-R 3.2
AG-L 3.6 Gegeben ist eine regelmäßige quadratische Pyrami-
AG-L 3.7 de mit der Grundfläche ABCD und der Spitze S.
AG-L 3.8 Die Grundkantenlänge beträgt a = 8 und die Höhe
h = 27 (Angaben in m). Errichtet man über jeder der
vier Grundkanten dieser Pyramide ein gleich-
schenkeliges, lotrecht stehendes Giebeldreieck mit
der Höhe g = 8, so entsteht der nebenstehend blau
dargestellte „Turmhelm", dessen Dachfläche aus
acht kongruenten Dreiecken besteht.

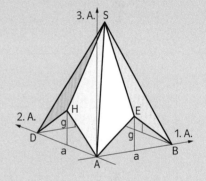

a) ▪ Bette die Pyramide wie in der Abbildung in ein Koordinatensystem ein! Gib die
     Koordinaten der Basiseckpunkte A, B, C, D, der Turmspitze S und der Giebelspitzen
     E, F, G, H an!
   ▪ Berechne den Inhalt der Dachfläche des Turmhelms!

b) ▪ Berechne das Maß des Winkels, den die benachbarten Dachkanten EA und ES
     miteinander einschließen!
   ▪ Auf der Dachkante ES soll in 5 m Entfernung von der Turmspitze S eine Funkeinrichtung R
     positioniert werden. Ermittle die Koordinaten von R!

c) ▪ Gib die Koordinaten der Punkte A, B, C, D, E, F, G, H
     und S allgemein für a, g, h ∈ ℝ⁺ an!
   ▪ Zeige, dass für $g = \frac{h}{2}$ und beliebiges a ∈ ℝ⁺ das Viereck
     AESH ein Rhombus ist, weil die Mittelpunkte der
     Strecken AS und HE identisch sind und diese Strecken
     aufeinander normal stehen. (Die Dachfläche des Turm-
     helms besteht in diesem Fall aus vier kongruenten
     Rhombusflächen. Ein solches Dach wird als
     Rhombendach oder Rautendach bezeichnet.)

10 GERADEN UND EBENEN IM RAUM

LERNZIELE

10.1 Parameterdarstellungen von Geraden im Raum angeben können; die **gegenseitige Lage zweier Geraden im Raum** ermitteln können; **Schnittpunkte** berechnen können.

10.2 Parameterdarstellungen von Ebenen im Raum angeben können.

10.3 Normalvektordarstellungen von Ebenen im Raum angeben können.

10.4 Die **gegenseitige Lage** von **Gerade und Ebene** bzw. **zweier Ebenen im Raum** ermitteln können.

10.5 Die **gegenseitige Lage von drei Ebenen im Raum** ermitteln können; **lineare Gleichungssysteme in drei Variablen** lösen und geometrisch deuten können.

10.6 **Abstände im Raum** ermitteln können.

10.7 Zum **Sinn der analytischen Geometrie**

- Technologie kompakt
- Kompetenzcheck

GRUNDKOMPETENZEN

AG-R 3.4 **Geraden durch (Parameter-) Gleichungen in $\mathbb{R}^3$** angeben können; **Geradengleichungen** interpretieren können; **Lagebeziehungen** (zwischen Geraden und zwischen Punkt und Gerade) analysieren, **Schnittpunkte** ermitteln können.

AG-L 2.7 **Lineare Gleichungssysteme in drei Variablen** lösen können.

AG-L 3.9 Wissen, wodurch Ebenen festgelegt sind; **Ebenen** in **Parameter-** und **Normalvektordarstellung** aufstellen können.

10.1 GERADEN IM RAUM

Parameterdarstellung einer Geraden im Raum

Parameterdarstellungen von Geraden im Raum sind analog zu jenen der Ebene definiert.

Definition
Sind P und Q zwei verschiedene Punkte einer Geraden g im Raum, dann nennt man den Vektor $\vec{g} = \overrightarrow{PQ}$ einen **Richtungsvektor von g**.

An der nebenstehenden Abbildung erkennt man
$X \in g \Leftrightarrow$ Es gibt ein $t \in \mathbb{R}$, sodass $X = P + t \cdot \vec{g}$

Definition: Die Vektorgleichung $X = P + t \cdot \vec{g}$ nennt man eine **Parameterdarstellung der Geraden g** mit dem **Parameter t**.

Jedem Parameterwert $t \in \mathbb{R}$ entspricht genau ein Punkt auf der Geraden g.
Umgekehrt entspricht jedem Punkt auf der Geraden g genau ein Parameterwert $t \in \mathbb{R}$.

Eine **Gerade in $\mathbb{R}^3$** kann durch die folgende Punktmenge beschrieben werden:
$$g = \{X \in \mathbb{R}^3 \mid X = P + t \cdot \vec{g} \wedge t \in \mathbb{R}\}$$
Geht diese durch die Punkte P und Q (mit $P \neq Q$), so bezeichnen wir sie mit **PQ**.

R

AUFGABEN

10.01 Gib eine Parameterdarstellung der Geraden durch den Punkt P mit dem Richtungsvektor $\vec{g}$ an!

a) $P = (2|-3|4)$, $\vec{g} = (2|-1|5)$ **b)** $P = (1|1|8)$, $\vec{g} = (3|-1|1)$ **c)** $P = (3|9|9)$, $\vec{g} = (-1|3|5)$

10.02 Gib eine Parameterdarstellung der Geraden durch die Punkte P und Q an!

T kompakt
Seite 199
a) $P = (3|3|1)$, $Q = (2|-1|4)$ **b)** $P = (0|-2|4)$, $Q = (8|6|0)$ **c)** $P = (6|5|-2)$, $Q = (1|1|1)$

10.03 Kreuze die Punkte an, die auf der Geraden g: $X = (-1|-2|5) + t \cdot (2|-1|-2)$ liegen!

☐ $(11|-8|-7)$ ☐ $(9|-6|-3)$ ☐ $(-3|-3|7)$ ☐ $(-7|1|11)$ ☐ $(5|-5|-1)$

R

Gegenseitige Lage und Schnitt zweier Geraden im Raum

In der Ebene haben nicht parallele Geraden auf jeden Fall einen Schnittpunkt. Im Raum hingegen gibt es Geraden, die nicht parallel sind und einander auch nicht schneiden. Solche Geraden nennt man zueinander **windschief**.

T kompakt
Seite 199
Zwei Geraden in $\mathbb{R}^3$ können folgende gegenseitige Lagen einnehmen:

 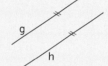

g und **h schneiden** einander	g und **h** sind zueinander **windschief**	g und **h** sind **parallel** und **verschieden**	g und **h** sind **parallel** und **zusammenfallend**
$g \cap h = \{S\}$	$g \cap h = \{\}$	$g \cap h = \{\}$	$g \cap h = g = h$

⊕ *T* **10.04**
Lernapplet
p5p4rn
Ermittle die gegenseitige Lage der Geraden g und h und allenfalls den Schnittpunkt!

1) g: $X = (2|3|-4) + t \cdot (1|-1|2)$, h: $X = (3|5|-4) + u \cdot (-2|2|-4)$

2) g: $X = (1|1|3) + t \cdot (2|-5|-1))$, h: $X = (3|-4|2) + u \cdot (-2|5|1)$

3) g: $X = (1|3|-5) + t \cdot (2|1|8)$, h: $X = (2|3|5) + u \cdot (1|1|-2)$

4) g: $X = (1|1|1) + t \cdot (3|2|4)$, h: $X = (2|3|5) + u \cdot (1|1|-2)$

LÖSUNG:

1) $\vec{g} = (1|-1|2)$, $\vec{h} = (-2|2|-4)$. Es ist $\vec{g} \parallel \vec{h}$. Somit ist $g \parallel h$.
Wir prüfen, ob g und h zusammenfallen oder verschieden sind.
Für $P = (2|3|-4) \in g$ und $Q = (3|5|-4) \in h$ ergibt sich
$\overrightarrow{PQ} = (1|2|0) \nparallel \vec{g}$. Somit sind g und h parallel und verschieden.

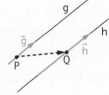

2) $\vec{g} = (2|-5|-1)$, $\vec{h} = (-2|5|1)$. Es ist $\vec{g} \parallel \vec{h}$. Somit ist $g \parallel h$. Wir prüfen, ob g und h zusammenfallen oder verschieden sind. Für $P = (1|1|3) \in g$ und $Q = (3|-4|2) \in h$ ergibt sich
$\overrightarrow{PQ} = (2|-5|-1)$. $\overrightarrow{PQ}$ ist parallel zu $\vec{g}$ bzw. $\vec{h}$.
Somit sind g und h parallel und zusammenfallend.

3) $\vec{g} = (2|1|8)$, $\vec{h} = (1|1|-2)$. Es ist $\vec{g} \nparallel \vec{h}$. Somit schneiden g und h einander oder sind zueinander windschief. Um zu entscheiden, welcher Fall vorliegt, untersuchen wir, ob es einen Schnittpunkt S gibt. Ein Punkt S liegt auf g und h genau dann, wenn es ein $t \in \mathbb{R}$ und ein $u \in \mathbb{R}$ gibt, sodass:

$$\begin{pmatrix} 1 \\ 3 \\ -5 \end{pmatrix} + t \cdot \begin{pmatrix} 2 \\ 1 \\ 8 \end{pmatrix} = \begin{pmatrix} 2 \\ 3 \\ 5 \end{pmatrix} + u \cdot \begin{pmatrix} 1 \\ 1 \\ -2 \end{pmatrix} \Leftrightarrow \begin{cases} 1 + 2t = 2 + u \\ 3 + t = 3 + u \\ -5 + 8t = 5 - 2u \end{cases}$$

Aus den ersten beiden Gleichungen ergibt sich t = 1 und u = 1. Diese Werte erfüllen auch die dritte Gleichung. Somit schneiden die Geraden g und h einander und man erhält:

$$S = \begin{pmatrix} 1 \\ 3 \\ -5 \end{pmatrix} + 1 \cdot \begin{pmatrix} 2 \\ 1 \\ 8 \end{pmatrix} = \begin{pmatrix} 3 \\ 4 \\ 3 \end{pmatrix} \quad \text{bzw.} \quad S = \begin{pmatrix} 2 \\ 3 \\ 5 \end{pmatrix} + 1 \cdot \begin{pmatrix} 1 \\ 1 \\ -2 \end{pmatrix} = \begin{pmatrix} 3 \\ 4 \\ 3 \end{pmatrix}$$

4) $\vec{g} = (3\,|\,2\,|\,4)$, $\vec{h} = (1\,|\,1\,|\,-2)$. Es ist $\vec{g} \nparallel \vec{h}$.

Somit schneiden g und h einander oder sind zueinander windschief. Wir untersuchen, ob es einen Schnittpunkt gibt:

$$\begin{pmatrix} 1 \\ 1 \\ 1 \end{pmatrix} + t \cdot \begin{pmatrix} 3 \\ 2 \\ 4 \end{pmatrix} = \begin{pmatrix} 2 \\ 3 \\ 5 \end{pmatrix} + u \cdot \begin{pmatrix} 1 \\ 1 \\ -2 \end{pmatrix} \quad \Leftrightarrow \quad \begin{cases} 1 + 3t = 2 + u \\ 1 + 2t = 3 + u \\ 1 + 4t = 5 - 2u \end{cases}$$

Aus den ersten beiden Gleichungen ergibt sich t = −1 und u = −4. Diese Werte erfüllen aber die dritte Gleichung nicht. Es gibt also keine Zahlen t, u ∈ ℝ, die alle drei Gleichungen erfüllen. Somit existiert kein Schnittpunkt. Die Geraden g und h sind zueinander windschief.

AUFGABEN

⟲T 10.05 Ermittle die gegenseitige Lage der Geraden g und h und gegebenenfalls den Schnittpunkt!

🌐 Arbeitsblatt
e6z88z

a) g: X = (2|0|3) + t · (1|1|2), h: X = (3|1|5) + u · (−2|−1|4)

b) g: X = (3|6|1) + t · (2|−5|−1), h: X = (5|1|2) + u · (4|−4|3)

c) g: X = (1|3|7) + t · (3|2|0), h: X = (7|−1|3) + u · (−6|−4|0)

d) g: X = (1|1|1) + t · (1|5|2), h: X = (2|6|3) + u · (−2|−10|−4)

e) g: X = (2|3|1) + t · (1|2|0), h: X = (−2|0|0) + u · (3|1|1)

f) g: X = (2|1|1) + t · (1|0|1), h: X = (2|1|0) + u · (−3|2|2)

10.06 Ergänze die fehlende Koordinate des angegebenen Richtungsvektors von g so, dass g und h einen gemeinsamen Punkt S besitzen! Ermittle S!

a) g: X = (−1|2|0) + t · (1|1|z), h: X = (2|1|6) + u · (3|1|0)

b) g: X = (5|3|2) + t · (4|y|−1), h: X = (6|−3|5) + u · (−7|2|5)

Winkelmaß zweier Geraden im Raum

⟲T kompakt
Seite 199

Das Winkelmaß zweier Geraden im Raum ist analog zum Winkelmaß zweier Geraden in der Ebene definiert.

> **Definition**
>
> Seien g und h zwei einander schneidende Geraden mit den Richtungsvektoren $\vec{g}$ und $\vec{h}$ sowie $\sphericalangle(\vec{g}, \vec{h}) = \alpha$
>
> Unter dem **Winkelmaß φ der Geraden g und h** versteht man:
>
> $$\varphi = \begin{cases} \alpha, & \text{falls } 0° \leq \alpha \leq 90° \\ 180° - \alpha, & \text{falls } 90° < \alpha \leq 180° \end{cases}$$

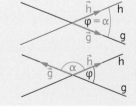

Für das Winkelmaß φ zweier Geraden im Raum gilt also stets: 0° ≤ φ ≤ 90°.

AUFGABEN

⟲T 10.07 Berechne das Winkelmaß der Geraden g und h!

a) g: X = (2|0|3) + t · (1|1|2), h: X = (3|1|5) + u · (−2|−1|4)

b) g: X = (1|1|1) + t · (1|5|2), h: X = (3|11|5) + u · (2|1|−4)

c) g: X = (1|3|7) + t · (3|2|0), h: X = (−2|−1|7) + u · (3|1|0)

d) g: X = (1|−1|4) + t · (1|6|6), h: X = (2|5|10) + u · (4|1|−6)

10.2 PARAMETERDARSTELLUNG EINER EBENE IM RAUM

Wodurch kann eine Ebene im Raum festgelegt werden?

Eine Ebene im Raum kann man auf verschiedene Arten festlegen. Zum Beispiel:

- durch drei Punkte, die nicht auf einer Geraden liegen:

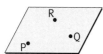

- durch zwei verschiedene einander schneidende Geraden:

- durch zwei verschiedene, parallele Geraden:

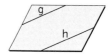

- durch eine Gerade und einen Punkt, der nicht auf der Geraden liegt:

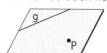

- durch einen Punkt und zwei nicht parallele Richtungsvektoren:

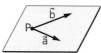

- durch einen Punkt und einen Normalvektor:

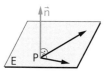

Richtungsvektoren und Normalvektoren sind dabei folgendermaßen definiert:

Definition

1) Ein Vektor $\vec{a} = \overrightarrow{PQ} \in \mathbb{R}^3$ heißt **Richtungsvektor einer Ebene E**, wenn P und Q zwei verschiedene Punkte der Ebene E sind.

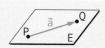

2) Ein vom Nullvektor verschiedener Vektor $\vec{n} \in \mathbb{R}^3$ heißt **Normalvektor einer Ebene E**, wenn $\vec{n}$ normal zu allen Richtungsvektoren der Ebene E ist.

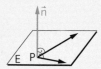

Parameterdarstellung einer Ebene

10.08 Eine Ebene E geht durch die Punkte $P = (5\,|-7\,|\,2)$, $Q = (9\,|-1\,|-1)$ und $R = (3\,|-4\,|\,2)$. Gib zwei weitere Punkte in dieser Ebene an!

LÖSUNG: Wir berechnen zuerst zwei Richtungsvektoren:
$\vec{a} = \overrightarrow{PQ} = (4\,|\,6\,|-3)$ und $\vec{b} = \overrightarrow{PR} = (-2\,|\,3\,|\,0)$

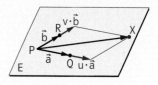

Der Abbildung entnimmt man: Ein Punkt X liegt genau dann in der Ebene E, wenn es reelle Zahlen u und v gibt, sodass:

$$X = P + u \cdot \vec{a} + v \cdot \vec{b} = \begin{pmatrix} 5 \\ -7 \\ 2 \end{pmatrix} + u \cdot \begin{pmatrix} 4 \\ 6 \\ -3 \end{pmatrix} + v \cdot \begin{pmatrix} -2 \\ 3 \\ 0 \end{pmatrix}$$

Setzt man für u und v reelle Zahlen ein, erhält man Punkte in der Ebene E. Zum Beispiel:

$$\text{für } u = 2, v = 3: \quad S = \begin{pmatrix} 5 \\ -7 \\ 2 \end{pmatrix} + 2 \cdot \begin{pmatrix} 4 \\ 6 \\ -3 \end{pmatrix} + 3 \cdot \begin{pmatrix} -2 \\ 3 \\ 0 \end{pmatrix} = \begin{pmatrix} 7 \\ 14 \\ -4 \end{pmatrix}$$

$$\text{für } u = -1, v = 4: \quad T = \begin{pmatrix} 5 \\ -7 \\ 2 \end{pmatrix} - 1 \cdot \begin{pmatrix} 4 \\ 6 \\ -3 \end{pmatrix} + 4 \cdot \begin{pmatrix} -2 \\ 3 \\ 0 \end{pmatrix} = \begin{pmatrix} -7 \\ -1 \\ 5 \end{pmatrix}$$

Allgemein gilt:

Satz

Ist E eine Ebene im Raum, P ein Punkt in E und sind $\vec{a}, \vec{b} \in \mathbb{R}^3$ zwei nicht parallele Richtungsvektoren von E, dann gilt für alle Punkte $X \in \mathbb{R}^3$:

$$X \in E \quad \Leftrightarrow \quad \text{Es gibt } u, v \in \mathbb{R}, \text{ sodass } X = P + u \cdot \vec{a} + v \cdot \vec{b}.$$

Definition: Die Vektorgleichung $X = P + u \cdot \vec{a} + v \cdot \vec{b}$ nennt man eine **Parameterdarstellung der Ebene E** mit den **Parametern u und v**.

Jedem Parameterpaar $(u \mid v)$ entspricht genau ein Punkt X in der Ebene E.
Umgekehrt entspricht jedem Punkt X der Ebene E genau ein Parameterpaar $(u \mid v)$.

Eine Ebene E im Raum kann durch die folgende Punktmenge beschrieben werden:
$$E = \{X \in \mathbb{R}^3 \mid X = P + u \cdot \vec{a} + v \cdot \vec{b} \ \wedge \ u, v \in \mathbb{R}\}$$
Wir bezeichnen diese Punktmenge kurz als eine **Ebene in $\mathbb{R}^3$**. Wird diese durch die Punkte P, Q und R festgelegt, so bezeichnen wir sie mit **PQR**.

BEACHTE:

- Im Gegensatz zur Parameterdarstellung einer Geraden benötigt man für eine Parameterdarstellung einer Ebene zwei Parameter.
- Anstelle der Richtungsvektoren $\vec{a}$ und $\vec{b}$ kann man auch Vielfache dieser Vektoren verwenden, wodurch sich oft eine einfachere Parameterdarstellung ergibt.

AUFGABEN

10.09 Ein Tisch mit vier Füßen kann wackeln, einer mit drei Füßen nicht. Woran liegt das?

10.10 Gib eine Parameterdarstellung der Ebene durch die Punkte P, Q und R an!
  a) $P = (-2 \mid 4 \mid -3)$, $Q = (3 \mid 0 \mid 1)$, $R = (2 \mid -4 \mid -6)$ **c)** $P = (0 \mid 5 \mid 0)$, $Q = (2 \mid 4 \mid -8)$, $R = (3 \mid -7 \mid 0)$
  b) $P = (0 \mid 3 \mid 1)$, $Q = (-2 \mid 5 \mid 7)$, $R = (4 \mid 4 \mid -9)$ **d)** $P = (2 \mid 3 \mid 0)$, $Q = (0 \mid 0 \mid 0)$, $R = (-2 \mid -4 \mid 5)$

10.11 Untersuche, ob der Punkt X in der durch die Punkte P, Q und R bestimmten Ebene liegt!
  a) $X = (4 \mid 6 \mid -3)$, $P = (2 \mid 0 \mid 5)$, $Q = (3 \mid 3 \mid 1)$, $R = (2 \mid 4 \mid 5)$
  b) $X = (1 \mid 1 \mid 1)$, $P = (3 \mid 3 \mid 1)$, $Q = (2 \mid 4 \mid 7)$, $R = (3 \mid 0 \mid 9)$
  c) $X = (5 \mid 2 \mid -9)$, $P = (0 \mid 0 \mid 0)$, $Q = (2 \mid -5 \mid -1)$, $R = (3 \mid 7 \mid -8)$
  d) $X = (0 \mid 0 \mid 0)$, $P = (2 \mid 2 \mid -2)$, $Q = (-3 \mid 8 \mid 4)$, $R = (2 \mid -7 \mid 9)$

10.12 Gib drei Punkte an, die die folgende Ebene festlegen!
  a) $E = \{X \in \mathbb{R}^3 \mid X = (1 \mid 0 \mid -4) + u \cdot (2 \mid 3 \mid -4) + v \cdot (3 \mid -3 \mid 9) \ \wedge \ u, v \in \mathbb{R}\}$
  b) $E = \{X \in \mathbb{R}^3 \mid X = (4 \mid -5 \mid 6) + u \cdot (6 \mid 2 \mid 5) + v \cdot (3 \mid -8 \mid 0) \ \wedge \ u, v \in \mathbb{R}\}$

10.13 Gib eine Parameterdarstellung der Ebene an, die die einander schneidenden Geraden g und h enthält!
  a) $g = \{X \in \mathbb{R}^3 \mid X = (2 \mid 3 \mid 0) + s \cdot (1 \mid 1 \mid -1) \ \wedge \ s \in \mathbb{R}\}$, $h = \{X \in \mathbb{R}^3 \mid X = (2 \mid 3 \mid 0) + t \cdot (1 \mid 8 \mid 2) \ \wedge \ t \in \mathbb{R}\}$
  b) $g = \{X \in \mathbb{R}^3 \mid X = (4 \mid 2 \mid -1) + s \cdot (1 \mid -3 \mid 0) \ \wedge \ s \in \mathbb{R}\}$, $h = \{X \in \mathbb{R}^3 \mid X = (4 \mid 2 \mid -1) + t \cdot (3 \mid 5 \mid 7) \ \wedge \ t \in \mathbb{R}\}$

10.14 Gib eine Parameterdarstellung der Ebene an, die den Punkt P und die Gerade g enthält!
  a) $P = (0 \mid 2 \mid 3)$, $g = \{X \in \mathbb{R}^3 \mid X = (2 \mid 3 \mid 0) + t \cdot (1 \mid 1 \mid -1) \ \wedge \ t \in \mathbb{R}\}$
  b) $P = (0 \mid 0 \mid 0)$, $g = \{X \in \mathbb{R}^3 \mid X = (4 \mid 2 \mid -1) + t \cdot (1 \mid -3 \mid 0) \ \wedge \ t \in \mathbb{R}\}$

10.3 NORMALVEKTORDARSTELLUNG EINER EBENE IM RAUM

Normalvektordarstellung (Gleichung) einer Ebene

Applet
9af84f

Wir betrachten eine Ebene E, die durch einen Punkt P und einen Normalvektor $\vec{n} \in \mathbb{R}^3$ gegeben ist. Für jeden von P verschiedenen Punkt $X \in \mathbb{R}^3$ gilt:

$$X \in E \Leftrightarrow \vec{n} \perp \vec{PX} \Leftrightarrow \vec{n} \cdot \vec{PX} = 0 \Leftrightarrow \vec{n} \cdot (X - P) = 0 \Leftrightarrow \vec{n} \cdot X = \vec{n} \cdot P$$

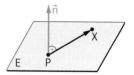

Die Äquivalenz $X \in E \Leftrightarrow \vec{n} \cdot X = \vec{n} \cdot P$ gilt aber auch für $X = P$, da in diesem Fall beide Aussagen wahr sind.

Für $\vec{n} = (n_1 | n_2 | n_3)$, $X = (x | y | z)$ und $P = (p_1 | p_2 | p_3)$ geht die Gleichung $\vec{n} \cdot X = \vec{n} \cdot P$ über in:

$$\begin{pmatrix} n_1 \\ n_2 \\ n_3 \end{pmatrix} \cdot \begin{pmatrix} x \\ y \\ z \end{pmatrix} = \begin{pmatrix} n_1 \\ n_2 \\ n_3 \end{pmatrix} \cdot \begin{pmatrix} p_1 \\ p_2 \\ p_3 \end{pmatrix} \quad \text{bzw.} \quad n_1 x + n_2 y + n_3 z = n_1 p_1 + n_2 p_2 + n_3 p_3$$

Setzt man zur Abkürzung noch $n_1 p_1 + n_2 p_2 + n_3 p_3 = c$, erhalten wir: $n_1 x + n_2 y + n_3 z = c$.
Wir haben somit bewiesen:

Satz: Ist E eine Ebene im Raum durch den Punkt $P = (p_1 | p_2 | p_3)$ und $\vec{n} \neq \vec{o}$ ein Normalvektor von E, dann gilt für alle $X \in \mathbb{R}^3$:

$$X \in E \Leftrightarrow \vec{n} \cdot X = \vec{n} \cdot P \text{ bzw. } (x|y|z) \in E \Leftrightarrow n_1 x + n_2 y + n_3 z = c$$

mit $c = n_1 p_1 + n_2 p_2 + n_3 p_3$

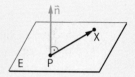

Definition: Die Gleichung $\vec{n} \cdot X = \vec{n} \cdot P$ bzw. $n_1 x + n_2 y + n_3 z = c$ nennt man eine **Normalvektordarstellung** (oder kurz **Gleichung**) **der Ebene E.**

📕 kompakt
Seite 199

Die Ebene E kann so dargestellt werden:

$$E = \{X \in \mathbb{R}^3 \,|\, \vec{n} \cdot X = \vec{n} \cdot P\} = \{(x|y|z) \in \mathbb{R}^3 \,|\, n_1 x + n_2 y + n_3 z = c\}$$

10.15 Ermittle eine Gleichung der Ebene durch den Punkt $P = (3 | 1 | -2)$ mit dem Normalvektor $\vec{n} = (1 | 2 | -3)$!

LÖSUNG: $\vec{n} \cdot X = \vec{n} \cdot P \Leftrightarrow \begin{pmatrix} 1 \\ 2 \\ -3 \end{pmatrix} \cdot \begin{pmatrix} x \\ y \\ z \end{pmatrix} = \begin{pmatrix} 1 \\ 2 \\ -3 \end{pmatrix} \cdot \begin{pmatrix} 3 \\ 1 \\ -2 \end{pmatrix} \Leftrightarrow x + 2y - 3z = 1 \cdot 3 + 2 \cdot 1 + (-3) \cdot (-2) \Leftrightarrow$

$\Leftrightarrow x + 2y - 3z = 11$

Jede Ebene mit dem Normalvektor $\vec{n} = (n_1 | n_2 | n_3)$ kann durch eine Gleichung der Form $n_1 x + n_2 y + n_3 z = c$ dargestellt werden. Umgekehrt stellt jede solche Gleichung eine Ebene mit dem Normalvektor $\vec{n} = (n_1 | n_2 | n_3)$ dar (sofern n_1, n_2, n_3 nicht alle gleich 0 sind). Ein Normalvektor kann somit unmittelbar aus der Gleichung abgelesen werden.
BEISPIEL: Die Ebene E: $4x - 3y + z = 7$ besitzt den Normalvektor $\vec{n} = (4 | -3 | 1)$.

Insgesamt kennen wir nun zwei Darstellungen für Ebenen in $\mathbb{R}^3$:

Parameterdarstellung einer Ebene:	Normalvektordarstellung (Gleichung) einer Ebene:
$X = P + u \cdot \vec{a} + v \cdot \vec{b}$	$\vec{n} \cdot X = \vec{n} \cdot P$ bzw. $n_1 x + n_2 y + n_3 z = c$

BEACHTE: Eine lineare Gleichung in x, y stellt eine Gerade in $\mathbb{R}^2$ dar. Eine lineare Gleichung in x, y, z stellt aber nicht eine Gerade in $\mathbb{R}^3$, sondern eine Ebene in $\mathbb{R}^3$ dar. Eine Gerade in $\mathbb{R}^3$ kann man nur durch eine Parameterdarstellung oder als Schnitt zweier Ebenen darstellen.

AUFGABEN

10.16 Ermittle einen Normalvektor und drei Punkte der Ebene mit der folgenden Gleichung!

    a) $2x - 3y + z = -8$ **c)** $3x + 5y - 4z = 10$ **e)** $x - y + z = 0$

    b) $x - 5y + 7z = 1$ **d)** $2x - 3y + 4z = 4$ **f)** $2x - y + 5z = -1$

10.17 Stelle eine Gleichung der Ebene E auf, die den Punkt P enthält und $\vec{n}$ als Normalvektor hat! Gib einen Punkt an, der in E liegt, und einen Punkt, der nicht in E liegt!

    a) $P = (1|1|-1), \vec{n} = (2|3|7)$ **c)** $P = (-6|0|2), \vec{n} = (1|0|1)$ **e)** $P = (1|0|6), \vec{n} = (3|3|-1)$

    b) $P = (5|-8|1), \vec{n} = (5|3|3)$ **d)** $P = (1|1|3), \vec{n} = (4|-4|-5)$ **f)** $P = (-4|4|8), \vec{n} = (-9|0|-4)$

10.18 Ermittle eine Gleichung der Ebene E durch den Punkt P, die normal zur Geraden g ist!

    a) $P = (-2|3|4),$ g: $X = (3|1|0) + t \cdot (1|1|1)$ **c)** $P = (3|3|3),$ g: $X = (1|1|4) + t \cdot (0|0|1)$

    b) $P = (4|4|-1),$ g: $X = (2|2|1) + t \cdot (-1|2|2)$ **d)** $P = (5|-6|0),$ g: $X = (2|0|1) + t \cdot (3|4|-1)$

10.19 **a)** Gib eine Parameterdarstellung der Ebene E: $x + y + z = 3$ an!

    b) Gib eine Gleichung der Ebene E: $X = (1|1|1) + u \cdot (2|1|0) + v \cdot (0|1|1)$ an!

LÖSUNG:

a) Wir ermitteln zuerst einen Punkt P und einen Normalvektor $\vec{n}$ von E:

$P = (1|1|1), \vec{n} = (1|1|1)$

Als nächstes suchen wir zwei beliebige Richtungsvektoren für E. Diese müssen von $\vec{o}$ verschieden und normal zu $\vec{n}$ sein. Rechne nach, dass beispielsweise $\vec{a} = (1|0|-1)$ und $\vec{b} = (0|1|-1)$ in Frage kommen.

E: $X = (1|1|1) + u \cdot (1|0|-1) + v \cdot (0|1|-1)$

b) Wir ermitteln einen Punkt P und einen Normalvektor $\vec{n}$ von E:

$$P = (1|1|1), \vec{n} = \begin{pmatrix} 2 \\ 1 \\ 0 \end{pmatrix} \times \begin{pmatrix} 0 \\ 1 \\ 1 \end{pmatrix} = \begin{pmatrix} 1 \\ -2 \\ 2 \end{pmatrix}$$

$$E: \begin{pmatrix} 1 \\ -2 \\ 2 \end{pmatrix} \cdot \begin{pmatrix} x \\ y \\ z \end{pmatrix} = \begin{pmatrix} 1 \\ -2 \\ 2 \end{pmatrix} \cdot \begin{pmatrix} 1 \\ 1 \\ 1 \end{pmatrix}$$

E: $x - 2y + 2z = 1$

10.20 Ermittle eine Parameterdarstellung der Ebene E mit folgender Gleichung!

    a) $x + 6y - z = 2$ **b)** $2x - y + 2z = 8$ **c)** $x - y - z = 10$ **d)** $4x - y + 3z = 0$

10.21 Ermittle eine Gleichung der Ebene E mit folgender Parameterdarstellung!

    a) $X = (5|3|-4) + u \cdot (2|3|-4) + v \cdot (5|3|0)$

    b) $X = (1|0|-4) + u \cdot (9|3|4) + v \cdot (3|-3|9)$

10.22 Ermittle eine Gleichung der Ebene E', die zur Ebene E parallel ist und durch P geht!

    a) E: $x - 3y + z = 5$, $P = (5|6|1)$ **b)** E: $2x + 5y - 4z = 2$, $P = (1|1|8)$

10.23 Berechne die Durchstoßpunkte D_x, D_y, D_z der Koordinatenachsen mit der Ebene E und skizziere die Lage der Ebene mithilfe des Dreiecks $D_x D_y D_z$!

    a) E: $2x + y + 5z = 10$ **b)** E: $x + y + z = 4$

10.24 Ermittle eine Gleichung der Ebene E, die durch den Punkt $P = (0|0|2)$ geht und zur xy-Ebene parallel ist!

10.4 GEGENSEITIGE LAGEN VON GERADEN UND EBENEN IM RAUM

Gegenseitige Lage und Schnitt von Gerade und Ebene

Eine Ebene E und eine Gerade g im Raum können folgende gegenseitige Lagen einnehmen:

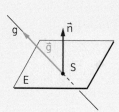 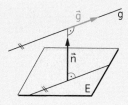 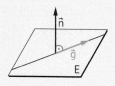

g schneidet E in einem Punkt S: $E \cap g = \{S\}$ | **g ist zu E parallel und liegt nicht in E:** $E \cap g = \emptyset$ | **g ist zu E parallel und liegt in E:** $E \cap g = g$

Die gegenseitige Lage einer Ebene E und einer Geraden g kann man am leichtesten untersuchen, wenn E durch eine Gleichung und g durch eine Parameterdarstellung gegeben ist.

Vorgangsweise zur Bestimmung der gegenseitigen Lage einer Ebene E und einer Geraden g
- Ermittle einen Normalvektor $\vec{n}$ von E und einen Richtungsvektor $\vec{g}$ von g!
- Prüfe, ob $\vec{g}$ zu $\vec{n}$ normal ist!
  - Ist $\vec{g}$ nicht normal zu $\vec{n}$, so schneiden g und E einander in einem Punkt.
  - Ist $\vec{g}$ normal zu $\vec{n}$, so ist g parallel zu E.
    Ermittle einen beliebigen Punkt P auf g und prüfe, ob P in E liegt!
    – Ist $P \in E$, so liegt die Gerade g in E.
    – Ist $P \notin E$, so liegt die Gerade g nicht in E.

10.25 Ermittle die gegenseitige Lage und gegebenenfalls den Schnittpunkt der Ebene E und der Geraden g!
Lernapplet 2t8ya2
$E: 2x - y + 5z = -3$, $g = AB$ mit $A = (0|2|7)$, $B = (1|1|10)$

LÖSUNG:
Parameterdarstellung von g: $X = (0|2|7) + t \cdot (1|-1|3)$
Richtungsvektor von g: $\vec{g} = (1|-1|3)$, Normalvektor von E: $\vec{n} = (2|-1|5)$
$\vec{g} \cdot \vec{n} = 1 \cdot 2 + (-1) \cdot (-1) + 3 \cdot 5 = 18 \neq 0$ ⟹ $\vec{g}$ und $\vec{n}$ stehen nicht normal aufeinander.
⟹ E und g schneiden einander in einem Punkt S.
- Da $S \in g$, gibt es ein $t \in \mathbb{R}$, so dass: $S = (0|2|7) + t \cdot (1|-1|3) = (t|2-t|7+3t)$
- Da $S \in E$, erfüllt S die Ebenengleichung: $2t - (2-t) + 5(7+3t) = -3 \Leftrightarrow t = -2$
  Durch Einsetzen von $t = -2$ in die Gleichung $S = (t|2-t|7+3t)$ erhalten wir: $S = (-2|4|1)$

AUFGABEN

10.26 Ermittle die gegenseitige Lage und gegebenfalls den Schnittpunkt der Ebene E und der Geraden g!
a) $E: x + y - z = 1$, $g = \{X \in \mathbb{R}^3 \mid X = (1|1|1) + t \cdot (1|3|2) \wedge t \in \mathbb{R}\}$
b) $E: x - 2y + z = 1$, $g = \{X \in \mathbb{R}^3 \mid X = (3|-1|2) + t \cdot (1|-2|1) \wedge t \in \mathbb{R}\}$
c) $E: x + y + z = -11$, $g = \{X \in \mathbb{R}^3 \mid X = (0|1|0) + t \cdot (5|-2|1) \wedge t \in \mathbb{R}\}$
d) $E: 2x + 5y - z = 1$, $g = \{X \in \mathbb{R}^3 \mid X = (1|1|1) + t \cdot (1|2|12) \wedge t \in \mathbb{R}\}$
e) $E: 3x + 5y + 4z = 25$, $g = \{X \in \mathbb{R}^3 \mid X = (1|2|3) + t \cdot (-1|-1|2) \wedge t \in \mathbb{R}\}$
f) $E: 3x - 5y - 4z = 25$, $g = \{X \in \mathbb{R}^3 \mid X = t \cdot (-1|-1|2) \wedge t \in \mathbb{R}\}$

Gegenseitige Lage und Schnitt zweier Ebenen

Für die gegenseitige Lage zweier Ebenen E_1 und E_2 im Raum gibt es folgende Möglichkeiten:

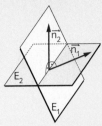 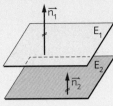 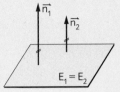

E_1 und E_2 **schneiden einander** in einer **Geraden g**:
$E_1 \cap E_2 = g$

E_1 und E_2 sind **parallel** und **verschieden**:
$E_1 \cap E_2 = \emptyset$

E_1 und E_2 sind **parallel** und **fallen zusammen**:
$E_1 \cap E_2 = E_1 = E_2$

Vorgangsweise zur Bestimmung der gegenseitigen Lage zweier Ebenen E_1 und E_2

- Ermittle einen Normalvektor $\vec{n}_1$ von E_1 und einen Normalvektor $\vec{n}_2$ von E_2
- Prüfe, ob $\vec{n}_1$ und $\vec{n}_2$ parallel sind!
  - Ist $\vec{n}_1 \nparallel \vec{n}_2$, so schneiden E_1 und E_2 einander in einer Geraden.
  - Ist $\vec{n}_1 \parallel \vec{n}_2$, so sind die beiden Ebenen E_1 und E_2 zueinander parallel.
    Sind die Gleichungen von E_1 und E_2 keine Vielfachen voneinander, dann sind E_1 und E_2 verschieden. Andernfalls fallen E_1 und E_2 zusammen.

10.27 Ermittle die gegenseitige Lage und den Durchschnitt der Ebenen E_1 und E_2!

Lernapplet
z79z8m

1) $E_1: x + 3y - 7z = 1$
   $E_2: x + 3y - 15z = -7$

2) $E_1: x + 3y - 5z = 4$
   $E_2: 3x + 9y - 15z = 4$

3) $E_1: x + 3y - 5z = 4$
   $E_2: 3x + 9y - 15z = 12$

LÖSUNG:

1) Die Normalvektoren $\vec{n}_1 = (1|3|-7)$ und $\vec{n}_2 = (1|3|-15)$ sind nicht parallel. Somit schneiden die beiden Ebenen einander in einer Geraden g und es ist $E_1 \cap E_2 = g$.
   Ermittlung von g: Die Gerade g besteht aus allen Punkten $(x|y|z)$, deren Koordinaten beide Ebenengleichungen erfüllen, für die also gilt:
   $$\begin{cases} x + 3y - 7z = 1 \\ x + 3y - 15z = -7 \end{cases}$$
   Setzen wir etwa $y = t$ (wobei t eine beliebige reelle Zahl ist), erhält man folgende Lösungen des Gleichungssystems: $x = 8 - 3t$, $y = t$, $z = 1$ (Rechne nach!)
   Damit ergibt sich die folgende Parameterdarstellung der Schnittgeraden g:
   $$X = (x|y|z) = (8 - 3t|t|1) = (8|0|1) + t \cdot (-3|1|0)$$

2) Anhand der Normalvektoren $(1|3|-5)$ und $(3|9|-15)$ erkennen wir, dass die beiden Ebenen parallel sind. Da die zweite Gleichung kein Vielfaches der ersten ist, sind die beiden Ebenen parallel und verschieden. Es ist $E_1 \cap E_2 = \emptyset$.

3) Anhand der Normalvektoren $(1|3|-5)$ und $(3|9|-15)$ erkennen wir, dass die beiden Ebenen parallel sind. Da die zweite Gleichung das Dreifache der ersten ist, fallen die beiden Ebenen zusammen. Es ist $E_1 \cap E_2 = E_1 = E_2$.

AUFGABEN

10.28 Ermittle die gegenseitige Lage und den Durchschnitt der Ebenen E_1 und E_2!

a) $E_1: 2x - y - 3z = 1$
   $E_2: 2x - y - z = -7$

b) $E_1: x + y - 3z = 1$
   $E_2: 2x + 2y - 6z = 2$

c) $E_1: 3x + 5y - 8z = 3$
   $E_2: 6x + 10y - 16z = 3$

10.5 LAGEN VON DREI EBENEN; LINEARE GLEICHUNGSSYSTEME IN DREI VARIABLEN

Gegenseitige Lage und Schnitt dreier Ebenen

Gegeben sind drei Ebenen:

$$E_1: a_1x + a_2y + a_3z = a_0 \qquad E_2: b_1x + b_2y + b_3z = b_0 \qquad E_3: c_1x + c_2y + c_3z = c_0$$

Wir setzen voraus, dass keine zwei dieser Ebenen zusammenfallen. Dann gibt es für die gegenseitige Lage der drei Ebenen folgende Möglichkeiten:

Fall 1: Keine zwei der drei Ebenen sind zueinander parallel (Abb. 10.1a, b, c).
Fall 2: Genau zwei der drei Ebenen sind zueinander parallel (Abb. 10.1d).
Fall 3: Alle drei Ebenen sind zueinander parallel (Abb. 10.1e).

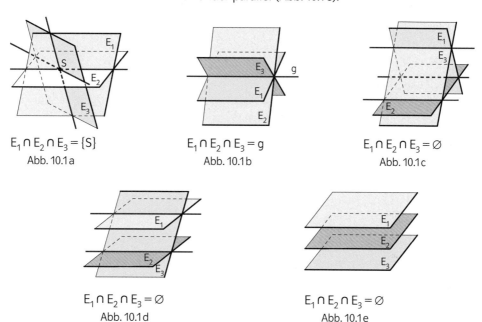

$E_1 \cap E_2 \cap E_3 = \{S\}$
Abb. 10.1a

$E_1 \cap E_2 \cap E_3 = g$
Abb. 10.1b

$E_1 \cap E_2 \cap E_3 = \varnothing$
Abb. 10.1c

$E_1 \cap E_2 \cap E_3 = \varnothing$
Abb. 10.1d

$E_1 \cap E_2 \cap E_3 = \varnothing$
Abb. 10.1e

Welche Fälle auftreten können, wenn einige der drei Ebenen zusammenfallen, zeigt die folgende Aufgabe.

10.29 Welcher Art ist der Durchschnitt $E_1 \cap E_2 \cap E_3$, wenn
a) in Abb. 10.1d die Ebenen E_1 und E_2 zusammenfallen,
b) in Abb. 10.1e die Ebenen E_1 und E_2 zusammenfallen, aber von E_3 verschieden sind,
c) in Abb. 10.1e alle drei Ebenen zusammenfallen?

LÖSUNG:

a) $E_1 \cap E_2 \cap E_3 = g$ (Schnittgerade von E_1 und E_3)
b) $E_1 \cap E_2 \cap E_3 = \varnothing$
c) $E_1 \cap E_2 \cap E_3 = E_1 = E_2 = E_3$

Insgesamt ergibt sich aus Abb. 10.1a b c d e und der letzten Aufgabe:

Satz: Der **Durchschnitt dreier Ebenen in** $\mathbb{R}^3$ ist **leer**, ein **Punkt in** $\mathbb{R}^3$, eine **Gerade in** $\mathbb{R}^3$ oder eine **Ebene in** $\mathbb{R}^3$.

Lineare Gleichungssysteme in drei Variablen

Wir betrachten ein lineares Gleichungssystem in drei Variablen:

$$\begin{cases} a_1 x + a_2 y + a_3 z = a_0 & (a_1, a_2, a_3, a_0 \in \mathbb{R} \text{ und } a_1, a_2, a_3 \text{ nicht alle } 0) \\ b_1 x + b_2 y + b_3 z = b_0 & (b_1, b_2, b_3, b_0 \in \mathbb{R} \text{ und } b_1, b_2, b_3 \text{ nicht alle } 0) \\ c_1 x + c_2 y + c_3 z = c_0 & (c_1, c_2, c_3, c_0 \in \mathbb{R} \text{ und } c_1, c_2, c_3 \text{ nicht alle } 0) \end{cases}$$

Den drei Gleichungen entsprechen geometrisch drei Ebenen E_1, E_2, E_3 im Raum mit den Normalvektoren $\vec{a} = (a_1 \,|\, a_2 \,|\, a_3)$, $\vec{b} = (b_1 \,|\, b_2 \,|\, b_3)$ und $\vec{c} = (c_1 \,|\, c_2 \,|\, c_3)$. Jeder Lösung $(x \,|\, y \,|\, z)$ des Gleichungssystems entspricht ein Punkt, der in allen drei Ebenen liegt, also ein Punkt des Durchschnitts $E_1 \cap E_2 \cap E_3$. Die **Lösungsmenge** des Gleichungssystems stimmt also mit der Menge $E_1 \cap E_2 \cap E_3$ überein. Nach dem Satz auf Seite 193 folgt daraus:

Satz

Die Lösungsmenge eines linearen Gleichungssystems in drei Variablen ist **leer** oder entspricht einem **Punkt in $\mathbb{R}^3$**, einer **Geraden in $\mathbb{R}^3$** oder einer **Ebene in $\mathbb{R}^3$**.

Lineare Gleichungssysteme in drei Variablen löst man im Allgemeinen mit Technologieeinsatz. Mit der Hand kann man solche Gleichungssysteme mit den gleichen Methoden lösen wie lineare Gleichungssysteme in zwei Variablen (Substitutionsmethode, Eliminationsmethode).

Beispiel 1: Substitutionsmethode (Einsetzungsmethode)

$$\begin{cases} x - 2y + 3z = -1 \\ 2x + y - z = 6 \\ 3x - 2y + z = 1 \end{cases}$$

Wir drücken beispielsweise aus der dritten Gleichung z durch x und y aus: $z = 1 - 3x + 2y$
Einsetzen in die beiden anderen Gleichungen liefert:

$$\begin{cases} x - 2y + 3(1 - 3x + 2y) = -1 \\ 2x + y - (1 - 3x + 2y) = 6 \end{cases} \Rightarrow \begin{cases} -8x + 4y = -4 \\ 5x - y = 7 \end{cases} \Rightarrow x = 2, \; y = 3, \; z = 1 - 3 \cdot 2 + 2 \cdot 3 = 1$$

Die Lösung des Gleichungssystems lautet also $(2 \,|\, 3 \,|\, 1)$.
Mache die Probe selbst durch Einsetzen der Lösungen x, y, z in alle drei Gleichungen!

Beispiel 2: Eliminationsmethode

$$\begin{cases} x - 2y + 3z = -1 \\ 2x + y - z = 6 \\ 3x - 2y + z = 1 \end{cases}$$

Wir addieren geeignete Vielfache von Gleichungen so, dass beim Addieren Variable wegfallen:

$$\begin{cases} x - 2y + 3z = -1 & | \cdot (-2) \; | \cdot (-3) \\ 2x + y - z = 6 & \\ 3x - 2y + z = 1 & \end{cases} \Rightarrow \begin{cases} x - 2y + 3z = -1 \\ 5y - 7z = 8 & | \cdot (-4) \\ 4y - 8z = 4 & | \cdot 5 \end{cases} \Rightarrow \begin{cases} x - 2y + 3z = -1 \\ 5y - 7z = 8 \\ -12z = -12 \end{cases}$$

Aus der dritten Gleichung ergibt sich $z = 1$. Damit erhalten wir aus der zweiten Gleichung $y = 3$. Setzen wir $y = 3$ und $z = 1$ in die erste Gleichung ein, erhalten wir $x = 2$.
Die Lösung des Gleichungssystems lautet also $(2 \,|\, 3 \,|\, 1)$. Mache die Probe selbst!

10.30 Ermittle, welcher der in Abb. 10.1 dargestellten Lösungsfälle für das folgende Gleichungssystem zutrifft, und gib die Lösungsmenge L an!

1) $\begin{cases} 2x - y - 2z = 1 \\ x + y - 4z = 8 \\ -x + y - z = 3 \end{cases}$
2) $\begin{cases} 2x - 2y + 2z = -1 \\ 2x - 2y - z = -4 \\ 3x - 3y + z = -5 \end{cases}$
3) $\begin{cases} x - y - z = -1 \\ 2x - 2y + z = 4 \\ -2x + 2y + 5z = 8 \end{cases}$

LÖSUNG: Wir deuten die drei Gleichungen als Ebenen. Bei allen drei Gleichungssystemen erkennt man anhand der Normalvektoren, dass keine zwei der drei Ebenen parallel sind. Es liegt also bei jedem der Gleichungssysteme einer der Fälle in Abb. 10.1a,b,c vor. Um welchen Fall es sich handelt, erkennt man bei dem Versuch, das Gleichungssystem zu lösen.

1) Führe die Rechnung selbst durch! Es ergibt sich: $x = 1$, $y = 3$, $z = -1$. Es liegt also der Fall in Abb. 10.1a vor und es ist $L = E_1 \cap E_2 \cap E_3 = \{(1\,|\,3\,|\,-1)\}$.

2) $\begin{cases} 2x - 2y + 2z = -1 \\ 2x - 2y - z = -4 \\ 3x - 3y + z = -5 \end{cases} \begin{array}{l} \\ |\cdot(-1) \\ |\cdot(-2) \end{array} \left.\begin{array}{l} \\ + \\ \end{array}\right] \begin{array}{l} |\cdot 3 \\ \\ \end{array} \left.\begin{array}{l} \\ + \Rightarrow \\ \end{array}\right] \begin{cases} 2x - 2y + 2z = -1 \\ 3z = 3 \\ 4z = 7 \end{cases}$

Da die letzten beiden Gleichungen einander widersprechen, hat das Gleichungssystem keine Lösung. Somit liegt der Fall in Abb. 10.1c vor und es ist $L = E_1 \cap E_2 \cap E_3 = \emptyset$.

3) $\begin{cases} x - y - z = -1 \\ 2x - 2y + z = 4 \\ -2x + 2y + 5z = 8 \end{cases} \begin{array}{l} |\cdot(-2) \\ \\ \end{array} \left.\begin{array}{l} \\ + \\ \end{array}\right] \begin{array}{l} |\cdot 2 \\ \\ \end{array} \left.\begin{array}{l} \\ + \Rightarrow \\ \end{array}\right] \begin{cases} x - y - z = -1 \\ 3z = 6 \\ 3z = 6 \end{cases}$

Da jetzt die zweite und dritte Gleichung miteinander übereinstimmen, können wir die dritte Gleichung weglassen. Aus der zweiten Gleichung erhalten wir $z = 2$. Setzt man dies in die erste Gleichung ein, ergibt sich $x - y = 1$. In dieser Gleichung darf eine der Zahlen x und y beliebig gewählt werden, die andere ist dann durch die Gleichung bestimmt. Wir setzen beispielsweise $y = t$ (mit $t \in \mathbb{R}$). Dann ist $x = 1 + t$ und wir erhalten:
$L = E_1 \cap E_2 \cap E_3 = \{(x\,|\,y\,|\,z) \in \mathbb{R}^3 \mid (x\,|\,y\,|\,z) = (1+t\,|\,t\,|\,2)\} = \{X \in \mathbb{R}^3 \mid X = (1\,|\,0\,|\,2) + t \cdot (1\,|\,1\,|\,0)\}$
Dies ist eine Gerade in $\mathbb{R}^3$. Es liegt also der Fall in Abb. 10.1b vor.

AUFGABEN

10.31 Löse das folgende Gleichungssystem mit der Substitutions- oder Eliminationsmethode!

a) $\begin{cases} 4x - y = -35 \\ -12x - 6z = 6 \\ 4x + 3z = 15 \end{cases}$
b) $\begin{cases} -3x - 2y = 9 \\ 9x + 4y = 6 \\ 3x + 4y + 2z = -14 \end{cases}$
c) $\begin{cases} 3x - 4y + z = 30 \\ 2x + 2y + 5z = 32 \\ x + y - 2z = -11 \end{cases}$
d) $\begin{cases} 5x - y + 4z = 12 \\ 2x + 3y - z = 2 \\ x + y + z = 7 \end{cases}$

10.32 Stelle fest, ob die Lösungsmenge des folgenden Gleichungssystems leer, ein Punkt in $\mathbb{R}^3$, eine Gerade in $\mathbb{R}^3$ oder eine Ebene in $\mathbb{R}^3$ ist!

a) $\begin{cases} 3x + 4y - 6z = 1 \\ x + y - 2z = 0 \\ x + y + z = 3 \end{cases}$
c) $\begin{cases} 2x - 4y + 3z = 3 \\ 3x - 8y - z = -3 \\ x - y - 2z = -1 \end{cases}$
e) $\begin{cases} x + y - 2z = 1 \\ 2x - 3y + z = 2 \\ 4x - 7y + 2z = 3 \end{cases}$
g) $\begin{cases} x - 4y - 5z = 1 \\ 2x - 8y - 10z = 2 \\ 3x - 12y - 15z = 3 \end{cases}$

b) $\begin{cases} 3x + 4y - 6z = 1 \\ x + 2y - z = 0 \\ 2x + 2y - 5z = 1 \end{cases}$
d) $\begin{cases} 3x + y + 4z = 1 \\ -3x - y - 4z = 1 \\ 6x + 2y + 8z = 3 \end{cases}$
f) $\begin{cases} x - 4y - 5z = 1 \\ 2x - 3y - z = 2 \\ 4x - 16y - 20z = 3 \end{cases}$
h) $\begin{cases} 3x - 4y - z = 4 \\ 6x - 8y - 2z = 8 \\ -3x + 4y + z = 3 \end{cases}$

10.33 Zeige, dass die Lösungsmenge des folgenden Gleichungssystems leer ist! Ändere eine einzige Zahl so ab, dass das Gleichungssystem genau eine Lösung hat und bestimme diese!

a) $\begin{cases} x + 2y + 3z = 6 \\ 3x + 5y + 10z = 13 \\ 2x + 4y + 6z = 11 \end{cases}$
b) $\begin{cases} x - 3y + 2z = 18 \\ 4x + 3y - 4z = 6 \\ 5x + 5y - 6z = 8 \end{cases}$
c) $\begin{cases} 5x - 2y - 4z = 7 \\ x + 2y + z = 8 \\ 7x - 10y - 11z = -7 \end{cases}$

10.6 ABSTÄNDE IM RAUM

Abstand eines Punktes von einer Ebene

Applet
2rt46v

Die Hesse'sche Abstandsformel erlaubt uns, in der Ebene den Abstand eines Punktes P von einer Geraden g zu berechnen (siehe Mathematik verstehen 5, Seite 263). Im Raum kann diese Formel dazu verwendet werden, den Abstand eines Punktes P von einer Ebene E zu berechnen. Die Herleitung der Formel erfolgt wie in $\mathbb{R}^2$. Man ermittelt einen beliebigen Punkt A in E und einen Normalvektor $\vec{n}$ von E. Der gesuchte Abstand d ist gleich dem Betrag der Normalprojektion des Vektors $\overrightarrow{AP}$ auf $\vec{n}$, also:

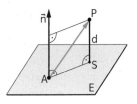

$$d = \frac{|\overrightarrow{AP} \cdot \vec{n}|}{|\vec{n}|}$$

Satz (Hesse'sche Abstandsformel in $\mathbb{R}^3$)
Sei $P \in \mathbb{R}^3$, E eine Ebene in $\mathbb{R}^3$ mit dem Normalvektor $\vec{n}$ und A ein beliebiger Punkt von E. Dann gilt für den Abstand d des Punktes P von der Ebene E:

$$\mathbf{d = \frac{|\overrightarrow{AP} \cdot \vec{n}|}{|\vec{n}|}}$$

Eine zweite Möglichkeit für die Berechnung des Abstands besteht darin, eine Parameterdarstellung der auf die Ebene E normalen Geraden durch den Punkt P aufzustellen und den Schnittpunkt S dieser Geraden mit E zu bestimmen. Dann ist $d = \overline{PS}$.

Abstand zweier paralleler Ebenen

Den Abstand d zweier paralleler Ebenen E_1 und E_2 kann man so berechnen: Man ermittelt einen beliebigen Punkt P von E_1 und berechnet den Abstand dieses Punktes von der Ebene E_2.

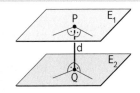

Abstand einer Ebene von einer Parallelgeraden

Gegeben ist eine Ebene E und eine zu E parallele Gerade g. Den Abstand d der Geraden g von der Ebene E kann man folgendermaßen berechnen: Da alle Punkte auf g den gleichen Abstand von E haben, ermittelt man einen beliebigen Punkt P auf g und berechnet den Abstand dieses Punktes von E.

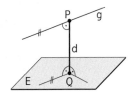

Abstand eines Punktes von einer Geraden

Der Abstand d eines Punktes P von einer Geraden g kann im Raum auf verschiedene Weisen ermittelt werden.
1. Möglichkeit:
Man legt eine zu g normale Ebene E durch P und berechnet den Schnittpunkt S von E und g. Dann ist $d = \overline{PS}$.

2. Möglichkeit:
Man ermittelt einen beliebigen Punkt $A \in g$, berechnet den Vektor $\vec{a} = \overrightarrow{AP}$ und den Betrag $|\vec{a}_g|$ der Normalprojektion von $\vec{a}$ auf einen Richtungsvektor $\vec{g}$ von g. Nach dem pythagoräischen Lehrsatz gilt dann:

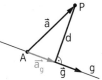

$$d = \sqrt{|\vec{a}|^2 - |\vec{a}_g|^2}$$

3. Möglichkeit:

Man ermittelt einen beliebigen Punkt A ∈ g. Der gesuchte Abstand d ist gleichzeitig Höhe des von $\vec{a} = \overrightarrow{AP}$ und dem Richtungsvektor $\vec{g}$ der Geraden aufgespannten Parallelogramms. Der Flächeninhalt dieses Parallelogramms ist sowohl durch $|\vec{g}| \cdot d$ als auch durch $|\vec{a} \times \vec{g}|$ gegeben.

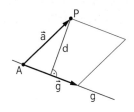

Aus $|\vec{g}| \cdot d = |\vec{a} \times \vec{g}|$ folgt: $d = \dfrac{|\vec{a} \times \vec{g}|}{|\vec{g}|}$

Abstand zweier paralleler Geraden

Man ermittelt einen Punkt P auf einer der beiden Geraden und berechnet den Abstand d dieses Punktes von der anderen Geraden.

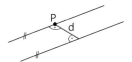

Abstand zweier windschiefer Geraden

Den Abstand zweier windschiefer Geraden g und h kann man folgendermaßen berechnen (siehe nebenstehende Abbildung):

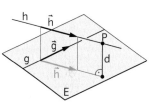

Man ermittelt eine Gleichung einer zu h parallelen Ebene E, die g enthält. (Richtungsvektoren $\vec{g}$ und $\vec{h}$ von g bzw. h sind auch Richtungsvektoren von E und somit ist $\vec{g} \times \vec{h}$ ein Normalvektor von E). Dann ermittelt man einen beliebigen Punkt P auf h und berechnet den Abstand dieses Punktes von E.

AUFGABEN

10.34 Berechne den Abstand des Punktes P von der Ebene E!
  a) $P = (2\,|\,{-7}\,|\,18)$, E: $2x - y - 2z = 2$ **b)** $P = (15\,|\,{-2}\,|\,7)$, E: $6x - 3y + 2z = 12$

10.35 Zeige, dass die Ebenen E_1 und E_2 parallel sind und ermittle ihren Abstand!
  a) $E_1 = \{X \in \mathbb{R}^3 \mid X = (-1\,|\,4\,|\,6) + u \cdot (1\,|\,4\,|\,4) + v \cdot (1\,|\,0\,|\,0) \land u, v \in \mathbb{R}\}$, E_2: $y - z = 3$
  b) $E_1 = ABC$ mit $A = (-1\,|\,4\,|\,6)$, $B = (1\,|\,3\,|\,7)$, $C = (5\,|\,2\,|\,12)$, E_2: $2x + 3y - z = 3$

10.36 Zeige, dass die Gerade g parallel zur Ebene E ist und ermittle den Abstand von g und E!
  g: $X = (-2\,|\,3\,|\,{-5}) + t \cdot (3\,|\,2\,|\,1)$,   E: $x - y - z = 4$

10.37 Berechne den Abstand des Punktes P von der Geraden g!
  a) $P = (-4\,|\,3\,|\,{-2})$, g: $X = (7\,|\,11\,|\,9) + t \cdot (1\,|\,{-2}\,|\,{-2})$ **c)** $P = (1\,|\,5\,|\,3)$, g: $X = (13\,|\,6\,|\,5) + t \cdot (3\,|\,2\,|\,{-2})$
  b) $P = (5\,|\,7\,|\,20)$, g: $X = (3\,|\,5\,|\,{-6}) + t \cdot (-5\,|\,4\,|\,7)$ **d)** $P = (2\,|\,7\,|\,3)$, g: $X = (-8\,|\,{-2}\,|\,4) + t \cdot (4\,|\,3\,|\,6)$

10.38 Zeige, dass die Geraden g und h parallel sind und berechne ihren Abstand!
  a) g: $X = (0\,|\,1\,|\,1) + s \cdot (2\,|\,{-1}\,|\,2)$,   h: $X = (-1\,|\,1\,|\,{-2}) + t \cdot (-2\,|\,1\,|\,{-2})$
  b) g: $X = (1\,|\,1\,|\,{-1}) + s \cdot (1\,|\,{-3}\,|\,3)$, h: $X = (2\,|\,{-2}\,|\,{-2}) + t \cdot (-1\,|\,3\,|\,{-3})$

10.39 Berechne den Abstand der windschiefen Geraden g und h!
  a) g: $X = (5\,|\,{-2}\,|\,8) + s \cdot (1\,|\,{-1}\,|\,4)$,   h: $X = (2\,|\,3\,|\,7) + t \cdot (-2\,|\,1\,|\,0)$
  b) g: $X = (9\,|\,{-5}\,|\,{-3}) + s \cdot (2\,|\,4\,|\,15)$, h: $X = (5\,|\,15\,|\,2) + t \cdot (4\,|\,1\,|\,9)$
  c) g: $X = (-1\,|\,{-1}\,|\,5) + s \cdot (-1\,|\,5\,|\,8)$, h: $X = (9\,|\,6\,|\,12) + t \cdot (5\,|\,{-4}\,|\,2)$
  d) g: $X = (3\,|\,2\,|\,1) + s \cdot (8\,|\,3\,|\,3)$,   h: $X = (1\,|\,{-1}\,|\,{-7}) + t \cdot (0\,|\,{-1}\,|\,3)$

10.7 ZUM SINN DER ANALYTISCHEN GEOMETRIE

Die „analytische Geometrie" (eine Verbindung von Geometrie und Algebra) geht im Wesentlichen auf **René Descartes** (1596–1650) zurück. Descartes erkannte, dass man Sachverhalte der ebenen (räumlichen) Geometrie mit Hilfe von Zahlenpaaren (Zahlentripeln) beschreiben kann.
Dazu einige Beispiele:

	Ebene		$\mathbb{R}^2$
Objekte:	Punkt P	$\Leftrightarrow$	Zahlenpaar $(p_1 \vert p_2)$
	Pfeil	$\Leftrightarrow$	Zahlenpaar $(a_1 \vert a_2)$
	Pfeil von P nach Q	$\Leftrightarrow$	Zahlenpaar $\overrightarrow{PQ}$
	Pfeil auf einer Geraden g	$\Leftrightarrow$	Richtungsvektor $\vec{g}$
Mengen:	Gerade durch P mit vorgegebener Richtung	$\Leftrightarrow$	$\{X \in \mathbb{R}^2 \mid X = P + t \cdot \vec{g}\}$
	Gerade durch P mit vorgegebener Normalenrichtung	$\Leftrightarrow$	$\{X \in \mathbb{R}^2 \mid \vec{n} \cdot X = \vec{n} \cdot P\}$
	Rechteck	$\Leftrightarrow$	$\{(x \vert y) \in \mathbb{R}^2 \mid a \leqslant x \leqslant b \ \wedge\ c \leqslant y \leqslant d\}$
Beziehungen:	M ist Mittelpunkt der Strecke AB	$\Leftrightarrow$	$M = \frac{1}{2} \cdot (A + B)$
	$g \parallel h$	$\Leftrightarrow$	$\vec{g} = r \cdot \vec{h}$ (mit $r \in \mathbb{R}^*$)
	$g \perp h$	$\Leftrightarrow$	$\vec{g} \cdot \vec{h} = 0$
	$Q \in g$	$\Leftrightarrow$	$Q = P + t \cdot \vec{g}$ oder $\vec{n} \cdot Q = \vec{n} \cdot P$

Durch derartige Zuordnungen ist es möglich, ein geometrisches Problem der Ebene bzw. des Raums in ein algebraisches Problem in $\mathbb{R}^2$ bzw. $\mathbb{R}^3$ zu übersetzen, dieses mit algebraischen Methoden zu lösen und das Ergebnis wieder geometrisch zu deuten (siehe Abb. 10.2 a).

BEISPIEL: Es soll der Schnittpunkt zweier Geraden in der Ebene ermittelt werden. Man beschreibt die beiden Geraden durch lineare Gleichungen, löst das erhaltene Gleichungssystem und interpretiert das dabei erhaltene Zahlenpaar als Schnittpunkt der Geraden.

Manchmal geht man auch umgekehrt vor: Um ein algebraisches Problem zu lösen, übersetzt man es in ein geometrisches Problem, löst dieses mit geometrischen Methoden und interpretiert die Lösung wieder algebraisch (siehe Abb. 10.2 b).

BEISPIEL: Es sollen die möglichen Lösungen eines linearen Gleichungssystems aus zwei Gleichungen in zwei Unbekannten ermittelt werden. Man interpretiert die beiden Gleichungen als Geraden in der Ebene und überlegt sich auf geometrischem Wege, dass die beiden Geraden keinen, genau einen Schnittpunkt oder unendlich viele Schnittpunkte haben. Das Ergebnis wird wieder algebraisch interpretiert: Das Gleichungssystem hat keine, genau eine Lösung oder unendlich viele Lösungen.

Abb. 10.2 a   Abb. 10.2 b

TECHNOLOGIE KOMPAKT

GEOGEBRA

CASIO CLASS PAD II

Parameterdarstellung einer Geraden im Raum aus zwei gegebenen Punkten A, B $\in \mathbb{R}^3$ ermitteln

GEOGEBRA

Algebra-Ansicht:

Eingabe: Gerade($(a_1, a_2, a_3), (b_1, b_2, b_3)$) ENTER

Ausgabe → *Parameterdarstellung der Geraden durch die Punkte $(a_1|a_2|a_3)$ und $(b_1|b_2|b_3)$*

CASIO

Eingabe: $A + t \times (B - A)$ → g

Ausgabe → *rechte Seite der Parameterdarstellung der Geraden die Punkte $(a_1|a_2|a_3)$ und $(b_1|b_2|b_3)$*

BEMERKUNG: Um die Ausgabe in der Reihenfolge der Eingabe anzuzeigen:

Menüleiste – ⚙ – Grundformat – Anordnung fallend – NICHT anhaken

Zwei Geraden g und h im Raum schneiden

GEOGEBRA

Algebra-Ansicht:

Eingabe: g = Gerade($(a_1, a_2, a_3), (b_1, b_2, b_3)$) ENTER

Eingabe: h = Gerade($(c_1, c_2, c_3), (d_1, d_2, d_3)$) ENTER

Eingabe: Schneide(g, h) ENTER

Ausgabe → *Schnittpunkt der beiden Geraden*

CASIO

Menüleiste – Aktion – Weiterführend – solve($g = h, t$) EXE – Ausgabe → $t = Wert$

Eingabe: g | $t = Wert$ EXE

Ausgabe → *Schnittpunkt der beiden Geraden*

Winkelmaß zweier Geraden g und h im Raum ermitteln

GEOGEBRA

Algebra-Ansicht:

Eingabe: g = Gerade($(a_1, a_2, a_3), (b_1, b_2, b_3)$) ENTER

Eingabe: h = Gerade($(c_1, c_2, c_3), (d_1, d_2, d_3)$) ENTER

Eingabe: Winkel(g, h) ENTER

Ausgabe → *Winkelmaß der beiden Geraden*

ANMERKUNG: Diese Funktion liefert das Winkelmaß der Richtungsvektoren.

CASIO

Iconleiste – Main – Statusleiste – 360° – Keyboard – Math2

Geraden $g (A + t \times (B - A))$ und $h (C + s \times (D - C))$ wie oben erstellen

Menüleiste – Aktion – Vektor – angle(B-A, D-C) EXE

Ausgabe → *Winkelmaß der beiden Geraden in Grad*

ANMERKUNG: Diese Funktion liefert das Winkelmaß der Richtungsvektoren.

Normalvektordarstellung einer Ebene im Raum aus drei gegebenen Punkten A, B und C ermitteln

GEOGEBRA

Algebra-Ansicht:

Eingabe: Ebene($(a_1, a_2, a_3), (b_1, b_2, b_3), (c_1, c_2, c_3)$) ENTER

Ausgabe → *Normalvektordarstellung der Ebene*

CASIO

Iconleiste – Main – Keyboard – Math2

Punkte A, B, C wie auf Seite 181 erstellen

Menüleiste – Aktion – Vektor – crossP(B-A, C-A) → n EXE

Menüleiste – Aktion – Vektor – dotP(n, Math2 ▦ ▦ $x\ y\ z$) = dotP(n, A) EXE

Ausgabe → *Normalvektordarstellung der Ebene*

Lineares Gleichungssystem in drei Variablen lösen

GEOGEBRA

$\mathbf{X}=$ CAS-Ansicht:

Eingabe: Löse([*1. Gleichung, 2. Gleichung, 3. Gleichung*], {x, y, z}) – Werkzeug $=$

Ausgabe → *Lösungsmenge des Gleichungssystems*

CASIO

Iconleiste – Main – Keyboard – Math2

Eingabe: ▦ ▦ – 1. Feld: *1. Gleichung* – 2. Feld: *2. Gleichung* – 3. Feld: *3. Gleichung* – 4. Feld: *x, y, z* EXE

Ausgabe → *Lösungsmenge des Gleichungssystems*

KOMPETENZCHECK

AUFGABEN VOM TYP 1

AG-R 3.4 **10.40** Kreuze die Punkte an, die auf der Geraden
g: X = (5|−12|−8) + t · (−1|3|−2) liegen!

(11|−30|4)	☐
(7|−18|−12)	☐
(−3|12|−24)	☐
(12|−3|−2)	☐
(7|−18|−4)	☐

AG-R 3.4 **10.41** Kreuze die Gleichungen an, die die z-Achse in $\mathbb{R}^3$
korrekt beschreiben!

X = (0|0|1) + t · (0|0|0)	☐
X = (0|0|−10) + t · (0|0|1)	☐
X = t · (0|0|1)	☐
z = 1	☐
z = 0	☐

AG-R 3.4 **10.42** Untersuche rechnerisch, ob der Punkt P = (6|−1|−10) auf der Geraden
g: X = (4|−3|6) + t · (1|1|2) liegt! Wenn nicht, ändere eine Koordinate von P so ab, dass P auf
g liegt!

AG-R 3.4 **10.43** Gib die gegenseitige Lage der Geraden g: X = (4|3|0) + s · (3|2|−1) und
h: X = (−2|3|2) + t · (−3|2|1) an und gib gegebenenfalls deren Schnittpunkt an!

AG-R 3.4 **10.44** Begründe, dass die Geraden g: X = (−1|2|2) + s · (1|1|4) und h: X = (−2|1|7) + t · (1|2|6)
zueinander windschief sind!

AG-R 3.4 **10.45** Gegeben ist die Gerade g: X = (1|−1|2) + t · (3|1|−4). Gib Parameterdarstellungen von zwei
verschiedenen Geraden an, die zu g normal sind und g schneiden!

AG-R 3.4 **10.46** Ein Propellerflugzeug hebt im Punkt P = (10|5|0) vom Boden (z = 0) ab. Sein Geschwindig-
keitsvektor ist näherungsweise gegeben durch $\vec{v}$ = (108|120|114). Am Ort Q = (28|25|0)
befindet sich eine Funkstation. Überfliegt das Flugzeug die Funkstation? Wenn ja, nach wie
vielen Minuten und in welcher Höhe ist dies der Fall? (Koordinaten der Punkte in km,
Koordinaten von $\vec{v}$ in km/h)

AG-R 3.4 **10.47** Gegeben sind die Punkte A = (8|2|2,5), B = (2|8|5,5), C = (4|4|3,5) und D = (8|8|5,5).
Ermittle den Schnittpunkt S der Geraden AB und CD und zeige, dass S die Strecke AB halbiert
und die Strecke CD im Verhältnis 1 : 3 teilt!

AG-R 3.4 **10.48** Nebenstehend ist ein Quader in einem räumlichen
Koordinatensystem dargestellt.
Ermittle Parameterdarstellungen der Geraden AB und CG und zeige
rechnerisch, dass diese beiden Geraden
zueinander normal liegen!

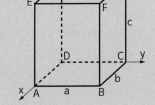

AUFGABEN VOM TYP 2

AG-R 3.2
AG-R 3.4
AG-R 3.5

10.49 Geraden

Gegeben ist die Gerade g durch die Punkte $P = (2|-3|0)$ und $Q = (6|-1|2)$.

a) ▪ Gib eine Parameterdarstellung dieser Geraden an!
   ▪ Gib den Punkt R mit dem Parameterwert 3 auf dieser Geraden an!

b) ▪ Gib eine Parameterdarstellung einer Geraden g_1 an, die zu g windschief ist!
   ▪ Gib eine Parameterdarstellung einer Geraden g_2 an, die zu g parallel, aber von g verschieden ist!

c) ▪ Gib eine Parameterdarstellung einer Geraden g_3 an, die g schneidet und zu g normal ist!
   ▪ Gib eine Parameterdarstellung der Geraden g_4 an, die durch den Punkt $A = (7|1|6)$ geht, g schneidet und zu g normal ist!

AG-R 3.1
AG-R 3.2
AG-R 3.4

10.50 U-Boote

In einem dreidimensionalen Koordinatensystem entspricht die xy-Ebene der Meeresoberfläche.
Koordinaten von Punkten in diesem Koordinatensystem werden in m angegeben.

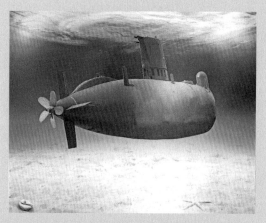

Zwei U-Boote U_1 und U_2 sind mit jeweils konstanter Geschwindigkeit unterwegs.
U_1 bewegt sich längs der Geraden
g_1: $X = (-140|-135|-50) + t \cdot (-60|-90|-30)$ (t in min)
U_2 bewegt sich längs der Geraden
g_2: $X = (-50|135|-90) + t \cdot (-90|-180|-60)$ (t in min)

a) ▪ Gib an, wie viele Meter das U-Boot U_1 in einer Minute zurücklegt!
   ▪ Erläutere, warum sich das U-Boot U_1 in immer größere Tiefe bewegt!

b) ▪ Berechne die Geschwindigkeit des U-Boots U_2 in m/min und km/h!
   ▪ Berechne die Streckenlänge, die das U-Boot U_2 in zwei Minuten zurücklegt!

c) ▪ Berechne den Abstand der beiden U-Boote zum Zeitpunkt $t = 0$!
   ▪ Gib den Abstand der beiden Boote zum Zeitpunkt t (≥ 0) an und überlege, ob der Abstand der beiden Boote mit zunehmender Zeit größer oder kleiner wird!

d) Ein Satellit nimmt die Bahnen der beiden U-Boote von oben auf. Dabei erscheinen die Bahnen als Strecken auf der Meeresoberfläche (ohne Berücksichtigung der Tiefe).
   ▪ Berechne den Schnittpunkt dieser beiden Strecken auf der Meeresoberfläche!
   ▪ Ermittle den Höhenunterschied der beiden U-Boote, wenn sie sich unter diesem Schnittpunkt befinden!

11 VEKTOREN IN $\mathbb{R}^n$

LERNZIELE

11.1 **Vektoren mit n Koordinaten** kennen und anwenden können.

11.2 Überlegungen zum **Sinn von Vektoren** durchführen können.

- **Technologie kompakt**
- **Kompetenzcheck**

GRUNDKOMPETENZEN

AG-R 3.1 **Vektoren** als **Zahlentupel** verständig einsetzen und im Kontext deuten können.

AG-R 3.3 **Definition der Rechenoperationen mit Vektoren** (Addition, Multiplikation mit einem Skalar, Skalarmultiplikation) kennen; Rechenoperationen verständig einsetzen und [...] deuten können.

11.1 VEKTOREN MIT n KOORDINATEN

Zahlen-n-Tupel

In der Geometrie braucht man nur Vektoren mit zwei oder drei Koordinaten. In der Mathematik und ihren Anwendungen treten jedoch auch Vektoren mit mehr als drei Koordinaten auf. Wenn beispielsweise ein Händler 150 Waren in seinem Sortiment hat, kann er die Preise p_1, p_2, ..., p_{150} dieser Waren zu einem Preisvektor $P = (p_1 | p_2 | ... | p_{150})$ zusammenfassen.

So wie man zwei reelle Zahlen a_1, a_2 zu einem Zahlenpaar $(a_1 | a_2)$ oder drei reelle Zahlen a_1, a_2, a_3 zu einem Zahlentripel $(a_1 | a_2 | a_3)$ zusammenfassen kann, kann man allgemein n reelle Zahlen a_1, a_2, ..., a_n zu einem so genannten **Zahlen-n-Tupel $(a_1 | a_2 | ... | a_n)$** zusammenfassen. Ein solches Zahlen-n-Tupel nennt man auch einen **Vektor mit n Koordinaten**. Für $n > 3$ kann man diese Vektoren allerdings nicht mehr geometrisch deuten. Die Menge der Vektoren mit n Koordinaten bezeichnet man mit $\mathbb{R}^n$.

Definition: $\mathbb{R}^n = \{(a_1 | a_2 | ... | a_n) | a_1, a_2, ..., a_n \in \mathbb{R}\}$

T kompakt
Seite 205

Die Rechenoperationen für Vektoren in $\mathbb{R}^n$ sind analog wie in $\mathbb{R}^2$ oder $\mathbb{R}^3$ definiert. Die Addition, Subtraktion und Vervielfachung erfolgen koordinatenweise. Das Skalarprodukt ist so definiert:
$$(a_1 | a_2 | ... | a_n) \cdot (b_1 | b_2 | ... b_n) = a_1 \cdot b_1 + a_2 \cdot b_2 + ... + a_n \cdot b_n$$
Man kann zeigen, dass in $\mathbb{R}^n$ analoge Rechengesetze gelten wie in $\mathbb{R}^2$ oder $\mathbb{R}^3$.

AUFGABEN

11.01 Setze das Zeichen $\in$ bzw. $\notin$ ein!

a) $(3,4 | 5,2 | 1,2 | 0)$ ___ $\mathbb{R}^3$

b) $(118 | 772 | 314 | 600)$ ___ $\mathbb{R}^4$

c) $(0 | 0 | 0 | 0 | 0 | 0 | 0)$ ___ $\mathbb{R}^7$

↗T 11.02 Die Verkaufspreise von fünf Waren werden durch den Vektor V = (32 | 45 | 78 | 90 | 123) angegeben. Bei Großabnahme erhält man 25 % Rabatt.

1) Berechne den Vektor V' der Preise bei Großabnahme sowie den Vektor R der Rabattbeträge!

2) Welche Beziehung besteht zwischen V' und V, welche zwischen R und V?

11.03 Bei den vier Spielen eines Fußballturniers haben folgende Spieler eines Teams Tore geschossen:

1. Spiel: Adam (1), Berger (2), Kullnig (1) **3. Spiel:** Adam (1), Kullnig (2), Maier (1)

2. Spiel: Berger (1), Maier (1) **4. Spiel:** Schmid (1), Maier (1)

1) Ordne jedem der fünf Spieler einen Vektor in $\mathbb{R}^4$ zu, der angibt, wie viele Tore er nacheinander in den vier Spielen geschossen hat!

2) Ordne jedem Spiel denjenigen Vektor in $\mathbb{R}^5$ zu, der angibt, wie viele Tore jeder Spieler geschossen hat! (Ordne die fünf Spieler alphabetisch!)

11.04 Frau Klammer bestellt bei einem Versandhaus 10 Waren in unterschiedlichen Stückzahlen. Der Vektor $S = (s_1 | s_2 | \ldots | s_{10})$ gibt die bestellten Stückzahlen, der Vektor $P = (p_1 | p_2 | \ldots | p_{10})$ die Preise der 10 Waren an. Drücke den Gesamtpreis G, den Frau Klammer zu bezahlen hat, durch die Vektoren S und P aus!

11.05 Im Supremehotel gibt es 250 Zimmer mit den Nummern 1, 2, …, 250. Der Vektor $P = (p_1 | p_2 | \ldots | p_{250})$ gibt die jeweiligen Zimmerpreise an. Der Vektor $M = (m_1 | m_2 | \ldots | m_{250})$ gibt an, an wie vielen Tagen im Mai die einzelnen Zimmer belegt waren. Drücke die gesamten Mieteinnahmen G des Supremehotels im Mai durch die Vektoren P und M aus!

G = _____

11.06 Die Firma E-Tool baut fünf Typen von elektronischen Geräten aus angelieferten Einzelteilen zusammen. Der Vektor $S = (s_1 | s_2 | s_3 | s_4 | s_5)$ gibt die monatlich produzierten Stückzahlen der einzelnen Gerätetypen an, der Vektor $T = (t_1 | t_2 | t_3 | t_4 | t_5)$ die für den Zusammenbau der einzelnen Geräte erforderlichen Produktionszeiten in Stunden.

1) Es sei T_{ges} die gesamte Produktionszeit für alle in einem Monat erzeugten Geräte. Drücke T_{ges} durch S und T aus!

2) Jemand behauptet: Wenn alle Stückzahlen um 10 % größer und alle Produktionszeiten um 10 % kleiner werden, dann bleibt T_{ges} unverändert. Stimmt das? Begründe die Antwort!

11.07 Ein Kapital k wird mit p % pro Jahr effektiv verzinst.

1) Stelle eine Formel für das Endkapital e nach m Jahren auf!

2) Übertrage die Formel aus **1)** von $\mathbb{R}$ auf $\mathbb{R}^4$! Nimm dazu an, dass der Vektor $K = (k_1 | k_2 | k_3 | k_4)$ die Geldbeträge auf vier Konten und der Vektor $E = (e_1 | e_2 | e_3 | e_4)$ die Endbeträge nach m Jahren auf diesen Konten angibt! Nimm außerdem an, dass auf allen Konten mit p % pro Jahr effektiv verzinst wird!

↗T 11.08 Die Nettopreise (in €) einer Möbelgarnitur, bestehend aus Kasten, Tisch, Sitzbank und Sessel, werden durch den Vektor P = (1550 | 325 | 410 | 85) angegeben. Die Endpreise der einzelnen Möbelstücke erhält man jeweils, indem man zum Nettopreis 20 % Mehrwertsteuer und eine Zustellgebühr von 2 % vom Nettopreis addiert.

1) $E \in \mathbb{R}^4$ fasst die Endpreise der vier Möbelstücke zusammen. Drücke E durch P aus und ermittle E!

2) Wie **1)**, nur wird die Zustellgebühr mit 2 % vom Bruttopreis (Nettopreis + Mehrwertsteuer) berechnet.

11.2 ZUM SINN VON VEKTOREN

Wenn man konkrete Rechnungen mit Vektoren ausführt, zum Beispiel Preisvektoren in $\mathbb{R}^{150}$ addiert, muss man die Rechnungen für jede Koordinate einzeln ausführen. Man erspart sich also keine Rechenarbeit. Worin liegt dann der Sinn von Vektoren?

Das Wesentliche eines Vektors in $\mathbb{R}^n$ besteht darin, dass man n reelle Zahlen zu einem **neuen Denkobjekt** zusammenfassen und dieses neue Denkobjekt mit einem **einzigen Buchstaben** benennen kann. Dies bietet ua. zwei Vorteile:

- Man kann **Rechenanweisungen für Vektoren (Vektorterme) einfach und übersichtlich anschreiben**, ohne alle Einzelschritte angeben zu müssen. Zum Beispiel kann man in vielen Programmiersprachen die Rechenanweisung $A + 2 \cdot (B + C)$ formulieren, ohne die Rechenanweisungen für die einzelnen Koordinaten angeben zu müssen. Diese Rechenanweisung für Vektoren wird dann automatisch koordinatenweise ausgeführt.

- Man kann **Beziehungen zwischen Vektoren (Vektorgleichungen) einfach und übersichtlich anschreiben**, ohne alle Einzelbeziehungen angeben zu müssen. Damit können Formeln von $\mathbb{R}$ auf $\mathbb{R}^n$ übertragen werden.
  Ist zum Beispiel der Bruttopreis b einer Ware um 20 % höher als der Nettopreis, dann gilt in $\mathbb{R}$ die Formel:
  $$b = 1{,}2 \cdot a$$
  Will man diese Formel auf n Waren übertragen, kann man schreiben:
  $$b_1 = 1{,}2 \cdot a_1, \quad b_2 = 1{,}2 \cdot a_2, \quad \ldots, \quad b_n = 1{,}2 \cdot a_n$$
  Einfacher und übersichtlicher ist es aber, einen Bruttopreisvektor $B = (b_1 \,|\, b_2 \,|\, \ldots \,|\, b_n)$ und einen Nettopreisvektor $A = (a_1 \,|\, a_2 \,|\, \ldots \,|\, a_n)$ einzuführen und zu schreiben:
  $$B = 1{,}2 \cdot A$$

Aus diesen Bemerkungen geht hervor, dass Vektoren ihre Vorteile eher dann entfalten, wenn sie als **Beschreibungsmittel** und weniger als **Rechenmittel** eingesetzt werden. Ihr Nutzen liegt eher in der kurzen und übersichtlichen Beschreibung von Sachverhalten als in den oft mühsamen konkreten (koordinatenweisen) Berechnungen.

Allgemein ist es ein für die Mathematik typisches Vorgehen, für komplexe Objekte einfache Symbole einzuführen und beim Umgehen mit diesen Symbolen (zumindest vorübergehend) die Details der dahinter stehenden Objekte außer Acht zu lassen. Wir haben das bisher schon öfter gemacht, ohne dass es uns sonderlich aufgefallen wäre. Zum Beispiel haben wir Mengen mit einzelnen Großbuchstaben bezeichnet und etwa $C = A \cap B$ geschrieben, ohne die Elemente der Mengen A, B und C im Detail aufzuzählen.

Durch ein derartiges Zusammenfassen von Objekten zu neuen Objekten (zB von Zahlen zu Mengen oder von Zahlen zu Vektoren), durch kurze Bezeichnungen für die neuen Objekte und das (zumindest vorübergehende) Vergessen von Details der neuen Objekte werden die neuen Denkobjekte zu neuen Bausteinen des Denkens und ermöglichen die Bildung einer Theorie auf einer übergeordneten Stufe (wie Mengenlehre oder Vektorrechnung auf der Basis von Zahlen). Da ein solches Vorgehen mehrfach angewandt werden kann, weist das Gesamtgebäude der Mathematik einen Stufenbau von Theorien auf.

TECHNOLOGIE KOMPAKT

GEOGEBRA

CASIO CLASS PAD II

Summe, Differenz und Vielfache von Vektoren aus $\mathbb{R}^n$ ermitteln

x= CAS-Ansicht:

Eingabe: $\{a_1, a_2, ..., a_n\} + \{b_1, b_2, ..., b_n\}$ – Werkzeug =

bzw.

Eingabe: $\{a_1, a_2, ..., a_n\} - \{b_1, b_2, ..., b_n\}$ – Werkzeug =

bzw.

Eingabe: $r * \{a_1, a_2, ..., a_n\}$ – Werkzeug =

Ausgabe → *Summe, Differenz bzw. Vielfaches der Vektoren*

BEMERKUNG: Bei Vektoren mit mehr als drei Koordinaten sind in GeoGebra geschwungene statt runde Klammern zu verwenden!

Iconleiste – Main – [Keyboard] – [Math2]

[▦] $(n-1)$-mal antippen – $a_1\, a_2\, ... a_n$ – [→] A [EXE]

[▦] $(n-1)$-mal antippen – $b_1\, b_2\, ... b_n$ – [→] B [EXE]

Eingabe: A + B [EXE] bzw.

Eingabe: A − B [EXE] bzw.

Eingabe: r × A [EXE]

Ausgabe → Summe, Differenz bzw. Vielfaches der Vektoren

Skalarprodukt zweier Vektoren $(a_1|a_2|...|a_n)$ und $(b_1|b_2|...|b_n)$ aus $\mathbb{R}^n$ ermitteln

x= CAS-Ansicht:

Eingabe: $\{a_1, a_2, ..., a_n\} * \{b_1, b_2, ..., b_n\}$ – Werkzeug =

Ausgabe → *Skalarprodukt der Vektoren*

Iconleiste – Main – Menüleiste – Aktion – Vektor –

dotP$((a_1|a_2|...|a_n), (b_1|b_2|...|b_n))$ [EXE]

Ausgabe → *Skalarprodukt der Vektoren*

Betrag eines Vektors $(a_1|a_2|...|a_n)$ aus $\mathbb{R}^n$ ermitteln

x= CAS-Ansicht:

Eingabe: Länge$((a_1, a_2, a_3))$ [ENTER]

oder

Eingabe: sqrt$(a_1^2, a_2^2, ..., a_n^2)$ [ENTER]

Ausgabe → Betrag des Vektors

Der Befehl Länge() funktioniert nur für 2 oder 3 Koordinaten. Für mehr als drei Koordinaten muss die zweite Möglichkeit gewählt werden! Alternative bei sehr vielen Koordinaten:

x= CAS-Ansicht:

Eingabe: a := $\{a_1, a_2, ..., a_n\}$ – Werkzeug =

Eingabe: sqrt(Summe(Folge(Element(a, i)^2, i, 1, Dimension(a))))

[ENTER]

Ausgabe → *Betrag des Vektors*

Iconleiste – Main – Menüleiste – Aktion – Vektor –

norm$((a_1|a_2|...|a_n))$

Ausgabe → *Betrag des Vektors*

KOMPETENZCHECK

AUFGABEN VOM TYP 1

AG-R 3.1 **11.09** Ein Hersteller erzeugt vier Gerätetypen. Die folgende Tabelle gibt für einen bestimmten Monat die produzierten (und verkauften) Stückzahlen, die Produktionskosten pro Stück und die Erlöse pro Stück der vier Gerätetypen an.

	Typ 1	Typ 2	Typ 3	Typ 4
Stückzahl	50	45	30	20
Produktionskosten pro Stück (in €)	800	750	700	700
Erlös pro Stück (in €)	1050	1000	950	900

Der Vektor A gibt die produzierten und verkauften Stückzahlen, der Vektor K die Produktionskosten pro Stück und der Vektor E die Erlöse pro Stück für die einzelnen Gerätetypen im betrachteten Monat an.

Drücke den gesamten Monatsgewinn G durch die Vektoren A, K und E aus und berechne G!

$G =$ _____

AG-R 3.3 **11.10** Ein Getränkehersteller beliefert fünf Gastwirte mit Apfelsaft, Holundersaft und Traubensaft. Für einen bestimmten Tag sind die Anzahlen der ausgelieferten Flaschen und die Preise für die einzelnen Säfte in der folgenden Tabelle angegeben.

	Apfelsaft	Holundersaft	Traubensaft
Flaschenanzahl für Gastwirt 1	a_1	h_1	t_1
Flaschenanzahl für Gastwirt 2	a_2	h_2	t_2
Flaschenanzahl für Gastwirt 3	a_3	h_3	t_3
Flaschenanzahl für Gastwirt 4	a_4	h_4	t_4
Flaschenanzahl für Gastwirt 5	a_5	h_5	t_5
Preis pro Flasche	p_A	p_H	p_T

Die Vektoren L_A, L_H, $L_T \in \mathbb{R}^5$ geben an, wie viele Flaschen Apfelsaft, Holundersaft bzw. Traubensaft die einzelnen Gastwirte an diesem Tag erhalten haben.

Ordne jedem Ausdruck in der linken Tabelle seine Bedeutung aus der rechten Tabelle zu!

$a_4 + h_4 + t_4$	
$L_A + L_H + L_T$	
$p_A \cdot L_A + p_H \cdot L_H + p_T \cdot L_T$	
$L_A \cdot (1\,|\,1\,|\,1\,|\,1\,|\,1)$	
$p_A \cdot L_A$	

A	ist ein Vektor, der für jeden Gastwirt angibt, wie viel dieser dem Hersteller bezahlt hat.
B	ist ein Vektor, der für jeden Gastwirt angibt, wie viel dieser für die Apfelsaftflaschen bezahlt hat.
C	ist eine Zahl, die angibt, wie viele Flaschen der Gastwirt 4 insgesamt erhalten hat.
D	ist ein Vektor, der für jeden Gastwirt angibt, wie viele Flaschen er insgesamt erhalten hat.
E	ist eine Zahl, die angibt, wie viele Apfelsaft- flaschen der Hersteller insgesamt ausgeliefert hat.

AUFGABEN VOM TYP 2

AG-R 3.1
AG-R 3.3

11.11 Gewürzvorräte

Ein Händler hat sechs Sorten von Gewürzen vorrätig. Für einen bestimmten Zeitpunkt gilt:

	Anzahl der Packungen im Lager 1	Anzahl der Packungen im Lager 2	Preis pro Packung (in Euro)	Füllmasse pro Packung (in Gramm)	Anzahl der bestellten Packungen
Anis	1546	1234	1,19	12	1230
Basilikum	1766	1029	1,21	25	1100
Curry	998	874	1,69	15	900
Kümmel	1002	699	1,19	30	800
Oregano	1455	1381	1,39	35	1950
Pfeffer	1466	1203	1,15	25	1500

Den Spalten der Tabelle entsprechen folgende Vektoren in $\mathbb{R}^6$:

L_1 = Lagerhaltungsvektor im Lager 1 (gibt die Anzahlen der Packungen im Lager 1 an)
L_2 = Lagerhaltungsvektor im Lager 2 (gibt die Anzahlen der Packungen im Lager 2 an)
P = Preisvektor (gibt die Preise der Packungen in € an)
F = Füllmassenvektor (gibt die Füllmassen der Packungen in g an)
B = Bestellzahlvektor (gibt die Anzahlen der bestellten Packungen an)

a)
  ▪ Der Vektor L gibt die Anzahlen aller Packungen an, die sich in beiden Lagern zusammen befinden. Drücke L durch L_1 und L_2 aus und berechne L!
  ▪ Es sei g die Gesamteinnahme, die der Händler erzielt, wenn er den gesamten Lagerbestand verkauft. Drücke g durch L_1, L_2 und P aus und berechne g!

b)
  ▪ Was gibt der Vektor $L_1 + L_2 - B$ an? Berechne diesen Vektor!
  ▪ Was geben die Zahlen $B \cdot P$, $L_1 \cdot F$ und $(L_1 + L_2 - B) \cdot P$ an? Berechne diese Zahlen!

AG-R 3.1
AG-R 3.3
AN-R 1.1

11.12 Warenverkauf

Eine Firma verkauft in zwei Halbjahren n Waren (siehe Tabelle).

	1. Halbjahr		2. Halbjahr	
	Anzahl verkaufter Stücke	Stückpreis	Anzahl verkaufter Stücke	Stückpreis
Ware 1	a_1	p_1	b_1	q_1
Ware 2	a_2	p_2	b_2	q_2
…	…	…	…	…
Ware n	a_n	p_n	b_n	q_n

Den Spalten der Tabelle entsprechen folgende Vektoren in $\mathbb{R}^n$:
$A = (a_1 | a_2 | \dots | a_n)$, $P = (p_1 | p_2 | \dots | p_n)$, $B = (b_1 | b_2 | \dots | b_n)$, $Q = (q_1 | q_2 | \dots | q_n)$

a)
  ▪ Drücke den Gesamterlös G für das gesamte Jahr durch A, P, B und Q aus!
  ▪ Im Folgejahr werden von jeder Ware um 10 % mehr verkauft, weil alle Stückpreise um 5 % gesenkt wurden. Gib eine Formel für den neuen Gesamterlös G′ an!

b)
  ▪ Erläutere, was der Term G′ − G angibt!
  ▪ Erläutere, was der Term $\frac{G' - G}{G}$ angibt!

12 BESCHREIBENDE STATISTIK

12.1 DARSTELLUNG VON DATEN

Variable (Merkmale)

Die **beschreibende Statistik** beschäftigt sich mit der Erhebung, Auswertung und Darstellung von Daten.

In einer statistischen Erhebung (zB durch einen Fragebogen) wird aus einer bestimmten **Grundgesamtheit** eine Stichprobe von Individuen hinsichtlich bestimmter **Variablen (Merkmale)** untersucht. Jede Variable (jedes Merkmal) kann bestimmte **Variablenwerte (Merkmalsausprägungen)** annehmen. Zum Beispiel:

Variable (Merkmal)	Variablenwerte (Merkmalsausprägungen)
Augenfarbe	blau, braun, grün, grau
Mathematiknote	1, 2, 3, 4, 5
Körpergröße (in cm)	50, 51, 52, … , 210

Man kann drei **Grundtypen von Variablen (Merkmalen)** unterscheiden:

- **Nominale Variable (Merkmale):** Diese dienen lediglich zur Unterscheidung von Variablenwerten (Merkmalsausprägungen) und können verbal oder zahlenmäßig verschlüsselt angegeben werden.

  BEISPIELE: Augenfarbe, Geschlecht, Familienstand, Religionszugehörigkeit

- **Ordinale Variable (Merkmale):** Diese legen eine Rangordnung der Variablenwerte (Merkmalsausprägungen) fest und können ebenfalls verbal oder zahlenmäßig verschlüsselt angegeben werden. Die Variablenwerte besitzen eine Reihung, die sich aus der Sache ergibt. Die Abstände sind allerdings nicht vergleichbar.

  BEISPIELE: Mathematiknote, Güteklasse bei Lebensmitteln, Rangplatz in einer Fußballliga

- **Metrische Variable (Merkmale):** Diese werden grundsätzlich durch Zahlen dargestellt. Abstände müssen vergleichbar und sinnvolles Rechnen muss möglich sein.

  BEISPIELE: Körpergröße, Einkommen, Kinderzahl

Die erhobenen Daten werden zunächst in Form einer so genannten **Urliste** dargestellt. Daraus können die absoluten und relativen Häufigkeiten der einzelnen Variablenwerte ermittelt werden.
- Die **absolute Häufigkeit** eines Variablenwerts gibt an, wie oft dieser Wert in der Urliste vorkommt.
- Die **relative Häufigkeit** eines Variablenwerts erhält man, indem man die zugehörige absolute Häufigkeit durch die Gesamtanzahl aller erhobenen Daten dividiert.

BEISPIEL 1: **Augenfarben von Jugendlichen**
Von 15 Jugendlichen wurde die Augenfarbe erhoben. Es ergab sich die folgende Urliste:

braun, blau, braun, braun, blau, braun, braun, grün, blau, grau, grün, braun, blau, braun, braun

 kompakt
Seite 232

In der Tabelle sind die absoluten und relativen Häufigkeiten der einzelnen Augenfarben angegeben. In den folgenden Abbildungen sind sie grafisch dargestellt.

Augenfarbe	absolute Häufigkeit	relative Häufigkeit
blau	4	$\frac{4}{15} \approx 0{,}27 = 27\%$
braun	8	$\frac{8}{15} \approx 0{,}53 = 53\%$
grün	2	$\frac{2}{15} \approx 0{,}13 = 13\%$
grau	1	$\frac{1}{15} \approx 0{,}07 = 7\%$

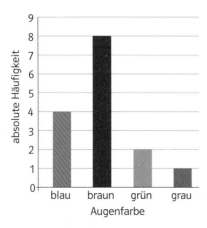

Säulendiagramm

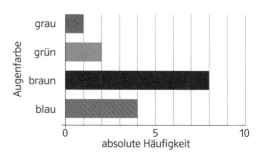

Balkendiagramm

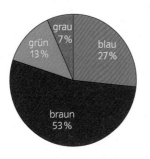

Kreisdiagramm   **Prozentstreifen**

BEISPIEL 2: **Ergebnisse eines Eignungstests**

Bei einem Eignungstest wurden Jugendlichen drei Aufgaben gestellt. Die Tabelle gibt die relativen Häufigkeiten der Jugendlichen an, die genau 0, 1, 2 bzw. 3 Aufgaben lösen konnten. In den nachfolgenden Abbildungen wird dieser Sachverhalt auf unterschiedliche Arten grafisch dargestellt.

Das **Stabdiagramm** gibt die relativen Häufigkeiten der Jugendlichen an, die genau 0, 1, 2 bzw. 3 Aufgaben lösen konnten.

Anzahl der gelösten Aufgaben	relative Häufigkeit in Prozent
0	10%
1	30%
2	40%
3	20%

Das **kumulative Stabdiagramm** gibt die relativen Häufigkeiten der Jugendlichen an, die höchstens 0, 1, 2 bzw. 3 Aufgaben lösen konnten (man erhält dieses Diagramm durch schrittweises Aufsummieren der Stablängen). Verbindet man die Spitzen der Stäbe, erhält man die zugehörigen **Häufigkeitspolygone** (**Liniendiagramme**).

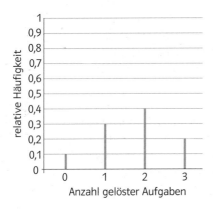

Stabdiagramm

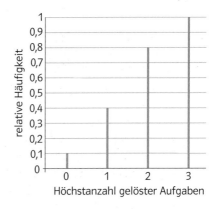

kumulatives Stabdiagramm

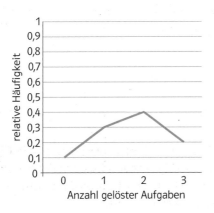

Häufigkeitspolygon

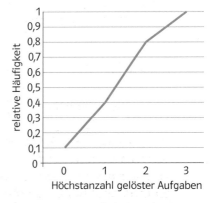

kumulatives Häufigkeitspolygon

BEISPIEL 3: **Zeitbedarf für Hausübungen**

Den 29 Schülerinnen und Schülern einer Klasse wurde die Frage gestellt, wie viele Minuten sie durchschnittlich für die Mathematik-Hausübung brauchen. Dabei ergab sich folgende Urliste:

30, 15, 18, 35, 33, 55, 9, 15, 36, 35, 15, 39, 36, 75, 15, 35, 37, 60, 18, 28, 19, 21, 45, 45, 25, 25, 37, 25, 21

Eine rasch zu erstellende, übersichtliche Darstellung der Urliste bietet ein **Stängel-Blatt-Diagramm**. Dabei zerlegt man die Zahlen der Urliste in einen „Stamm" und in „Blätter".
Für jede Zahl der Urliste wählen wir zum Beispiel die Zehnerziffer als „Stamm" und die Einerziffer als „Blatt". Die Einerziffern schreiben wir durch Beistriche getrennt und der Größe nach geordnet an.

Stamm (Zehnerziffer)	Blätter (Einerziffer)
0	9
1	5, 5, 5, 5, 8, 8, 9
2	1, 1, 5, 5, 5, 8
3	0, 3, 5, 5, 5, 6, 6, 7, 7, 9
4	5, 5
5	5
6	0
7	5

Aus dem Stängel-Blatt-Diagramm ergibt sich, dass nur wenige Schülerinnen und Schüler 40 oder mehr Minuten für die Mathematik-Hausübungen aufwenden. Es ist daher sinnvoll, die Daten in (eventuell unterschiedlich breiten) **Intervallen**, so genannten **Klassen**, zusammenzufassen, etwa so:

Zeit (in Minuten)	absolute Häufigkeit
[0; 20)	8
[20; 40)	16
[40; 80)	5

Nebenstehend sind die absoluten Häufigkeiten in den einzelnen Klassen durch ein Histogramm (Streifendiagramm) dargestellt. Wegen der unterschiedlich breiten Klassen ist beim Erstellen des Histogramms Folgendes zu beachten:

Die einzelnen Rechtecke sollen einen korrekten „optischen Eindruck" von den absoluten Häufigkeiten liefern. Um zu verhindern, dass breitere Rechtecke optisch unverhältnismäßig stark wirken, trägt man als Rechteckshöhen nicht einfach die absoluten Häufigkeiten auf, sondern zeichnet die Rechtecke so, dass ihre Flächeninhalte den absoluten Häufigkeiten entsprechen.

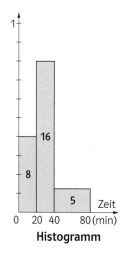

Histogramm

Damit der Flächeninhalt eines Rechtecks mit der Breite x und der Höhe y gleich der absoluten Häufigkeit H ist, muss gelten:

$$H = x \cdot y \quad \text{bzw.} \quad y = \frac{H}{x}$$

Man ermittelt also die Höhe der Rechtecke nach der Formel:

$$\text{Rechteckshöhe} = \frac{\text{absolute Häufigkeit}}{\text{Klassenbreite}}$$

Histogramme sind im Allgemeinen übersichtlicher als Stängel-Blatt-Diagramme. Ein Stängel-Blatt-Diagramm besitzt aber den Vorteil, dass alle Daten der Urliste angeführt werden. Beim Histogramm tritt hingegen ein gewisser Informationsverlust ein, da die genauen Daten innerhalb einer Klasse nicht mehr rekonstruiert werden können.

⚡T 12.01 An einem Test, bei dem man 10 Punkte erreichen kann, nehmen 20 Jugendliche teil. Die Punktezahlen der einzelnen Jugendlichen sind:

5, 4, 7, 8, 3, 3, 10, 4, 5, 1, 2, 6, 6, 9, 2, 9, 5, 8, 10, 7

1) Ermittle die absoluten und relativen Häufigkeiten der einzelnen Punktezahlen!
2) Wähle die Klassen [0; 4), [4; 9), [9; 10] und erstelle ein Histogramm!

12.02 Bei einer Wahl wählen 35 % die Partei A, 30 % die Partei B, 15 % die Partei C, 5 % die Partei D, der Rest wählt ungültig. Die Gesamtzahl der abgegebenen Stimmen beträgt 250 000.
1) Gib die absoluten Häufigkeiten der Wähler jeder Partei an!
2) Fertige ein Kreisdiagramm an!

12.03 Von 20 Schülerinnen und Schülern haben für die Klassensprecherwahl kandidiert: Birgit, David, Manfred, Martina, Max, Richard und Susanne. Folgende Stimmen wurden abgegeben:

Max, David, Susanne, Susanne, Birgit, Richard, Susanne, Martina, Martina, Max, David, Martina, Martina, Manfred, Manfred, Susanne, Max, Susanne, Max, Martina

Ermittle für jede Kandidatin bzw. jeden Kandidaten
1) die absolute Häufigkeit der erhaltenen Stimmen,
2) die relative Häufigkeit der erhaltenen Stimmen!

12.04 Im Turnunterricht sollen die Schülerinnen und Schüler einer Klasse der Körpergröße nach in vier Gruppen eingeteilt werden.

Gruppe 1: 140 cm bis 149 cm   **Gruppe 3:** 160 cm bis 169 cm
Gruppe 2: 150 cm bis 159 cm   **Gruppe 4:** 170 cm bis 179 cm

Folgende Körpergrößen (in cm) werden in dieser Schulklasse gemessen:

149, 148, 171, 171, 166, 157, 166, 173, 155, 159, 163, 160, 156, 157, 154, 165, 164, 163

Fertige ein Stängel-Blatt-Diagramm und zur vorgegebenen Gruppeneinteilung ein Histogramm an!

⚡T 12.05 Für das Jahr 2015 veröffentlichte die *Statistik Austria* auf www.statistik.at folgende Daten über die Anzahlen bestandener Reife- bzw. Diplomprüfungen in Österreich:

Allgemein-bildende	Technische	Kauf-männische	Wirtschafts-berufliche	Landwirt-schaftliche	Lehrer-bildende
			Schulen		
18 289	10 829	6 236	5 027	799	2 677

Ermittle die relativen Häufigkeiten und stelle diese auf verschiedene Arten grafisch dar!

⚡T 12.06 Bei der Durchführung eines Standardintelligenztests mit 40 Erwachsenen ergab sich die folgende Urliste von Intelligenzquotienten (IQ):

131	101	75	83	112	103	99	120	106	90
117	100	96	105	95	127	101	96	91	110
102	98	90	112	102	84	85	124	97	125
114	94	103	108	104	98	104	96	87	107

Gib für die Klasseneinteilung [60; 75), [75; 85), [85; 95), [95; 100), [100; 105), [105;115), [115; 125), [125; 140) die zugehörige absolute Häufigkeitsverteilung in Tabellenform und in Form eines Histogramms an!

„Lügen" mit Statistik

Bei der grafischen Veranschaulichung statistischer Daten besteht immer die Gefahr, dass der Betrachter in irgendeiner Weise manipuliert wird. Man muss deshalb solche Grafiken stets sehr kritisch beurteilen.

AUFGABEN

12.07 Ein Betriebsrat möchte in einer Versammlung den Anwesenden durch eine Grafik anschaulich vor Augen führen, dass der mittlere Monatsverdienst in der Abteilung B doppelt so hoch ist wie in der Abteilung A. Warum ist die linke Grafik korrekt, die rechte jedoch nicht? Begründe!

Abteilung A   Abteilung B   Abteilung A   Abteilung B

12.08 Die folgende Grafik soll das dramatische Ansteigen des Mülls in einer bestimmten Region aufzeigen.

1) Diese Grafik stellt die angegebenen Müllmengen nicht korrekt dar. Erkläre, warum nicht!

2) Um wie viel Prozent ist die Müllmenge von 2013 bis 2017 gewachsen? Um wie viel wächst hingegen das Volumen der Zylinder ungefähr? (Miss Durchmesser und Höhe ab!)

2013	2014	2015	2016	2017
25	36	60	114	140 (Mio. m³)

12.09 Die nachstehende Tabelle gibt Auskunft über die Müllmengen pro Kopf und Jahr, die in Österreich anfielen. Die Daten dieser Tabelle sind in zwei Liniendiagrammen mit unterschiedlicher optischer Wirkung dargestellt.

Jahr	Müllmenge pro Kopf und Jahr in kg
1997	529
1998	532
1999	559
2000	568
2001	608
2002	594
2003	611
2004	594
2005	599

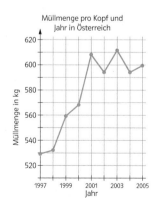
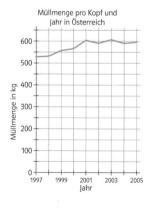

1) Welchen Eindruck über die Entwicklung der jährlichen Pro-Kopf-Müllmenge gewinnt man aus der linken Grafik, welchen Eindruck vermittelt die rechte Grafik?

2) Durch welche Unterschiede in der Gestaltung der beiden Grafiken werden die verschiedenen Interpretationen verursacht?

3) Welches der beiden Diagramme entspricht dem Sachverhalt besser? Begründe!

12.10 Die folgende Grafik verfälscht den durch die Daten gegebenen Sachzusammenhang. Welchen Eindruck wollte der Zeichner vermutlich erwecken und wie ging er dabei vor?

Anzahl der Streiktage pro 1000 Beschäftigte im Jahresdurchschnitt 2005–2013

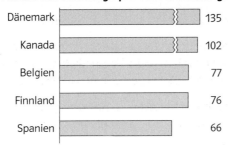

12.11 In einer Zeitschrift erschien die linke Abbildung, die die Veränderung des Anteils vireninfizierter E-Mails unter allen E-Mails in den Jahren 1999 bis 2013 darstellen soll. Man gewinnt den Eindruck, dass sich die Anzahl vireninfizierter E-Mails (blauer Teil der Säulen) in diesen Jahren nicht sehr verändert. In Wirklichkeit steigt aber dieser Anteil auf ca. 50 % an, wie man der rechten Grafik entnimmt. Wodurch wird in der linken Grafik der falsche Eindruck hervorgerufen?

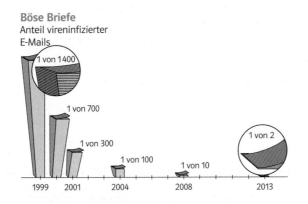

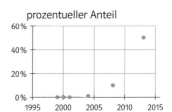

12.12 Die folgenden beiden grafischen Darstellungen geben die Absatzzahlen eines von einer Firma erzeugten High-Tech-Produkts in einem bestimmten Zeitraum an. In der linken Abbildung wird die 2. Achse mit einer äquidistanten Skala, in der rechten mit einer logarithmischen Skala versehen.
   1) Welche Abbildung gibt den Verlauf der Absatzzahlen besser wieder? Welche erzeugt einen falschen Eindruck? Warum?
   2) Warum sind logarithmische Skalen ungeeignet, sehr kleine und sehr große Zahlenwerte in ein und demselben Diagramm miteinander zu vergleichen?

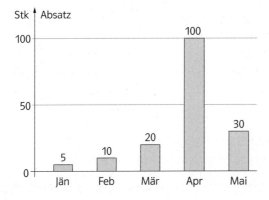

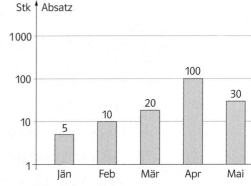

12.2 ZENTRALMAßE

R

Modus, Median und arithmetisches Mittel

T kompakt Seite 232

Das „Zentrum" einer Liste kann man durch verschiedene Kennzahlen beschreiben.

- **Modus:** Der Modus einer Datenliste ist der am häufigsten vorkommende Wert der untersuchten Variablen. Er wird vor allem bei qualitativen Variablen verwendet. Er ist nicht immer eindeutig bestimmt, da es mehrere häufigste Werte geben kann.

  BEISPIEL: Die Erhebung der Haarfarben einer Personengruppe liefert die Urliste: schwarz, blond, brünett, schwarz, blond, brünett, blond, blond, schwarz, blond, brünett, schwarz
  Der Modus ist hier blond. Würde man noch eine schwarzhaarige Person hinzunehmen, gäbe es zwei Modi, nämlich schwarz und blond.

- **Median (Zentralwert):** Der Median einer Zahlenliste $x_1, x_2, \ldots, x_n$, die der Größe nach geordnet ist, ist so festgelegt:
  - Für ungerades n ist der Median die Zahl in der Mitte der Liste.
  - Für gerades n bezeichnet man das arithmetische Mittel der beiden in der Mitte stehenden Zahlen als Median der Liste.

  Daher gilt: In der Liste stehen vor und nach der so ermittelten Position des Medians gleich viele Zahlen.

  BEISPIELE: 1, 1, 2, **3**, 3, 4,   1, 1, 2, 3, 5, 6, 6, 7
                                                          4
               Median   Median

- **Arithmetisches Mittel (Mittelwert, Durchschnitt):** Unter dem arithmetischen Mittel einer Zahlenliste $x_1, x_2, \ldots, x_n$ versteht man die reelle Zahl $\bar{x} = \frac{x_1 + x_2 + \ldots + x_n}{n}$.

  Besitzt eine Variable die k möglichen Werte $a_1, a_2, \ldots, a_k$ und kommen diese in der Liste mit den absoluten Häufigkeiten $H_1, H_2, \ldots, H_k$ bzw. den relativen Häufigkeiten $h_1, h_2, \ldots, h_k$ vor, dann gilt:

  $$\bar{x} = \frac{H_1 \cdot a_1 + H_2 \cdot a_2 + \ldots + H_k a_k}{n} = \frac{H_1}{n} \cdot a_1 + \frac{H_2}{n} \cdot a_2 + \ldots + \frac{H_k}{n} \cdot a_k =$$

  $$= h_1 \cdot a_1 + h_2 \cdot a_2 + \ldots + h_k \cdot a_k \quad \text{mit} \quad H_1 + H_2 + \ldots + H_k = n \quad \text{und} \quad h_1 + h_2 + \ldots + h_k = 1$$

12.13
Lernapplet zz8x22

Die 26 Schülerinnen und Schüler einer Klasse wurden befragt, wie viele Minuten sie für ihren Schulweg benötigen. Die Antworten sind in dem nebenstehenden Stängel-Blatt-Diagramm zu finden.
Ermittle den Modus, den Median und das arithmetische Mittel der geordneten Liste!

Zehnerziffer	Einerziffer
0	5, 5, 8
1	0, 0, 2, 2, 5, 8, 8, 8, 8
2	0, 5, 5, 5, 9, 9
3	5, 5, 5, 8, 8
4	5, 5, 5

LÖSUNG: Modus = 18 (min)

Median $= \frac{20 + 25}{2} = 22{,}5$ (min)

Arithmetisches Mittel =

$$= \frac{2 \cdot 5 + 1 \cdot 8 + 2 \cdot 10 + 2 \cdot 12 + 1 \cdot 15 + 4 \cdot 18 + 1 \cdot 20 + 3 \cdot 25 + 2 \cdot 29 + 3 \cdot 35 + 2 \cdot 38 + 3 \cdot 45}{26} \approx 23{,}8 \text{ (min)}$$

Wann ist welches Zentralmaß angebracht?

Welches Zentralmaß in einer konkreten Anwendungssituation verwendet werden soll, hängt ua. vom vorliegenden Datentyp und von der Untersuchungsabsicht ab.

- Für **Nominaldaten** kommt nur der **Modus** als Zentralmaß in Frage.
  Der Modus gibt einen „typischen Vertreter" der Liste an. Wirklich aussagekräftig ist er nur, wenn ein Variablenwert wesentlich häufiger vorkommt als die übrigen Variablenwerte.

  BEISPIEL: Der Modus der Liste f, r, f, r, r, f, f, r, f ist gleich f, aber dieser Wert kann eigentlich nicht als „typisch" für die Liste angesehen werden, weil r und f in der Liste ungefähr gleich oft vorkommen.

- Für **Ordinaldaten** stehen **Modus** und **Median** zur Verfügung.

  BEISPIEL: Schuhgrößen von 9 erwachsenen Personen: 36, 37, 37, 38, 40, 41, 42, 42, 43.
  Modi sind 37 und 42. Der Median beträgt 40. Das heißt: In dieser Personengruppe gibt es gleich viele Personen mit Schuhgröße < 40 wie Personen mit Schuhgröße > 40.

- Für **metrische Daten** können **Modus**, **Median** und **arithmetisches Mittel** bestimmt werden. Welches dieser Maße die „Mitte" einer gegebenen Datenliste am besten repräsentiert, kann nur anhand der konkreten Anwendungssituation entschieden werden.

  BEISPIEL: Die Löhne in einem Kleinunternehmen sind in folgender Liste zusammengestellt:
  1560 €, 1560 €, 1700 €, 1850 €, 2400 €, 4750 €.
  - Das **arithmetische Mittel** der Löhne beträgt ca. 2303 €. Es verteilt die Gesamtsumme aller Löhne rein rechnerisch gleichmäßig auf die 6 Beschäftigten und ist für den Unternehmer eine wichtige Kenngröße.
  - Der **Median** der Löhne beträgt 1775 €, dh. höchstens 50 % der Beschäftigten verdienen weniger als 1775 € und höchstens 50 % der Beschäftigten verdienen mehr als 1775 €. Der Median ist daher für die Beschäftigten (zB bei Lohnverhandlungen) ein interessantes Zentralmaß.
  - Der **Modus** der Löhne beträgt 1560 € und besitzt hier keine nennenswerte Aussagekraft.

Ausreißer

Listen von metrischen Daten können „Ausreißer", dh. „extreme" Einzelwerte enthalten.

BEISPIEL: Die Liste 1, 1, 1, 1, 2, 2, 6, 1000 enthält den Ausreißer 1000.
Wie wirkt sich dieser Ausreißer auf die verschiedenen Zentralmaße der Liste aus?

Liste	arithmetisches Mittel	Modus	Median
1, 1, 1, 1, 2, 2, 6, 1000	126,75	1	1,5
1, 1, 1, 1, 2, 2, 6	2	1	1

Man sieht: Das arithmetische Mittel, das aus allen Einzelwerten der Liste berechnet wird, reagiert „empfindlich" auf Ausreißer. Dagegen ändern sich Modus und Median durch Ausreißer wenig oder auch gar nicht, weil sie nicht von allen Einzelwerten abhängen.

Um Datenmanipulationen zu vermeiden, dürfen Ausreißer nicht bedenkenlos aus Datenlisten ausgeschlossen werden. Vielmehr ist zu klären, welche Ursachen die Ausreißer haben könnten. Manchmal bewirkt ein „großer" Unterschied zum arithmetischen Mittel, dass Daten als „grobe" Erhebungs-, Mess- oder Ablesefehler klassifiziert und deshalb als Ausreißer angesehen werden. In diesen Fällen ist das Entfernen der Ausreißer angezeigt. Dadurch vermeidet man ua. eine Verfälschung des arithmetischen Mittels.

(R) Soll man Schulnoten mitteln?

In Österreich werden zur Bewertung von Schulleistungen fünf Beurteilungsstufen verwendet, denen offiziell Zahlen als Noten zugeordnet sind:

Sehr gut (1), Gut (2), Befriedigend (3), Genügend (4), Nicht genügend (5)

Die Zuordnung der Noten zu den einzelnen Beurteilungsstufen ist letztlich willkürlich.
Durch die Noten soll nur die Rangfolge der Beurteilungsstufen abgekürzt ausgedrückt werden.
Ein internationaler Vergleich zeigt, dass Notensysteme sich sowohl hinsichtlich der Anzahl der Beurteilungsstufen als auch bezüglich der verwendeten Notenwerte stark unterscheiden.
In der Schweiz ist beispielsweise ein sechsstufiges Notensystem mit „6" als bester Note üblich, während in den USA gewöhnlich ein fünfstufiges Notensystem verwendet wird, bei dem aber die Notenwerte die Buchstaben A, B, C, D, F (Fail) sind.

„Mittlere" Schulleistungen, zB während eines Schuljahres oder innerhalb einer Klasse lassen sich durch Modus und Median problemlos angeben. Für die Ergebnisse bei Vergleichen mittels Modus und Median spielt das konkret zugrundeliegende Notensystem keine Rolle. Anders ist dies jedoch beim arithmetischen Mittel. Im US-amerikanischen Buchstabensystem kann man das arithmetische Mittel prinzipiell nicht berechnen. Notensysteme, die Zahlen verwenden, „verführen" dazu „mittlere Schulleistungen" durch das arithmetische Mittel zu beschreiben. Die Verwendung des arithmetischen Mittels als Durchschnittsnote hat aber nur Sinn, wenn man voraussetzt, dass den einzelnen Beurteilungsstufen jeweils gleich breite Leistungsrahmen entsprechen. Das trifft aber nicht immer zu, zB wenn man ein Nicht genügend bei 0−49 % der erreichten Punkte, aber ein Sehr gut erst bei 90−100 % der erreichten Punkte vergibt. Somit ist das arithmetische Mittel von Schulnoten zum Vergleich von Schulleistungen jedenfalls fragwürdig.

In der nächsten Aufgabe vergleichen wir zwei Listen von Schulleistungen mit verschiedenen Zentralmaßen.

12.14 Eva und Gero haben auf die vier Englisch-Schularbeiten folgende Noten erhalten:

Eva: 4, 3, 4, 3   Gero: 5, 2, 1, 5

Wer hat besser abgeschnitten?

LÖSUNG: Wir berechnen den Modus, den Median und das arithmetisches Mittel.

	1.	2.	3.	4.	Modus	Median	arith. Mittel
Eva	4	3	4	3	3 bzw. 4	3,5	3,5
Gero	5	2	1	5	5	3,5	3,25

Bezüglich des **Modus** hat **Eva** in Englisch **besser** abgeschnitten **als Gero**.
In Hinblick auf den **Median** haben **Eva und Gero** in Englisch **gleich** gut abgeschnitten.
In Bezug auf das **arithmetische Mittel** hat **Eva schlechter** abgeschnitten **als Gero**.

Wir sehen an der letzten Aufgabe:
Wer besser abgeschnitten hat, kann nicht eindeutig beantwortet werden, weil die Antwort vom verwendeten Zentralmaß abhängt.

R

T 12.15 An einem Test, bei dem man 10 Punkte erreichen kann, nehmen 20 Jugendliche teil. Die Punktezahlen der einzelnen Jugendlichen sind:

3, 3, 4, 4, 4, 5, 5, 5, 5, 5, 6, 6, 6, 6, 6, 6, 7, 7, 8, 9

Ermittle den Modus, den Median und das arithmetische Mittel der Punkteliste!

T 12.16 Ermittle den Modus, den Median und das arithmetische Mittel der folgenden Liste!

a) 1, 3, 3, 5, 4, 2, 5, 3, 7, 5, 5, 5

b) 2, 2, 3, 3, 3, 8, 9, 10, 11, 11, 11, 11, 12, 12

c) 2, 2, 3, 4, 4, 4, 4, 4, 6, 6, 7, 7, 7, 8, 9, 10, 11, 11, 12

d) −8, −7, −7, −7, −6, 6, 6, 6, 7, 8, 8

T 12.17 Die 28 Schülerinnen und Schüler einer Klasse wurden befragt, wie viele Minuten sie für ihren Schulweg benötigen. Die Antworten sind in dem nebenstehenden Stängel-Blatt-Diagramm zu finden.

Zehnerziffer	Einerziffer
0	5, 5, 8
1	0, 0, 2, 2, 5, 7, 8, 8, 8, 8
2	0, 5, 5, 5, 9, 9
3	5, 5, 5, 8, 8
4	5, 5, 5
7	5

1) Ermittle den Modus, den Median und das arithmetische Mittel der geordneten Liste!

2) Offensichtlich hat ein Schüler oder eine Schülerin einen ungewöhnlich langen Schulweg. Warum ist in diesem Fall der Mittelwert kein geeignetes Zentralmaß?

T 12.18 Gib (mit möglichst wenig Rechenaufwand) Modus, Median und Mittelwert der folgenden Liste von Zahlen an!

a) 3, 3, 3, 3, 3, 3, 3, 3, 3   b) −7, −7, −7, −7, 7, 7, 7, 7   c) −1, 1, 1, 1, 1, −1, −1, −1, −1   d) 2, 4, 6, 8, 10, 12

12.19 Kreuze an, was zutrifft!

	nie	manchmal	immer
Der Mittelwert ist ein Wert der Datenliste.	☐	☐	☐
Der Modus ist ein Wert der Datenliste.	☐	☐	☐
Der Median ist ein Wert der Datenliste.	☐	☐	☐

12.20 In der Klasse 6a wurde eine „Notenstatistik" für die 1. und 2. Schularbeit im Fach Deutsch angefertigt. Die Tabelle gibt für jede Schularbeit die Anzahlen der erreichten Noten an. Welche der beiden Schularbeiten ist „besser" ausgefallen? Argumentiere anhand verschiedener Zentralmaße!

	Note				
	1	2	3	4	5
1. Schularbeit	4	5	7	1	2
2. Schularbeit	2	10	6	3	3

12.21 Für jede der folgenden Variablen wurde eine Datenliste erhoben. Gib jeweils an, welches Zentralmaß am sinnvollsten verwendet werden sollte!

(1) Temperatur
(2) Lebensalter
(3) Haarfarbe
(4) Lebensmittelgüteklasse
(5) Familieneinkommen
(6) Einwohnerzahl
(7) Religionsbekenntnis
(8) Rangplatz in einer Fußballliga
(9) Dauer des Urlaubs
(10) Familienstand
(11) Kinderzahl
(12) Körpermasse

12.22 Gib eine Situation an, in der die Angabe des Modus sinnlos ist!

12.23 Gib eine Situation an, in der die Berechnung des arithmetischen Mittels nicht sinnvoll ist!

12.24 Bei Lohnverhandlungen mit der mehrheitlich unzufriedenen Belegschaft verweist der Firmenchef darauf, dass der durchschnittliche Monatslohn der Beschäftigten bei der letzten Lohnerhöhung ohnehin um mehr als 5 % gestiegen sei. Damals wurden aus der Liste der ausgezahlten Löhne 1560 €, 1560 €, 1560 €, 1700 €, 1700 €, 1850 €, 2400 €, 4750 € nur die beiden höchsten Löhne um jeweils 450 € erhöht. Trifft die Aussage des Firmenchefs zu? Wie haben sich der Median und der Mittelwert der Monatslöhne bei der letzten Lohnerhöhung verändert?

Zwei Eigenschaften des arithmetischen Mittels

Es gilt:

$$\bar{x} = \frac{x_1 + x_2 + \ldots + x_n}{n} \iff x_1 + x_2 + \ldots + x_n = n \cdot \bar{x}$$

Daraus kann zweierlei abgelesen werden:

- Das arithmetische Mittel teilt die Summe der Daten gleichmäßig auf die Gesamtheit vom Umfang n auf (Mittelwert als Ausgleichswert).
- Aus dem arithmetischen Mittel $\bar{x}$ und der Anzahl n der Daten kann die Summe der Daten rekonstruiert werden.

Die beiden folgenden Aufgaben illustrieren dies.

12.25 Die n Angestellten eines Betriebs verdienen monatlich x_1, x_2, ..., x_n Euro. Wie viel müsste jeder bekommen, wenn alle monatlich gleich viel verdienen würden?

LÖSUNG: Für die Summe der monatlichen Gehälter muss gelten: $x_1 + x_2 + \ldots + x_n = n \cdot \bar{x}$. Somit müsste jeder $\bar{x}$ Euro bekommen.

12.26 Ein quaderförmiges Gefäß wird durch Trennwände in drei gleich geformte Abteilungen gegliedert, die unterschiedlich hoch mit Wasser gefüllt sind. Wie hoch steht das Wasser, wenn die Trennwände herausgenommen werden?

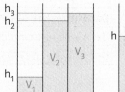

LÖSUNG: Da alle Abteilungen den gleichen Grundflächeninhalt G haben, gilt:
$$V_1 + V_2 + V_3 = 3 \cdot V \implies G \cdot h_1 + G \cdot h_2 + G \cdot h_3 = 3 \cdot G \cdot h \implies h = \frac{h_1 + h_2 + h_3}{3} = \bar{h}$$

AUFGABEN

Arbeitsblatt 35dg6m

12.27 Die drei Angestellten eines Betriebs verdienen monatlich 1500 €, 1600 € bzw. 1800 €. Zählt man noch den monatlichen Verdienst der Abteilungsleiterin hinzu, beträgt der mittlere monatliche Verdienst dieser vier Personen 1750 €. Wie viel verdient die Abteilungsleiterin monatlich?

12.28 Lisa erhält auf die vier Aufgaben eines Tests die Punktezahlen p_1, p_2, p_3, p_4.
a) Wie groß ist die mittlere Punktezahl $\bar{p}$?
b) Ist es möglich, dass Lisa bei jeder Aufgabe weniger als $\bar{p}$ Punkte erhalten hat? Begründe!

12.29 Gegeben sind n Zahlen x_1, x_2, x_3, ..., x_n mit dem Mittelwert $\bar{x}$.
Zeige: Eine reelle Zahl a ist genau dann gleich dem Mittelwert $\bar{x}$, wenn die Summe der Zahlen $x_1 - a$, $x_2 - a$, $x_3 - a$, ..., $x_n - a$ gleich 0 ist!

12.3 STREUUNGSMASSE

R **Empirische Varianz und Standardabweichung**

In Abb. 12.1 a, b sind zwei Häufigkeitsverteilungen mit gleichem Mittelwert $\bar{x}$ dargestellt. Während sich in Abb. 12.1 a die Daten relativ eng um das arithmetische Mittel $\bar{x}$ gruppieren, weichen sie in Abb. 12.1 b dem Anschein nach durchschnittlich stärker von $\bar{x}$ ab. Man sagt: Die Streuung der Daten um den Mittelwert ist in Abb. 12.1 b größer als in Abb. 12.1 a.

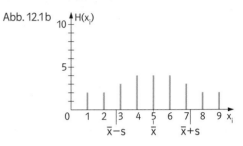

Wie kann man das Ausmaß der Streuung der Daten $x_1, x_2, \ldots, x_n$ um $\bar{x}$ zahlenmäßig erfassen? Eine nahe liegende Idee ist, den Mittelwert der Abweichungen der Daten von $\bar{x}$ anzugeben:

$$\frac{(x_1 - \bar{x}) + (x_2 - \bar{x}) + \ldots + (x_n - \bar{x})}{n}$$

Dieser Term ist aber als Streuungsmaß nicht geeignet, denn er liefert stets den Wert 0:

$$\frac{(x_1 - \bar{x}) + (x_2 - \bar{x}) + \ldots + (x_n - \bar{x})}{n} = \frac{x_1 + x_2 + \ldots + x_n - n \cdot \bar{x}}{n} = \frac{x_1 + x_2 + \ldots + x_n}{n} - \bar{x} = \bar{x} - \bar{x} = 0$$

Um zu verhindern, dass positive und negative Abweichungen vom Mittelwert einander aufheben, kann man die Abweichungen durch deren (nicht negative) Quadrate ersetzen und erhält damit den „Mittelwert der Abweichungsquadrate":

$$\frac{(x_1 - \bar{x})^2 + (x_2 - \bar{x})^2 + \ldots + (x_n - \bar{x})^2}{n}$$

Dieser Ausdruck ist als Streuungsmaß geeignet, denn jeder Variablenwert trägt umso mehr zur Streuung bei, je mehr er sich vom Mittelwert unterscheidet.

Der Mittelwert der Abweichungsquadrate hat jedoch einen praktischen Nachteil. Werden die Daten $x_1, x_2, \ldots, x_n$ zum Beispiel in der Einheit Meter gemessen, werden die Abweichungsquadrate in Quadratmeter gemessen und damit erhält der Mittelwert der Abweichungsquadrate ebenfalls die Einheit Quadratmeter. Um zu erreichen, dass das Streuungsmaß in der gleichen Einheit Meter gemessen wird wie die einzelnen Daten, zieht man die Wurzel aus dem Mittelwert der Abweichungsquadrate und erhält damit die folgenden Begriffe:

Definition

T kompakt
Seite 232

Es sei $x_1, x_2, \ldots, x_n$ eine Liste von reellen Zahlen mit dem Mittelwert $\bar{x}$. Man nennt

- $s^2 = \dfrac{(x_1 - \bar{x})^2 + (x_2 - \bar{x})^2 + \ldots + (x_n - \bar{x})^2}{n}$ die **empirische Varianz** der Liste,

- $s = \sqrt{\dfrac{(x_1 - \bar{x})^2 + (x_2 - \bar{x})^2 + \ldots + (x_n - \bar{x})^2}{n}}$ die **empirische Standardabweichung** der Liste.

T **12.30** Berechne den Mittelwert, die empirische Varianz und die empirische Standardabweichung der Liste 3, 1, 2, 5, 4!

LÖSUNG: $\bar{x} = \dfrac{3 + 1 + 2 + 5 + 4}{5} = \dfrac{15}{5} = 3$

$s^2 = \dfrac{(3-3)^2 + (1-3)^2 + (2-3)^2 + (5-3)^2 + (4-3)^2}{5} = \dfrac{0 + 4 + 1 + 4 + 1}{5} = \dfrac{10}{5} = 2$ $\qquad s = \sqrt{2} \approx 1{,}41$

Sind $a_1, a_2, \ldots, a_k$ die möglichen Werte einer Variablen und treten diese unter den n Zahlen der Liste mit den absoluten Häufigkeiten $H_1, H_2, \ldots, H_k$ auf, dann gilt:

$$s^2 = \frac{H_1 \cdot (a_1 - \bar{x})^2 + H_2 \cdot (a_2 - \bar{x})^2 + \ldots + H_k \cdot (a_k - \bar{x})^2}{n} \quad \text{und} \quad s = \sqrt{\frac{H_1 \cdot (a_1 - \bar{x})^2 + H_2 \cdot (a_2 - \bar{x})^2 + \ldots + H_k \cdot (a_k - \bar{x})^2}{n}}$$

Dabei gilt jeweils: $H_1 + H_2 + \ldots + H_k = n$.

Die Formel in der Definition der empirischen Varianz ist gut geeignet, die Bedeutung dieses Begriffs zu verstehen, jedoch zur Berechnung für längere Listen ohne Technologieeinsatz mühsam. In solchen Fällen eignet sich der folgende Satz besser:

Satz (Verschiebungssatz für die empirische Varianz)

Für die empirische Varianz s^2 einer Liste $x_1, x_2, \ldots, x_n$ mit dem Mittelwert $\bar{x}$ gilt:

$$s^2 = \frac{1}{n} \cdot (x_1^2 + x_2^2 + \ldots + x_n^2) - \bar{x}^2$$

BEWEIS: $= \frac{1}{n} \cdot [(x_1 - \bar{x})^2 + (x_2 - \bar{x})^2 + \ldots + (x_n - \bar{x})^2] =$

$= \frac{1}{n} \cdot [(x_1^2 - 2x_1\bar{x} + \bar{x}^2) + (x_2^2 - 2x_2\bar{x} + \bar{x}^2) + \ldots + (x_n^2 - 2x_n\bar{x} + \bar{x}^2)] =$

$= \frac{1}{n} \cdot [(x_1^2 + x_2^2 + \ldots + x_n^2) - 2\bar{x} \cdot (x_1 + x_2 + \ldots + x_n) + n \cdot \bar{x}^2] =$

$= \frac{1}{n} \cdot (x_1^2 + x_2^2 + \ldots + x_n^2) - 2\bar{x} \cdot \bar{x} + \bar{x}^2 = \frac{1}{n} \cdot (x_1^2 + x_2^2 + \ldots + x_n^2) - \bar{x}^2$ □

BEISPIEL: In Aufgabe 12.30 hätten wir auch rechnen können:

$$\bar{x} = \frac{1}{5} \cdot (3 + 1 + 2 + 5 + 4) = 3$$

$$s^2 = \frac{1}{5} \cdot (3^2 + 1^2 + 2^2 + 5^2 + 4^2) - 3^2 = 2$$

$$s = \sqrt{2} \approx 1{,}41$$

Manchmal erhebt man eine **Stichprobe** aus einer **Grundgesamtheit**, berechnet aus den n Daten der Stichprobe den Mittelwert und die empirische Varianz und betrachtet diese Ergebnisse als (zugegebenermaßen unsichere) Schätzwerte für die entsprechenden Kennzahlen in der Grundgesamtheit. Während das für den Mittelwert keine Probleme bereitet, kann man für die Varianz zeigen, dass man einen besseren Prognosewert für die Grundgesamtheit erhält, wenn man die Summe der Abweichungsquadrate in der Stichprobe durch $n - 1$ statt durch n dividiert. Die so errechnete Varianz bezeichnet man auch als **Stichprobenvarianz**. Die Division durch $n - 1$ sollte aber nur dann vorgenommen werden, wenn die Absicht besteht, die Ergebnisse der Stichprobe auf die Grundgesamtheit zu übertragen. Sofern man nur in der Stichprobe bleibt, ist es besser, durch n zu dividieren. Für große Stichproben ist es übrigens unerheblich, ob man durch n oder durch $n - 1$ dividiert (es macht zB kaum einen Unterschied, ob man durch 1000 oder durch 999 dividiert).

Multipliziert man die vorhin definierte Varianz s^2 mit $\frac{n}{n-1}$, erhält man die Stichprobenvarianz. Der Verschiebungssatz geht dabei in folgende Form über:

$$\text{Stichprobenvarianz} = \frac{1}{n-1} \cdot (x_1^2 + x_2^2 + \ldots + x_n^2 - n \cdot \bar{x}^2)$$

BEACHTE: Technische Hilfsmittel bieten im Allgemeinen beide Formen der Varianz (Division durch n bzw. $n - 1$) an und verwenden dafür verschiedene Bezeichnungen. Diese sind leider nicht einheitlich. Klarerweise ist die Stichprobenvarianz stets größer als die empirische Varianz s^2.

R AUFGABEN

✦T 12.31 Gegeben ist die Liste: 0,5; 3,1; 2,5; 4,1; 3,3; 2,7

a) Berechne den Mittelwert der Liste!

b) Berechne die Varianz der Liste, einmal entsprechend der Definition und einmal mit dem Verschiebungssatz!

c) Berechne die Standardabweichung der Liste!

12.32 In einer Schülergruppe wurden folgende Körpergrößen (in cm) gemessen:

164, 160, 175, 168, 155, 155, 178, 164, 164, 166, 171, 176, 153, 164, 173, 166, 169, 164, 166, 160

1) Berechne den Modus, den Median, das arithmetische Mittel, die Varianz und die Standardabweichung der Körpergrößen in dieser Jugendgruppe!

2) Welche dieser Kennzahlen ändern sich, wenn noch ein 170 cm großer Schüler dazukommt?

12.33 Eine Firma beauftragt eine Gießerei, Gusseisenstäbe mit einer Zugfestigkeit von 275 N/m^2 herzustellen. Die Firma erhält eine Lieferung von 20 Gusseisenstäben. Bei einer Kontrolle dieser Gusseisenstäbe werden folgende Zugfestigkeiten (in N/mm^2) festgestellt:

273, 287, 309, 295, 274, 259, 271, 276, 277, 283, 295, 287, 245, 278, 264, 255, 265, 253, 299, 256

1) Ermittle den Mittelwert $\bar{x}$ und die empirische Standardabweichung s dieser Liste!

2) Stäbe, deren Zugfestigkeit nicht im Intervall $[\bar{x} - 2s, \bar{x} + 2s]$ liegen, gelten als Ausschuss. Der Auftraggeber verlangt, dass der Ausschussanteil der gelieferten Ware höchstens 5 % betragen darf. Ist diese Abnahmeforderung in der Lieferung erfüllt?

12.34 Im folgenden Diagramm sind die Tagesumsätze (in Euro) einer Tankstelle für eine bestimmte Kalenderwoche angegeben.

1) Um wie viel Euro wird am Donnerstag ungefähr mehr umgesetzt als am Sonntag?

2) Berechne den durchschnittlichen Tagesumsatz und die empirische Standardabweichung der Umsätze in dieser Woche!

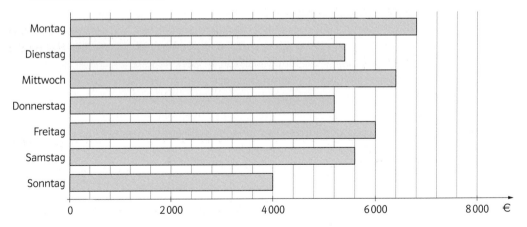

12.35 Gegeben ist eine Zahlenliste $x_1, x_2, x_3, \ldots, x_{10}$ mit dem Mittelwert $\bar{x} = 5$.

Kreuze die Aussagen an, die mit Sicherheit zutreffen!

Die Zahl 5 ist in dieser Liste enthalten.	☐
Fügt man der Liste noch eine Zahl hinzu, verändert sich Modus.	☐
Verkleinert man den größten Wert der Liste, so verkleinert sich der Median der Liste.	☐
Vergrößert man den größten Wert der Liste, so vergrößert sich der Mittelwert der Liste.	☐
Die Summe der 10 Zahlen ergibt 50.	☐

12.36 Bei der Berechnung der Mittelwerte zweier vorgegebener Zahlenlisten erhält man jeweils den Wert 9. Die Standardabweichung der ersten Liste beträgt 1, die der zweiten Liste 2. Welche der folgenden Aussagen sind mit Sicherheit richtig? Kreuze an!

Beide Listen haben den gleichen Median.	☐
Die zweite Liste ist breiter gestreut als die erste.	☐
Die zweite Liste ist doppelt so lang wie die erste.	☐
Die Varianz der zweiten Liste ist viermal so groß wie die der ersten.	☐
Bei der ersten Liste liegt keine Zahl außerhalb des Intervalls [7; 11].	☐

⊤ 12.37 Eine Maschine produziert Schrauben mit der Solllänge von 40 mm. Um zu prüfen, ob die Maschine zufriedenstellend arbeitet, wird der Produktion eine Stichprobe entnommen. Die dabei gemessenen Schraubenlängen (in mm) lauten:

39, 39, 37, 38, 39, 39, 41, 39, 39, 39, 39, 40, 41, 38, 39, 37, 37, 38, 39, 40

1) Berechne den Mittelwert und die Standardabweichung der Liste!
2) Ermittle Schätzwerte für den Mittelwert und die Standardabweichung der Schraubenlängen in der Grundgesamtheit aller mit dieser Maschine produzierten Schrauben!

⊤ 12.38 Die Firma „Bonafrutta" befüllt Marmeladegläser mit einer Sollmasse von 500 g. Bei 15 zufällig ausgewählten Gläsern wurden die folgenden Füllmengen (in g) festgestellt:

509, 499, 489, 503, 510, 500, 495, 503, 509, 498, 478, 504, 509, 504, 498

1) Ermittle Schätzwerte für die mittlere Füllmenge und die Standardabweichung in der Grundgesamtheit aller von der Firma befüllten Gläser!
2) Um wie viel Prozent weicht die mittlere Füllmenge in der Grundgesamtheit vermutlich von der Sollmenge ab? Geht diese Abweichung zu Lasten des Konsumenten oder des Herstellers?

Datenveränderungen

Satz: Gegeben sind zwei Listen von Zahlen:

$x_1, x_2, \ldots, x_n$ mit dem arithmetischen Mittel $\bar{x}$ und der empirischen Standardabweichung s_x

$y_1, y_2, \ldots, y_n$ mit dem arithmetischen Mittel $\bar{y}$ und der empirischen Standardabweichung s_y

a) Ist $y_i = x_i + c$ für $i = 1, 2, \ldots, n$, dann ist $\bar{y} = \bar{x} + c$ und $s_y = s_x$.
b) Ist $y_i = c \cdot x_i$ für $i = 1, 2, \ldots, n$, dann ist $\bar{y} = c \cdot \bar{x}$ und $s_y = c \cdot s_x$.

BEWEIS:

a) $$\bar{y} = \frac{y_1 + y_2 + \ldots + y_n}{n} = \frac{x_1 + c + x_2 + c + \ldots + x_n + c}{n} = \frac{x_1 + x_2 + \ldots + x_n + n \cdot c}{n} = \frac{x_1 + x_2 + \ldots + x_n}{n} + c = \bar{x} + c$$

$$s_y = \sqrt{\frac{(y_1 - \bar{y})^2 + \ldots + (y_n - \bar{y})^2}{n}} = \sqrt{\frac{[(x_1 + c) - (\bar{x} + c)]^2 + \ldots + [(x_n + c) - (\bar{x} + c)]^2}{n}} = \sqrt{\frac{(x_1 - \bar{x})^2 + \ldots + (x_n - \bar{x})^2}{n}} = s_x$$

b) $$\bar{y} = \frac{y_1 + y_2 + \ldots + y_n}{n} = \frac{c \cdot x_1 + c \cdot x_2 + \ldots + c \cdot x_n}{n} = c \cdot \frac{x_1 + x_2 + \ldots + x_n}{n} = c \cdot \bar{x}$$

$$s_y = \sqrt{\frac{(y_1 - \bar{y})^2 + \ldots + (y_n - \bar{y})^2}{n}} = \sqrt{\frac{(c \cdot x_1 - c \cdot \bar{x})^2 + \ldots + (c \cdot x_n - c \cdot \bar{x})^2}{n}} = \sqrt{\frac{c^2 \cdot (x_1 - \bar{x})^2 + \ldots + c^2 \cdot (x_n - \bar{x})^2}{n}} =$$

$$= c \cdot \sqrt{\frac{(x_1 - \bar{x})^2 + \ldots + (x_n - \bar{x})^2}{n}} = c \cdot s_x$$ ☐

AUFGABEN

12.39 Wie ändern sich Mittelwert und empirische Standardabweichung einer in € angegebenen Preisliste, wenn alle Preise **a)** um 1 € erhöht werden, **b)** in Cent angegeben werden?

12.4 QUARTILE UND PERZENTILE

R Quartile

Bei jeder geordneten Zahlenliste liegen vor und nach der Position des Medians gleich viele Daten. Im Folgenden bezeichnen wir den **Median** mit q_2.

T kompakt
Seite 232

Ermittelt man für die Teilliste der Zahlen vor q_2 wiederum den Median q_1 und ebenso für die Teilliste der Zahlen nach q_2 den Median q_3, so erhält man insgesamt die drei Zahlen q_1, q_2, q_3, die man als **erstes, zweites** und **drittes Quartil** der geordneten Liste bezeichnet. Die Positionen dieser drei Quartile zerlegen die geordnete Liste in vier ca. gleich große Abschnitte, wobei die Quartile selbst keinem Abschnitt angehören. Das zweite Quartil q_2 ist mit dem Median der Gesamtliste identisch.

Darüber hinaus werden oft folgende Zahlen angegeben:

Quartilsabstand = $q_3 - q_1$

Minimum (min) = kleinstes Element der Liste

Maximum (max) = größtes Element der Liste

Spannweite der Liste = max − min

BEISPIELE:

(1) 1 1 2 2 3 3 4 4
min $q_1 = 1{,}5$ $q_2 = 2{,}5$ $q_3 = 3{,}5$ max

$q_3 - q_1 = 2$
Spannweite = 3

(2) 1 2 2 3 3 4 4 4 7
min $q_1 = 2$ $q_2 = 3$ $q_3 = 4$ max

$q_3 - q_1 = 2$
Spannweite = 6

(3) 1 1 2 3 3 4 4 6 7 8
min $q_1 = 2$ $q_2 = 3{,}5$ $q_3 = 6$ max

$q_3 - q_1 = 4$
Spannweite = 7

(4) 1 1 2 3 3 5 5 6 7 8 9
min $q_1 = 2$ $q_2 = 5$ $q_3 = 7$ max

$q_3 - q_1 = 5$
Spannweite = 8

Hinsichtlich der **Positionen der Quartile** in Bezug auf eine geordnete Liste kann man folgende Aussagen treffen:

- Die Positionen der drei Quartile zerlegen die Gesamtliste in vier annähernd gleich lange Teillisten.
- Ca. 25 % der Daten liegen vor der Position von q_1, ca. 75 % der Daten danach.
  Ca. 50 % der Daten liegen vor der Position von q_2, ca. 50 % der Daten danach.
  Ca. 75 % der Daten liegen vor der Position von q_3, ca. 25 % der Daten danach.
- Zwischen den Positionen von q_1 und q_3 liegen ca. 50 % aller Daten.

Anhand der obigen Beispiele macht man sich klar, dass die formulierten Aussagen nur dann allgemein zutreffen, wenn man das Wörtchen „ca." nicht weglässt.

Hinsichtlich der **Zahlenwerte der Quartile** einer geordneten Liste treffen stets folgende Aussagen zu:

- Höchstens 25 % der Daten sind $< q_1$, höchstens 75 % der Daten sind $> q_1$.
  Mindestens 25 % der Daten sind $\leq q_1$, mindestens 75 % der Daten sind $\geq q_1$.

- Höchstens 50 % der Daten sind $< q_2$, höchstens 50 % der Daten sind $> q_2$.
  Mindestens 50 % der Daten sind $\leq q_2$, mindestens 50 % der Daten sind $\geq q_2$.

- Höchstens 75 % der Daten sind $< q_3$, höchstens 25 % der Daten sind $> q_3$.
  Mindestens 75 % der Daten sind $\leq q_3$, mindestens 25 % der Daten sind $\geq q_3$.

Boxplots

BEISPIEL: 29 Schülerinnen und Schüler wurden nach der Zeit (in Minuten) befragt, die sie für den Heimweg von der Schule benötigen. Die Ergebnisse sind in dem folgenden Stängel-Blatt-Diagramm angegeben. Daraus wurden die Quartile q_1, q_2, q_3 ermittelt.

Stängel-Blatt-Diagramm

Zehnerziffer	Einerziffer	
0	5	
1	0, 0, 0, 5, 5, 5, | 5, 5	$\rightarrow q_1 = 15$
2	0, 0, 5, 5, 5	
3	0, 0, 0, 0, 5, 5	$\rightarrow q_2 = 30$
4	0, 0, | 5, 5	$\rightarrow q_3 = 42{,}5$
5	0, 0, 5	
6	0	
7	0	

⌇T kompakt
Seite 232

Lernapplet
x9u9in

Applet
q269p8

Diese Daten können auch in einem **Kastenschaubild (Boxplot)** dargestellt werden. Aus einem solchen Kastenschaubild kann man das Minimum min, die drei Quartile q_1, q_2, q_3 und das Maximum max ablesen.

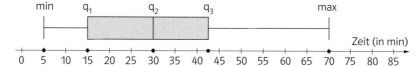

Die beiden Strecken, die links und rechts an das Rechteck angefügt werden, bezeichnet man manchmal als **Antennen** oder **Whiskers**. Die linke Antenne beginnt beim Minimum, die rechte endet beim Maximum.

Boxplots werden im Allgemeinen nur für lange Datenlisten angefertigt (auch wenn wir sie der Einfachheit halber an kurzen Datenlisten erklären). Ein Boxplot liefert einen übersichtlichen Eindruck, weist aber gegenüber einem Stängel-Blatt-Diagramm den Nachteil auf, dass nicht mehr alle Daten rekonstruierbar sind.

AUFGABEN

12.40 Nach dem *Allgemeinen Einkommensbericht 2016* der Statistik Austria betrug im Jahr 2015 der Median der Bruttojahreseinkommen für die 2 040 463 unselbstständig erwerbstätigen Frauen 19 916 €. Nur 26,1 % unter diesem Wert lag das erste Quartil der Bruttojahreseinkommen für die 2 302 050 unselbstständig erwerbstätigen Männer. Formuliere umgangssprachlich mögliche Schlussfolgerungen, die man aus diesen Informationen ableiten kann!

⚡T 12.41 Ermittle das kleinste Element, das größte Element, die Quartile, den Quartilsabstand und die Spannweite der folgenden Liste: 2, 4, 5, 2, 7, 4, 7, 3, 9, 4, 4, 4, 5, 1, 3, 7, 2, 2, 2, 8

⚡T 12.42 Bei einer Gesundenuntersuchung werden die Mitarbeiterinnen und Mitarbeiter eines Betriebes entsprechend ihrer Körpermasse in eine der folgenden vier Gruppen eingeordnet.

Gruppe 1: bis 55 kg   **Gruppe 2:** 56 bis 70 kg   **Gruppe 3:** 71 bis 85 kg   **Gruppe 4:** ab 86 kg

Folgende Körpermassen (in Kilogramm) werden festgestellt:

55, 88, 69, 71, 57, 103, 99, 78, 61, 77, 88, 85, 64, 67, 59, 89, 94, 61

1) Fertige ein Stängel-Blatt-Diagramm an!
2) Gib die Quartile der gemessenen Massen an!

⚡T 12.43 Am New Yorker Flughafen *La Guardia* wurde in einem bestimmten Monat täglich die maximale Windgeschwindigkeit (in Meilen pro Stunde) gemessen. Es ergab sich die Liste:

7,4; 8,0; 12,6; 11,5; 14,3; 14,9; 8,6; 13,8; 20,1; 8,6; 6,9; 9,7; 9,2; 10,9; 13,2; 11,5; 12,0; 18,4; 11,5; 9,7; 9,7; 16,6; 9,7; 12,0; 16,6; 14,9; 8,0; 12,0; 14,9

1) Berechne die Quartile und zeichne ein Kastenschaubild!
2) Zeichne ein Histogramm für die durch die Quartile bestimmten Klassen!
3) Für welche Kennzahlen werden sich die Piloten am ehesten interessieren?

12.44 In einer Gruppe von Jugendlichen wurde die Pulsfrequenz gemessen:

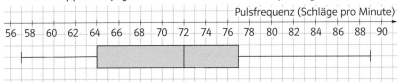

Vervollständige folgende Sätze:

a) Im Bereich des grünen Rechtecks liegen ca. ____ % der Daten der geordneten Liste.
b) Der Median der Pulsfrequenzen beträgt ____.
c) Der Quartilsabstand beträgt ____.
d) Kein Jugendlicher hat eine Pulsfrequenz unter ____ oder über ____.

12.45 Die Körpergrößen von Schülern und Schülerinnen wurden ermittelt:

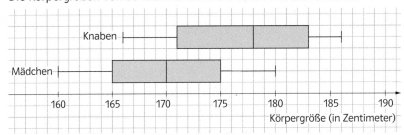

Kreuze die beiden Aussagen an, die mit Sicherheit der Grafik entnommen werden können:

Genau die Hälfte der Knaben hat eine Körpergröße im Bereich von 171 cm bis 183 cm.	☐
Genau ein Mädchen hat eine Körpergröße von 160 cm.	☐
Höchstens 50 % der Knaben haben eine Körpergröße unter 178 cm.	☐
Es ist möglich, dass mehr als 75 % der Mädchen eine Körpergröße ≥ 165 cm haben.	☐
Mindestens drei Viertel der Knaben sind kleiner als das größte Mädchen.	☐

Perzentile

Wird eine geordnete Liste in mehrere annähernd gleich große Abschnitte geteilt, bezeichnet man die zugehörigen Teilungspunkte als **Quantile**. Spezielle Quantile sind die **Quartile** und **Perzentile**. Quartile teilen die Liste in vier annähernd gleich große Abschnitte, Perzentile teilen die Liste in 100 annähernd gleich große Abschnitte.

Definition

Das **p%-Perzentil P_p** (mit $p = 1, 2, 3, \ldots, 99$) einer geordneten Liste $x_1, x_2, \ldots, x_n$ von Zahlen ist folgendermaßen definiert:

- Wenn p% von n gleich dem Index i der Liste sind, dann setzt man $P_p = x_i$.
- Wenn p% von n zwischen den beiden Indizes i und i + 1 der Liste liegen, dann setzt man $P_p = \frac{x_i + x_{i+1}}{2}$.

BEISPIEL: Wir berechnen P_{30} und P_{65} für die 10 Zahlen der Liste 1, 4, 9, 9, 10, 11, 13, 15, 16, 18.

- 30% von 10 = 3 $\Rightarrow$ $P_{30} = x_3 = 9$
- 65% von 10 = 6,5 $\Rightarrow$ $P_{65} = \frac{x_6 + x_7}{2} = \frac{11 + 13}{2} = 12$

Aus der obigen Definition folgt:

Höchstens p% der Zahlen der Liste sind $< P_p$ und höchstens (100 − p)% sind $> P_p$.

BEISPIEL: Body Mass Index $BMI = \frac{\text{Körpermasse}}{\text{Körpergröße}^2}$ $\left(\text{in } \frac{kg}{m^2}\right)$ für Knaben (0–18 Jahre)

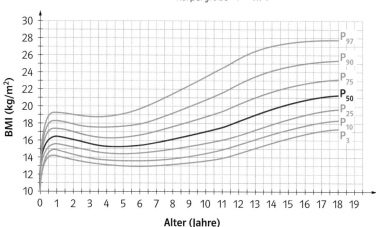

Aus der Abbildung kann man etwa ablesen:

- Höchstens 50% aller achtjährigen Knaben haben einen BMI unter 16.
- Höchstens 90% aller neunjährigen Knaben haben einen BMI unter 20.
- Höchstens 3% aller elfjährigen Knaben haben einen BMI unter 14.
- Höchstens 65% aller vierzehnjährigen Knaben haben einen BMI zwischen 18 und 24.

AUFGABEN

12.46 Beantworte anhand der obigen Perzentilkurven zum BMI:

a) Höchstens wie viel Prozent der elfjährigen Knaben haben einen BMI über 16?

b) Höchstens wie viel Prozent der vierzehnjährigen Knaben haben einen BMI über 18?

c) Für höchstens wie viel Prozent der achtjährigen Knaben gilt 14 < BMI < 16?

12.5 WEITERE ARTEN DER MITTELWERTBILDUNG

R

Gewichtetes arithmetisches Mittel

In der Darstellung $\bar{x} = h_1 \cdot a_1 + h_2 \cdot a_2 + \ldots + h_k \cdot a_k$ (mit $h_1 + h_2 + \ldots + h_k = 1$) bezeichnet man $\bar{x}$ auch als **gewichtetes** (bzw. **gewogenes**) **arithmetisches Mittel** der Werte $a_1, a_2, \ldots, a_k$ mit den **Gewichtszahlen** $h_1, h_2, \ldots, h_k$. Allgemein ist dieses Mittel so definiert:

Definition
Eine Zahl der Form $\bar{x}_g = g_1 \cdot a_1 + g_2 \cdot a_2 + \ldots + g_k \cdot a_k$ (mit $g_1 + g_2 + \ldots + g_k = 1$ und $g_i \geqslant 0$) bezeichnet man als **gewichtetes (gewogenes) arithmetisches Mittel** der Zahlen $a_1, a_2, \ldots, a_k$ mit den **Gewichtszahlen** $g_1, g_2, \ldots, g_k$.

Die Gewichtszahl g_i gibt den relativen Anteil an, den der Wert a_i zu $\bar{x}_g$ beiträgt. Je größer g_i ist, desto mehr trägt a_i zum Wert von $\bar{x}_g$ bei (desto größeres „Gewicht" hat also a_i).

Im Fall $\bar{x} = h_1 \cdot a_1 + h_2 \cdot a_2 + \ldots + h_k \cdot a_k$ sind die Gewichtszahlen relative Häufigkeiten. Die Gewichtszahlen können aber auch andere Bedeutungen haben oder sogar willkürlich festgelegt werden, wie man an den folgenden Aufgaben sieht.

12.47 Ein Farbenhändler mischt drei Sorten farbloser Lacke zu einer Mischung zusammen. Die Prozentanteile der drei Sorten in der Mischung und die Literpreise der Sorten sind in der Tabelle angegeben. Welchen Preis soll der Händler für einen Liter der Mischung verlangen?

Sorte	Anteil in Prozent	Preis pro Liter (in €)
I	60%	52,00
II	30%	57,00
III	10%	60,00

LÖSUNG: Klarerweise soll ein Liter der Mischung so viel kosten wie die zur Herstellung benötigten Bestandteile zusammen. Der Preis p für einen Liter der Mischung setzt sich daher so zusammen: $p = 0{,}6 \cdot 52 + 0{,}3 \cdot 57 + 0{,}1 \cdot 60 = 54{,}30$ (€)
Der Händler wird p somit als gewichtetes arithmetisches Mittel der Einzelpreise festlegen. Die Gewichtszahlen sind die relativen Anteile der einzelnen Sorten an einem Liter der Mischung.

12.48 Ein Aufnahmetest erfolgt schriftlich und mündlich. Der für die Aufnahme Verantwortliche ist jedoch der Meinung, dass das Ergebnis des schriftlichen Tests zu 70% und das Ergebnis des mündlichen Tests zu 30% zur Gesamtpunktezahl beitragen soll. Ein Kandidat erhält schriftlich vier Punkte und mündlich einen Punkt. Welche Gesamtpunktezahl erhält er?

LÖSUNG: Die Gesamtpunktezahl wird als gewichtetes arithmetisches Mittel der bei der schriftlichen und mündlichen Prüfung erreichten Punktezahlen berechnet:
Gesamtpunktezahl $= 0{,}7 \cdot 4 + 0{,}3 \cdot 1 = 3{,}1$

R

AUFGABEN

12.49 Bei einer Schularbeit in einer Klasse erhalten 10% der Schüler ein Sehr gut, 20% ein Gut, 50% ein Befriedigend, 10% ein Genügend und 10% ein Nicht genügend. Berechne den Notendurchschnitt bei dieser Schularbeit!

12.50 Ein Süßwarenhersteller erzeugt Pralinen der Sorten A und B zu 3 €/Stück bzw. 6 €/Stück. In einem Geschenkkarton befindet sich doppelt so viel von der Sorte B wie von der Sorte A. Wie hoch ist der durchschnittliche Preis pro Praline im Geschenkkarton?

Geometrisches Mittel

12.51 In einer Bakterienkultur befinden sich zu Beginn 20 000 Bakterien. Die Bakterienanzahl nimmt in der ersten Stunde um 50 %, in der zweiten Stunde um 40 %, in der dritten Stunde um 30 %, in der vierten Stunde um 20 % und in der fünften Stunde um 10 % zu. Mit welchem Faktor bzw. um wie viel Prozent ist die Bakterienanzahl in diesen fünf Stunden im Mittel pro Stunde gestiegen?

LÖSUNG:

Wir bezeichnen den mittleren Wachstumsfaktor pro Stunde mit q. Dann gilt nach 5 Stunden:

$$20\,000 \cdot 1{,}5 \cdot 1{,}4 \cdot 1{,}3 \cdot 1{,}2 \cdot 1{,}1 = 20\,000 \cdot q^5$$
$$1{,}5 \cdot 1{,}4 \cdot 1{,}3 \cdot 1{,}2 \cdot 1{,}1 = q^5$$
$$q = \sqrt[5]{1{,}5 \cdot 1{,}4 \cdot 1{,}3 \cdot 1{,}2 \cdot 1{,}1} \approx 1{,}292$$

Die Bakterienzahl ist also in diesen fünf Stunden im Mittel ca. mit dem Faktor 1,292 pro Stunde bzw. um ca. 29,2 % pro Stunde gestiegen.

- Entspricht der ermittelte Wert $q \approx 1{,}292$ dem arithmetischen Mittel der Wachstumsfaktoren in den einzelnen Stunden?
- Entspricht der ermittelte Wachstumsprozentsatz von ca. 29,2 % pro Stunde dem arithmetischen Mittel der Wachstumsprozentsätze in den einzelnen Stunden?

Wir überprüfen dies:

$$\frac{1{,}5 + 1{,}4 + 1{,}3 + 1{,}2 + 1{,}1}{5} = 1{,}3 \neq 1{,}292 \qquad \frac{50\,\% + 40\,\% + 30\,\% + 20\,\% + 10\,\%}{5} = 30\,\% \neq 29{,}2\,\%$$

Man sieht also, dass weder das arithmetische Mittel der Wachstumsfaktoren noch das arithmetische Mittel der Wachstumsprozentsätze zum korrekten Ergebnis führen.

Man bezeichnet die Zahl $q = \sqrt[5]{1{,}5 \cdot 1{,}4 \cdot 1{,}3 \cdot 1{,}2 \cdot 1{,}1}$ als **geometrisches Mittel** der Zahlen 1,5; 1,4; 1,3; 1,2 und 1,1. Allgemein ist das geometrische Mittel so definiert:

Definition
Die Zahl $\sqrt[n]{a_1 \cdot a_2 \cdot \,\ldots\, \cdot a_n}$ heißt **geometrisches Mittel der positiven Zahlen** a_1, a_2, ..., a_n.

Merke
Mittlere Änderungsfaktoren (Wachstums- und Abnahmefaktoren, Zinsfaktoren usw.) berechne mithilfe des **geometrischen Mittels**!

12.52 Zeige: Das geometrische Mittel zweier Zahlen a, b $\in \mathbb{R}^+$ ist stets kleiner oder gleich dem arithmetischen Mittel dieser beiden Zahlen.

LÖSUNG: Zu zeigen ist: $\sqrt{a \cdot b} \leqslant \frac{a + b}{2}$

$$\sqrt{a \cdot b} \leqslant \frac{a + b}{2} \quad \Leftrightarrow \quad 2\sqrt{a \cdot b} \leqslant a + b \quad \Leftrightarrow \quad 4ab \leqslant (a + b)^2 \quad \Leftrightarrow \quad 4ab \leqslant a^2 + 2ab + b^2 \quad \Leftrightarrow$$
$$\Leftrightarrow \quad 0 \leqslant a^2 - 2ab + b^2 \quad \Leftrightarrow \quad 0 \leqslant (a - b)^2$$

Da die letzte Ungleichung für alle a, b $\in \mathbb{R}^+$ wahr ist, ist auch die erste Ungleichung für alle a, b $\in \mathbb{R}^+$ wahr, womit die Behauptung bewiesen ist.

Wir erkennen übrigens noch mehr: Das geometrische Mittel von a und b ist genau dann gleich dem arithmetischen Mittel von a und b, wenn a = b ist.

Man kann allgemein zeigen, dass das geometrische Mittel von n positiven Zahlen a_1, a_2, ..., a_n stets kleiner oder gleich dem arithmetischen Mittel $\frac{a_1 + a_2 + \ldots + a_n}{n}$ ist, wobei Gleichheit genau dann eintritt, wenn $a_1 = a_2 = \ldots = a_n$ ist. Wir führen den Beweis nicht durch.

12.6 VERGLEICH VON MERKMALEN

Mehrfeldertafeln

BEISPIEL: **Zusammenhang zwischen sportlicher Aktivität und Mathematikleistung**
Die folgende **Mehrfeldertafel** (Kontingenztafel) enthält die Ergebnisse einer Umfrage unter 40 Studierenden hinsichtlich sportlicher Aktivität und Schulleistung in Mathematik:

		Mathematikleistung		
		gut (Note 1 oder 2)	mittel (Note 3)	schlecht (Note 4 oder 5)
sportliche Aktivität	viel	14	4	5
	wenig	6	1	10

Dieser Mehrfeldertafel entnimmt man zum Beispiel: Eine große Anzahl der Befragten betreibt viel Sport und hat gute Mathematikleistungen, gleichzeitig geben auch viele Studierende geringe sportliche Aktivität und schlechte Mathematikleistungen an. Man kann deshalb vermuten, dass zwischen sportlicher Aktivität und Mathematikleistung ein **positiver statistischer Zusammenhang** besteht. Das heißt: Vermehrte sportliche Aktivität geht Hand in Hand mit besserer Mathematikleistung. Dies bedeutet allerdings nicht unbedingt, dass ein kausaler Zusammenhang vorliegt. Man kann nicht ohne Weiteres schließen, dass viel sportliche Aktivität die Ursache für gute Mathematikleistungen (oder umgekehrt) ist.
Fasst man die Mathematikleistungen in nur zwei Klassen zusammen, so erhält man eine so genannte **Vierfeldertafel**. Dieser kann man noch die **Randsummen** (Zeilensummen, Spaltensummen, Gesamtsumme) hinzufügen.

		Mathematikleistung		
		zufriedenstellend (Note 1, 2 oder 3)	schlecht (Note 4 oder 5)	Summe
sportliche Aktivität	viel	18	5	23
	wenig	7	10	17
	Summe	25	15	40

Hier wird der Eindruck noch stärker, dass zwischen sportlicher Aktivität und Mathematikleistung ein positiver statistischer Zusammenhang besteht. Man kann zur Argumentation auch die Randsummen heranziehen:

- Während **unter allen Befragten** nur $\frac{25}{40} = 62{,}5\%$ zufriedenstellende Mathematikleistungen aufweisen, sind es **unter den Befragten mit viel sportlicher Aktivität** wesentlich mehr, nämlich $\frac{18}{23} \approx 78\%$.

- Während **unter allen Befragten** nur $\frac{15}{40} = 37{,}5\%$ schlechte Mathematikleistungen aufweisen, sind es **unter den Befragten mit wenig sportlicher Aktivität** deutlich mehr, nämlich $\frac{10}{17} \approx 59\%$.

AUFGABEN

12.53 In einer Schule haben 10 % der 900 Schülerinnen und Schüler ein Mofa und 80 % ein Fahrrad; 90 % der Fahrradbesitzer haben kein Mofa.
Fülle die Vierfeldertafel aus!

	Fahrrad	kein Fahrrad	Summe
Mofa			
kein Mofa			
Summe			

Streudiagramm – Passgerade

Applet
2qe9xv

BEISPIEL: Vergleich von Länge und Dauer des Schulwegs

Die Angaben aus einer Befragung der Schülerinnen und Schüler einer Klasse werden zu Zahlenpaaren zusammengefasst und diese werden als Punkte in einem Koordinatensystem dargestellt. Man erhält ein so genanntes **Streudiagramm** bzw. eine **Punktwolke** wie in nebenstehender Abbildung. Diese Punktwolke kann durch eine Gerade angenähert werden, die man als **Passgerade (Trendgerade)** bezeichnet.

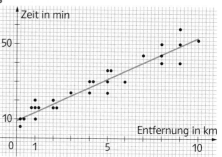

Zu einem Streudiagramm können ua. folgende Fragen gestellt werden:

- Konzentrieren sich die Punkte in bestimmten Lagen oder sind sie regellos verteilt?
- Fallen ungewöhnlich liegende Punkte („Ausreißer") auf?
- Lässt sich ein tendenzieller Zusammenhang zwischen den Variablen erkennen?
- Lässt sich zur Punktwolke eine Passgerade zeichnen oder nicht? (Im ersten Fall liegt ein annähernd linearer Zusammenhang zwischen den beiden Variablen vor.)

AUFGABEN

12.54 Die untenstehende Vierfeldertafel zeigt die Ergebnisse einer medizinischen Diabetes-Studie. Um den Effekt einer verstärkten Insulintherapie auf die Entwicklung einer Neuropathie (das ist eine Diabetiker betreffende Nervenkrankheit) während eines Beobachtungszeitraums von 5 Jahren zu untersuchen, wurde eine Interventionsgruppe, die mit der verstärkten Insulintherapie behandelt worden war, mit einer Kontrollgruppe verglichen, die die gewöhnliche Therapie erhalten hatte.

1) Vervollständige die Randsummen der Vierfeldertafel!

2) Wie viele Personen wurden insgesamt in die Studie einbezogen, wie viele Personen umfasste die Kontrollgruppe und wie viele Personen entwickelten im Lauf des Beobachtungszeitraums eine Neuropathie?

3) Kann man auf Grund der Daten einen statistischen Zusammenhang zwischen verstärkter Insulintherapie und Vermeidung einer Neuropathie vermuten? Argumentiere!

		Neuropathie		Summe
		ja	nein	
Gruppen	Intervention	21	294	
	Kontrolle	52	255	
	Summe			

12.55 Eine Wohnung wird mit Erdgas beheizt. Der Gasverbrauch hängt im Allgemeinen von der Außentemperatur ab. Um den ungefähren Gasverbrauch vorhersagen zu können, werden während einer Heizperiode (September–Juni) der durchschnittliche tägliche Gasverbrauch (in Kubikdezimeter) sowie die Durchschnittstemperatur gemessen:

Monat	Okt.	Nov.	Dez.	Jän.	Feb.	Mär.	Apr.	Mai	Jun.
Temperatur	9,7	3,4	−2,7	−1,9	−1,4	8,0	9,8	13,9	9,7
Gasverbrauch	147	173	246	241	249	139	127	71	31

Lässt sich ein Zusammenhang zwischen Temperatur und Gasverbrauch erkennen? Zeichne dazu eine Punktwolke und füge eine Passgerade nach Augenmaß ein! Gibt es Ausreißer?

TECHNOLOGIE KOMPAKT

GEOGEBRA

CASIO CLASS PAD II

Säulendiagramm erstellen

 Algebra-Ansicht:

Eingabe: Balkendiagramm({*Urliste*}, *Balkenbreite*) ENTER

oder

Eingabe: Balkendiagramm({*Liste der Werte*}, {*Liste der Häufigkeiten*}, *Balkenbreite*) ENTER

Grafik-Ansicht:

Ausgabe → *Säulendiagramm*

Iconleiste – Main – Keyboard – Math3

Eingabe: {*Zahlenliste*} ⇒ *list1*

Iconleiste – Menu – Statistik – Symbolleiste –

⬛ – Zeichn.: *Ein* – Typ: *Histogramm* – X-List: *list1* – Häufigk: *1* – Einst

Symbolleiste – 📊 – H-Start: *1* – H-Schr.: *0.5* – OK

Ausgabe → *Säulendiagramm*

Modus, Median und arithmetisches Mittel berechnen

X= CAS-Ansicht:

Eingabe: Modalwert({*Zahlenliste*}) – Werkzeug =

bzw.

Eingabe: Median({*Zahlenliste*}) – Werkzeug =

bzw.

Eingabe: Mittelwert({*Zahlenliste*}) – Werkzeug =

Ausgabe → *Modus (Modalwert), Median bzw. arithmetisches Mittel der Zahlenliste*

Iconleiste – Main – Statusleiste – Dezimal –

Menüleiste – Aktion – Liste – Statistik –

mode({*Zahlenliste*}) EXE bzw.

median({*Zahlenliste*}) EXE bzw.

mean({*Zahlenliste*}) EXE

Ausgabe → *Modus (Modalwert), Median bzw. arithmetisches Mittel der Zahlenliste*

Empirische Varianz und empirische Standardabweichung berechnen

X= CAS-Ansicht:

Eingabe: Varianz({*Zahlenliste*}) – Werkzeug =

bzw.

Eingabe: Standardabweichung({*Zahlenliste*}) – Werkzeug =

Ausgabe → *Empirische Varianz bzw. empirische Standardabweichung der Zahlenliste*

Iconleiste – Main – Keyboard – Math3

Eingabe: {*Zahlenliste*} ⇒ *list1*

Iconleiste – Menu – Statistik – Symbolleiste –

Calc – Eindim. Variable – X-List: *list1* – Häufigk: *1* – OK

Ausgabe → *Liste aller für die Statistik wichtigen Werte.*

Die empirische Standardabweichung der Zahlenliste wird als σ_x angezeigt, die empirische Varianz muss berechnet werden als σ_x^2.

Quartile bestimmen

X= CAS-Ansicht:

Eingabe: Q1({*Zahlenliste*}) – Werkzeug =

bzw.

Eingabe: Q3({*Zahlenliste*}) – Werkzeug =

Ausgabe → *Erstes bzw. drittes Quartil der Zahlenliste*

Iconleiste – Main – Statusleiste – Dezimal –

Menüleiste – Aktion – Liste – Statistik –

Q_1({*Zahlenliste*}) EXE bzw.

Q_3({*Zahlenliste*}) EXE

Ausgabe → *Erstes bzw. drittes Quartil der Zahlenliste*

Boxplot erstellen

 Algebra-Ansicht:

Eingabe: Boxplot(1, 0.5, {*Zahlenliste*}) ENTER

Ausgabe → *Boxplot (im Abstand 1 von der 1. Achse)*

Iconleiste – Main – Keyboard – Math3

Eingabe: {*Zahlenliste*} ⇒ *list1* EXE

Iconleiste – Menu – Statistik – Symbolleiste – ⬛ –

Zeichn.: *Ein* – Typ: *Median-Box* – X-List: *list1* – Häufigk: *1* – Einst

Symbolleiste – 📊

Ausgabe → *Boxplot*

Für konkrete Anleitungen siehe Technologietrainingshefte

KOMPETENZCHECK

AUFGABEN VOM TYP 1

WS-R 1.1 **12.56** Am 1. Jänner 2015 lebten in Österreich 8 584 926 Menschen. Die Bevölkerung setzte sich wie in den nachfolgenden Diagrammen dargestellt zusammen (Quelle: Statistik Austria, migration & integration 2015).

Ermittle aus diesen Angaben, wie viele der zu diesem Zeitpunkt in Österreich lebenden Menschen österreichische Staatsangehörige waren und im Ausland geboren wurden!

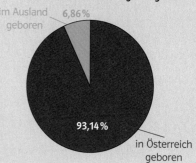

WS-R 1.2 **12.57** Bei 30 % von 500 Personen lag die Körpermasse (in Kilogramm) im Intervall [50; 70]. Für ein Histogramm mit verschieden breiten Klassen wird die Rechteckshöhe zur Klasse [50; 70) berechnet.

Kreuze die richtige(n) Berechnung(en) an!

$\dfrac{50+70}{2} = 60$	☐
$(50 + 70) \cdot 0{,}3 = 36$	☐
$\dfrac{50 \cdot 0{,}3 + 70 \cdot 0{,}3}{2} = 18$	☐
$\dfrac{150}{20} = 7{,}5$	☐
$\left(\dfrac{30}{100} \cdot 500\right) : 20 = 7{,}5$	☐

WS-R 1.3 **12.58** Zwei Schulen X und Y nehmen an einem Weitsprungwettbewerb teil:

Weitsprungwettbewerb	Teilnehmende	Mittelwert	empirische Standardabweichung
Schule X	120	4,60 m	0,45 m
Schule Y	100	4,60 m	0,30 m

Kreuze die Aussage(n) an, die aufgrund dieser Tabelle mit Sicherheit zutreffen!

Die Leistungen in der Schule Y streuen weniger.	☐
Die empirische Standardabweichung ist für die Schule X größer, weil mehr Teilnehmer aus der Schule X stammen.	☐
Alle Sprungweiten der Schule Y liegen im Intervall [4,3; 4,9].	☐
Für beide Schulen stimmen jeweils Modus und Median der Sprungleistungen überein.	☐
Im Mittel sind die Leistungen der beiden Schulen gleich gut.	☐

WS-R 1.3 **12.59** Gegeben ist die Urliste: 1,5 3,5 3,5 4,0 4,5 7,5 5,5 5,5 2,0 2,5 4,5 3,5 3,5 4,5
Berechne den Modus, den Median und den Mittelwert der Liste!

WS-R 1.3 **12.60** Das Kastenschaubild stellt die Verteilung der Monatseinkommen (in Euro) in einem Betrieb dar:

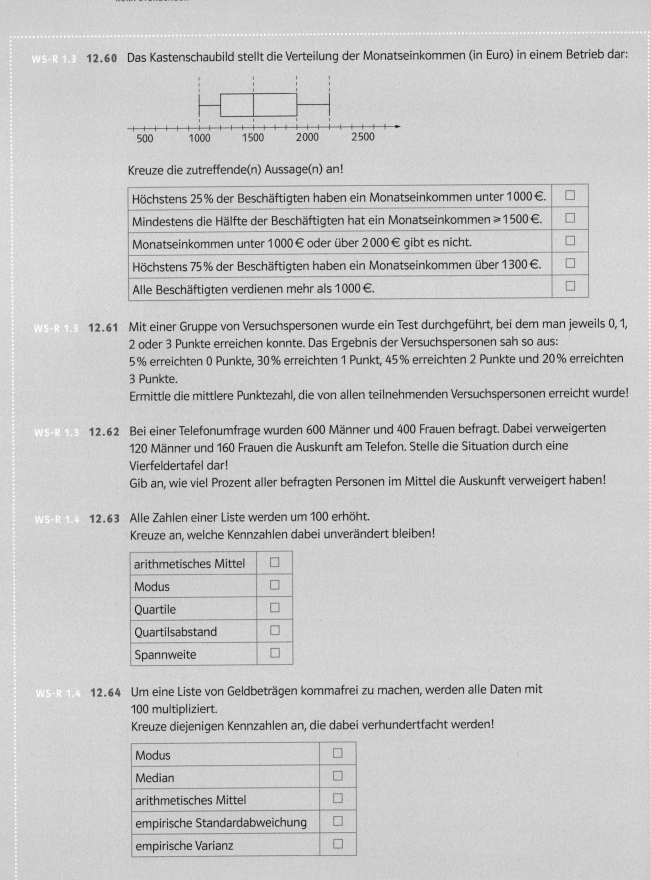

Kreuze die zutreffende(n) Aussage(n) an!

Höchstens 25 % der Beschäftigten haben ein Monatseinkommen unter 1000 €.	☐
Mindestens die Hälfte der Beschäftigten hat ein Monatseinkommen ≥ 1500 €.	☐
Monatseinkommen unter 1000 € oder über 2000 € gibt es nicht.	☐
Höchstens 75 % der Beschäftigten haben ein Monatseinkommen über 1300 €.	☐
Alle Beschäftigten verdienen mehr als 1000 €.	☐

WS-R 1.3 **12.61** Mit einer Gruppe von Versuchspersonen wurde ein Test durchgeführt, bei dem man jeweils 0, 1, 2 oder 3 Punkte erreichen konnte. Das Ergebnis der Versuchspersonen sah so aus:
5 % erreichten 0 Punkte, 30 % erreichten 1 Punkt, 45 % erreichten 2 Punkte und 20 % erreichten 3 Punkte.
Ermittle die mittlere Punktezahl, die von allen teilnehmenden Versuchspersonen erreicht wurde!

WS-R 1.3 **12.62** Bei einer Telefonumfrage wurden 600 Männer und 400 Frauen befragt. Dabei verweigerten 120 Männer und 160 Frauen die Auskunft am Telefon. Stelle die Situation durch eine Vierfeldertafel dar!
Gib an, wie viel Prozent aller befragten Personen im Mittel die Auskunft verweigert haben!

WS-R 1.4 **12.63** Alle Zahlen einer Liste werden um 100 erhöht.
Kreuze an, welche Kennzahlen dabei unverändert bleiben!

arithmetisches Mittel	☐
Modus	☐
Quartile	☐
Quartilsabstand	☐
Spannweite	☐

WS-R 1.4 **12.64** Um eine Liste von Geldbeträgen kommafrei zu machen, werden alle Daten mit 100 multipliziert.
Kreuze diejenigen Kennzahlen an, die dabei verhundertfacht werden!

Modus	☐
Median	☐
arithmetisches Mittel	☐
empirische Standardabweichung	☐
empirische Varianz	☐

AUFGABEN VOM TYP 2

WS-R 1.1 **12.65 Biostatistik**

WS-R 1.3

FA-R 1.5

FA-R 1.7

FA-R 2.1

FA-R 2.2

FA-R 2.4

FA-R 2.6

Unter der *Vitalkapazität* der Lunge versteht man jenes Luftvolumen, das eine Person bei stärkstem Einatmen maximal ausatmen kann.
Bei einem Atmungstest erhoben die 23 Schülerinnen und Schüler einer Biologie-Wahlpflichtfachgruppe jeweils die Vitalkapazität (VC) ihrer Lungen auf Deziliter genau.
Die absoluten Häufigkeiten der aufgetretenen Vitalkapazitätswerte sind im Säulendiagramm dargestellt.

a) ▪ Ermittle zu den erhobenen VC-Werten die folgenden statistischen Kenngrößen: Minimum, 1. Quartil q_1, Median q_2, 3. Quartil q_3, Maximum, Spannweite, Quartilsabstand, arithmetisches Mittel und empirische Standardabweichung.

▪ Die folgenden Box-Plots vergleichen die Vitalkapazitäten hinsichtlich des Geschlechts.

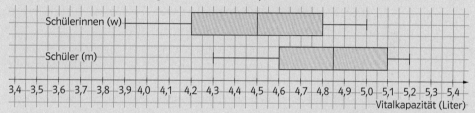

Kreuze alle Aussagen an, die auf die Grafik mit Sicherheit zutreffen!

Höchstens 75 % der Mädchen haben eine VC von mehr als 4,2 Liter.	☐
Der VC-Median der Knaben ist um 7 % größer als der VC-Median der Mädchen.	☐
Höchstens 50 % der Knaben haben eine Vitalkapazität von mehr als 4,85 Liter.	☐
Nicht mehr als ein Viertel der Mädchen liegen im VC-Wert unter allen Knaben.	☐
Die Spannweite der Daten ist bei den Mädchen kleiner als bei den Knaben.	☐

b) ▪ Die Formel **VC = (27,63 − 0,112 · A) · L** stammt aus der medizinischen Fachliteratur und berechnet näherungsweise die Vitalkapazität VC (in cm^3) einer erwachsenen, weiblichen Person mit dem Alter A (in Jahren) und der Körpergröße L (in cm).
Betrachte die Funktionen L ↦ VC(L) mit A konstant und A ↦ VC(A) mit L konstant.
Gib für beide Funktionen den Funktionstyp an, skizziere jeweils den Graphen der Form nach und interpretiere das Monotonieverhalten jeweils im Kontext!

▪ Im nebenstehenden Streudiagramm ist der Zusammenhang zwischen der Körpergröße und der gemessenen Vitalkapazität der Mädchen (rosa) und Knaben (blau) dargestellt. Als Passgerade wird die lineare Trendlinie angezeigt.
Interpretiere die Steigung der Trendlinie im Kontext und prüfe, ob die folgende Aussage zutrifft:

„Tendenziell bewirkt jede Zunahme der Körpergröße um 5 cm eine Zunahme der Vitalkapazität um mehr als 250 cm^3."

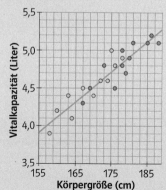

Trendlinie (linear) y = 0,0401 x − 2,3048

235

13 WAHRSCHEINLICHKEITEN

LERNZIELE

13.1 Die Begriffe **Zufallsversuch** und **Versuchsausgang** kennen und erläutern können.

13.2 Methoden zur Ermittlung von Wahrscheinlichkeiten für Ereignisse kennen (relativer Anteil, relative Häufigkeit, subjektives Vertrauen).

13.3 **Bedingte Wahrscheinlichkeiten** kennen und interpretieren können. Entscheiden können, ob Ereignisse voneinander **unabhängig** sind oder nicht.

- ▪ **Technologie kompakt**
- ▪ **Kompetenzcheck**

GRUNDKOMPETENZEN

WS-R 2.1 **Grundraum** und **Ereignisse** in angemessenen Situationen **verbal bzw. formal angeben** können.

WS-R 2.2 **Relative Häufigkeit** als **Schätzwert von Wahrscheinlichkeit** verwenden und anwenden können.

WS-R 2.3 Wahrscheinlichkeit unter der Verwendung der **Laplace-Annahme** (**Laplace-Wahrscheinlichkeit**) berechnen und interpretieren können […].

WS-L 2.5 **Bedingte Wahrscheinlichkeiten** kennen, berechnen und interpretieren können.

WS-L 2.6 Entscheiden können, ob ein Ereignis von einem anderen Ereignis **abhängt** oder von diesem **unabhängig** ist.

13.1 ZUFALLSVERSUCHE

R

Beispiele für Zufallsversuche

T kompakt
Seite 253

In der Wahrscheinlichkeitsrechnung betrachtet man so genannte **Zufallsversuche** wie etwa das Werfen einer Münze oder eines Würfels, das Ziehen aus einer Urne, das Drehen eines Glücksrads, die zufällige Auswahl einer Person aus einer bestimmten Personengruppe und vieles andere. Bei jedem Zufallsversuch gibt es verschiedene **Versuchsausgänge**, wobei man jedoch im Vorhinein nicht weiß, welcher Ausgang eintreten wird. Dazu einige Beispiele:

Münze

Oft wirft man eine Münze, um sich zwischen zwei gleichwertigen Möglichkeiten zu entscheiden. Mögliche Versuchsausgänge sind Zahl und Kopf (bzw. Zahl und Wappen). Wenn die Münze in Ordnung ist, haben beide Versuchsausgänge die gleiche Chance des Eintretens, keiner ist bevorzugt oder benachteiligt.

Würfel

Ein Würfel wird vor allem bei Brettspielen geworfen. Mögliche Versuchsausgänge sind die Augenzahlen 1, 2, 3, 4, 5, 6. Wenn der Würfel in Ordnung ist, ist keine Seitenfläche bevorzugt und somit hat jede Augenzahl die gleiche Chance aufzutreten. Man kann dies mit der Symmetrie eines Würfels begründen. Ein Würfel ist so symmetrisch gebaut, dass keine Seitenfläche bevorzugt oder benachteiligt ist. Man kann auch so argumentieren: Vertauscht man die Beschriftungen der Seitenflächen, bleibt der Würfel im Wesentlichen unverändert. Die Chance, dass eine bestimmte Seitenfläche obenauf zu liegen kommt, hängt also nicht davon ab, ob diese mit 1, 2, 3, 4, 5 oder 6 beschriftet ist.

Urne

In einer Urne befinden sich nummerierte Lose. Die Lose werden gut durchgemischt und ein Los wird „blind" gezogen. Die möglichen Versuchsausgänge entsprechen den einzelnen Losnummern. Statt Losen kann man auch Kugeln in eine sich drehende Trommel geben und eine Kugel durch ein Loch austreten oder durch einen Stift hochheben lassen. Wichtig ist in jedem Fall, dass alle Objekte in der Urne die gleiche physikalische Beschaffenheit haben (gleiche Form, gleiches Gewicht usw.), weil kein Objekt bevorzugt oder benachteiligt sein darf.

Glücksrad

Ein Glücksrad besteht aus einer Scheibe, die in Sektoren eingeteilt ist, und einem Zeiger. Dieser wird in Drehung versetzt und bleibt nach einiger Zeit in einem Sektor stehen. Die möglichen Versuchsausgänge entsprechen den Sektoren, in denen der Zeiger stehen bleibt. (Sollte der Zeiger auf einem

Trennstrich stehen bleiben, kann man vereinbaren, dass er neuerlich gedreht wird.) Sofern die Sektorflächen gleich groß sind (wie im linken Rad) und das Glücksrad intakt ist, ist keine Sektorfläche bevorzugt oder benachteiligt. Das ist nicht mehr der Fall, wenn die Sektorflächen verschieden groß sind (wie im rechten Rad).

Zufällige Auswahl einer Person

Soll in einer Schulklasse ein Klassenmitglied zufällig ausgewählt werden, wobei niemand bevorzugt oder benachteiligt werden darf, kann dies mithilfe eines Zufallsversuchs erfolgen. Man schreibt zB die Katalognummer jedes Klassenmitglieds auf einen Zettel, legt alle Zettel in eine Schachtel und lässt eine Person einen Zettel „blind" ziehen.

Roulette

Ein Rouletterad besteht aus einer drehbaren Scheibe, an der 37 gleich geformte Fächer mit den Nummern von 0 bis 36 angebracht sind (siehe Abb. 13.1). Nachdem die Scheibe in Drehung versetzt wurde, wird eine Kugel eingeworfen, die schließlich in einem der Fächer liegen bleibt. Die möglichen Versuchsausgänge entsprechen den Nummern der Fächer.

Abb. 13.1

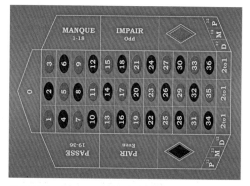

Abb. 13.2

Auf dem Spieltisch ist für jede Nummer ein Feld eingezeichnet (Abb. 13.2). Jeder Spieler kann einen gewissen Geldbetrag auf eine Zahl oder eine Gruppe von Zahlen setzen. Für manche Zahlengruppen sind die im Folgenden angeführten französischen Namen üblich. Man kann aber auch auf einige andere Gruppen von Zahlen setzen. Ein Spieler gewinnt, wenn die Zahl selbst oder eine Zahl der Gruppe kommt, auf die er gesetzt hat.

Pair:	2, 4, 6, … , 36	(gerade Zahlen)
Impair:	1, 3, 5, … , 35	(ungerade Zahlen)
Rouge:	1, 3, 5, 7, 9, 12, 14, 16, 18, 19, 21, 23, 25, 27, 30, 32, 34, 36	(rote Zahlen)
Noir:	2, 4, 6, 8, 10, 11, 13, 15, 17, 20, 22, 24, 26, 28, 29, 31, 33, 35	(schwarze Zahlen)
Manque:	1, 2, 3, … , 18	(untere Hälfte der Zahlen ohne Null)
Passe:	19, 20, 21, … , 36	(obere Hälfte der Zahlen ohne Null)
Erste Kolonne:	1, 4, 7, 10, … , 34	(untere Reihe)
Zweite Kolonne:	2, 5, 8, 11, … , 35	(mittlere Reihe)
Dritte Kolonne:	3, 6, 9, 12, … , 36	(obere Reihe)
12P:	1, 2, 3, … , 12	(erstes Dutzend; P = franz. „premier")
12M:	13, 14, 15, … , 24	(zweites Dutzend; M = franz. „moyen")
12D:	25, 26, 27, … , 36	(letztes Dutzend; D = franz. „dernier")

R Laplace-Versuche

Definition
Die **Menge der möglichen Versuchsausgänge** eines Zufallsversuchs heißt **Grundraum** und wird üblicherweise mit Ω (griechischer Großbuchstabe Omega) bezeichnet.

Jeder Zufallsversuch kann als **zufällige Auswahl eines Elements aus dem Grundraum Ω** aufgefasst werden. Zum Beispiel entspricht der Münzwurf der zufälligen Auswahl eines Elements aus dem Grundraum $\Omega = \{$Zahl, Kopf$\}$ und der Wurf eines Würfels der zufälligen Auswahl eines Elements aus dem Grundraum $\Omega = \{1, 2, 3, 4, 5, 6\}$. In diesen Fällen hat jedes Element von Ω die gleiche Chance, ausgewählt zu werden.

Definition
Ein Zufallsversuch, bei dem jeder Ausgang die gleiche Chance des Eintretens hat, wird als **Laplace-Versuch** bezeichnet.

Benannt sind diese Versuche nach dem französischen Mathematiker und Physiker **Pierre Simon de Laplace** (1749–1827).

Die Forderung, dass jeder Versuchsausgang die gleiche Chance des Eintretens hat, ist nicht immer leicht zu erfüllen. Zum Beispiel können bei einer Meinungsumfrage ungewollt bestimmte Personen bevorzugt werden. Üblicherweise hält man sich an den Grundsatz:

Pierre Simon de Laplace
(1749–1827)

Gleiche Chancen für jeden Versuchsausgang werden angenommen, wenn kein Grund vorliegt, etwas anderes anzunehmen.

13.2 EREIGNISSE UND WAHRSCHEINLICHKEITEN

Ereignisse

Bei der Durchführung eines Zufallsversuchs interessiert man sich dafür, ob ein bestimmtes **Ereignis** eintritt oder nicht. Im täglichen Leben bezeichnet man als „Ereignis" meist eine außerordentliche Begebenheit wie Geburt, Hochzeit oder Tod. In der Mathematik wird dieser Begriff etwas weniger spektakulär verwendet. Einige Beispiele dazu:

Ereignisse beim Loseziehen:
- Es kommt ein Gewinnlos.
- Es kommt ein Verlustlos.

Ereignisse beim Würfeln:
- Es kommt ein Sechser.
- Es kommt eine gerade Zahl.

Ereignisse beim Roulette:
- Es kommt Rouge.
- Es kommt Passe.

Ereignisse bezeichnen wir im Folgenden mit Großbuchstaben, zum Beispiel E, E_1, E_2.

Jedem **Ereignis E** kann man diejenige Teilmenge des Grundraums Ω zuordnen, die aus den Versuchsausgängen besteht, bei denen das Ereignis E eintritt. Diese Menge bezeichnen wir als die **zu E gehörige Ereignismenge M(E)**. Dazu einige Beispiele:

Wurf eines Würfels: $\Omega = \{1, 2, 3, 4, 5, 6\}$

Ereignis	Ereignismenge
E_1: Es kommt eine gerade Zahl.	$M(E_1) = \{2, 4, 6\}$
E_2: Es kommt eine Zahl $\geqslant 3$.	$M(E_2) = \{3, 4, 5, 6\}$
E_3: Es kommt die Zahl 6.	$M(E_3) = \{6\}$

Drehen eines Rouletterades: $\Omega = \{0, 1, 2, 3, \ldots, 36\}$

Ereignis	Ereignismenge
E_1: Es kommt eine ungerade Zahl.	$M(E_1) = \{1, 3, 5, \ldots, 35\}$
E_2: Es kommt eine Zahl aus dem letzten Dutzend.	$M(E_2) = \{25, 26, 27, \ldots, 36\}$
E_3: Es kommt die Zahl 19.	$M(E_3) = \{19\}$

Wahrscheinlichkeit eines Ereignisses

In der Wahrscheinlichkeitsrechnung ist man bemüht, dem Eintreten eines Ereignisses E eine Wahrscheinlichkeit zuzuordnen. Die **Wahrscheinlichkeit eines Ereignisses E** bezeichnen wir mit **P(E)** (lies: „Wahrscheinlichkeit von E" oder „Wahrscheinlichkeit, dass E eintritt"). Der Buchstabe P kommt vom lateinischen Wort „probabilitas" für Wahrscheinlichkeit.

Was kann man sich unter einer Wahrscheinlichkeit vorstellen?

Wenn man beispielsweise sagt: „Morgen wird es wahrscheinlich regnen", drückt man eine gewisse **Erwartung** aus. Den Grad dieser Erwartung kann man noch deutlicher ausdrücken, indem man sagt: „Morgen wird es sehr wahrscheinlich regnen" oder „Morgen wird es mit sehr geringer Wahrscheinlichkeit regnen". In der Mathematik geht man noch einen Schritt weiter und drückt den Grad der Erwartung durch eine reelle Zahl von 0 bis 1 aus, wobei 0 für die geringste und 1 für die höchste Erwartung steht.

Eine **Wahrscheinlichkeit eines Ereignisses** ist ein **Maß für die Erwartung, dass dieses Ereignis eintritt.** In der Mathematik drückt man den Grad der Erwartung durch eine reelle Zahl von 0 bis 1 aus, wobei 0 für die geringste und 1 für die höchste Erwartung steht.

Wie kommt man zu einer Zahl, die sich als Maß für eine Erwartung eignet?

Leider gibt es keine Methode, die in der Praxis stets sichere Wahrscheinlichkeitswerte liefert. Es gibt jedoch Methoden, mit denen man zumindest plausible Wahrscheinlichkeitswerte erhält.

Methode 1: Wahrscheinlichkeit mittels relativen Anteils festlegen

13.01 In der nebenstehenden Tabelle findet man die Anzahlen der Schülerinnen und Schüler in den Klassen 6a und 6b einer Schule. Aus jeder der beiden Klassen wird ein Klassenmitglied zufällig ausgewählt. In welcher der beiden Klassen ist es dabei wahrscheinlicher, ein Mädchen zu erhalten?

	6a	6b
Knaben	12	7
Mädchen	13	11
Gesamt	25	18

LÖSUNG: Beim Vergleich der beiden Klassen kommt es nicht auf die absoluten, sondern auf die relativen Anteile der Mädchen in der 6a bzw. 6b an. Je größer der relative Anteil der Mädchen an allen Klassenmitgliedern ist, desto wahrscheinlicher ist es, bei der Auswahl ein Mädchen zu erhalten. Es ist also plausibel, den relativen Anteil der Mädchen an allen Klassenmitgliedern als Maß für die gesuchte Wahrscheinlichkeit zu verwenden.

Wir bezeichnen das Ereignis „Das ausgewählte Klassenmitglied ist ein Mädchen" mit E und berechnen auf diese Weise:

- für die 6a: $P(E)$ = relativer Anteil der Mädchen an allen Klassenmitgliedern = $\frac{13}{25}$ = 0,52
- für die 6b: $P(E)$ = relativer Anteil der Mädchen an allen Klassenmitgliedern = $\frac{11}{18}$ ≈ 0,61

Die Wahrscheinlichkeit, ein Mädchen zu erhalten, ist also in der 6b größer als in der 6a.

Zur Abkürzung bezeichnen wir die Anzahl der Elemente einer endlichen Menge M mit |M| und können damit eine allgemeine Definition des relativen Anteils so anschreiben:

Definition:
Ist M eine endliche Menge und $A \subseteq M$, dann setzt man:

$$\text{relativer Anteil von A in M} = \frac{\text{Anzahl der Elemente von A}}{\text{Anzahl der Elemente von M}} = \frac{|A|}{|M|}$$

13.02 In der nebenstehend abgebildeten Urne befinden sich weiße, schwarze und rote Kugeln. Eine Kugel wird zufällig gezogen. Wie wahrscheinlich ist es, **1)** eine weiße, **2)** eine schwarze, **3)** eine rote Kugel zu erhalten?

LÖSUNG:

1) Der relative Anteil der weißen Kugeln an allen Kugeln beträgt $\frac{5}{9}$.
Somit setzt man sinnvollerweise: P(Man erhält eine weiße Kugel) = $\frac{5}{9}$

2) Der relative Anteil der schwarzen Kugeln an allen Kugeln beträgt $\frac{3}{9} = \frac{1}{3}$.
Somit setzt man sinnvollerweise: P(Man erhält eine schwarze Kugel) = $\frac{1}{3}$

3) Der relative Anteil der roten Kugeln an allen Kugeln beträgt $\frac{1}{9}$.
Somit setzt man sinnvollerweise: P(Man erhält eine rote Kugel) = $\frac{1}{9}$

Ist E ein Ereignis eines Zufallsversuchs mit endlich vielen Versuchsausgängen, dann bezeichnet man die Ausgänge in Ω auch als „mögliche Ausgänge" und die Ausgänge, bei denen E eintritt, als die „für E günstigen Ausgänge". Damit kann man die in den letzten beiden Aufgaben verwendete Methode zur Wahrscheinlichkeitsermittlung so beschreiben:

Methode: Wahrscheinlichkeit mittels relativen Anteils festlegen
Bei einem Zufallsversuch seien endlich viele Versuchsausgänge möglich, wobei jeder Ausgang die gleiche Chance des Eintretens hat. Es sei Ω die Menge aller Versuchsausgänge, E ein Ereignis und $M(E) \subseteq Ω$ die dazugehörige Ereignismenge. Dann gilt:

$$P(E) = \text{relativer Anteil von } M(E) \text{ in } Ω = \frac{|M(E)|}{|Ω|} = \frac{\text{Anzahl der für E günstigen Ausgänge}}{\text{Anzahl aller möglichen Ausgänge}}$$

Wir illustrieren diese Methode am Wurf eines Würfels und am Drehen eines Rouletterades:

Wurf eines Würfels: $Ω = \{1, 2, 3, 4, 5, 6\}$

Ereignis	Ereignismenge	Wahrscheinlichkeit des Ereignisses
E_1: Es kommt eine gerade Zahl.	$M(E_1) = \{2, 4, 6\}$	$P(E_1) = \frac{|M(E_1)|}{|Ω|} = \frac{3}{6} = \frac{1}{2}$
E_2: Es kommt eine Zahl ≥ 3.	$M(E_2) = \{3, 4, 5, 6\}$	$P(E_2) = \frac{|M(E_2)|}{|Ω|} = \frac{4}{6} = \frac{2}{3}$
E_3: Es kommt die Zahl 6.	$M(E_3) = \{6\}$	$P(E_3) = \frac{|M(E_3)|}{|Ω|} = \frac{1}{6}$

Drehen eines Rouletterades: $Ω = \{0, 1, 2, 3, \ldots, 36\}$

Ereignis	Ereignismenge	Wahrscheinlichkeit des Ereignisses
E_1: Es kommt eine ungerade Zahl.	$M(E_1) = \{1, 3, 5, \ldots, 35\}$	$P(E_1) = \frac{|M(E_1)|}{|Ω|} = \frac{18}{37}$
E_2: Es kommt eine Zahl aus dem letzten Dutzend	$M(E_2) = \{25, 26, 27, \ldots, 36\}$	$P(E_2) = \frac{|M(E_2)|}{|Ω|} = \frac{12}{37}$
E_3: Es kommt die Zahl 19.	$M(E_3) = \{19\}$	$P(E_3) = \frac{|M(E_3)|}{|Ω|} = \frac{1}{37}$

BEACHTE:
Diese Methode eignet sich nur zur Festlegung von Wahrscheinlichkeitswerten bei Laplace-Versuchen mit endlich vielen Versuchsausgängen, etwa beim Werfen eines „idealen" Würfels.

Ⓡ   **AUFGABEN**

13.03 Ein Würfel wird geworfen. Es ist $Ω = \{1, 2, 3, 4, 5, 6\}$.
1) Schreibe die Ereignismengen der folgenden Ereignisse an und berechne die Wahrscheinlichkeiten dieser Ereignisse:
E_1: Es kommt eine Zahl ≥ 1. E_2: Es kommt eine Zahl < 2.
2) Für das Ereignis E_3 gilt: $M(E_3) = \{2, 3, 5\}$.
Beschreibe dieses Ereignis in Worten und gib seine Wahrscheinlichkeit an!
3) Gib ein Ereignis E_4 mit $P(E_4) = \frac{1}{3}$ an und beschreibe auch dieses Ereignis in Worten!

13.04 Eine Münze wird zweimal geworfen. Bei jedem Wurf wird erhoben, ob Zahl (Z) oder Wappen (W) auftritt. Die Ergebnisse werden als Zahlenpaare notiert. ZB bedeutet (Z | W), dass beim ersten Wurf Zahl und beim zweiten Wurf Wappen gekommen ist. Der Grundraum Ω besteht aus allen geordneten Zahlenpaaren, die man aus Z und W bilden kann.

1) Schreibe den Grundraum Ω und die Ereignismengen folgender Ereignisse an:
E_1: Eine Münze zeigt Zahl, die andere Wappen. E_2: Keine Münze zeigt Zahl.

2) Berechne $P(E_1)$ und $P(E_2)$!

13.05 Ein roter und ein blauer Würfel werden gleichzeitig geworfen und die Augenzahlen werden als Zahlenpaare notiert. Zum Beispiel bedeutet (2 | 5), dass der rote Würfel die Augenzahl 2 und der blaue Würfel die Augenzahl 5 zeigt. Der Grundraum Ω besteht aus allen geordneten Zahlenpaaren, die dabei auftreten können.

a) Schreibe zu folgenden Ereignissen die Ereignismenge an!
E_1: Der rote Würfel zeigt die Augenzahl 3, der blaue Würfel eine Augenzahl ≥ 5.
E_2: Der rote Würfel zeigt eine ungerade Augenzahl, der blaue Würfel die Augenzahl 6.

b) Beschreibe das zur folgenden Ereignismenge gehörige Ereignis in Worten!
$M(E_3) = \{(1 | 1), (2 | 2), (3 | 3), (4 | 4), (5 | 5), (6 | 6)\}$ $M(E_4) = \{(1 | 5), (5 | 1), (2 | 4), (4 | 2), (3 | 3)\}$

13.06 Ein Würfel wird geworfen. Berechne:

a) P(es kommt die Zahl 6)
b) P(es kommt die Zahl 1)
c) P(es kommt eine Augenzahl > 4)
d) P(es kommt eine gerade Augenzahl)
e) P(es kommt eine ungerade Augenzahl)
f) P(es kommt eine Primzahl)

13.07 In einer Urne sind Kugeln, die die Nummern 1 bis 99 tragen. Eine Kugel wird blind gezogen. Es sei X die Nummer der gezogenen Kugel. Ermittle:

a) $P(X < 28)$
b) $P(50 \leq X)$
c) P(X ist durch 3 teilbar)
d) P(X hat die Einerziffer 0)
e) $P(|X - 50| \leq 10)$
f) P(X ist eine Quadratzahl)

13.08 Wie groß ist die Wahrscheinlichkeit, beim Roulette (siehe Seite 238) zu gewinnen, wenn

a) auf „Rouge" gesetzt wird,
b) auf die erste Kolonne gesetzt wird,
c) auf die Gruppe $\{2, 3, 5, 6\}$ gesetzt wird,
d) auf eine Gruppe von 6 Zahlen gesetzt wird,
e) auf die Zahl Null gesetzt wird,
f) auf die Zahl 36 gesetzt wird?

13.09 Ein regelmäßiger Dodekaeder, dessen zwölf Seitenflächen mit den Zahlen 1 bis 12 beschriftet sind, wird geworfen. Berechne:

a) P(es kommt eine durch 4 teilbare Zahl)
b) P(es kommt eine durch 6 teilbare Zahl)
c) P(es kommt eine Primzahl)
d) P(es kommt eine Quadratzahl)

13.10 Wie Aufgabe 13.09 für einen regelmäßigen Ikosaeder, dessen 20 Seitenflächen

a) mit den Zahlen 1, 2, 3, … , 20,   b) mit den Zahlen 1, 1, 2, 2, 3, 3, …, 10, 10,
c) mit den Zahlen 2, 4, 6, 8, … , 40 beschriftet sind.

13.11 Bei einem Glücksrad kann man als Wahrscheinlichkeit dafür, dass der Zeiger in einem bestimmten Sektor stehenbleibt, den relativen Anteil dieser Sektorfläche an der gesamten Kreisfläche nehmen. Gib diese Wahrscheinlichkeiten für die einzelnen Sektoren im folgenden Glücksrad an!

a)

b)

c)

13.12 Die folgende Tabelle gibt eine Übersicht über die Kinderzahlen der Familien in den Bundesländern Wien, Niederösterreich und Burgenland (nach der Volkszählung im Jahr 2001).

	Wien	Niederösterreich	Burgenland
Familien mit 0 Kindern	171030	160981	26916
Familien mit 1 Kind	138130	132512	25959
Familien mit 2 Kindern	75025	104350	20795
Familien mit 3 Kindern	18300	30428	4952
Familien mit 4 oder mehr Kindern	5491	9044	1070
Familien insgesamt	407976	437315	79692
Kinder insgesamt	366839	471519	86980

In jedem der drei Bundesländer wird eine Familie zufällig ausgewählt. Beantworte die folgenden Fragen anhand der Tabelle! Argumentiere mit Wahrscheinlichkeiten!

a) Wo wird man eher eine Familie mit einem Kind erhalten, in Niederösterreich oder im Burgenland?

b) Wo wird man eher eine Familie ohne Kinder erhalten, in Wien oder im Burgenland?

c) Wo wird man eher eine Familie mit mindestes vier Kindern erhalten, in Wien oder in Niederösterreich?

13.13 Beantworte anhand der Tabelle in Aufgabe 13.12!

a) In welchem der drei Bundesländer ist die Wahrscheinlichkeit, eine kinderlose Familie zu erhalten, am größten?

b) In welchem der drei Bundesländer ist die Wahrscheinlichkeit, eine Familie mit zwei Kindern zu erhalten, am größten?

c) In welchem der drei Bundesländer ist die Wahrscheinlichkeit, eine Familie mit mehr als einem Kind zu erhalten, am größten?

13.14 Ein Kind aus Wien wird zufällig ausgewählt. Beantworte anhand der Tabelle in Aufgabe 13.12!

a) Mit welcher Wahrscheinlichkeit stammt es aus einer Familie mit einem Kind?

b) Mit welcher Wahrscheinlichkeit stammt es aus einer Familie mit zwei Kindern?

c) Mit welcher Wahrscheinlichkeit stammt es aus einer Familie mit drei Kindern?

d) Mit welcher Wahrscheinlichkeit stammt es aus einer Familie mit vier oder mehr Kindern?

HINWEIS: Es gibt in Wien $2 \cdot 75025$ Kinder, die in Familien mit 2 Kindern leben.

13.15 Beim Roulette gilt folgende Regel für die Gewinnauszahlung: Beträgt die Gewinnwahrscheinlichkeit $\frac{k}{37}$, so wird im Falle des Gewinns das $\frac{36}{k}$-Fache des Einsatzes ausbezahlt. Würde die Bank das $\frac{37}{k}$-fache des Einsatzes auszahlen, so hielten sich für Spieler und Bank Gewinn- und Verlustsummen langfristig die Waage. Dass die Bank etwas weniger, nämlich das $\frac{36}{k}$-fache des Einsatzes ausbezahlt, bedeutet auf lange Sicht einen geringen Vorteil für die Bank.

Bei einer Drehung eines Rouletterades ergibt sich die Zahl 6. Wie viel erhält jemand ausbezahlt, der 500 € auf folgendes Ereignis gesetzt hat:

a) Pair   **c)** Passe   **e)** 12 M   **g)** 1

b) Rouge   **d)** 1. Kolonne   **f)** Gruppe 5, 6, 8, 9   **h)** 6

Methode 2: Wahrscheinlichkeit mittels relativer Häufigkeit festlegen

⟋T 13.16 Jede Schülerin bzw. jeder Schüler soll 20-mal würfeln und notieren, wie oft dabei ein Sechser kommt. Anschließend sollen die Ergebnisse zusammengefasst und die absolute bzw. relative Häufigkeit der Sechserwürfe unter allen Würfen ermittelt werden.

Definition
Ein Zufallsversuch werde n-mal unter den gleichen Bedingungen durchgeführt. Tritt dabei ein bestimmtes Ereignis E genau k-mal ein, so nennt man den Quotienten $h_n(E) = \frac{k}{n}$ die **relative Häufigkeit des Ereignisses E unter den n Versuchen**.

⟋T kompakt
Seite 253

⊕
Applet
s4w8bq

In der folgenden Tabelle sind die Ergebnisse einer Wurfserie angegeben, in der ein Würfel 10 000-mal geworfen wurde.

Augenzahl	nach 100 Würfen		nach 1 000 Würfen		nach 10 000 Würfen	
	absolute Häufigkeit	relative Häufigkeit	absolute Häufigkeit	relative Häufigkeit	absolute Häufigkeit	relative Häufigkeit
1	20	0,20	176	0,176	1697	0,1697
2	14	0,14	160	0,160	1653	0,1653
3	16	0,16	163	0,163	1645	0,1645
4	21	0,21	169	0,169	1695	0,1695
5	12	0,12	162	0,162	1633	0,1633
6	17	0,17	170	0,170	1677	0,1677

Wir sehen: Je mehr Würfe man durchführt, desto mehr nähert sich im Großen und Ganzen die relative Häufigkeit jeder Augenzahl dem Wert 0,16..., also dem relativen Anteil jeder Augenzahl an allen Augenzahlen.

Methode: Wahrscheinlichkeit mittels relativer Häufigkeit festlegen
Ein Zufallsversuch werde n-mal unter gleichen Bedingungen durchgeführt (n groß). Als Wahrscheinlichkeit für das Eintreten eines Ereignisses E kann man (mit einer gewissen Unsicherheit) die relative Häufigkeit von E unter dieses n Versuchen verwenden, dh.:
$$P(E) \approx h_n(E)$$

Konfliktfälle

Es gibt **Konfliktfälle**, in denen die Bestimmung einer Wahrscheinlichkeit mittels relativen Anteils und mittels relativer Häufigkeit zu deutlich unterschiedlichen Resultaten führt. Ein solches Beispiel wird in der nächsten Aufgabe behandelt.

13.17 Jede Schülerin bzw. jeder Schüler soll einen Reißnagel 30-mal werfen und notieren, wie oft jede der beiden nebenstehenden Lagen auftritt. Anschließend sind die Ergebnisse aller Würfe zusammenzufassen und die absoluten bzw. relativen Häufigkeiten der beiden Lagen zu ermitteln.

Die relativen Häufigkeiten für die beiden Lagen hängen von der Bauart des Reißnagels ab. In der folgenden Tabelle sind die Ergebnisse einer Wurfserie angegeben, in der ein bestimmter Reißnagel bis zu 300-mal geworfen wurde.

Anzahl der Würfe		50	100	150	200	250	300
relative Häufigkeit der ersten Lage	⊥	0,740	0,730	0,733	0,725	0,732	0,730
relative Häufigkeit der zweiten Lage	⟍	0,260	0,270	0,267	0,275	0,268	0,270

Eine naive Überlegung mit relativen Anteilen würde jeder der beiden Lagen die gleiche Wahrscheinlichkeit $\frac{1}{2}$ zuordnen. Die Versuchsserie ergibt aber deutlich unterschiedliche relative Häufigkeiten für die beiden Lagen, nämlich ca. 0,7 für die erste Lage und ca. 0,3 für die zweite Lage. In diesem Fall wählt man die relative Häufigkeit als Wahrscheinlichkeit und nicht den relativen Anteil. Es liegt nämlich der Verdacht nahe, dass die beiden Versuchsausgänge nicht die gleiche Chance des Eintretens haben, dh. dass der Reißnagelversuch kein Laplace-Versuch ist. Vielmehr scheint die erste Lage gegenüber der zweiten bevorzugt zu sein, weil der Schwerpunkt des Reißnagels bei der ersten Lage tiefer liegt.

BEACHTE:

- Die Ermittlung einer **Wahrscheinlichkeit mittels relativen Anteils** erfordert, dass alle Versuchsausgänge die **gleiche Chance** des Eintretens haben (dh. dass ein **Laplace Versuch** vorliegt).

- Die Ermittlung einer **Wahrscheinlichkeit mittels relativer Häufigkeit** erfordert, dass ein Zufallsversuch **oft wiederholt** werden kann.

- Wenn Unsicherheit über das Vorliegen eines Laplace-Versuchs vorliegt, muss durch eine ausreichend lange Versuchsserie geprüft werden, ob die relative Häufigkeit mit dem relativen Anteil übereinstimmt. Wenn das nicht der Fall ist, wird der relativen Häufigkeit der Vorrang gegeben.

BEISPIEL: In Spielcasinos werden Rouletteräder regelmäßig überprüft. Die Häufigkeiten der einzelnen Augenzahlen werden aufgezeichnet. Falls einige der dazugehörigen relativen Häufigkeiten stark von $\frac{1}{37}$ abweichen, werden die Rouletteräder ausgetauscht.

AUFGABEN

13.18 Legt in eine Schachtel drei Lose, von denen eines ein Gewinnlos und die anderen beiden Nieten sind! Ein Los wird blind gezogen.
Es sei E das Ereignis, dass ein Gewinnlos gezogen wird.
a) Wie groß ist P(E), wenn man den relativen Anteil zugrunde legt?
b) Führt eine Versuchsserie durch! (Jede Schülerin und jeder Schüler soll 20-mal ziehen.) Gilt $h_n(E) \approx P(E)$?

13.19 Aus einer Schachtel, in der drei Lose mit den Nummern 1, 2 und 3 liegen, wird ein Los „blind" gezogen. Betrachte die drei Ereignisse:
E_i: Es wird das Los mit der Nummer i gezogen (i = 1, 2, 3).
1) Wie groß ist $P(E_i)$ für i = 1, 2, 3?
2) Führe eine Serie von 500 Versuchen gemeinsam mit anderen Schülerinnen und Schülern durch! Gilt $h_n(E_i) \approx P(E_i)$?

13.20 Führt ein ähnliches Experiment wie mit dem Reißnagel mit anderen Gegenständen durch, zB mit einer Schraube oder einem „Neujahrsschweinchen" wie in nebenstehender Abbildung!

13.21 Wird ein Quader mit drei Paaren ungleicher Seitenflächen geworfen, so kann er auf drei Arten zu liegen kommen (siehe Abbildung). Ermittelt näherungsweise die Wahrscheinlichkeiten dieser Lagen durch eine Versuchsserie mit einem quaderförmigen Baustein!

13.22 In letzter Zeit sind Medienberichte aufgetaucht, nach denen die 1-Euro-Münze keine faire Münze sein soll. Überprüft diese Vermutung durch eine Versuchsserie! Bringt eine 1-Euro-Münze auf einer glatten Oberfläche zum Kreiseln! Führt diesen Versuch insgesamt 1000-mal durch und überprüft, ob tatsächlich Zahl und Kopf annähernd gleich oft als Versuchsausgänge auftreten!
Verwendet dazu **a)** eine österreichische, **b)** eine ausländische 1-Euro-Münze!

R Methode 3: Wahrscheinlichkeit mittels subjektiven Vertrauens festlegen

Es gibt Fälle, in denen man eine Wahrscheinlichkeit weder mit dem relativen Anteil noch mit der relativen Häufigkeit ermitteln kann.
Nehmen wir zum Beispiel an, dass ein Atomphysiker behauptet, die Wahrscheinlichkeit für einen GAU (größter anzunehmender Unfall) in einem bestimmten Atomkraftwerk sei kleiner als 0,000 001. Woher nimmt er diese Zahl? Er kann seine Aussage weder durch eine Überlegung mit relativen Anteilen begründen, noch eine relative Häufigkeit durch eine Versuchsserie ermitteln. Die Aussage scheint also jeglicher Grundlage zu entbehren.

Und doch muss diese Zahl nicht völlig aus der Luft gegriffen sein. Der Atomphysiker kann zu seiner Wahrscheinlichkeitsaussage zB aufgrund seiner Kenntnisse über Atomphysik und sein Detailwissen hinsichtlich des Aufbaus, der Arbeitsweise und der Sicherheitsvorkehrungen des Atomkraftwerks gelangen. Kurz: Er kann sein „Expertenwissen" einfließen lassen.

Seine Einschätzung kann also durchaus nützlich sein. Aber: Selbst wenn sehr viel Expertenwissen einfließt, so lässt sich daraus dennoch nicht zwingend ein bestimmter Wahrscheinlichkeitswert ableiten. Ein solcher Wert bleibt letztlich eine subjektive Einschätzung und ist somit sehr unsicher. Diese Methode ist daher umstritten. Manche Anwender lehnen sie ab, andere verwenden sie in der Praxis. Festzuhalten ist jedenfalls, dass diese Methode immer noch anwendbar ist, wenn die anderen beiden Methoden versagen.

R AUFGABEN

13.23 Gib ein weiteres Beispiel für den Fall an, dass eine Wahrscheinlichkeit
   1) nicht mit dem relativen Anteil, wohl aber mit der relativen Häufigkeit ermittelt werden kann,
   2) weder mit dem relativen Anteil noch mit der relativen Häufigkeit, wohl aber mit dem subjektiven Vertrauen ermittelt werden kann!

R Unmögliche und sichere Ereignisse

13.24 Ein Würfel wird geworfen. Ermittle die Wahrscheinlichkeit des folgenden Ereignisses:

1) E_1: Es kommt die Augenzahl 7.　　**2)** E_2: Es kommt eine der Augenzahlen 1, 2, 3, 4, 5, 6.

LÖSUNG: $\Omega = \{1, 2, 3, 4, 5, 6\}$

1) $P(E_1) = \dfrac{|M(E_1)|}{|\Omega|} = \dfrac{|\{\}|}{|\Omega|} = \dfrac{0}{6} = 0$　　　　**2)** $P(E_2) = \dfrac{|M(E_2)|}{|\Omega|} = \dfrac{|\Omega|}{|\Omega|} = 1$

Man bezeichnet E_1 als **unmögliches Ereignis** und E_2 als **sicheres Ereignis**.

Definition

- Ein **unmögliches Ereignis** ist ein Ereignis, das bei keiner Versuchsdurchführung eintreten kann.
- Ein **sicheres Ereignis** ist ein Ereignis, das bei jeder Versuchsdurchführung eintritt.

Wie in Aufgabe 13.24 kann man allgemein zeigen:

Satz

- Ist E ein **unmögliches Ereignis**, dann ist **P(E) = 0**.
- Ist E ein **sicheres Ereignis**, dann ist **P(E) = 1**.

R Gegenereignis, Verknüpfungen von Ereignissen

Aus gegebenen Ereignissen kann man neue Ereignisse bilden:

Definition: Es seien E, E_1 und E_2 Ereignisse eines Zufallsversuchs.

- Das **Gegenereignis ¬E** [sprich: nicht E] von E tritt genau bei jenen Versuchsausgängen ein, bei denen das Ereignis **E nicht** eintritt.
- Das **Ereignis $E_1 \wedge E_2$** [sprich: E_1 und E_2] tritt genau dann ein, wenn **sowohl** das Ereignis E_1 **als auch** das Ereignis E_2 eintritt.
- Das **Ereignis $E_1 \vee E_2$** [sprich: E_1 oder E_2] tritt genau dann ein, wenn **mindestens eines** der Ereignisse E_1 bzw. E_2 eintritt.

Beispiele für Gegenereignisse:

Münzwurf:	**Ereignis E:** Zahl	**Gegenereignis ¬E:** Kopf
Würfel:	**Ereignis E:** Es kommt 6.	**Gegenereignis ¬E:** Es kommt nicht 6.
Roulette:	**Ereignis E:** Passe (dh. eine der Zahlen 19, 20, … , 36)	
	Gegenereignis ¬E: Null oder Manque (dh. eine der Zahlen 0, 1, 2, 3, … , 18)	

Satz

Ist E ein Ereignis, so gilt: **P(¬E) = 1 − P(E)**

Begründung mit relativen Anteilen:

Sind n Versuchsausgänge möglich, und k Versuchsausgänge für E günstig, dann sind n − k Versuchsausgänge für ¬E günstig
Somit gilt:

$$P(\neg E) = \frac{n-k}{n} = 1 - \frac{k}{n} = 1 - P(E) \qquad \square$$

Begründung mit relativen Häufigkeiten:

Der Versuch werde n-mal unter gleichen Bedingungen durchgeführt. Dabei trete das Ereignis E genau k-mal ein. Dann tritt das Gegenereignis ¬E genau (n − k)-mal ein. Somit gilt:

$$P(\neg E) \approx h_n(\neg E) = \frac{n-k}{n} = 1 - \frac{k}{n} = 1 - h_n(E) \approx 1 - P(E) \qquad \square$$

AUFGABEN

13.25 Gib ein sicheres Ereignis und ein unmögliches Ereignis bei folgendem Zufallsversuch an!

    a) Wurf einer Münze   **b)** Wurf eines Würfels   **c)** Drehen eines Rouletterads

13.26 Gib das Gegenereignis $\neg E$ zum Ereignis E beim Wurf eines Würfels an! Ermittle $P(E)$ und $P(\neg E)$!

    a) E: Es kommt eine gerade Zahl.   **c)** E: Es kommt eine Primzahl.

    b) E: Es kommt 1 oder 2.   **d)** E: Es kommt eine ungerade Primzahl.

Wettquotienten

BEISPIEL 1: Wir betrachten das Ereignis E: Spanien wird nächster Europameister im Fußball. Felix schließt mit Luca eine Wette ab. Felix wettet auf das Eintreten von E, Luca auf das Nichteintreten von E. Jeder setzt nach eigenem Ermessen einen Geldbetrag ein, der Gewinner erhält den gesamten Einsatz. Wenn Felix glaubt, dass die Ereignisse E und $\neg E$ gleich wahrscheinlich sind, wird er sich auf die Wette einlassen, wenn die Einsätze gleich sind. Wenn er aber glaubt, dass sich $P(E)$ zu $P(\neg E)$ wie a zu b verhält, wird er sich auf die Wette nur einlassen, wenn sich sein Einsatz zum Einsatz von Luca ebenfalls wie a : b verhält.

Definition
Es sei E ein Ereignis. Gilt $P(E) : P(\neg E) = a : b$, so sagt man: Die **Chancen für das Eintreten des Ereignisses E stehen wie a zu b**. Das Verhältnis $P(E) : P(\neg E)$ bezeichnet man als **Wettquotient** (**Chancenverhältnis**, engl. **odds**).

13.27 Zeige: Aus dem Wettquotienten kann man $P(E)$ berechnen und umgekehrt.

    LÖSUNG: Wir setzen zur Abkürzung $P(E) = p$.

    1) $P(E) : P(\neg E) = a : b \;\Rightarrow\; p : (1-p) = a : b \;\Rightarrow\; p = \dfrac{a}{a+b}$

    2) $P(E) = p \;\Rightarrow\; P(E) : P(\neg E) = p : (1-p)$ □

BEISPIEL 2: Luca besucht ein Pferderennen und wettet auf den Sieg des Pferdes „Blacky". Wettbüros legen ihre Wettquotienten vor Wettschluss fest. Sie kommen dazu u.a. aufgrund ihrer subjektiven Sachkenntnisse über die konkurrierenden Pferde sowie deren aktuelle Verfassung, vergangene Erfolge etc. Wird beispielsweise der Wettquotient für den Sieg von Blacky mit 5 : 3 festgelegt, dann erhöht das Wettbüro Lucas Einsatz um $\frac{3}{5}$ seines Wertes. Gewinnt Blacky, erhält Luca den gesamten Betrag. Verliert Blacky, verliert Luca seinen Einsatz. Setzt Luca zum Beispiel 500 € ein und gewinnt Blacky, dann beträgt der Auszahlungsbetrag $500 + \frac{3}{5} \cdot 500 = \left(1 + \frac{3}{5}\right) = 1{,}6 \cdot 500 = 800$. Man bezeichnet den Faktor 1,6 als **Bruttogewinnquote**. Diese wird oft anstelle des Wettquotienten angegeben.

AUFGABEN

13.28 Ein Pessimist glaubt, dass die Chancen für das Überleben der Menschheit wie 1:2 stehen. Welche Wahrscheinlichkeit schreibt er dem Überleben der Menschheit zu?

13.29 Die Wahrscheinlichkeit eines Ereignisses E sei **a)** $\frac{5}{9}$, **b)** 0,85, **c)** $\frac{m}{n}$.
Wie stehen die Chancen für das Eintreten von E?

13.30 Anna wettet mit Berta, dass sie die nächste Mathematikprüfung bestehen wird. Sie glaubt, dass dieses Ereignis mit der Wahrscheinlichkeit 0,8 eintreten wird. Auf welches Verhältnis der Wetteinsätze soll sie sich einlassen?

13.3 BEDINGTE WAHRSCHEINLICHKEIT UND UNABHÄNGIGE EREIGNISSE

Wahrscheinlichkeit und Informationsstand

13.31 Die 628 Beschäftigten einer Firma arbeiten in zwei Abteilungen A und B. Die nebenstehende Tabelle gibt die Anzahlen der Beschäftigten, gegliedert nach Abteilung und Geschlecht, an.

	Frauen	Männer	Gesamt
Abteilung A	201	189	390
Abteilung B	98	140	238
Gesamt	299	329	628

Aus allen Beschäftigten der Firma wird eine Person X zufällig ausgewählt. Berechne die Wahrscheinlichkeit dafür, dass

1) X aus Abteilung A stammt,
2) X aus Abteilung A stammt, wenn man bereits weiß, dass eine Frau ausgewählt wurde,
3) X aus Abteilung A stammt, wenn man bereits weiß, dass ein Mann ausgewählt wurde!

LÖSUNG:

1) $P(\text{X stammt aus A}) = \frac{390}{628} \approx 0,62$

2) $P(\text{X stammt aus A, wenn man weiß, dass eine Frau ausgewählt wurde}) = \frac{201}{299} \approx 0,67$

3) $P(\text{X stammt aus A, wenn man weiß, dass ein Mann ausgewählt wurde}) = \frac{189}{329} \approx 0,57$

Die letzte Aufgabe zeigt:

Wahrscheinlichkeiten hängen immer vom Informationsstand ab.

Ändert sich der Informationsstand über relevante Fakten, so ändern sich im Allgemeinen auch Wahrscheinlichkeitsberechnungen, die damit zusammenhängen.

In Aufgabe 13.31 haben wir ua. die Wahrscheinlichkeit des Ereignisses „X stammt aus A" unter der Voraussetzung berechnet, dass X eine Frau ist. Man schreibt dafür kurz:

$P(\text{X stammt aus A} \mid \text{X ist eine Frau}) \approx 0,67$

Ebenso schreibt man:

$P(\text{X stammt aus A} \mid \text{X ist ein Mann}) \approx 0,57$

Definition

Es seien E_1 und E_2 Ereignisse eines Zufallsversuchs. Die Wahrscheinlichkeit für E_1 unter der Voraussetzung, dass E_2 eintritt, nennt man **bedingte Wahrscheinlichkeit von E_1 unter der Bedingung E_2** und bezeichnet sie mit **$P(E_1 \mid E_2)$**.

Das Symbol $P(E_1 \mid E_2)$ kann auf verschiedene Arten gelesen werden:
- „Wahrscheinlichkeit von E_1 unter der Bedingung E_2"
- „Wahrscheinlichkeit von E_1 unter der Voraussetzung E_2"
- „Wahrscheinlichkeit von E_1, falls E_2"
- „Wahrscheinlichkeit von E_1, wenn E_2"

Bedingte Wahrscheinlichkeiten sind nichts Neues. Weil jede Wahrscheinlichkeit vom Informationsstand abhängt, dh. von gewissen vorausgesetzten Ereignissen, kann man jede Wahrscheinlichkeit als eine bedingte Wahrscheinlichkeit auffassen. Die dem Ereignis E vorausgesetzten Ereignisse werden allerdings häufig nicht explizit angegeben. Man schreibt deshalb auch nur P(E). Manchmal möchte man jedoch ein dem Ereignis E_1 vorausgesetztes Ereignis E_2 explizit hervorheben und schreibt dann $P(E_1 \mid E_2)$.

13.32 Berechne anhand der Tabelle in Aufgabe 13.31:

a) P(X ist ein Mann | X stammt aus A)   b) P(X ist eine Frau | X stammt aus B)

13.33 Ein Würfel wird geworfen. Man erhält die Augenzahl X. Berechne:

a) P(X = 6 | X = gerade)   c) P(X = ungerade | X = 6)

b) P(X = gerade | X = 6)   d) P(X = 6 | X = ungerade)

13.34 Ein Rouletterad wird gedreht. Berechne:

a) P(es kommt Rouge | es kommt Manque)   b) P(es kommt Noir | es kommt eine Zahl aus 12P)

13.35 Die Tabelle zeigt die absoluten Häufigkeiten der Mathematik- und Englischleistungen einer Klasse. Ein Klassenmitglied X wird zufällig ausgewählt.

	Mathematik		
	gut	schlecht	Gesamt
Englisch gut	11	3	14
Englisch schlecht	6	4	10
Gesamt	17	7	24

Berechne:

a) P(X ist in Mathematik gut | X ist in Englisch gut)

b) P(X ist in Mathematik gut | X ist in Englisch schlecht)

c) P(X ist in Mathematik schlecht | X ist in Englisch gut)

d) P(X ist in Mathematik schlecht | X ist in Englisch schlecht)

Unabhängige Ereignisse

In Aufgabe 13.31 haben wir folgende Ergebnisse erhalten:

P(X stammt aus A) = $\frac{390}{628} \approx 0{,}62$

P(X stammt aus A, wenn man weiß, dass eine Frau ausgewählt wurde) = $\frac{201}{299} \approx 0{,}67$

P(X stammt aus A, wenn man weiß, dass ein Mann ausgewählt wurde) = $\frac{189}{329} \approx 0{,}57$

Unter den Frauen stammen ca. 67% aus der Abteilung A, unter allen Beschäftigten aber nur 62%. Die Wahrscheinlichkeit, jemanden aus A zu finden, ist also unter den Frauen größer als unter allen Beschäftigten. Man sagt: Das Ereignis „X ist eine Frau" **begünstigt** das Ereignis „X stammt aus A".

Unter den Männern stammen nur ca. 57% aus der Abteilung A, unter allen Beschäftigten aber 62%. Die Wahrscheinlichkeit, jemanden aus A zu finden, ist also unter den Männern kleiner als unter allen Beschäftigten. Man sagt: Das Ereignis „X ist ein Mann" **benachteiligt** das Ereignis „X stammt aus A".

Allgemein definiert man:

Definition

- E_2 **begünstigt** E_1, wenn gilt: $P(E_1 | E_2) > P(E_1)$
- E_2 **benachteiligt** E_1, wenn gilt: $P(E_1 | E_2) < P(E_1)$
- E_1 **ist von E_2 unabhängig**, wenn gilt: $P(E_1 | E_2) = P(E_1)$

AUFGABEN

13.36 Ein Würfel wird geworfen. Begünstigt oder benachteiligt das Ereignis E_2 das Ereignis E_1?
  a) E_1: Es kommt 1, 2 oder 3. E_2: Es kommt 3, 4 oder 5.
  b) E_1: Es kommt 6. E_2: Es kommt eine gerade Zahl.
  c) E_1: Es kommt eine Primzahl. E_2: Es kommt eine gerade Zahl.
  d) E_1: Es kommt 3. E_2: Es kommt eine Primzahl.

13.37 Ein Würfel wird geworfen. Man erhält die Augenzahl X. Zeige, dass das Ereignis E_1 vom Ereignis E_2 unabhängig ist!
  a) E_1: X ist gerade. E_2: $X > 4$ **e)** E_1: X ist Primzahl. E_2: $X \leq 4$
  b) E_1: X ist gerade. E_2: $X \leq 2$ **f)** E_1: $X \leq 2$ E_2: X ist Primzahl.
  c) E_1: $X > 4$ E_2: X ist ungerade.   **g)** E_1: $1 \leq X \leq 3$ E_2: $3 \leq X \leq 4$
  d) E_1: $X < 3$ E_2: X ist ungerade.   **h)** E_1: X ist Primzahl. E_2: $X \geq 3$

13.38 Bei einer Bürgermeisterwahl kandidieren Daniel Grün und Anton Schwarz. Ein Meinungs-forschungsinstitut fragt 400 Personen nach dem Kandidaten ihrer Wahl. Die folgende Tabelle gibt die Ergebnisse – gegliedert nach Altersgruppen – wieder.

	Anzahl der befragten Personen			
	Alter unter 30	Alter von 30 bis 50	Alter über 50	Gesamt
wählt Daniel Grün	52	41	39	
wählt Anton Schwarz	43	44	61	
ist unentschlossen	53	46	21	
Gesamt				

  1) Ergänze die Tabelle!
  2) Wir denken uns eine Person X aus den 400 befragten Personen zufällig ausgewählt. Welche der Ereignisse „X hat ein Alter unter 30", „X hat ein Alter von 30 bis 50" und „X hat ein Alter über 50" begünstigen das folgende Ereignis?
      a) „X wählt Daniel Grün"   **b)** „X wählt Anton Schwarz"   **c)** „X ist unentschlossen"

13.39 Bei einer Wahl kandidieren drei Parteien A, B und C. Ein Meinungsforschungs-institut befragt 321 Personen, welche Partei sie wählen wollen. In der Tabelle sind die Anzahlen, gegliedert nach Partei und Geschlecht, angegeben. Beurteile anhand der Tabelle, ob die folgenden Aussagen zutreffen!

	männlich	weiblich	Gesamt
wählt Partei A	59	37	
wählt Partei B	42	46	
wählt Partei C	40	61	
ist unentschlossen	21	15	
Gesamt			

  a) „Männer bevorzugen die Partei A."
  b) „Frauen wählen eher nicht die Partei A."
  c) „Männer und Frauen sind gleich unentschlossen."

Nachdenken über den Begriff der Wahrscheinlichkeit

Für den Wahrscheinlichkeitsbegriff haben wir keine innermathematische Definition angegeben, wie zB für die Wurzel aus einer nichtnegativen reellen Zahl. Wir haben diesen Begriff eher wie eine **physikalische Größe**, zB die Länge behandelt. In der Tat gibt es auffällige Analogien zwischen dem physikalischen Begriff der Länge und dem von uns verwendeten Wahrscheinlichkeitsbegriff.

	Längenbegriff	Wahrscheinlichkeitsbegriff
1	In der Physik wird nicht gesagt, was eine Länge ist, sondern es werden nur **Methoden** (Vorschriften) angegeben, wie man Längen ermitteln kann.	Wir haben nicht genau definiert, was eine Wahrscheinlichkeit ist, sondern nur **Methoden** (Vorschriften) angegeben, wie man Wahrscheinlichkeiten ermitteln kann (relativer Anteil, relative Häufigkeit bzw. subjektives Vertrauen).
2	**Verschiedene Methoden** der Längenmessung können zu **verschiedenen Ergebnissen** führen.	**Verschiedene Methoden** der Wahrscheinlichkeitsermittlung können zu **verschiedenen Ergebnissen** führen. (Die Unterschiede sind jedoch meist größer als bei der Längenmessung.)
3	Längenangaben sind stets **unsicher**. Kein Messinstrument bzw. Messvorgang ist perfekt. Neue Messungen können zu abweichenden Resultaten führen. Oft kann man Längen nur schätzen.	Wahrscheinlichkeitswerte sind stets **unsicher**. Relative Anteile sind unsicher, weil kein realer Zufallsversuch lauter chancengleiche Ausgänge garantieren kann. Relative Häufigkeiten sind unsicher, weil neue Versuchsreihen meist zu abweichenden Resultaten führen. Eine Wahrscheinlichkeitsbewertung auf Grund subjektiven Vertrauens ist naturgemäß extrem unsicher.
4	Längenangaben hängen vom **Informationsstand** ab. Wenn man zum Beispiel weiß, dass ein Entfernungsmesser stets etwas zu hohe Werte anzeigt, kann man das Messergebnis entsprechend nach unten korrigieren.	Wahrscheinlichkeitswerte hängen stets vom **Informationsstand** ab. Bei zusätzlichen Informationen wird eine Wahrscheinlichkeitsangabe im Allgemeinen korrigiert. Im Grunde ist jede Wahrscheinlichkeit eine bedingte Wahrscheinlichkeit.
5	Ob es **objektive Längen** („wahre Längenwerte") gibt, ist umstritten. In der heutigen Physik geht man davon aus, dass viele Größen grundsätzlich nicht genau bestimmbar sind und sich insbesondere durch den Messvorgang ändern (zB die Temperatur einer Flüssigkeit durch Eintauchen eines Thermometers.) „Wahre Längenwerte" sind bestenfalls nützliche Fiktionen. Unterschiedliche Werte bei verschiedenen Messungen können als „Messfehler" interpretiert werden.	Ob es **objektive Wahrscheinlichkeiten** („wahre Wahrscheinlichkeitswerte") gibt, ist umstritten. In dieser Frage scheiden sich die Geister. Die „Objektivisten" glauben an objektive Wahrscheinlichkeiten, die „Subjektivisten" halten Wahrscheinlichkeiten grundsätzlich für subjektive Annahmen. „Wahre Wahrscheinlichkeitswerte" sind bestenfalls nützliche Fiktionen. Unterschiedliche Wahrscheinlichkeitswerte können durch die Einbeziehung unterschiedlicher Informationen erklärt werden.

Hinter all diesen Überlegungen verbirgt sich nichts anderes als die Problematik einer **mathematischen Modellbildung**. Einem realen Ereignis eine Wahrscheinlichkeit zuzuordnen bedeutet, eine Beziehung zwischen der außermathematischen Realität und einem mathematischen Modell anzugeben. Derartige Beziehungen können aber nie mit innermathematischer Genauigkeit erfasst werden. Sie sind immer mit einer gewissen Unsicherheit behaftet und können oft nicht präzise beschrieben werden. Mehr noch: Man ist sich nicht sicher, ob ein Begriff des Modells (zB Zufall) überhaupt eine Entsprechung in der außermathematischen Realität hat.

TECHNOLOGIE KOMPAKT

GEOGEBRA

CASIO CLASS PAD II

Münzwurf simulieren

GEOGEBRA

X= CAS-Ansicht:
Eingabe: ZufälligesElement({„Kopf", „Zahl"}) – Werkzeug =
Ausgabe → *Es wird zufällig entweder „Kopf" oder „Zahl"*
ausgegeben.
bzw.
Eingabe: Folge(ZufälligesElement({„Kopf", „Zahl"}), n, 1, m) –
Werkzeug =
Ausgabe → *Es wird ein m-facher Münzwurf simuliert.*

CASIO CLASS PAD II

Iconleiste – Main – Keyboard – Befehlskatalog –
rand(Eingabe 0, 1) EXE
Ausgabe → *Es wird zufällig entweder 0 für Kopf und 1 für Zahl*
ausgegeben.
bzw.
Iconleiste – Main – Keyboard – Befehlskatalog –
randList(Eingabe m, 0, 1) EXE
Ausgabe → *Es wird ein m-facher Münzwurf simuliert (0 für Kopf,*
1 für Zahl).

Würfelwurf simulieren

X= CAS-Ansicht:
Eingabe: ZufälligesElement({1, 2, 3, 4, 5, 6}) – Werkzeug =
Ausgabe → *Es wird zufällig eine natürliche Zahl von 1 bis 6*
ausgegeben.
bzw.
Eingabe: Folge(ZufälligesElement({1, 2, 3, 4, 5, 6}), n, 1, m) –
Werkzeug =
Ausgabe → *Es wird ein m-facher Würfelwurf simuliert.*

Iconleiste – Main – Keyboard – Befehlskatalog –
rand(Eingabe 1, 6) EXE
Ausgabe → *Es wird zufällig eine natürliche Zahl von 1 bis 6*
ausgegeben.
bzw.
randList Eingabe m, 1, 6) EXE
oder:
Symbolleiste – 🎲% – *1 Würfel* – Anzahl Versuche: *m* –
Anzahl Flächen: 6 – OK
Ausgabe → *Es wird ein m-facher Würfelwurf simuliert.*

Absolute Häufigkeiten bestimmen

X= CAS-Ansicht:
Eingabe: Häufigkeit({*Zahlenliste*}) – Werkzeug =
Ausgabe → *Liste der absoluten Häufigkeiten, aufsteigend*
nach dem Wert der Zahlen in der Zahlenliste geordnet
oder
X= CAS-Ansicht:
Eingabe: Häufigkeitstabelle({*Zahlenliste*}) – Werkzeug =
Ausgabe → *Tabelle der absoluten Häufigkeiten*

Relative Häufigkeiten bestimmen

X= CAS-Ansicht:
Eingabe: Folge(Element(Häufigkeit({*Zahlenliste*}), n) / *m*, n, 1, *k*)
– Werkzeug =
Ausgabe → *Liste der relativen Häufigkeiten, wenn die Zahlenliste*
aus m Elementen und aus k verschiedenen Elementen besteht

KOMPETENZCHECK

AUFGABEN VOM TYP 1

WS-R 2.1 **13.40** Kreuze die richtige(n) Aussage(n) an!

Der Wurf mit einem Würfel ist ein Zufallsversuch mit sechs möglichen Ausgängen.	☐
Bei einem Zufallsversuch hat jeder Ausfall die gleiche Chance des Eintretens.	☐
Jedes Ereignis eines Zufallsversuchs entspricht einem bestimmten Versuchsausgang.	☐
Jedes Ereignis eines Zufallsversuchs entspricht einer Teilmenge des Grundraums.	☐
Ein Laplace-Versuch ist ein Zufallsversuch, bei dem jeder Ausgang gleich wahrscheinlich ist.	☐

WS-R 2.1 **13.41** In einer Urne befinden sich drei weiße und zwei schwarze Kugeln. Es werden zwei Kugeln zufällig ohne Zurücklegen gezogen. Jeder Versuchsausgang kann durch ein Paar mit den Elementen w und s beschrieben werden. ZB bedeutet (w | s), dass die erste Kugel weiß und die zweite schwarz ist.
Ergänze durch Ankreuzen den folgenden Text so, dass eine korrekte Aussage entsteht!

_____①_____ ist ein möglicher Grundraum des Versuchs und das Ereignis „Es werden mindestens gleich viele weiße wie schwarze Kugeln gezogen" entspricht der Teilmenge _____②_____ des Grundraums.

①	
{w, s}	☐
{(w | w), (w | s), (s | s)}	☐
{(w | w), (w | s), (s | w),(s | s)}	☐

②	
{(w | s), (w | w)}	☐
{(w | s), (s | w), (w | w)}	☐
{(w | s)}	☐

WS-R 2.2 **13.42** Beim Computerspiel „Millionenshow" gibt es 15 Fragen mit zunehmendem Schwierigkeitsgrad. Max hat dieses Computerspiel schon 100-mal gespielt und notiert, wie oft er bis zu einer bestimmten Frage gekommen ist:

bis zur Frage	11	12	13	14	15
absolute Häufigkeit	47	26	17	8	2

Berechne die Wahrscheinlichkeit, mit der Max beim nächsten Spiel vermutlich genau bis zur Frage 13 kommen wird!

WS-R 2.3 **13.43** In einer Box liegen 100 gleichartige, von 1 bis 100 nummerierte Kugeln. Eine Kugel wird blind gezogen und die darauf stehende Zahl n notiert.
Kreuze an, welche der folgenden Wahrscheinlichkeiten am größten ist!

P(n ist durch 8 teilbar)	☐
P(n ist durch 9 oder durch 15 teilbar)	☐
P(n ist durch 8 und durch 9 teilbar)	☐
P(n ist durch 4, aber nicht durch 8 teilbar)	☐
P(n ist eine Primzahl < 40)	☐
P(n ist Quadratzahl)	☐

AUFGABEN VOM TYP 2

WS-R 2.1 **13.44 Skat-Spiel**
WS-R 2.3
WS-L 2.5
Ein Skat-Spiel besteht aus 32 Karten in vier Farben (Karo, Herz, Pik, Kreuz). In jeder Farbe gibt es folgende Kartenwerte: 7, 8, 9, 10, Bube, Dame, König, Ass.

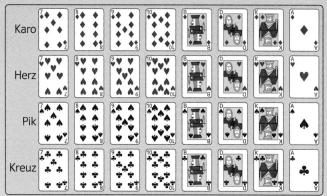

Jeder Karte wird eine bestimmte Augenzahl zugeordnet:

7, 8, 9 ≙ 0 Augen   Dame ≙ 3 Augen   10 ≙ 10 Augen
Bube ≙ 2 Augen   König ≙ 4 Augen   Ass ≙ 11 Augen

a) Aus einem Spiel werden drei Karten ohne Zurücklegen zufällig gezogen. Dabei ist nur von Interesse, ob die jeweils gezogene Karte ein Ass (A) oder kein Ass (A') ist.
- Gib einen passenden Grundraum Ω für diesen Zufallsversuch an!
- Beschreibe in Worten, welches Ereignis der Teilmenge {(A, A, A'), (A, A', A), (A', A, A), (A, A, A)} von Ω entspricht!

b) Aus einem Spiel wird eine Karte blind gezogen. Berechne die Wahrscheinlichkeiten der folgenden Ereignisse:
- E_1: Es wird eine Dame gezogen.
- E_2: Es wird eine Karte mit einer Augenzahl von mindestens 10 gezogen.
- E_3: Es wird ein schwarzer König gezogen.
- E_4: Es wird eine Herzkarte oder ein 10er gezogen.

c) Elisa und Ina vereinbaren folgendes Spiel: Elisa zieht aus dem Spiel eine Karte. Ina gewinnt, wenn sie die Farbe der Karte errät.
- Wie hoch ist Inas Gewinnwahrscheinlichkeit?
- Untersuche, ob sich Inas Gewinnwahrscheinlichkeit erhöht, wenn Elisa ihrer Freundin Ina verrät, dass die gezogene Karte ein Ass ist!

WS-L 2.5 **13.45 FSME-Impfung**
WS-L 2.6
Die Anzahlen der gegen FSME geimpften und nicht geimpften Beschäftigten eines Betriebs sind – gegliedert nach dem Geschlecht – in der nebenstehenden Tabelle zuammengefasst. Es wird zufällig eine beschäftigte Person X dieses Betriebs ausgewählt.

	Mann	Frau
geimpft	90	40
nicht geimpft	210	160

a)
- Berechne die Wahrscheinlichkeit P(X ist geimpft)!
- Berechne die Wahrscheinlichkeit P(X ist ein geimpfter Mann)!

b)
- Berechne die bedingte Wahrscheinlichkeit P(X ist Mann | X ist geimpft)!
- Ist das Ereignis „X ist ein Mann" vom Ereignis „X ist geimpft" unabhängig? Begründe!

14

RECHNEN MIT WAHRSCHEINLICHKEITEN

GRUNDKOMPETENZEN

WS-R 2.3 **Wahrscheinlichkeit** unter der Verwendung der **Laplace-Annahme** (Laplace-Wahrscheinlichkeit) berechnen und interpretieren können; **Additionsregel** und **Multiplikationsregel** anwenden und interpretieren können.

14.1 MULTIPLIKATIONSREGEL FÜR VERSUCHSAUSGÄNGE

Wahrscheinlichkeitsberechnungen mit der Multiplikationsregel

Im Folgenden beschäftigen wir uns mit Situationen, bei denen ein Zufallsgerät mehrfach hintereinander bedient wird oder eine zufällige Auswahl mehrfach hintereinander vorgenommen wird. Nehmen wir beispielsweise an, jemand spielt an einem Automaten A, bei dem man mit der Wahrscheinlichkeit $\frac{1}{4}$ gewinnt, und anschließend an einem Automaten B, bei dem man mit der Wahrscheinlichkeit $\frac{1}{5}$ gewinnt.

In diesem Fall liegt ein **zweistufiger Zufallsversuch** vor, der aus zwei **Teilversuchen** besteht.
Erster Teilversuch: Betätigung des Automaten A
Zweiter Teilversuch: Betätigung des Automaten B
Wir stellen den gesamten Spielverlauf durch ein sogenanntes **Baumdiagramm** dar. Die Strecken entsprechen den Spielverläufen der einzelnen Teilversuche, die Zahlen bei den Strecken den zugehörigen Wahrscheinlichkeiten.

T kompakt
Seite 273

Es gibt zwei mögliche **Versuchsausgänge jedes Teilversuchs:** Gewinn (G) und Verlust (V).

Jeder **Versuchsausgang des Gesamtversuchs** entspricht hingegen einem Weg im Baumdiagramm von der Spitze nach unten und kann durch eines der folgenden geordneten Paare dargestellt werden: (G, G), (G, V), (V, G), (V, V).

14.01 Herr Adam spielt an einem Automaten A, bei dem man mit der Wahrscheinlichkeit $\frac{1}{4}$ gewinnt, und anschließend an einem Automaten B, bei dem man mit der Wahrscheinlichkeit $\frac{1}{5}$ gewinnt. Berechne die Wahrscheinlichkeit, dass er **1)** bei beiden Automaten gewinnt, **2)** beim ersten Automaten verliert und beim zweiten gewinnt!

LÖSUNG: Wir zeichnen jeweils ein Baumdiagramm.

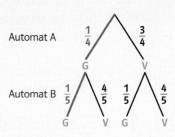

1) Das Ereignis, dass Herr Adam zuerst am Automaten A und dann am Automaten B gewinnt, ist im nebenstehenden Baumdiagramm rot hervorgehoben.
Zur Wahrscheinlichkeit dieses Ereignisses kommen wir durch folgende Überlegung:
Wir denken uns den Gesamtversuch (aufeinanderfolgende Betätigung beider Automaten) sehr oft durchgeführt.

Dabei wird Herr Adam in ca. $\frac{1}{4}$ aller Versuche beim Automaten A gewinnen.
In ca. $\frac{1}{5}$ aller Versuche, in denen er beim Automaten A gewonnen hat, wird er auch beim Automaten B gewinnen. Insgesamt wird er also in ca. $\frac{1}{5}$ von $\frac{1}{4}$ aller Versuche bei beiden Automaten gewinnen. Wir schließen daraus:

$$\textbf{P(Herr Adam gewinnt bei A und B)} = \frac{1}{5} \text{ von } \frac{1}{4} = \frac{1}{5} \cdot \frac{1}{4} = \frac{1}{4} \cdot \frac{1}{5} = \frac{1}{20}$$

2) Das Ereignis, dass Herr Adam beim Automaten A verliert und beim Automaten B gewinnt, ist im nebenstehenden Baumdiagramm rot hervorgehoben.
Überlege selbst wie in 1):
P(Herr Adam verliert bei A und gewinnt bei B) =

$$= \frac{1}{5} \text{ von } \frac{3}{4} = \frac{1}{5} \cdot \frac{3}{4} = \frac{3}{4} \cdot \frac{1}{5} = \frac{3}{20}$$

⚡T 14.02 Frau Adam spielt nacheinander an drei Spielautomaten A, B und C. Bei A gewinnt man mit der Wahrscheinlichkeit $\frac{1}{4}$, bei B mit der Wahrscheinlichkeit $\frac{1}{5}$ und bei C mit der Wahrscheinlichkeit $\frac{1}{7}$. Berechne die Wahrscheinlichkeit, dass Frau Adam bei A gewinnt und bei B und C verliert!

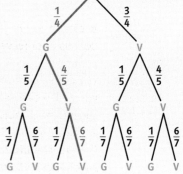

LÖSUNG: Alle möglichen Ausgänge sind im nebenstehenden Baumdiagramm dargestellt.
Das Ereignis, dass Frau Adam bei A gewinnt und bei B und C verliert, ist rot hervorgehoben.
Überlege selbst wie in der vorigen Aufgabe:
P(Frau Adam gewinnt bei A und verliert bei B und C) =

$$= \frac{6}{7} \text{ von } \frac{4}{5} \text{ von } \frac{1}{4} = \frac{6}{7} \cdot \frac{4}{5} \cdot \frac{1}{4} = \frac{1}{4} \cdot \frac{4}{5} \cdot \frac{6}{7} = \frac{6}{35}$$

Allgemein gilt:

Satz (Multiplikationsregel für Versuchsausgänge)
Die **Wahrscheinlichkeit eines Versuchsausgangs in einem mehrstufigen Zufallsversuch** ist gleich dem **Produkt der Wahrscheinlichkeiten entlang des zum Ausgang gehörigen Wegs** im Baumdiagramm.

AUFGABEN

14.03 Nina nimmt an zwei Verlosungen teil. Bei der ersten Verlosung erhält man mit der Wahrscheinlichkeit $\frac{1}{8}$ ein Gewinnlos, bei der zweiten nur mit der Wahrscheinlichkeit $\frac{1}{9}$. Wie groß ist die Wahrscheinlichkeit, dass Nina

a) bei beiden Verlosungen gewinnt,

b) bei beiden Verlosungen verliert,

c) bei der ersten Verlosung gewinnt und bei der zweiten verliert,

d) bei der ersten Verlosung verliert und bei der zweiten gewinnt?

14.04 Leo kauft drei Glückslose, bei denen man mit der Wahrscheinlichkeit $\frac{1}{4}$ gewinnt. Wie groß ist die Wahrscheinlichkeit, dass Leo **a)** dreimal gewinnt, **b)** dreimal verliert?

14.05 Eine Münze wird dreimal geworfen. Wie groß ist die Wahrscheinlichkeit, dass **a)** dreimal Zahl kommt, **b)** dreimal Kopf kommt, **c)** beim ersten Mal Zahl und sonst immer Kopf kommt?

T kompakt Seite 273

14.06 Ein Rouletterad (siehe Seite 238) wird zweimal gedreht. Wie groß ist die Wahrscheinlichkeit, dass

a) zweimal schwarz kommt,

b) zweimal rot kommt,

c) das erste Mal schwarz und das zweite Mal rot kommt,

d) das erste Mal rot und das zweite Mal schwarz kommt?

14.07 Ein Rouletterad (siehe Seite 238) wird dreimal gedreht. Jemand entscheidet sich beim ersten Spiel zwischen Rouge und Noir, beim zweiten Spiel zwischen Manque und Passe, beim dritten Spiel zwischen 1., 2. und 3. Kolonne. Berechne die Wahrscheinlichkeiten aller 12 möglichen Versuchsausgänge!

14.08 Bei der Fließbandproduktion eines technischen Produkts ist im Durchschnitt eines von 100 Produkten defekt. Zur Kontrolle werden zwei Produkte zufällig ausgewählt. Berechne die Wahrscheinlichkeit des folgenden Ereignisses:

a) Beide Produkte sind defekt.

b) Das erste Produkt ist defekt, das zweite nicht.

c) Das erste Produkt ist nicht defekt, das zweite ist defekt.

d) Keines der beiden Produkte ist defekt.

14.09 Ein Verkehrsunternehmen weiß aus Erfahrung, dass ca. ein Fünftel der Fahrgäste ohne Fahrschein fährt. Bei einer Fahrscheinkontrolle werden nacheinander drei zufällig ausgewählte Fahrgäste überprüft. Wie groß ist die Wahrscheinlichkeit, dass

a) der erste Fahrgast einen Fahrschein hat, die anderen beiden aber nicht,

b) die ersten beiden Fahrgäste einen Fahrschein haben, der dritte jedoch nicht,

c) alle drei Fahrgäste einen Fahrschein haben?

HINWEIS: Da das Verkehrsunternehmen sehr viele Fahrgäste hat, kann man die Wahrscheinlichkeit, bei einer Kontrolle auf einen Fahrgast ohne Fahrschein zu treffen, als konstant ansehen.

14.10 Ein Meinungsforschungsinstitut führt mittags eine Telefonumfrage durch. Aus Erfahrung weiß man, dass zu dieser Tageszeit nur etwa ein Drittel der Angerufenen zu Hause ist und dass etwa die Hälfte der Erreichten die telefonische Auskunft verweigert. Das Institut nimmt zusätzlich an, dass etwa die Hälfte der Nichterreichten die telefonische Auskunft verweigern würde. Wie groß ist die Wahrscheinlichkeit, dass eine zufällig angerufene Person

a) zu Hause ist und Auskunft gibt, **b)** nicht zu Hause ist, aber Auskunft geben würde?

Ziehen mit bzw. ohne Zurücklegen

14.11 In einer Urne sind 3 weiße und 2 schwarze Kugeln (siehe nebenstehende Abbildung). Es werden nacheinander zwei Kugeln „blind" gezogen, wobei **die erste Kugel in die Urne zurückgelegt wird**. Berechne die Wahrscheinlichkeit, dass

1) beide Kugeln weiß sind,
2) die erste Kugel schwarz und die zweite weiß ist!

LÖSUNG: Wir stellen alle Ausgänge durch ein Baumdiagramm dar, wobei wir weiß mit w und schwarz mit s abkürzen.

1) $P(\text{beide Kugeln weiß}) = \frac{3}{5} \cdot \frac{3}{5} = \frac{9}{25}$

2) $P(\text{erste Kugel schwarz und zweite Kugel weiß}) = \frac{2}{5} \cdot \frac{3}{5} = \frac{6}{25}$

14.12 Wie Aufgabe 14.11, nur wird **die erste Kugel nicht mehr in die Urne zurückgelegt**.

LÖSUNG: Für die erste Ziehung liegt dieselbe Situation wie in der vorigen Aufgabe vor und somit ergibt sich der gleiche obere Teil des Baumdiagramms. Da die erste Kugel aber nicht zurückgelegt wird, sieht der untere Teil des Baumdiagramms anders aus.

Vor dem Ziehen der zweiten Kugel müssen wir zwei verschiedene Situationen unterscheiden:

1. Kugel war weiß.

1. Kugel war schwarz.

Daraus ergibt sich das nebenstehende Baumdiagramm. Diesem entnimmt man:

1) $P(\text{beide Kugeln weiß}) = \frac{3}{5} \cdot \frac{1}{2} = \frac{3}{10}$

2) $P(\text{erste Kugel schwarz und zweite Kugel weiß}) = \frac{2}{5} \cdot \frac{3}{4} = \frac{6}{20} = \frac{3}{10}$

AUFGABEN

14.13 Aus der abgebildeten Urne werden nacheinander zwei Kugeln
1) mit Zurücklegen 2) ohne Zurücklegen gezogen.
Wie groß ist die Wahrscheinlichkeit für folgenden Versuchsausgang?

a) 1. Kugel weiß und 2. Kugel schwarz
b) 1. Kugel schwarz und 2. Kugel weiß
c) 1. Kugel schwarz und 2. Kugel rot
d) 1. Kugel weiß und 2. Kugel rot
e) 1. Kugel rot und 2. Kugel weiß
f) 1. Kugel rot und 2. Kugel schwarz

⊕ Lernapplet t488jd

14.14 Aus der abgebildeten Urne werden nacheinander zwei Kugeln
1) mit Zurücklegen, 2) ohne Zurücklegen gezogen.
Wie groß ist die Wahrscheinlichkeit für folgenden Versuchsausgang?

a) 1. Kugel weiß und 2. Kugel schwarz
b) 1. Kugel weiß und 2. Kugel rot
c) 1. Kugel schwarz und 2. Kugel rot
d) beide Kugeln weiß
e) beide Kugeln schwarz
f) beide Kugeln rot

14.15 In einer Urne sind zwei weiße (w), vier schwarze (s) und drei rote (r) Kugeln. Aus der Urne werden drei Kugeln ohne Zurücklegen gezogen. Berechne die Wahrscheinlichkeit für alle Ausgänge und stelle die Ergebnisse übersichtlich in einer Tabelle dar!

14.16 In einem Karton befinden sich zwölf Glühlampen, von denen drei defekt sind. Ein Kunde zieht „blind" zwei Glühlampen aus dem Karton. Wie groß ist die Wahrscheinlichkeit, dass
a) beide Glühlampen in Ordnung sind,　　b) beide Glühlampen defekt sind?

14.17 Von den 18 Schülerinnen und Schülern einer Klasse machen 3 grundsätzlich keine Mathematik-Hausübung, der Rest macht die Mathematik-Hausübung aber stets. Die Lehrerin kontrolliert nacheinander zwei zufällig ausgewählte Klassenmitglieder. Wie groß ist die Wahrscheinlichkeit, dass sie beide Ausgewählten a) mit Hausübung, b) ohne Hausübung antrifft?

14.18 Unter den 12 Schülern und 10 Schülerinnen eines Jugendclubs werden zwei Freikarten für ein Open-air-Konzert verlost, wobei ausgeschlossen wird, dass beide Freikarten an dieselbe Person gehen. Berechne die Wahrscheinlichkeit des folgenden Ereignisses:
a) Beide Freikarten gehen an Schüler.　　b) Beide Freikarten gehen an Schülerinnen.

14.19　**1)** Bei einem Tipp im österreichischen Lotto „6 aus 45" müssen sechs der Zahlen 1, 2, …, 45 angekreuzt werden. Wie groß ist die Wahrscheinlichkeit, dabei alle 6 Gewinnzahlen zu erraten?

2) Beim einem Tipp im deutschen Lotto „6 aus 49" müssen sechs der Zahlen 1, 2, …, 49 angekreuzt werden. Wie groß ist hier die Wahrscheinlichkeit, dabei alle 6 Gewinnzahlen zu erraten?

3) Beim italienischen „SuperEnaLotto" werden 6 aus 90 Zahlen gezogen. „6 Richtige" sind beim „SuperEnaLotto" selten, die Jackpot-Summen daher oft sehr hoch. In welchem Verhältnis stehen die Wahrscheinlichkeiten für „6 Richtige" beim österreichischen Lotto „6 aus 45" und beim italienischen „SuperEnaLotto"?

R ## Vereinfachung von Baumdiagrammen

14.20 Ein Würfel wird zweimal geworfen. Wie groß ist die Wahrscheinlichkeit, dass
1) bei beiden Würfen ein Sechser kommt,
2) beim ersten Wurf ein Sechser und beim zweiten Wurf kein Sechser kommt?

LÖSUNG:

Würde man bei jedem Wurf die Ausgänge 1, 2, 3, 4, 5, 6 unterscheiden, wäre das zugehörige Baumdiagramm ziemlich unübersichtlich. Ein vereinfachtes Baumdiagramm erhält man, wenn man die Versuchsausgänge 1, 2, 3, 4, 5 zusammenfasst und nur die Versuchsausgänge 6 und ¬6 unterscheidet (siehe Abb. 14.1a). Da man zur Beantwortung der beiden Fragen nur den linken Teil des Baumdiagramms

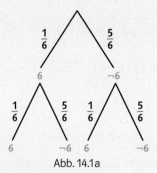

Abb. 14.1a

Abb. 14.1b

braucht, reicht ein unvollständiges Diagramm wie in Abb. 14.1b auch aus. Man erhält:

1) P(bei beiden Würfen kommt 6) $= \frac{1}{6} \cdot \frac{1}{6} = \frac{1}{36}$

2) P(beim ersten Wurf kommt 6 und beim zweiten Wurf kommt nicht 6) $= \frac{1}{6} \cdot \frac{5}{6} = \frac{5}{36}$

Baumdiagramme lassen sich oft durch Zusammenfassen von Versuchsausgängen vereinfachen. Vielfach reicht ein unvollständiges Baumdiagramm aus, wobei man nur jene Wege zeichnet, die für die Aufgabenstellung notwendig sind.

R   AUFGABEN

14.21 Bei der *Millionenshow* im Fernsehen erhält man zu jeder Frage vier Antwortmöglichkeiten A, B, C, D. Ein Kandidat kann zwei aufeinander folgende Fragen nicht beantworten und wählt jedes Mal zufällig eine der vier Antwortmöglichkeiten aus. Wie groß ist die Wahrscheinlichkeit, dass er in beiden Fällen die richtige Antwort erwischt?

14.22 Ein Multiple-Choice-Test besteht aus drei Fragen mit jeweils sechs Antwortmöglichkeiten A, B, C, D, E, F, von denen genau eine richtig ist. Ein Testteilnehmer kreuzt bei jeder Frage „blind" eine Antwortmöglichkeit an. Wie groß ist die Wahrscheinlichkeit, alle drei Fragen richtig zu beantworten?

14.23 Ein Rouletterad (siehe Seite 238) wird zweimal gedreht. Mit welcher Wahrscheinlichkeit gewinnt man, wenn man
   a) jedes Mal auf eine gerade Zahl setzt,   **c)** jedes Mal auf die erste Kolonne setzt,
   b) jedes Mal auf Passe setzt,   **d)** jedes Mal auf die Transversale {25, 26, 27} setzt?

14.24 Ein Rouletterad (siehe Seite 238) wird dreimal gedreht. Mit welcher Wahrscheinlichkeit gewinnt man, wenn man
   a) das erste Mal auf rot, die anderen beiden Male auf gerade setzt,
   b) das erste Mal auf ungerade, die anderen beiden Male auf Manque setzt,
   c) das erste Mal auf das 1. Dutzend, das zweite Mal auf das Cheval {20, 21} und das dritte Mal auf schwarz setzt?

14.25 Aus einem Kartenspiel mit 32 Karten (8 Herz, 8 Karo, 8 Pik und 8 Treff) werden nacheinander mit Zurücklegen drei Karten gezogen. Wie groß ist die Wahrscheinlichkeit, dass
   a) alle drei Karten Herzkarten sind,
   b) die ersten beiden Karten Herzkarten sind, die dritte Karte aber nicht,
   c) die erste Karte eine Herzkarte ist, die anderen beiden Karten aber nicht,
   d) keine der drei Karten eine Herzkarte ist?

14.26 In einer Schachtel liegen n Zettel mit den Nummern von 1 bis n. Es werden k Ziehungen **a)** mit Zurücklegen, **b)** ohne Zurücklegen durchgeführt. Wie groß ist die Wahrscheinlichkeit für eine fest vorgegebene Folge von k Nummern?

14.27 Aus der Urne in nebenstehender Abbildung werden zwei Kugeln ohne Zurücklegen gezogen. Berechne die Wahrscheinlichkeit des folgenden Versuchsausgangs!
   a) Die erste Kugel ist weiß, die zweite hat eine andere Farbe.
   b) Die zweite Kugel ist weiß, die erste hat eine andere Farbe.

   HINWEIS: Es genügt das nebenstehende Baumdiagramm. Ermittle die dazugehörigen Wahrscheinlichkeiten selbst!

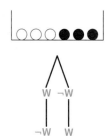

14.28 Aus der Urne in nebenstehender Abbildung werden zwei Kugeln ohne Zurücklegen gezogen. Berechne die Wahrscheinlichkeit des folgenden Versuchsausgangs!
   a) Die erste Kugel ist schwarz, die zweite rot.   **c)** Beide Kugeln sind weiß.
   b) Die erste Kugel ist schwarz, die zweite rot oder weiß.   **d)** Keine der Kugeln ist rot.

   HINWEIS: Zeichne unvollständige Baumdiagramme!

14.2 ADDITIONSREGEL FÜR VERSUCHSAUSGÄNGE

R **Wahrscheinlichkeitsberechnungen mit der Additionsregel**

14.29 Aus der Urne in nebenstehender Abbildung werden zwei Kugeln ohne Zurücklegen gezogen. Berechne die Wahrscheinlichkeit für das folgende Ereignis:

E_1: Beide Kugeln haben dieselbe Farbe.

E_2: Eine Kugel ist rot, eine weiß.

E_3: Die zweite Kugel ist schwarz.

LÖSUNG:

Wir stellen alle möglichen Ausgänge durch ein Baumdiagramm dar, wobei wir die Farben weiß, schwarz, rot mit w, s, r abkürzen.

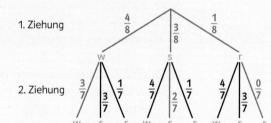

- Das Ereignis E_1 setzt sich aus drei Wegen zusammen, die rot hervorgehoben sind: (w, w), (s, s), (r, r).

Würde man den Versuch (Ziehen zweier Kugeln) sehr oft durchführen, würde man in ca. $\frac{4}{8} \cdot \frac{3}{7}$ aller Fälle (w, w), in ca. $\frac{3}{8} \cdot \frac{2}{7}$ aller Fälle (s, s) und in ca. $\frac{1}{8} \cdot \frac{0}{7}$ aller Fälle (r, r) erhalten.

Da von diesen drei Ausgängen keine zwei gleichzeitig eintreten können, würde man in ca. $\frac{4}{8} \cdot \frac{3}{7} + \frac{3}{8} \cdot \frac{2}{7} + \frac{1}{8} \cdot \frac{0}{7}$ aller Fälle (w, w), (s, s) oder (r, r) erhalten.

Wir schließen daraus:

$$P(E_1) = \frac{4}{8} \cdot \frac{3}{7} + \frac{3}{8} \cdot \frac{2}{7} + \frac{1}{8} \cdot \frac{0}{7} = \frac{9}{28} \approx 0{,}32$$

- Das Ereignis E_2 setzt sich aus den Wegen (w, r) und (r, w) zusammen. Begründe wie vorhin:

$$P(E_2) = \frac{4}{8} \cdot \frac{1}{7} + \frac{1}{8} \cdot \frac{4}{7} = \frac{1}{7} \approx 0{,}14$$

- Das Ereignis E_3 setzt sich aus den Wegen (w, s), (s, s), (r, s) zusammen. Begründe selbst:

$$P(E_3) = \frac{4}{8} \cdot \frac{3}{7} + \frac{3}{8} \cdot \frac{2}{7} + \frac{1}{8} \cdot \frac{3}{7} = \frac{3}{8} = 0{,}375$$

Wir betrachten allgemein einen Zufallsversuch, der aus mehreren Teilversuchen besteht. Es seien $A = (a_1, a_2, \ldots)$ und $B = (b_1, b_2, \ldots)$ zwei verschiedene Ausgänge des Gesamtversuchs, denen zwei Wege im zugehörigen Baumdiagramm entsprechen. Wir bezeichnen das Ereignis, dass **A oder B** eintritt, mit **A ∨ B**. Entsprechend der letzten Aufgabe erhält man die Wahrscheinlichkeit für A ∨ B durch Addition der längs der beiden Wege berechneten Wahrscheinlichkeiten.

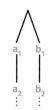

Satz (Additionsregel für Versuchsausgänge)

Sind A und B zwei Ausgänge eines Zufallsversuchs, dann gilt: **P(A ∨ B) = P(A) + P(B)**

Begründung mit relativen Häufigkeiten: Wir denken uns den Versuch n-mal durchgeführt (n groß). Dabei trete der Ausgang A genau k-mal und der Ausgang B genau m-mal ein. Da die Ausgänge A und B nicht gleichzeitig eintreten können, tritt das Ereignis A ∨ B genau (k + m)-mal ein. Somit gilt:

$$P(A \vee B) \approx h_n(A \vee B) = \frac{k+m}{n} = \frac{k}{n} + \frac{m}{n} = h_n(A) + h_n(B) \approx P(A) + P(B) \qquad \square$$

R   AUFGABEN

14.30 Aus der nebenstehenden Urne werden zwei Kugeln ohne Zurücklegen gezogen. Berechne die Wahrscheinlichkeit des folgenden Ereignisses!

a) Beide Kugeln haben dieselbe Farbe.   c) Die zweite Kugel ist rot.

b) Mindestens eine Kugel ist schwarz.   d) Die erste Kugel ist schwarz.

14.31 In einem Säckchen befinden sich acht Kugeln. Von diesen sind vier mit einer geraden Zahl, drei mit einer ungeraden Zahl und eine mit X beschriftet. Aus dem Säckchen werden „blind" zwei Kugeln mit Zurücklegen gezogen. Wenn dabei die Kugel mit X genau einmal gezogen wird, gewinnt man ein Buch; wenn die Kugel mit X beide Male gezogen wird, gewinnt man ein Fahrrad. Berechne die Wahrscheinlichkeit des folgenden Ereignisses!

a) Keine Nummer ist gerade.   b) Man gewinnt das Buch.   c) Man gewinnt das Fahrrad.

14.32 Aus einer Schublade, in der 4 grüne, 6 blaue und 2 braune Socken liegen, werden im Dunkeln zwei Socken gezogen. Wie groß ist die Wahrscheinlichkeit, dass beide Socken die gleiche Farbe haben?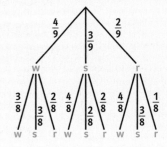

R   Zweckmäßige Verwendung des Gegenereignisses

14.33 Aus der Urne in nebenstehender Abbildung werden zwei Kugeln ohne Zurücklegen gezogen. Berechne die Wahrscheinlichkeit für das Ereignis E: „Mindestens eine der Kugeln ist schwarz oder rot".

ERSTE LÖSUNGSMÖGLICHKEIT:

Das Ereignis E setzt sich aus folgenden Zugfolgen zusammen:

(w, s), (w, r), (s, w), (s, s), (s, r), (r, w), (r, s), (r, r)

Somit gilt:

$$P(E) = \frac{4}{9} \cdot \frac{3}{8} + \frac{4}{9} \cdot \frac{2}{8} + \frac{3}{9} \cdot \frac{4}{8} + \frac{3}{9} \cdot \frac{2}{8} + \frac{3}{9} \cdot \frac{2}{8} + \frac{2}{9} \cdot \frac{4}{8} + \frac{2}{9} \cdot \frac{3}{8} + \frac{2}{9} \cdot \frac{1}{8} = \frac{5}{6}$$

ZWEITE (EINFACHERE) LÖSUNGSMÖGLICHKEIT:

Wir betrachten das **Gegenereignis ¬E**: „Keine der Kugeln ist schwarz oder rot". Dieses Ereignis besteht nur aus der Zugfolge (w, w). Somit ist:

$$P(\neg E) = \frac{4}{9} \cdot \frac{3}{8} = \frac{1}{6}$$

Daraus folgt: $P(E) = 1 - \frac{1}{6} = \frac{5}{6}$

R   AUFGABEN

14.34 In einer Urne sind 5 weiße, 6 schwarze und 4 rote Kugeln. Es wird zweimal ohne Zurücklegen gezogen. Berechne die Wahrscheinlichkeit des folgenden Ereignisses!

a) Keine der Kugeln ist weiß.

b) Keine der Kugeln ist schwarz.

c) Mindestens eine der Kugeln ist rot.

d) Mindestens eine der Kugeln ist rot oder weiß.

14.35 Bei einer Prüfung werden zwei Fragen aus einem 30 Fragen umfassenden Fragenkatalog gezogen und eine davon muss bearbeitet werden. Wie groß ist die Wahrscheinlichkeit, dass Jennifer mindestens eine der von ihr vorbereiteten Fragen tatsächlich vorgelegt bekommt, wenn sie

a) 10 der 30 Fragen vorbereitet hat, b) 20 der 30 Fragen vorbereitet hat?

R

Teilversuche, die nicht hintereinander ausgeführt werden

14.36 Zwei Münzen werden gleichzeitig geworfen, ohne sich zu behindern. Wie groß ist die Wahrscheinlichkeit, zweimal Kopf zu erhalten?

LÖSUNG:

Der Versuch besteht aus zwei Teilversuchen:

1. Teilversuch: Wurf der ersten Münze

2. Teilversuch: Wurf der zweiten Münze

Die beiden Teilversuche werden allerdings nicht hintereinander, sondern gleichzeitig durchgeführt. Die gesuchte Wahrscheinlichkeit ändert sich aber nicht, wenn man sich die beiden Teilversuche hintereinander ausgeführt denkt, denn der Wurf der 1. Münze hat keine Auswirkung auf das Wurfergebnis der 2. Münze.

Somit ist:

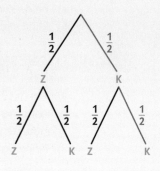

$$P(\text{Es kommt zweimal Kopf}) = \frac{1}{2} \cdot \frac{1}{2} = \frac{1}{4}$$

R

AUFGABEN

⊕ Arbeitsblatt 95dp9e **14.37** Herr Weber spielt an einem Automaten, bei dem man mit der Wahrscheinlichkeit $\frac{1}{8}$ gewinnt. Seine Freundin Diana riskiert mehr und spielt gleichzeitig an einem Automaten, bei dem man nur mit der Wahrscheinlichkeit $\frac{1}{15}$ gewinnt. Mit welcher Wahrscheinlichkeit gewinnt mindestens eine der beiden Personen?

14.38 Eine Firma führt drei neue Produkte ein. Aufgrund vorangegangener Erfahrungen mit ähnlichen Produkten wird geschätzt, dass das Produkt A mit der Wahrscheinlichkeit 0,8, das Produkt B mit der Wahrscheinlichkeit 0,6 und das Produkt C mit der Wahrscheinlichkeit 0,5 erfolgreich sein wird. Es wird angenommen, dass die Erfolge der drei Produkte voneinander unabhängig sind. Wie groß ist die Wahrscheinlichkeit, dass genau zwei der drei Produkte erfolgreich sein werden?

14.39 Zwei elektronische Diebstahlsicherungen lösen im Einbruchsfall mit der Wahrscheinlichkeit 0,9 bzw. mit der Wahrscheinlichkeit 0,95 Alarm aus. Ein Hausbesitzer lässt beide Anlagen so einbauen, dass sie unabhängig voneinander funktionieren.

a) Mit welcher Wahrscheinlichkeit geben beide Anlagen im Einbruchsfall Alarm?

b) Mit welcher Wahrscheinlichkeit löst im Einbruchsfall mindestens eine der beiden Anlagen Alarm aus?

14.40 Eine Kohlenmonoxid-Warnanlage für Garagen arbeitet mit einer Zuverlässigkeit von 90 %, dh. die Wahrscheinlichkeit, dass die Anlage bei Gefahr Alarm auslöst, beträgt 0,9. Zur Sicherheit lässt ein Garagenbesitzer an zwei verschiedenen Stellen seiner Garage je eine solche Warnanlage einbauen. Berechne die Wahrscheinlichkeit des folgenden Ereignisses:

a) Beide Anlagen geben bei Gefahr Alarm.

b) Mindestens eine der beiden Anlagen löst bei Gefahr Alarm aus.

c) Keine der beiden Anlagen schlägt bei Gefahr an.

14.41 Die Ausfallswahrscheinlichkeit für zwei elektrische Geräte G_1, G_2 beträgt 0,1 bzw. 0,15. Wie groß ist die Wahrscheinlichkeit, dass der Stromkreis unterbrochen wird, wenn die beiden Geräte

a) in Reihe wie in Abb. 14.2 a,

b) parallel wie in Abb. 14.2 b geschaltet sind?

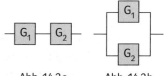

Abb. 14.2 a   Abb. 14.2 b

(R) Wahrscheinlichkeit dafür, dass alle ... verschieden sind

14.42 An einem Gespräch nehmen fünf Personen teil. Wie groß ist die Wahrscheinlichkeit, dass mindestens zwei von ihnen im gleichen Monat Geburtstag haben?

LÖSUNG:

Wir betrachten die Ereignisse

E: „Mindestens zwei der fünf Personen haben den gleichen Geburtsmonat"

¬E: „Alle fünf Personen haben verschiedene Geburtsmonate"

Wir überlegen:

P(Person 2 ist in einem anderen Monat geboren als Person 1) $= \frac{11}{12}$

P(Person 3 ist in einem anderen Monat geboren als Person 1 und Person 2) $= \frac{10}{12}$

P(Person 4 ist in einem anderen Monat geboren als Person 1, 2 und 3) $= \frac{9}{12}$

P(Person 5 ist in einem anderen Monat geboren als Person 1, 2, 3 und 4) $= \frac{8}{12}$

Daraus folgt: $P(\neg E) = \frac{11}{12} \cdot \frac{10}{12} \cdot \frac{9}{12} \cdot \frac{8}{12} = \frac{55}{144}$ und damit $P(E) = 1 - P(\neg E) = \frac{89}{144} \approx 0{,}618$

(R) AUFGABEN

14.43 Zu einem Abendessen sind **a)** 4 Personen, **b)** 6 Personen, **c)** 8 Personen eingeladen. Wie groß ist die Wahrscheinlichkeit, dass mindestens zwei von ihnen im gleichen Monat bzw. am gleichen Wochentag geboren wurden?

14.44 In einer Wartehalle befinden sich **a)** 5 Personen, **b)** 10 Personen, **c)** 20 Personen. Berechne die Wahrscheinlichkeit, dass mindestens zwei von ihnen am gleichen Tag des Jahres (365 Tage) Geburtstag haben!

14.45 Ein Würfel wird **a)** viermal, **b)** sechsmal, **c)** achtmal geworfen. Wie groß ist die Wahrscheinlichkeit, dass alle Augenzahlen verschieden sind?

14.46 Sechs Ehepaare feiern eine Party. Für ein Spiel werden zwei Personen ausgelost. Wie groß ist die Wahrscheinlichkeit, dass es **a)** ein Mann und eine Frau sind, **b)** ein Ehepaar ist?

(R) Wie oft ...?

14.47 Wie oft muss man würfeln, damit die Wahrscheinlichkeit für mindestens einen Sechser größer als 95 % ist?

LÖSUNG:

P(bei n-maligem Würfeln erhält man nie einen Sechser) $= \left(\frac{5}{6}\right)^n$

P(bei n-maligem Würfeln erhält man mindestens einen Sechser) $= 1 - \left(\frac{5}{6}\right)^n$

$1 - \left(\frac{5}{6}\right)^n > 0{,}95 \iff \left(\frac{5}{6}\right)^n < 0{,}05 \iff n \cdot \underbrace{\log_{10}\left(\frac{5}{6}\right)}_{<0} < \log_{10} 0{,}05 \iff n > \frac{\log_{10} 0{,}05}{\log_{10}\left(\frac{5}{6}\right)} \approx 16{,}4$

Man muss mindestens 17-mal würfeln.

(R) AUFGABEN

14.48 Eine Roulette-Spielerin setzt **a)** immer auf rot, **b)** immer auf die Zahl 19, **c)** immer auf die Menge der Zahlen von 1 bis 12. Wie oft muss sie spielen, um mit einer Wahrscheinlichkeit größer als 0,9 mindestens einmal zu gewinnen?

14.3 ADDITIONS- UND MULTIPLIKATIONSREGEL FÜR EREIGNISSE

(R) Additionsregel für Ereignisse

Die Additionsregel haben wir im Abschnitt 14.2 nur für Versuchsausgänge formuliert:

Sind A und B zwei Ausgänge eines Zufallsversuchs, dann gilt: $P(A \vee B) = P(A) + P(B)$.

Wir überlegen uns jetzt, unter welcher Voraussetzung diese Regel nicht nur für Versuchsausgänge, sondern für beliebige Ereignisse gilt. Beachte dabei: Ereignisse können sich aus mehreren Versuchsausgängen zusammensetzen.

14.49 Ein Würfel wird geworfen. Wir betrachten die Ereignisse:
E_1: Es kommt eine Zahl ≤ 2.
E_2: Es kommt eine Zahl ≥ 4.
Berechne $P(E_1)$ und $P(E_2)$! Gilt $P(E_1 \vee E_2) = P(E_1) + P(E_2)$?

LÖSUNG: $P(E_1) = \frac{2}{6}$, $P(E_2) = \frac{3}{6}$

Das Ereignis $E_1 \vee E_2$ tritt genau dann ein, wenn eine der Zahlen 1, 2 oder eine der Zahlen 4, 5, 6 kommt. Es tritt also genau dann ein, wenn eine der Zahlen 1, 2, 4, 5, 6 fällt. Also gilt hier:

$$P(E_1 \vee E_2) = \frac{5}{6} = P(E_1) + P(E_2)$$

14.50 Ein Würfel wird geworfen. Wir betrachten die Ereignisse:
E_1: Es kommt eine ungerade Zahl.
E_2: Es kommt eine Primzahl.
Berechne $P(E_1)$ und $P(E_2)$! Gilt $P(E_1 \vee E_2) = P(E_1) + P(E_2)$?

LÖSUNG: $P(E_1) = \frac{3}{6}$, $P(E_2) = \frac{3}{6}$

Das Ereignis $E_1 \vee E_2$ tritt genau dann ein, wenn eine der Zahlen 1, 3, 5 oder eine der Zahlen 2, 3, 5 kommt. Es tritt also genau dann ein, wenn eine der Zahlen 1, 2, 3, 5 fällt. Also ergibt sich:

$$P(E_1 \vee E_2) = \frac{4}{6} \neq P(E_1) + P(E_2)$$

An den letzten beiden Aufgaben sehen wir: Die Beziehung $P(E_1 \vee E_2) = P(E_1) + P(E_2)$ gilt manchmal, aber nicht immer. Die Aufgaben lassen jedoch vermuten, dass diese Beziehung genau dann gilt, wenn die Ereignisse E_1 und E_2 nicht gleichzeitig eintreten können:

- In Aufgabe 14.49 können E_1 und E_2 nicht gleichzeitig eintreten, denn es kann nicht gleichzeitig eine Zahl ≤ 2 und eine Zahl ≥ 4 kommen.
- In Aufgabe 14.50 können E_1 und E_2 jedoch gleichzeitig eintreten, denn es kann eine Zahl kommen, die ungerade und gleichzeitig Primzahl ist, nämlich 3 oder 5.

Definition
Zwei Ereignisse eines Zufallsversuchs heißen **einander ausschließend**, wenn sie nicht beide zugleich eintreten können.

Satz (Additionsregel für Ereignisse)
Sind E_1 und E_2 **einander ausschließende Ereignisse** eines Zufallsversuchs, dann gilt:
$$P(E_1 \vee E_2) = P(E_1) + P(E_2)$$

Begründung mit relativen Häufigkeiten:

Der Versuch werde n-mal unter den gleichen Bedingungen durchgeführt. Dabei trete das Ereignis E_1 genau k-mal und das Ereignis E_2 genau m-mal ein. Da die Ereignisse E_1 und E_2 nicht gleichzeitig eintreten können, tritt das Ereignis $E_1 \vee E_2$ genau (k + m)-mal ein. Daraus folgt:

$$P(E_1 \vee E_2) \approx h_n(E_1 \vee E_2) = \frac{k+m}{n} = \frac{k}{n} + \frac{m}{n} = h_n(E_1) + h_n(E_2) \approx P(E_1) + P(E_2) \qquad \square$$

Die Additionsregel lässt sich auf mehrere Ereignisse E_1, E_2, …, E_n verallgemeinern, wenn man voraussetzt, dass keine zwei dieser Ereignisse gleichzeitig eintreten können. Man sagt in einem solchen Fall kurz: Die Ereignisse **schließen einander paarweise aus**.

> **Satz:** Sind **E_1, E_2, …, E_n einander paarweise ausschließende Ereignisse** eines Zufallsversuchs, dann gilt:
>
> $$P(E_1 \vee E_2 \vee \ldots \vee E_n) = P(E_1) + P(E_2) + \ldots + P(E_n)$$

AUFGABEN

14.51 Luca und seine Freundin Lena spielen im Spielcasino Roulette (siehe Seite 238). Berechne die Wahrscheinlichkeit, dass mindestens einer der beiden gewinnt, wenn die beiden folgendermaßen setzen:

a) Luca setzt auf die erste Kolonne (1, 4, 7, 10, …, 34), Lena auf die zweite Kolonne (2, 5, 8, 11, …, 35).

b) Luca setzt auf Pair (2, 4, 6, …, 36), Lena auf Impair (1, 3, 5, …, 35)

14.52 Überprüfe, dass die Ereignisse E_1 und E_2 einander ausschließen und berechne $P(E_1 \vee E_2)$:

a) Zweimaliger Münzwurf: E_1: Es kommt zweimal Zahl, E_2: Es kommt zweimal Kopf.

b) Zweimaliger Münzwurf: E_1: Es kommt zweimal Zahl, E_2: Es kommt genau einmal Kopf.

14.53 **1)** Beweise die Additionsregel für drei Ereignisse: Sind E_1, E_2, E_3 einander paarweise ausschließende Ereignisse eines Zufallsversuchs, dann gilt:
$P(E_1 \vee E_2 \vee E_3) = P(E_1) + P(E_2) + P(E_3)$ (Hinweis: Setze vorübergehend $E_2 \vee E_3 = E$!)

2) Formuliere diese Regel in Worten!

Multiplikationsregel für Ereignisse

Die Multiplikationsregel haben wir im Abschnitt 14.1 nur für Versuchsausgänge formuliert:

Die Wahrscheinlichkeit eines Versuchsausgangs ist gleich dem Produkt der Wahrscheinlichkeiten entlang des zum Ausgang gehörigen Wegs.

Wir wollen jetzt eine entsprechende Regel für zwei Ereignisse formulieren. Dazu betrachten wir einen Zufallsversuch und prüfen, ob bei einer Durchführung dieses Versuchs zwei Ereignisse E_1 und E_2 zugleich eintreten. Wir zerlegen diese Prüfung in zwei aufeinanderfolgende Schritte. Im ersten Schritt untersuchen wir, ob E_1 eingetreten ist, was mit der Wahrscheinlichkeit $P(E_1)$ zutrifft. Für den Fall, dass E_1 eingetreten ist, prüfen wir im zweiten Schritt, ob zusätzlich auch das Ereignis E_2 eingetreten ist, was mit der bedingten Wahrscheinlichkeit $P(E_2 \mid E_1)$ zutrifft. Anhand des nebenstehenden Diagramms vermuten wir:

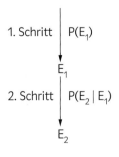

Satz (Multiplikationsregel für Ereignisse):
Für Ereignisse E_1 und E_2 eines Zufallsversuchs gilt:

$$P(E_1 \wedge E_2) = P(E_1) \cdot P(E_2 \mid E_1)$$

Begründung mit relativen Häufigkeiten:

Wir denken uns den Versuch n-mal durchgeführt (n sehr groß).

Unter den n Versuchen trete das Ereignis E_1 bei m Versuchen ein, dh. $P(E_1) = \frac{m}{n}$.

Unter den m Versuchen, bei denen E_1 eintritt, trete E_2 bei k Versuchen ein, dh. $P(E_2 \mid E_1) = \frac{k}{m}$.

Beide Ereignisse treten dann bei insgesamt k von n Versuchen ein, dh. $P(E_1 \wedge E_2) = \frac{k}{n}$.
Damit ergibt sich:

$$P(E_1 \wedge E_2) = \frac{k}{n} = \frac{m}{n} \cdot \frac{k}{m} = P(E_1) \cdot P(E_2 \mid E_1) \qquad \square$$

Wegen $P(E_1 \wedge E_2) = P(E_2 \wedge E_1)$ gilt auch $P(E_1 \wedge E_2) = P(E_2) \cdot P(E_1 \mid E_2)$ und daraus folgt:

Satz für die bedingte Wahrscheinlichkeit

Für Ereignisse E_1 und E_2 eines Zufallsversuchs gilt:

$$P(E_1 \mid E_2) = \frac{P(E_1 \wedge E_2)}{P(E_2)} \quad \text{(sofern } P(E_2) \neq 0)$$

AUFGABEN

14.54 Ein Kosmetikprodukt ruft bei ca. 8% der Anwender eine Hautrötung und bei ca. 0,24% eine Hautrötung mit anschließendem Juckreiz hervor. Jemand wendet dieses Produkt an und stellt eine Hautrötung fest. Mit welcher Wahrscheinlichkeit wird ein Juckreiz folgen?

LÖSUNG: Wir betrachten folgende Ereignisse:
H: Es tritt nach Anwendung eine Hautrötung ein. J: Es tritt nach Anwendung ein Juckreiz auf.
Laut Angabe gilt: $P(H) = 0,08$ und $P(H \wedge J) = 0,0024$. Daraus ergibt sich:

$$P(J \mid H) = \frac{P(H \wedge J)}{P(H)} = \frac{0,0024}{0,08} = 0,03$$

Mit einer Wahrscheinlichkeit von 3% folgt dem Auftreten der Hautrötung ein Juckreiz.

14.55 Eine bestimmte Nervenkrankheit kann durch ein Virus hervorgerufen werden, bricht aber nicht bei jedem Virusträger aus. Eine Untersuchung in einer Region hat ergeben: ca. 30% der Bewohner tragen dieses Virus in sich, ca. 6% der Bewohner sind Virusträger mit ausgebrochener Krankheit. Bei einem untersuchten Mann wird festgestellt, dass er Virusträger ist. Mit welcher Wahrscheinlichkeit bricht die Krankheit bei ihm aus?

14.56 Bei einem Algebratest werden zwei Fehler F_1 und F_2 untersucht. Von den untersuchten Personen machen 35% den Fehler F_1 und 7% beide Fehler. Wenn eine Person den Fehler F_1 macht, mit welcher Wahrscheinlichkeit macht sie dann auch den Fehler F_2?

14.57 *RapidFly* fliegt zwischen Aheim und Beheim. Wegen gelegentlich schlechter Witterungsverhältnisse kann *RapidFly* nur in 98% aller Fälle in Aheim starten, kann allerdings dann nicht immer in Beheim landen, sondern muss gelegentlich einen Ausweichflughafen ansteuern. Ein Start in Aheim mit anschließender Landung in Beheim gelingt nur in 95% aller Fälle. Ermittle mit Hilfe der Multiplikationsregel für Ereignisse die Wahrscheinlichkeit, dass ein *RapidFly*-Flugzeug in Beheim landet, wenn es in Aheim bereits gestartet ist!

14.58 In einer Stadt schneit es an einem Dezembertag mit der Wahrscheinlichkeit 0,40 und an zwei aufeinander folgenden Dezembertagen mit der Wahrscheinlichkeit 0,0028. Angenommen, es schneit an einem Dezembertag. Mit welcher Wahrscheinlichkeit fällt auch am darauf folgenden Tag Schnee?

(R) ## Multiplikationsregel für unabhängige Ereignisse

Es seien E_1 und E_2 zwei Ereignisse mit $P(E_1) \neq 0$ und $P(E_2) \neq 0$. Auf Seite 250 haben wir definiert:

- Das Ereignis E_1 ist vom Ereignis E_2 unabhängig, wenn $P(E_1) = P(E_1 | E_2)$.
- Das Ereignis E_2 ist vom Ereignis E_1 unabhängig, wenn $P(E_2) = P(E_2 | E_1)$.

Dabei mussten wir die Aussagen „E_1 ist von E_2 unabhängig" und „E_2 ist von E_1 unabhängig" zunächst unterscheiden. Man kann aber zeigen, dass diese beiden Aussagen äquivalent sind, sodass man einfach von **den unabhängigen Ereignissen E_1 und E_2** sprechen kann (Beweis im Anhang auf Seite 285). Durch Anwendung der Multiplikationsregel erkennt man, dass zwei Ereignisse E_1 und E_2 mit $P(E_1) \neq 0$ und $P(E_2) \neq 0$ genau dann unabhängig sind, wenn gilt:

$$P(E_1 \wedge E_2) = P(E_1) \cdot P(E_2 | E_1) = P(E_1) \cdot P(E_2)$$

Die Gleichung $P(E_1 \wedge E_2) = P(E_1) \cdot P(E_2)$ gilt auch dann, wenn $P(E_1) = 0$ oder $P(E_2) = 0$ ist (beide Seiten der Gleichung sind dann gleich 0). Der Einfachheit halber spricht man auch in diesem Fall von **den unabhängigen Ereignissen E_1 und E_2** und kann damit ohne Einschränkung formulieren:

Satz (Multiplikationsregel für unabhängige Ereignisse)
Zwei Ereignisse E_1 und E_2 eines Zufallsversuchs sind genau dann **unabhängig**, wenn gilt:
$$P(E_1 \wedge E_2) = P(E_1) \cdot P(E_2)$$

Diese Regel ist nützlich, um zu überprüfen, ob zwei Ereignisse E_1 und E_2 unabhängig sind. Man braucht nur nachzusehen, ob die Beziehung $P(E_1 \wedge E_2) = P(E_1) \cdot P(E_2)$ erfüllt ist.

14.59 Ein Würfel wird geworfen. Überprüfe, ob die Ereignisse E_1 und E_2 unabhängig sind!

a) E_1: Es kommt eine gerade Zahl. E_2: Es kommt eine Zahl ≥ 5.
b) E_1: Es kommt eine gerade Zahl. E_2: Es kommt eine Primzahl.

LÖSUNG: Wir gehen von den jeweiligen Ereignismengen aus.

a) $M(E_1) = \{2, 4, 6\}$, $M(E_2) = \{5, 6\}$, $M(E_1 \wedge E_2) = \{6\}$
$P(E_1) = \frac{1}{2}$, $P(E_2) = \frac{1}{3}$, $P(E_1 \wedge E_2) = \frac{1}{6}$
$P(E_1 \wedge E_2) = P(E_1) \cdot P(E_2)$ $\Rightarrow$ E_1 und E_2 sind unabhängig

b) $M(E_1) = \{2, 4, 6\}$, $M(E_2) = \{2, 3, 5\}$, $M(E_1 \wedge E_2) = \{2\}$
$P(E_1) = \frac{1}{2}$, $P(E_2) = \frac{1}{2}$, $P(E_1 \wedge E_2) = \frac{1}{6}$
$P(E_1 \wedge E_2) \neq P(E_1) \cdot P(E_2)$ $\Rightarrow$ E_1 und E_2 sind nicht unabhängig

(R) ### AUFGABEN

14.60 Ein Würfel wird geworfen. Zeige mit Hilfe der Multiplikationsregel für unabhängige Ereignisse, dass die Ereignisse E_1 und E_2 unabhängig sind!

a) E_1: Es kommt eine gerade Zahl. E_2: Es kommt 2 oder 3.
b) E_1: Es kommt eine ungerade Zahl. E_2: Es kommt eine Zahl ≥ 5.
c) E_1: Es kommt eine Zahl ≤ 4. E_2: Es kommt eine der Zahlen 2, 3, 5.
d) E_1: Es kommt 1 oder 2 E_2: Es kommt eine Primzahl

14.61 Ein Würfel wird geworfen. Sind die Ereignisse E_1 und E_2 unabhängig?

a) E_1: Es kommt 2, 3, 5 oder 6. E_2: Es kommt 3 oder 4.
b) E_1: Es kommt eine ungerade Zahl. E_2: Es kommt 3 oder 4.

14.62 Zwei Würfel werden geworfen. Wie groß ist die Wahrscheinlichkeit **a)** zweimal 6 zu erhalten, **b)** einen Pasch (zwei gleiche Augenzahlen) zu erhalten?

Der Satz von Bayes

Wir betrachten jetzt einen aus zwei Teilversuchen bestehenden Zufallsversuch und interessieren uns dafür, ob beim ersten Teilversuch das Ereignis E_1 oder das Gegenereignis $\neg E_1$ eintritt und beim zweiten Teilversuch das Ereignis E_2 eintritt.
Anhand des Baumdiagramms berechnen wir:

$$P(E_2) = P(E_1) \cdot P(E_2 \mid E_1) + P(\neg E_1) \cdot P(E_2 \mid \neg E_1)$$

Nach dem Satz von der bedingten Wahrscheinlichkeit und der Multiplikationsregel für Ereignisse ergibt sich:

$$P(E_1 \mid E_2) = \frac{P(E_1 \wedge E_2)}{P(E_2)} = \frac{P(E_1) \cdot P(E_2 \mid E_1)}{P(E_2)} = \frac{P(E_1) \cdot P(E_2 \mid E_1)}{P(E_1) \cdot P(E_2 \mid E_1) + P(\neg E_1) \cdot P(E_2 \mid \neg E_1)}$$

Damit erhalten wir einen Satz, der auf den englischen Mathematiker **Thomas Bayes** (1702–1761) zurückgeht:

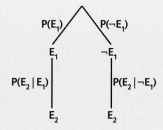

Satz von Bayes

Für Ereignisse E_1 und E_2 eines Zufallsversuchs gilt:

$$\mathbf{P(E_1 \mid E_2)} = \frac{P(E_1) \cdot P(E_2 \mid E_1)}{P(E_2)} = \frac{P(E_1) \cdot P(E_2 \mid E_1)}{P(E_1) \cdot P(E_2 \mid E_1) + P(\neg E_1) \cdot P(E_2 \mid \neg E_1)}$$

(sofern $P(E_2) \neq 0$)

Das Bemerkenswerte an diesem Satz besteht darin, dass man $P(E_1 \mid E_2)$ berechnen kann, obwohl E_1 im Baumdiagramm vor E_2 auftritt. Eine bedingte Wahrscheinlichkeit $P(E_1 \mid E_2)$ setzt aber nicht voraus, dass E_1 zeitlich vor E_2 eintritt.

Eine Anwendung in der Medizin

Um festzustellen, ob jemand an einer bestimmten Krankheit leidet, wird häufig ein medizinischer Test durchgeführt. Im Regelfall arbeitet ein solcher Test nicht absolut zuverlässig. Man muss vielmehr zwei Testmängel feststellen:

- Mit einer gewissen Wahrscheinlichkeit zeigt der Test die Krankheit nicht an, obwohl sie beim Patienten tatsächlich vorhanden ist (falsch-negatives Ergebnis).
- Mit einer gewissen Wahrscheinlichkeit zeigt der Test die Krankheit fälschlicherweise an, obwohl der Patient gar nicht an der Krankheit leidet (falsch-positives Ergebnis).

Wir nehmen im Folgenden an, dass bekannt ist, mit welcher Wahrscheinlichkeit die Krankheit in der zugrundeliegenden Population vorhanden ist, und betrachten folgende Ereignisse:

  K: Patient leidet an der Krankheit   **Pos:** Test ist positiv (zeigt Krankheit an)

  ¬K: Patient leidet an der Krankheit nicht   **Neg:** Test ist negativ (zeigt Krankheit nicht an)

Aus medizinischer Sicht sind die folgenden beiden Fragen von besonderer Bedeutung:

- Mit welcher Wahrscheinlichkeit leidet der Patient tatsächlich an der Krankheit, falls der Test positiv ist? Gefragt ist also **P(K | Pos)**.
- Mit welcher Wahrscheinlichkeit leidet der Patient trotzdem an der Krankheit, obwohl der Test negativ ist? Gefragt ist also **P(K | Neg)**.

14.63 Man weiß, dass 10 % der Frauen einer bestimmten Region an Brustkrebs leiden. Ein Test ergibt bei 90 % aller Erkrankten einen positiven Befund, aber leider auch bei 4 % aller Nichterkrankten. Mit einer zufällig aus dieser Region ausgewählten Frau wird der Test durchgeführt.

1) Mit welcher Wahrscheinlichkeit hat die Frau tatsächlich Brustkrebs, falls der Test positiv ist?

2) Mit welcher Wahrscheinlichkeit hat die Frau tatsächlich Brustkrebs, obwohl der Test negativ ist?

a) LÖSUNG MITTELS VIERFELDERTAFEL

Wir tragen die gegebenen 10 % in eine Vierfeldertafel ein und ergänzen die restlichen Felder entsprechend den Angaben. Achte dabei darauf, dass sich die gegebenen Prozentsätze (90 % und 10 %) auf unterschiedliche Grundmengen beziehen!

	Pos	Neg	Gesamt
K	$0{,}9 \cdot 0{,}1 = 0{,}09$	$0{,}1 \cdot 0{,}1 = 0{,}01$	**0,1**
¬K	$0{,}04 \cdot 0{,}9 = 0{,}036$	$0{,}96 \cdot 0{,}90 = 0{,}864$	0,9
Gesamt	0,126	0,874	1,0

Wenn wir als Wahrscheinlichkeiten die entsprechenden relativen Anteile nehmen, erhalten wir nach dem Satz von der bedingten Wahrscheinlichkeit:

1) $P(K \mid Pos) = \frac{P(K \wedge Pos)}{P(Pos)} = \frac{0{,}09}{0{,}126} \approx 0{,}714$

2) $P(K \mid Neg) = \frac{P(K \wedge Neg)}{P(Neg)} = \frac{0{,}01}{0{,}874} \approx 0{,}011$

b) LÖSUNG MITTELS BAUMDIAGRAMM

Anhand des nebenstehenden Baumdiagramms berechnen wir zunächst:

$P(Pos) = 0{,}1 \cdot 0{,}9 + 0{,}9 \cdot 0{,}04 = 0{,}126$

$P(Neg) = 0{,}1 \cdot 0{,}1 + 0{,}9 \cdot 0{,}96 = 0{,}874$

Damit erhalten wir nach dem Satz von Bayes:

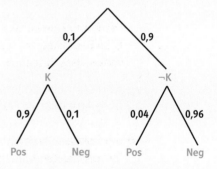

1) $P(K \mid Pos) = \frac{P(K) \cdot P(Pos \mid K)}{P(Pos)} = \frac{0{,}1 \cdot 0{,}9}{0{,}126} \approx 0{,}714$

2) $P(K \mid Neg) = \frac{P(K) \cdot P(Neg \mid K)}{P(Neg)} = \frac{0{,}1 \cdot 0{,}1}{0{,}874} \approx 0{,}011$

Wir stellen die Situation in der letzten Aufgabe noch auf eine andere Art dar. Dazu nehmen wir an, dass in der Region 1000 Frauen leben. Dann kann die Situation durch ein Baumdiagramm oder ein Mengendiagramm dargestellt werden. Die Wahrscheinlichkeit P(K | Pos) ist gleich dem relativen Anteil der an Brustkrebs erkrankten Frauen mit positivem Befund an allen Frauen mit positivem Befund. Aus beiden Darstellungen kann man ablesen, dass dieser relative Anteil gleich $\frac{90}{90 + 36} \approx 0{,}714$ ist.

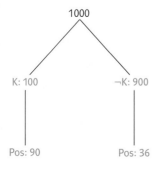

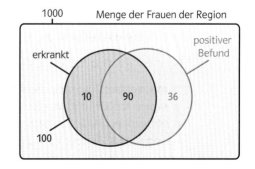

14.64 Man weiß, dass 0,01 % aller Menschen einer bestimmten Region an TBC (Tuberkulose) erkrankt sind. Bei einem bestimmten TBC-Test reagieren 99 % aller Erkrankten positiv, aber leider auch 3 % aller Nichterkrankten. Eine Person aus dieser Region wird zufällig ausgewählt. Sie reagiert auf den Test positiv. Mit welcher Wahrscheinlichkeit ist diese Person tatsächlich an TBC erkrankt?

14.65 In den abgebildeten Urnen befinden sich weiße und schwarze Kugeln. Eine der beiden Urnen soll zufällig ausgewählt werden und aus ihr soll zufällig eine Kugel entnommen werden.

Urne 1   Urne 2

  1) Mit welcher Wahrscheinlichkeit ist diese Kugel weiß?

  2) Falls eine weiße Kugel gezogen wird, mit welcher Wahrscheinlichkeit stammt diese aus der Urne 1 bzw. Urne 2?

14.66 Zu einer Multiple-Choice-Prüfungsfrage gibt es vier alternative Antwortmöglichkeiten. Angenommen **a)** 30 %, **b)** 80 % der Geprüften wissen die richtige Antwort (und kreuzen diese daher auch an), während die übrigen nur „auf gut Glück" ankreuzen. Wie groß ist dann die Wahrscheinlichkeit, dass jemand, der die richtige Antwort angekreuzt hat, nur geraten hat?

14.67 Zwei Werke A und B einer Firma erzeugen dasselbe Produkt, jeweils in derselben Menge. Erfahrungsgemäß sind 3 % der vom Werk A erzeugten Produkte und 2 % der vom Werk B erzeugten Produkte defekt. Ein Produkt dieser Werke wird zufällig ausgewählt.

  a) Mit welcher Wahrscheinlichkeit ist dieses Produkt defekt?

  b) Falls ein defektes Produkt ausgewählt wurde, mit welcher Wahrscheinlichkeit stammt es aus dem Werk A bzw. B?

14.68 Von den Mitgliedern eines Golfclubs sind 70 % der Männer und 5 % der Frauen größer als 1,75 m. Insgesamt sind 65 % der Mitglieder Männer. Ein Clubmitglied wird zufällig ausgewählt.

  a) Mit welcher Wahrscheinlichkeit ist ein Clubmitglied, das höchstens 1,75 m groß ist, eine Frau?

  b) Mit welcher Wahrscheinlichkeit ist ein Clubmitglied, das größer als 1,75 m groß ist, ein Mann?

14.69 In einer Stadt fahren 40 weiße und 60 gelbe Taxis. Bei einem nächtlichen Verkehrsunfall mit Fahrerflucht ist ein Fußgänger von einem Taxi angefahren worden. Aufgrund polizeilicher Ermittlungen kommen als Unfalllenker nur zwei Taxifahrer in Frage, einer mit einem weißen Taxi und einer mit einem gelben Taxi. Eine Augenzeugin sagt vor Gericht aus, dass das Unfalltaxi weiß gewesen ist. Auf Grund dieser Aussage wird der Lenker des weißen Taxis verurteilt.

Im folgenden Berufungsverfahren unterzieht man die Augenzeugin einem Test. Sie soll bei Dunkelheit die Farbe von vorbeifahrenden Taxis angeben. Dabei bezeichnet sie zwar 6 von 10 weißen Taxis als weiß, aber leider sind für sie auch 3 von 10 gelben Taxis weiß.

Wie groß ist die Wahrscheinlichkeit, dass das von der Augenzeugin als weiß identifizierte Unfalltaxi tatsächlich weiß gewesen ist? Reicht die errechnete Wahrscheinlichkeit für eine Verurteilung aus?

TECHNOLOGIE KOMPAKT

GEOGEBRA

CASIO CLASS PAD II

Baumdiagramm zeichnen

GeoGebra hat keinen vorgefertigten Befehl zum Zeichnen eines Baumdiagramms, daher muss man die Elemente einzeln zeichnen.

Für komplexere Diagramme lohnt sich der Aufwand durchaus.

Da es auf die genaue Lage der einzelnen Strecken nicht ankommt, verwendet man am besten das Koordinatengitter als Konstruktionshilfe.

 Grafik-Ansicht:

Werkzeug ✐ – oberen Punkt anklicken – unteren Punkt anklicken

Ausgabe → *Strecke*

Kontextmenü der Strecke – Grundeinstellungen – Beschriftung – *p*

Ausgabe → *Strecke mit Wahrscheinlichkeit p beschriftet*

Werkzeug ABC – Versuchsausgang des Teilversuchs

Ausgabe → *Ein Ast des Baumdiagramms*

Diesen Vorgang wiederholt man für die Versuchsausgänge aller Teilversuche.

Einen bestimmten Versuchsausgang des Gesamtversuchs, also einen Weg im Baumdiagramm, kann man etwa durch Einfärben kennzeichnen.

Kontextmenü der Strecke (Teilversuch) – Farbe – *Farbe* anklicken

Diesen Vorgang wiederholt man für die Versuchsausgänge aller Teilversuche des Weges.

Mehrfaches Ausführen eines Zufallsversuchs simulieren

Wenn der Zufallsversuch *n* verschiedene, gleich wahrscheinliche Versuchsausgänge hat (zB Münzwurf, Würfel, Roulette), nummeriert man zunächst diese Versuchsausgänge mit 1, 2, …, *n*. Der Versuch soll *m*-mal durchgeführt werden.

 Tabellen-Ansicht:

Eingabe in Zelle A1: Zufallszahl(1, n)

Zelle A1 markieren und an dem kleinen Quadrat an der rechten unteren Ecke der Markierung nach unten ziehen, bis Zeile *m* erreicht ist.

Ausgabe → *Tabelle mit den jeweiligen Versuchsausgängen des m-mal durchgeführten Zufallsversuchs*

Taste F9 drücken → *Die Simulation wird erneut ausgeführt.*

Iconleiste – Menu – Tabellen-Kalkulat.

Zelle A1: = Keyboard – Befehlskatalog – rand(Eingabe *1, n*) EXE

Zelle A1 markieren

Menüleiste – Edit – Füllen – Mit Wert füllen – Bereich: *A1:Am* OK

Ausgabe → *Tabelle mit den jeweiligen Versuchsausgängen des m-mal durchgeführten Zufallsversuchs*

Menüleiste – Datei – Neuberechnung

→ *Die Simulation wird erneut ausgeführt.*

KOMPETENZCHECK

AUFGABEN VOM TYP 1

WS-R 2.3 **14.70** Kreuze die Aussagen an, die für alle Ereignisse E_1, E_2 eines Zufallsversuchs richtig sind!

a)

$P(E_1) + P(E_2) \leqslant 1$	☐
$P(E_1 \wedge E_2) = P(E_1) \cdot P(E_2)$	☐
$P(\neg E_1) = 1 - P(E_1)$	☐
$P(E_1 \vee E_2) = P(E_1) + P(E_2)$	☐
$P(E_1 \wedge E_2) = P(E_1) \cdot P(E_2 \mid E_1)$	☐

b)

$P(E_1 \wedge E_2) = P(E_2 \wedge E_1)$	☐
$P(E_1 \vee E_2) = P(E_2 \vee E_1)$	☐
$P(E_1 \wedge E_2) = P(E_2) \cdot P(E_1 \mid E_2)$	☐
$P(E_2 \mid E_1) = \dfrac{P(E_1 \vee E_2)}{P(E_1)}$ (sofern $P(E_1) \neq 0$ ist)	☐
$P(E_2 \mid E_1) = \dfrac{P(E_1 \wedge E_2)}{P(E_1)}$ (sofern $P(E_1) \neq 0$ ist)	☐

WS-R 2.3 **14.71** E_1 und E_2 sind Ereignisse eines Zufallsversuchs. Kreuze die sicher zutreffende(n) Aussage(n) an!

Sind E_1 und E_2 Gegenereignisse voneinander, dann ist $P(E_1) + P(E_2) = 1$.	☐
Ist $P(E_1) + P(E_2) = 1$, dann sind E_1 und E_2 Gegenereignisse voneinander.	☐
Ist $P(E_1) = 1 - P(E_2)$, dann schließen E_1 und E_2 einander aus.	☐
E_1 und E_2 sind voneinander unabhängig, wenn sie nicht gleichzeitig eintreten können.	☐
Sind E_1 und E_2 voneinander unabhängig, dann ist $P(E_1 \wedge E_2) = P(E_1) \cdot P(E_2)$.	☐

WS-R 2.3 **14.72** Jemand setzt beim Roulette hintereinander rot, schwarz, rot, schwarz.
Berechne, mit welcher Wahrscheinlichkeit er alle vier Spiele verliert!

WS-R 2.3 **14.73** In einem Säckchen befinden sich vier kleine Täfelchen mit den Buchstaben T, T, O, O.
Nacheinander werden die Täfelchen „blind" aus dem Säckchen gezogen und aneinander
gereiht. Berechne die Wahrscheinlichkeit, dabei den Namen OTTO zu erhalten!

WS-R 2.3 **14.74** Ermittle, wie oft man eine Münze werfen muss, damit die Wahrscheinlichkeit für mindestens
einmal Kopf größer als 0,9 ist!

WS-R 2.3 **14.75** Aus der abgebildeten Urne wird dreimal ohne Zurücklegen gezogen. Im Baumdiagramm
bedeuten die Ereignisse w, s und r, dass eine weiße, schwarze bzw. rote Kugel gezogen wird.
Gib an, welchem Ereignis die rot hervorgehobenen Strecken entsprechen!

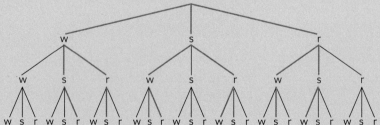

WS-R 2.3 **14.76** Bei einer Multiple-Choice-Aufgabe gibt es für vier Aussagen jeweils die Antwortmöglichkeiten
„richtig" oder „falsch". Benjamin hat keine Ahnung, kreuzt „blind" an und meint, dass er damit
mit mindestens fünfzigprozentiger Wahrscheinlichkeit alle vier Kreuze richtig gesetzt habe.
Zeige, dass er nicht Recht hat!

AUFGABEN VOM TYP 2

WS-R 2.1
WS-R 2.3 **14.77** **Spielvarianten**

Adam und Bernhard werfen abwechselnd die abgebildete Spielmünze, die auf ihren Seiten „Zahl" (Z) und „Kopf" (K) aufweist. Jeder der beiden darf höchstens zweimal werfen. Adam beginnt. Es gewinnt der, der als Erster „Zahl" erhält.

a) ▪ Berechne die Wahrscheinlichkeit, mit der Adam gewinnt!

▪ Zeige: Die Gewinnwahrscheinlichkeit von Bernhard ist nur halb so groß wie die von Adam.

b) ▪ Ist es bei diesem Spiel möglich, dass keiner von beiden gewinnt? Begründe die Antwort!

▪ Ist das Ereignis „Adam gewinnt" das Gegenereignis von „Bernhard gewinnt"? Begründe die Antwort!

c) Die beiden variieren ihr Spiel. Anstelle der Münze werfen sie einen Würfel, dessen Netz unten dargestellt ist. Es gewinnt der, der als Erster einen Dreier würfelt. Diesmal aber beginnt Bernhard.

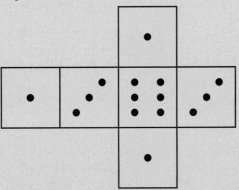

▪ Berechne, mit welcher Wahrscheinlichkeit Adam gewinn!

▪ Ermittle, mit welcher Wahrscheinlichkeit Bernhard gewinnt!

d) Das Spiel wird abermals so variiert, dass anstelle der Münze oder des Würfels Kugeln verwendet werden, die blind aus der abgebildeten Urne gezogen und nicht mehr zurückgelegt werden. Es gewinnt der, der als Erster eine rote Kugel zieht. Diesmal beginnt wiederum Adam.

▪ Berechne die Wahrscheinlichkeit dafür, dass keiner der beiden gewinnt!

▪ Gib die Wahrscheinlichkeit dafür an, dass es einen Gewinner gibt!

SEMESTERCHECK 2

AUFGABEN VOM TYP 1

AG-R 3.2 1 Die Abbildung zeigt einen Quader ABCDEFGH. Dabei teilt der Punkt T die Kante BF im Verhältnis 1 : 3, der Punkt M ist der Mittelpunkt der Deckfläche EFGH.
Kreuze die mit Sicherheit zutreffende(n) Aussage(n) an!

$\overrightarrow{AC} \cdot \overrightarrow{BD} = 0$	☐
$D = F - (\vec{a} + \vec{c} + \vec{b})$	☐
$\overrightarrow{AM} = \frac{1}{2} \cdot \vec{a} + \frac{1}{2} \cdot \vec{b} + \vec{c}$	☐
$\overrightarrow{HE} \cdot \overrightarrow{TE} = 0$	☐
$T = M + \frac{1}{2} \cdot \overrightarrow{HG} + \frac{1}{2} \cdot \overrightarrow{GF} + \frac{2}{3} \cdot \overrightarrow{FB}$	☐

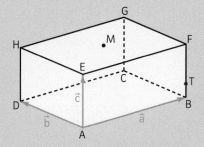

AG-R 3.3 2 Für eine hochwertige Maschine gibt es 150 Ersatzteile. Der Vektor $P \in \mathbb{R}^{150}$ gibt die Herstellerpreise der einzelnen Ersatzteile in € an. Ein Händler schlägt auf jeden Herstellerpreis 35 % Handelsspanne auf, addiert dazu jeweils 0,50 € Bearbeitungsgebühr und schlägt anschließend noch 20 % MwSt. auf. Der Vektor $E \in \mathbb{R}^{150}$ gibt die erhaltenen Endpreise der einzelnen Ersatzteile in € an. Der Vektor $N \in \mathbb{R}^{150}$ gibt die nachgefragten Ersatzteilstückzahlen im letzten Quartal an.
Beschreibe, was die Terme $E \cdot N$, $P \cdot J$ und $J \cdot N$ für $J = (0 | 1 | 0 | 0 | \ldots | 0) \in \mathbb{R}^{150}$ bedeuten!

AG-R 3.4 3 Nebenstehend ist ein Ausschnitt einer Geraden g = AB in einem räumlichen Koordinatensystem dargestellt.
Kreuze die zutreffende(n) Aussage(n) an!

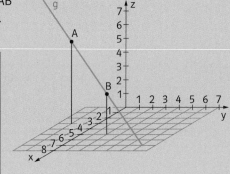

$X = (3 | -2 | 6) + t \cdot (-2 | -4 | 3)$ ist eine Parameterdarstellung von g.	☐
g und die x-Achse sind zueinander normal.	☐
g schneidet die y-Achse im Punkt $(0 | -0,5 | 0)$.	☐
Der Punkt $(7 | 6 | 0)$ liegt auf der Geraden g.	☐
$X = (4 | 0 | 5) + s \cdot (1 | 2 | -1,5)$ ist eine Parameterdarstellung von g.	☐

AG-R 3.4 4 Gegeben sind die folgenden drei Geraden durch Parameterdarstellungen:

$$g: X = \begin{pmatrix} 1 \\ 0 \\ 0 \end{pmatrix} + t \cdot \begin{pmatrix} 1 \\ -1 \\ 1 \end{pmatrix}, \quad h: X = \begin{pmatrix} 1 \\ 0 \\ 0 \end{pmatrix} + s \cdot \begin{pmatrix} 1 \\ 1 \\ 0 \end{pmatrix}, \quad m: X = \begin{pmatrix} 1 \\ 1 \\ 1 \end{pmatrix} + w \cdot \begin{pmatrix} -1 \\ 1 \\ -1 \end{pmatrix}$$

Kreuze die zutreffende(n) Aussage(n) an!

g und h besitzen genau einen Schnittpunkt.	☐
g und m sind identisch.	☐
g und h sind zueinander normal.	☐
g und m sind weder parallel noch schneidend.	☐
g ist parallel zu h.	☐

AG-R 3.3 **5** Eine Läuferin legte eine Strecke in vier Etappen zurück. Für jede Etappe wurden die Laufzeit und die mittlere Geschwindigkeit ermittelt:

	1. Etappe	2. Etappe	3. Etappe	4. Etappe
Laufzeit (in min)	3	2	4	3
mittlere Geschwindigkeit (in m/min)	160	170	165	160

Der Vektor $T \in \mathbb{R}^4$ gibt die Laufzeiten und der Vektor $V \in \mathbb{R}^4$ die mittleren Geschwindigkeiten für die einzelnen Etappen an.
Ergänze durch Ankreuzen den folgenden Text so, dass eine korrekte Aussage entsteht!

Der Term _____①_____ gibt die _____②_____ an.

①	
$165 \cdot T$	☐
$V \cdot T$	☐
$T \cdot (1|0|0|0)$	☐

②	
Länge der Gesamtstrecke	☐
Laufzeit bei der 2. Etappe	☐
Länge der 3. Etappe	☐

WS-R 1.1 **6** Mit 40 Volksschulkindern wurde ein Lesetest durchgeführt. Die Leseleistungen wurden mit Punkten von 1 bis 10 bewertet, wobei 1 die schlechteste und 10 die beste Leistung ist.
Das untenstehende kumulative Säulendiagramm gibt die Ergebnisse wieder. Ermittle, wie viel Prozent der untersuchten Kinder 3 bis 7 Punkte erreicht haben!

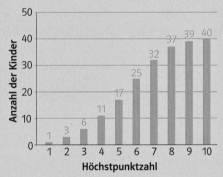

WS-R 1.2 **7** Eine Maschine füllt Zucker in Packungen ab. Auf der Packung wird die „Nennfüllmenge" 1000 g angegeben. Bei der maschinellen Abfüllung kommt es jedoch zu Schwankungen der pro Packung abgefüllten Masse. In einer Stichprobe von 100 Packungen haben sich folgende Massen in g ergeben:

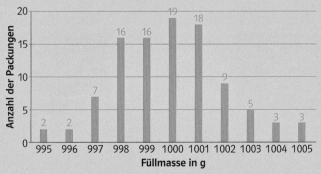

Ermittle das Minimum, die Quartile und das Maximum der angegebenen Füllmassen und zeichne mit Technologieeinsatz einen dazugehörigen Boxplot!

WS-R 1.3 8 In der landwirtschaftlichen Versuchsanstalt *Platania* ergaben sich nach der Auswertung der Massen von 150 Melonen einer neu gezüchteten Sorte folgende Ergebnisse:

- *Die leichteste Melone wog 1,1 kg, die schwerste 4,5 kg.*
- *Die leichtere Hälfte der Melonen erreichte Massen bis maximal 3,1 kg. Die schwerere Hälfte der Melonen erzielte Massen von 3,4 kg oder mehr.*
- *38 Melonen brachten Massen bis maximal 2,5 kg auf die Waage. Der Rest der Melonen wog 2,6 kg oder mehr.*
- *Genau 113 Melonen hatten Massen von maximal 3,5 kg, vom Rest wog die leichteste Melone 3,6 kg.*

Kreuze die Aussagen an, die mit Sicherheit zu den formulierten Ergebnissen passen!

Der Median der Melonenmassen beträgt 3,2 kg.	☐
Die Spannweite der Melonenmassen misst 3,4 kg.	☐
Das dritte Quartil q_3 lautet 3,55 kg.	☐
Höchstens 25 % der Melonenmassen messen weniger als 2,5 kg.	☐
Der Quartilsabstand beträgt 1 kg.	☐

WS-R 1.4 9 Gegeben sind die Zahlen $x_1, x_2, ..., x_{20}$ und ihr Mittelwert $\bar{x}$. Gib an, um wie viel man eine dieser Zahlen erhöhen müsste, damit der Mittelwert um 1,5 größer wird!

WS-R 2.1 10 In einer Urne sind 100 Kugeln mit den Farben rot (r) und blau (b). Zwei Kugeln werden hintereinander mit Zurücklegen gezogen. Jedes Zugergebnis kann durch ein geordnetes Paar mit den Elementen r und b dargestellt werden. Das Ereignis E entspricht den im Baumdiagramm blau hervorgehobenen Wegen. Gib den Grundraum Ω und die Ereignismenge des Gegenereignisses von E an!

$\Omega =$ _____ $\qquad$ $M(\neg E) =$ _____

WS-R 2.2 11 500 Personen bewerten eine Fernsehsendung mit 1 bis 10 Punkten, wobei 1 die schlechteste und 10 die beste Bewertung ist. Die Tabelle gibt die relativen Häufigkeiten der vergebenen Punktezahlen an.

Punktezahl	1 bis 2	3 bis 4	5 bis 6	7 bis 8	9 bis 10
relative Häufigkeit in %	9	21	35	19	16

Anschließend werden aus diesen Personen 20 Personen zufällig für ein Interview ausgewählt. Gib an, wie viele von diesen wahrscheinlich weniger als 5 Punkte vergeben haben!

WS-R 2.3 12 Für ein psychologisches Experiment wird aus einer Gruppe von 10 Personen (4 Frauen und 6 Männer) eine dreiköpfige Beobachtergruppe zufällig ausgewählt. Ordne jedem Ereignis in der linken Tabelle denjenigen Term aus der rechten Tabelle zu, der die Wahrscheinlichkeit des jeweiligen Ereignisses angibt!

Nur Männer werden ausgewählt.	
Mindestens eine Frau wird ausgewählt.	
Kein Mann wird ausgewählt.	
Genau zwei Frauen werden ausgewählt.	

A	$\frac{4}{10} \cdot \frac{3}{9} \cdot \frac{2}{8}$
B	$\frac{6}{10} \cdot \frac{5}{9} \cdot \frac{4}{8}$
C	$\frac{4}{10} \cdot \frac{3}{9} \cdot \frac{2}{8} + \frac{4}{10} \cdot \frac{6}{9} \cdot \frac{3}{8} + \frac{6}{10} \cdot \frac{4}{9} \cdot \frac{3}{8}$
D	$3 \cdot \frac{6}{10} \cdot \frac{4}{9} \cdot \frac{3}{8}$
E	$1 - \frac{6}{10} \cdot \frac{5}{9} \cdot \frac{4}{8}$

AUFGABEN VOM TYP 2

AG-R 3.1
AG-R 3.2
AG-R 3.3
AG-R 3.4
AG-R 4.1
AG-L 3.6

1 **Flugbahnen**

Im Zeitraum zwischen 12:35 Uhr und 12:45 Uhr bewegen sich zwei Flugzeuge A und B geradlinig mit jeweils konstanter Geschwindigkeit im Luftraum über einem Flughafen. Die Flugbahnen werden als Geraden in einem dreidimensionalen xyz-Koordinatensystem mit der Längeneinheit 1 km modelliert. Dabei liegt der Flughafen in der xy-Ebene, der Flughafentower T im Koordinatenursprung, die positive x-Achse weist nach Osten, die positive y-Achse nach Norden und die z-Koordinate gibt die Flughöhe über dem Flughafen an.

Die Positionen der beiden Flugzeuge zu verschiedenen Zeitpunkten sind in folgender Tabelle angegeben:

	um 12:35 Uhr	um 12:36 Uhr	um 12:37 Uhr
Flugzeug A	(0|1|0,5)	(−4|5|1,5)	
Flugzeug B	(10|75|7)		(1|63|7)

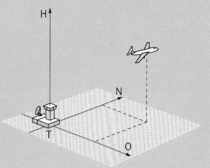

a) ▪ Gib für die Gerade a, auf der die Flugbahn des Flugzeugs A liegt, eine Parameterdarstellung an und vervollständige die obige Tabelle für das Flugzeug A!
▪ Auf dem Kurs des Flugzeugs A befindet sich an der Position (−5\|6\|1,25) eine Bergspitze S. Begründe rechnerisch, dass das Flugzeug A die Bergspitze direkt überfliegt! Gib die Überflughöhe bezüglich S an!

b) ▪ Gib für die Gerade b, auf der die Flugbahn des Flugzeugs B liegt, eine Parameterdarstellung an und vervollständige die obige Tabelle für das Flugzeug B!
▪ Untersuche rechnerisch, ob die Flugrichtungen der beiden Flugbahnen aufeinander normal stehen!

c) ▪ Prüfe rechnerisch, ob sich die Flugbahnen der beiden Flugzeuge schneiden, und gib gegebenenfalls die Koordinaten des Schnittpunktes an!
▪ Argumentiere, warum die beiden Flugzeuge nicht miteinander kollidieren! Berechne, wie weit das Flugzeug B noch vom Schnittpunkt der Flugbahnen entfernt ist, wenn das Flugzeug A diesen Punkt gerade erreicht!

d) ▪ Begründe, warum sich das Flugzeug A zwischen 12:35 Uhr und 12:45 Uhr im Steigflug befindet! Berechne den Steigungswinkel der Flugbahn des Flugzeugs A, das ist der Winkel zwischen der Flugbahn und der xy-Ebene!
▪ Berechne die mittlere Geschwindigkeit des Flugzeugs A zwischen 12:35 Uhr und 12:45 Uhr in km/h!

e) Man kann beweisen:

Das Flugzeug B hat vom Tower T dann den geringsten Abstand, wenn der Vektor $\overrightarrow{BT}$ und die Flugrichtung des Flugzeugs B einen rechten Winkel bilden.

Berechne aufgrund dieser Erkenntnis den Zeitpunkt, zu dem das Flugzeug B dem Tower T am nächsten ist!

2 **Wahlanalysen**

Bei den Gemeinderatswahlen 2015 in der Stadt *Raidfeld* gab es folgendes Endergebnis:

Wahlbeteiligung	75 %
gültige Stimmen	34 560, das entspricht 96 % der abgegebenen Stimmen
relativer Anteil der Parteien an den gültigen Stimmen	APÖ: 45,0 %, BPÖ: 12,5 %, CPÖ: 25 %, DPÖ: 10,0 %, Sonstige: 7,5 %

a) ▪ Vervollständige den folgenden Text!

Bei der Gemeinderatswahl 2015 in *Raidfeld* waren _____ Personen wahl-

berechtigt. An der Wahl selbst haben _____ Wahlberechtigte

teilgenommen. Es wurden _____ ungültige Stimmen abgegeben. Die BPÖ

erhielt _____ Stimmen.

▪ Die Stimmenanteile der Parteien bei der Gemeinderatswahl 2015 sollen grafisch dargestellt werden. Beschrifte im Kreisdiagramm die Sektoren mit den passenden Parteinamen und erstelle rechts ein dazu passendes Säulendiagramm! Skaliere und beschrifte die Größenachse!

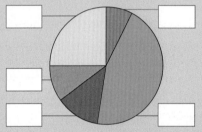
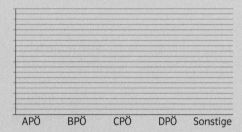

b) Die beiden folgenden Diagramme stellen in verschiedener Form die Stimmenanteile der CPÖ bei den Gemeinderatswahlen von 1995 bis 2015 dar, wobei die Anzahl der gültigen Stimmen annähernd gleich geblieben ist.

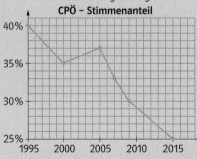
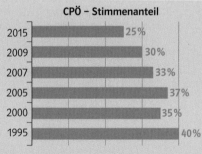

▪ Nenne eine mögliche Fehlinterpretation im Zusammenhang mit diesen Diagrammen!
▪ Kreuze die zutreffende(n) Aussage(n) an!

Der CPÖ-Stimmenanteil ist von 2009 auf 2015 um 5 Prozentpunkte gesunken.	☐
Von 1995 auf 2000 hat der Stimmenanteil der CPÖ relativ gleich stark abgenommen wie von 2009 auf 2015.	☐
Die relative Änderung des CPÖ-Stimmenanteils von 2000 auf 2005 ist kleiner als 5 %.	☐
Der CPÖ-Stimmenanteil ist von 2009 auf 2015 um ca. 17 % gesunken.	☐
Von 2005 auf 2007 hat der Stimmenanteil der CPÖ relativ stärker abgenommen als zwischen allen anderen aufeinanderfolgenden Gemeinderatswahlen.	☐

c) Direkt nach der Gemeinderatswahl 2015 wurde unter den Wahlberechtigen eine Befragung über ein Bauprojekt durchgeführt. Aufgrund der Umfrage schätzte man, dass die Projektbefürworter unter den Wahlberechtigten folgend vertreten sind: Unter den APÖ-WählerInnen 67%, unter den BPÖ-WählerInnen 82%, unter den CPÖ-WählerInnen 24%, unter den DPÖ-WählerInnen 8,5%, unter den übrigen Wahlberechtigten 70%.

Aus der Menge der Wahlberechtigten zur Wahl 2015 wurde per Los eine Person ausgewählt.
- Berechne die Wahrscheinlichkeit, dass die ausgewählte Person bei der Wahl 2015 die APÖ wählte und das Bauprojekt befürwortete!
- Berechne die Wahrscheinlichkeit, dass die ausgewählte Person das Bauprojekt ablehnte!

AG-R 2.1 **3   Glücksrad**
WS-R 2.1
WS-R 2.3   In der folgenden Abbildung ist ein 3-Sektor-Glücksrad mit den Sektorfarben Blau (B), Rot (R) und Grün (G) dargestellt. Der Zentriwinkel des blauen Sektors misst 240°, der Zentriwinkel des grünen Sektors misst 45°.
Das Drehen des Zeigers ist ein Zufallsversuch. Dreht man den Zeiger, dann bleibt dieser in einem Sektor stehen und wählt damit zufällig eine der drei Sektorfarben aus.

a) Die Wahrscheinlichkeit, dass bei einmaligem Drehen Rot gedreht wird, ist zu berechnen.
- Jemand überlegt so: *Der Zufallsversuch hat drei mögliche Versuchsausgänge. Für das Ereignis „Es wird Rot ausgewählt" ist ein Versuchsausgang günstig. Nach der Regel: „Wahrscheinlichkeit ist die Anzahl der für das Ereignis günstigen Ausgänge durch Anzahl der möglichen Ausgänge" ergibt sich für die gesuchte Wahrscheinlichkeit $\frac{1}{3}$.* Begründe, warum diese Argumentation falsch ist!
- Berechne den richtigen Wert der gesuchten Wahrscheinlichkeit!

b) Das Glücksrad wird zweimal hintereinander gedreht.
- Gib einen passenden Grundraum Ω dieses Versuchs an und zeichne ein passendes Baumdiagramm zu diesem Versuch!
- Berechne die Wahrscheinlichkeit, dass die beiden gedrehten Sektorfarben gleich sind!

c) Das Glücksrad wird dreimal hintereinander gedreht.
- Berechne die Wahrscheinlichkeit, dass lauter verschiedene Sektorfarben gedreht werden!
- Berechne die Wahrscheinlichkeit, dass beim dritten Mal Blau gedreht wird!

d) Das Glücksrad wird zehnmal hintereinander gedreht.
Ereignis E: Man erhält mindestens einmal Rot.
- Berechne die Wahrscheinlichkeit P(E)!
- Berechne, auf welchen Wert man den Zentriwinkel zum Sektor Rot mindestens vergrößern müsste, damit P(E) mindestens 95% beträgt!

e) Das Glücksrad wird n-mal hintereinander gedreht ($n \in \mathbb{N}^*$).
Ereignis E: Man erhält mindestens einmal Rot.
- Berechne, wie oft man das Glücksrad mindestens drehen muss, damit P(E) mindestens 99% beträgt!
- Zeige, dass P(E) mit wachsender Länge n der Versuchsserie streng monoton wächst und dem Wert 1 beliebig nahe kommt! Zeige im Weiteren, dass jede Verlängerung der Versuchsserie um eine Drehung die Differenz 1 − P(E) immer um denselben Prozentsatz vom jeweiligen Ausgangswert verkleinert!

ANHANG: BEWEISE

Zu 1.2 (Seite 10)

Satz (Rechenregeln für Potenzen mit ganzzahligen Exponenten)
Für alle $a, b \in \mathbb{R}^*$ und alle $m, n \in \mathbb{Z}$ gilt:

(1) $a^m \cdot a^n = a^{m+n}$ $\qquad$ (2) $\dfrac{a^m}{a^n} = a^{m-n}$ $\qquad$ (3) $(a^m)^n = a^{m \cdot n}$

(4) $(a \cdot b)^n = a^n \cdot b^n$ $\qquad$ (5) $\left(\dfrac{a}{b}\right)^n = \dfrac{a^n}{b^n}$

BEWEIS:

(1) Für $m > 0$ und $n > 0$ haben wir die Regel schon im Abschnitt 1.1 bewiesen. Die Regel gilt auch für $m = 0$ oder $n = 0$, denn für $m = 0$ sind beide Seiten gleich a^n und für $n = 0$ sind beide Seiten gleich a^m. Wir müssen also nur mehr die folgenden Fälle betrachten:

1. Fall: $m > 0$, $n < 0$. Wir setzen $n = -s$ mit $s > 0$.
$$a^m \cdot a^n = a^m \cdot a^{-s} = a^m \cdot \frac{1}{a^s} = \frac{a^m}{a^s} = a^{m-s} = a^{m-(-n)} = a^{m+n}$$

2. Fall: $m < 0$, $n > 0$
$$a^m \cdot a^n = a^n \cdot a^m \overset{\text{1. Fall}}{=} a^{n+m} = a^{m+n}$$

3. Fall: $m < 0$, $n < 0$. Wir setzen $m = -r$ und $n = -s$ mit $r, s > 0$.
$$a^m \cdot a^n = a^{-r} \cdot a^{-s} = \frac{1}{a^r} \cdot \frac{1}{a^s} = \frac{1}{a^{r+s}} = a^{-(r+s)} = a^{(-r)+(-s)} = a^{m+n}$$

(2) $\dfrac{a^m}{a^n} = a^m \cdot \dfrac{1}{a^n} = a^m \cdot a^{-n} \overset{(1)}{=} a^{m+(-n)} = a^{m-n}$

(3) Für $m > 0$ und $n > 0$ haben wir die Regel schon im Abschnitt 1.1 bewiesen. Die Regel gilt auch für $m = 0$ oder $n = 0$, denn in diesen Fällen sind beide Seiten gleich 1. Wir müssen also nur mehr die folgenden Fälle betrachten:

1. Fall: $m > 0$, $n < 0$. Wir setzen $n = -s$ mit $s > 0$.
$$(a^m)^n = (a^m)^{-s} = \frac{1}{(a^m)^s} = \frac{1}{a^{m \cdot s}} = a^{-(m \cdot s)} = a^{m \cdot (-s)} = a^{m \cdot n}$$

2. Fall: $m < 0$, $n > 0$. Wir setzen $m = -r$ mit $r > 0$.
$$(a^m)^n = (a^{-r})^n = \left(\frac{1}{a^r}\right)^n = \frac{1^n}{(a^r)^n} = \frac{1}{a^{r \cdot n}} = a^{-(r \cdot n)} = a^{(-r) \cdot n} = a^{m \cdot n}$$

3. Fall: $m < 0$, $n < 0$. Wir setzen $m = -r$ und $n = -s$ mit $r, s > 0$.
$$(a^m)^n = (a^{-r})^{-s} = \frac{1}{(a^{-r})^s} \overset{\text{2. Fall}}{=} \frac{1}{a^{-r \cdot s}} = a^{r \cdot s} = a^{(-m) \cdot (-n)} = a^{m \cdot n}$$

(4) Für $n > 0$ haben wir die Regel schon im Abschnitt 1.1 bewiesen. Die Regel gilt auch für $n = 0$, denn in diesem Fall sind beide Seiten gleich 1. Wir müssen also nur mehr den Fall $n < 0$ betrachten. Wir setzen $n = -s$ mit $s > 0$.
$$(a \cdot b)^n = (a \cdot b)^{-s} = \frac{1}{(a \cdot b)^s} = \frac{1}{a^s \cdot b^s} = \frac{1}{a^s} \cdot \frac{1}{b^s} = \frac{1}{a^{-n}} \cdot \frac{1}{b^{-n}} = a^n \cdot b^n$$

(5) $\left(\dfrac{a}{b}\right)^n = \left(a \cdot \dfrac{1}{b}\right)^n \overset{(4)}{=} a^n \cdot \left(\dfrac{1}{b}\right)^n = a^n \cdot (b^{-1})^n \overset{(3)}{=} a^n \cdot b^{-n} = a^n \cdot \dfrac{1}{b^n} = \dfrac{a^n}{b^n}$ $\qquad\square$

Zu 1.3 (Seite 14)

Satz (Rechenregeln für Wurzeln)
Für alle $a, b \in \mathbb{R}_0^+$, alle $m, n, k \in \mathbb{N}^*$ und alle $z \in \mathbb{Z}$ gilt:

(1) $\sqrt[n]{a^n} = a$ $\qquad$ (2) $\left(\sqrt[n]{a}\right)^n = a$ $\qquad$ (3) $\left(\sqrt[n]{a}\right)^z = \sqrt[n]{a^z}$ (falls $a \neq 0$)

(4) $\sqrt[n]{a \cdot b} = \sqrt[n]{a} \cdot \sqrt[n]{b}$ $\qquad$ (5) $\sqrt[n]{\dfrac{a}{b}} = \dfrac{\sqrt[n]{a}}{\sqrt[n]{b}}$ (falls $b \neq 0$)

(6) $\sqrt[m]{\sqrt[n]{a}} = \sqrt[m \cdot n]{a}$ $\qquad$ (7) $\sqrt[k \cdot m]{a^{k \cdot n}} = \sqrt[m]{a^n}$

BEWEIS: **(1)** und **(2)** folgen unmittelbar aus der Definition von $\sqrt[n]{a}$.

(3) $\left(\left(\sqrt[n]{a}\right)^z\right)^n = \left(\sqrt[n]{a}\right)^{z \cdot n} = \left(\left(\sqrt[n]{a}\right)^n\right)^z = a^z$. Daraus folgt: $\left(\sqrt[n]{a}\right)^z = \sqrt[n]{a^z}$.

(4) $\left(\sqrt[n]{a} \cdot \sqrt[n]{b}\right)^n = \left(\sqrt[n]{a}\right)^n \cdot \left(\sqrt[n]{b}\right)^n \overset{(2)}{=} a \cdot b$. Daraus folgt: $\sqrt[n]{a \cdot b} = \sqrt[n]{a} \cdot \sqrt[n]{b}$.

(5) $\sqrt[n]{\dfrac{a}{b}} = \sqrt[n]{a \cdot \dfrac{1}{b}} = \sqrt[n]{a \cdot b^{-1}} \overset{(4)}{=} \sqrt[n]{a} \cdot \sqrt[n]{b^{-1}} \overset{(3)}{=} \sqrt[n]{a} \cdot \left(\sqrt[n]{b}\right)^{-1} = \sqrt[n]{a} \cdot \dfrac{1}{\sqrt[n]{b}} = \dfrac{\sqrt[n]{a}}{\sqrt[n]{b}}$

(6) $\left(\sqrt[m]{\sqrt[n]{a}}\right)^{m \cdot n} \overset{(3)}{=} \sqrt[m]{\left(\sqrt[n]{a}\right)^{m \cdot n}} = \sqrt[m]{\left(\sqrt[n]{a}\right)^{n \cdot m}} = \sqrt[m]{\left(\left(\sqrt[n]{a}\right)^n\right)^m} = \sqrt[m]{a^m} = a$. Daraus folgt: $\sqrt[m]{\sqrt[n]{a}} = \sqrt[m \cdot n]{a}$.

(7) $\left(\sqrt[k \cdot m]{a^{k \cdot n}}\right)^m = \left(\sqrt[m \cdot k]{(a^n)^k}\right)^m \overset{(6)}{=} \left(\sqrt[m]{\sqrt[k]{(a^n)^k}}\right)^m \overset{(2)}{=} \sqrt[k]{(a^n)^k} \overset{(1)}{=} a^n$.

Daraus folgt: $\sqrt[k \cdot m]{a^{k \cdot n}} = \sqrt[m]{a^n}$. $\qquad\qquad\qquad$ $\square$

Zu 1.4 (Seite 19)

Satz (Rechenregeln für Potenzen mit rationalen Exponenten)
Für alle $a, b \in \mathbb{R}^+$ und alle $r, s \in \mathbb{Q}$ gilt:
(1) $a^r \cdot a^s = a^{r+s}$ $\qquad\qquad$ **(2)** $\dfrac{a^r}{a^s} = a^{r-s}$ $\qquad\qquad$ **(3)** $(a^r)^s = a^{r \cdot s}$

(4) $(a \cdot b)^r = a^r \cdot b^r$ $\qquad\qquad$ **(5)** $\left(\dfrac{a}{b}\right)^r = \dfrac{a^r}{b^r}$

BEWEIS: Wir setzen $r = \dfrac{m}{n}$ und $s = \dfrac{k}{l}$ mit $m, k \in \mathbb{Z}$ und $n, l \in \mathbb{N}^*$.

(1) $a^r \cdot a^s = a^{\frac{m}{n}} \cdot a^{\frac{k}{l}} = a^{\frac{l \cdot m}{l \cdot n}} \cdot a^{\frac{k \cdot n}{l \cdot n}} = \sqrt[l \cdot n]{a^{l \cdot m}} \cdot \sqrt[l \cdot n]{a^{k \cdot n}} = \sqrt[l \cdot n]{a^{l \cdot m} \cdot a^{k \cdot n}} = \sqrt[l \cdot n]{a^{l \cdot m + k \cdot n}} = a^{\frac{l \cdot m + k \cdot n}{l \cdot n}} = a^{\frac{m}{n} + \frac{k}{l}} =$
$= a^{r+s}$

(2) $\dfrac{a^r}{a^s} = a^r \cdot \dfrac{1}{a^s} = a^r \cdot a^{-s} \overset{(1)}{=} a^{r + (-s)} = a^{r-s}$

(3) $(a^r)^s = \left(a^{\frac{m}{n}}\right)^{\frac{k}{l}} = \left(\sqrt[n]{a^m}\right)^{\frac{k}{l}} = \sqrt[l]{\left(\sqrt[n]{a^m}\right)^k} = \sqrt[l]{\sqrt[n]{(a^m)^k}} = \sqrt[l]{\sqrt[n]{a^{m \cdot k}}} = \sqrt[l \cdot n]{a^{m \cdot k}} = a^{\frac{m \cdot k}{l \cdot n}} = a^{\frac{m}{n} \cdot \frac{k}{l}} = a^{r \cdot s}$

(4) $(a \cdot b)^r = (a \cdot b)^{\frac{m}{n}} = \sqrt[n]{(a \cdot b)^m} = \sqrt[n]{a^m \cdot b^m} = \sqrt[n]{a^m} \cdot \sqrt[n]{b^m} = a^{\frac{m}{n}} \cdot b^{\frac{m}{n}} = a^r \cdot b^r$

(5) $\left(\dfrac{a}{b}\right)^r = \left(a \cdot \dfrac{1}{b}\right)^r \overset{(4)}{=} a^r \cdot \left(\dfrac{1}{b}\right)^r = a^r \cdot (b^{-1})^r \overset{(3)}{=} a^r \cdot b^{-r} = a^r \cdot \dfrac{1}{b^r} = \dfrac{a^r}{b^r}$ $\qquad$ $\square$

Zu 3.2 (Seite 50)

Satz (Eigenschaften von Potenzfunktionen mit Exponenten aus $\mathbb{N}^*$)
(1) Alle Graphen gehen durch die Punkte $(0 \mid 0)$ und $(1 \mid 1)$.
Für gerades n gehen alle Graphen durch $(-1 \mid 1)$, für ungerades n durch $(-1 \mid -1)$.
(2) f ist in $\mathbb{R}_0^+$ streng monoton steigend.
(3) f ist in $\mathbb{R}_0^-$ streng monoton fallend, falls n gerade ist, und streng monoton steigend, falls n ungerade ist.

BEWEIS:
(1) $f(0) = 0^n = 0$, $f(1) = 1^n = 1$. Für gerades n ist $f(-1) = (-1)^n = 1$, für ungerades n ist $f(-1) = (-1)^n = -1$

(2) Für alle $x_1, x_2 \in \mathbb{R}^+$ gilt: $x_1 < x_2 \Rightarrow \dfrac{x_2}{x_1} > 1 \overset{\text{(Satz auf Seite 21)}}{\Rightarrow} \left(\dfrac{x_2}{x_1}\right)^n > 1 \Rightarrow \dfrac{x_2^n}{x_1^n} > 1 \Rightarrow x_1^n < x_2^n$

Die Wenn-dann-Aussage $x_1 < x_2 \Rightarrow x_1^n < x_2^n$ gilt offensichtlich aber auch, wenn $x_1 = 0$ ist.
Somit gilt für alle $x_1, x_2 \in \mathbb{R}_0^+$: $x_1 < x_2 \Rightarrow x_1^n < x_2^n \Rightarrow f(x_1) < f(x_2)$

(3) Für alle $x_1, x_2 \in \mathbb{R}_0^-$ sind $-x_1$ und $-x_2 \in \mathbb{R}_0^+$. Somit gilt nach (2): $x_1 < x_2 \Rightarrow -x_1 > -x_2 \Rightarrow$
$\Rightarrow (-x_1)^n > (-x_2)^n$
Daraus folgt für gerades n: $\quad x_1 < x_2 \Rightarrow x_1^n > x_2^n \Rightarrow f(x_1) > f(x_2)$
$\qquad\qquad$ für ungerades n: $\quad x_1 < x_2 \Rightarrow -x_1^n > -x_2^n \Rightarrow x_1^n < x_2^n \Rightarrow f(x_1) < f(x_2)$ $\qquad$ $\square$

Zu 7.2 (Seite 134)

Satz
Jede **konvergente Folge** ist **beschränkt**.

BEWEIS: Sei $(a_n \mid n \in \mathbb{N}^*)$ eine konvergente Folge mit $\lim\limits_{n \to \infty} a_n = a$. Dann können wir zu dem

speziellen Wert $\varepsilon = 1$ einen Index $n_0 \in \mathbb{N}^*$ finden, sodass für alle $n \geqslant n_0$ gilt:

$|a_n - a| < 1 \iff -1 < a_n - a < 1 \iff a - 1 < a_n < a + 1$. Daraus folgt:

- Die kleinste Zahl unter den Zahlen $a_1, a_2, \ldots, a_{n_0-1}, a - 1$ ist eine untere Schranke der Folge.
- Die größte Zahl unter den Zahlen $a_1, a_2, \ldots, a_{n_0-1}, a + 1$ ist eine obere Schranke der Folge. $\quad\square$

Zu 7.4 (Seite 140)

Satz
Eine **geometrische Folge** $(b_n \mid n \in \mathbb{N})$ mit $b_n = c \cdot q^n$ ist
(1) **beschränkt**, wenn $|q| \leqslant 1$, (2) **nicht beschränkt**, wenn $|q| > 1$.

BEWEIS: Es gilt $|b_n| = |c \cdot q^n| = |c| \cdot |q^n| = |c| \cdot |q|^n$
(1) Ist $|q| \leqslant 1$, dann ist $|q|^n \leqslant 1$ (vgl. Seite 21). Somit folgt $0 \leqslant |b_n| \leqslant |c|$ für alle $n \in \mathbb{N}$.
(2) Ist $|q| > 1$, dann genügt es zu zeigen, dass $|q|^n$ ab einem gewissen Index jede noch so große reelle Zahl K übersteigt:

$$|q|^n > K \iff n \cdot \log_{10}|q| > \log_{10}K \iff n > \frac{\log_{10}K}{\log_{10}|q|}$$

Wählen wir also einen Index $n_0 > \frac{\log_{10}K}{\log_{10}|q|}$, dann ist $|q|^n > K$ für alle $n \geqslant n_0$. $\quad\square$

Zu 8.1 (Seite 154 und 155)

Satz
Ist $a_1 + a_2 + \ldots + a_n$ eine **endliche arithmetische Reihe**, so gilt für ihre Summe S:
$$S = \frac{n}{2} \cdot (a_1 + a_n)$$

BEWEIS: Sei k die Differenz aufeinander folgender Glieder. Wir fassen das erste und das letzte, das zweite und das vorletzte, das dritte und vorvorletzte Glied usw. zusammen:

$$a_1 + a_2 + a_3 + \ldots + a_{n-2} + a_{n-1} + a_n$$

$a_1 + a_n$
$a_2 + a_{n-1} = (a_1 + k) + (a_n - k) = a_1 + a_n$
$a_3 + a_{n-2} = (a_1 + 2k) + (a_n - 2k) = a_1 + a_n$ usw.

Die beiden zusammengefassten Glieder ergeben jeweils $a_1 + a_n$.

- Ist n gerade, so werden $\frac{n}{2}$ Zusammenfassungen vorgenommen. Somit gilt:

$$a_1 + a_2 + \ldots + a_n = \frac{n}{2} \cdot (a_1 + a_n)$$

- Ist n ungerade, so werden $\frac{n-1}{2}$ Zusammenfassungen vorgenommen und das mittlere Glied bleibt übrig. Wegen der konstanten Differenz aufeinander folgender Glieder ist dies der Mittelwert von a_1 und a_n. Somit gilt:

$$a_1 + a_2 + \ldots + a_n = \frac{n-1}{2} \cdot (a_1 + a_n) + \frac{a_1 + a_n}{2} = \frac{(n-1) \cdot (a_1 + a_n) + (a_1 + a_n)}{2} = \frac{n \cdot (a_1 + a_n)}{2} = \frac{n}{2} \cdot (a_1 + a_n) \quad\square$$

Satz

Ist $b_1 + b_2 + \ldots + b_n$ eine **endliche geometrische Reihe** mit n Gliedern und dem Quotienten $q \neq 1$, so gilt für ihre Summe S:

$$S = b_1 \cdot \frac{q^n - 1}{q - 1}$$

BEWEIS: Wir berechnen zuerst die Summe $T = 1 + q + q^2 + \ldots + q^{n-2} + q^{n-1}$:

$$
\begin{array}{lll}
\text{I:} & 1 + q + q^2 + \ldots + q^{n-2} + q^{n-1} = T & \mid \cdot q \\
\text{II:} & q + q^2 + \ldots + q^{n-2} + q^{n-1} + q^n = T \cdot q &
\end{array}
$$

Subtrahieren wir die erste Gleichung von der zweiten, ergibt sich:

$$q^n - 1 = T \cdot (q - 1)$$

$$T = \frac{q^n - 1}{q - 1}$$

Damit folgt:

$$S = b_1 + b_2 + b_3 + \ldots + b_n = b_1 + b_1 \cdot q + b_1 \cdot q^2 + \ldots + b_1 \cdot q^{n-1} =$$

$$= b_1 \cdot (1 + q + q^2 + \ldots + q^{n-1}) = b_1 \cdot T = b_1 \cdot \frac{q^n - 1}{q - 1} \qquad \square$$

Zu 8.2 (Seite 157)

Satz

Besitzt eine **unendliche geometrische Reihe** $b_1 + b_2 + \ldots + b_n$ den Quotienten q mit $|q| < 1$, dann gilt für ihre Summe S:

$$S = b_1 \cdot \frac{1}{1 - q}$$

BEWEIS: $S_n = b_1 + b_2 + b_3 + \ldots + b_n = b_1 + b_1 \cdot q + b_1 \cdot q^2 + \ldots + b_1 \cdot q^{n-1} =$

$$= b_1 \cdot (1 + q + q^2 + \ldots + q^{n-1}) = b_1 \cdot \frac{q^n - 1}{q - 1}$$

Wegen $|q| < 1$ ist $\lim\limits_{n \to \infty} q^n = 0$ (siehe Seite 140).
Damit folgt:

$$S = \lim\limits_{n \to \infty} S_n = \lim\limits_{n \to \infty} b_1 \cdot \frac{1 - q^n}{1 - q} = b_1 \cdot \lim\limits_{n \to \infty} \frac{1 - q^n}{1 - q} = b_1 \cdot \frac{1}{1 - q} \qquad \square$$

Zu 14.3 (Seite 269)

Behauptung

Für Ereignisse E_1 und E_2 mit $P(E_1) \neq 0$ und $P(E_2) \neq 0$ gilt:
E_1 ist genau dann von E_2 unabhängig, wenn E_2 von E_1 unabhängig ist.

BEWEIS: Es gilt:

- – Ist E_1 von E_2 unabhängig, dann gilt nach Definition $P(E_1 \mid E_2) = P(E_1)$.
  - Wegen der Multiplikationsregel für Ereignisse (S. 267) und des Satzes für die bedingte Wahrscheinlichkeit (S. 268) ergibt sich damit:

    $$P(E_2 \mid E_1) = \frac{P(E_2 \wedge E_1)}{P(E_1)} = \frac{P(E_2) \cdot P(E_1 \mid E_2)}{P(E_1)} = \frac{P(E_2) \cdot P(E_1)}{P(E_1)} = P(E_2)$$

  - Dh. E_2 ist von E_1 unabhängig.
- Die Umkehrung erfolgt analog, indem man E_1 und E_2 vertauscht. $\qquad \square$

STICHWORTVERZEICHNIS

GRIECHISCHES ALPHABET

A α	Alpha	I ι	Iota	P ρ	Rho
B β	Beta	K κ	Kappa	Σ σ	Sigma
Γ γ	Gamma	Λ λ	Lambda	T τ	Tau
Δ δ	Delta	M μ	My	Y υ	Ypsilon
E ε	Epsilon	N ν	Ny	Φ φ	Phi
Z ζ	Zeta	Ξ ξ	Xi	X χ	Chi
H η	Eta	O o	Omikron	Ψ ψ	Psi
Θ ϑ	Theta	Π π	Pi	Ω ω	Omega